石油和化工行业“十四五”规划教材

高分子化学原理

徐志康　范志强　王齐　江黎明　等 编著

化学工业出版社
·北京·

内容简介

《高分子化学原理》共九章内容，分别为绪论、缩合聚合与逐步聚合、自由基连锁聚合、自由基共聚合、离子聚合、配位聚合、开环聚合、高分子的化学反应、聚合反应工业实施方法，以各类聚合物的合成反应原理与微观机理为主线，力求以系统化的知识体系将不同类型的聚合反应串联起来，并将高分子化学的最新理论与实践进展有机结合到传统的高分子化学知识体系中，以期帮助读者更准确、系统和高效地掌握高分子化学的基础知识。

本书可供化学、应用化学、高分子化学、材料化学等专业用作本科教材，也可供相关专业从业者作为参考之用。

图书在版编目（CIP）数据

高分子化学原理 / 徐志康等编著. -- 北京 : 化学工业出版社, 2024. 8. -- （石油和化工行业“十四五”规划教材）. -- ISBN 978-7-122-45789-9

Ⅰ. O63

中国国家版本馆 CIP 数据核字第 2024V37F84 号

责任编辑：李　琰　宋林青　　　文字编辑：葛文文
责任校对：李雨晴　　　　　　　装帧设计：关　飞

出版发行：化学工业出版社
（北京市东城区青年湖南街 13 号　邮政编码 100011）
印　　装：天津千鹤文化传播有限公司
787mm×1092mm　1/16　印张 18　字数 432 千字
2026 年 2 月北京第 1 版第 1 次印刷

购书咨询：010-64518888　　　售后服务：010-64518899
网　　址：http://www.cip.com.cn
凡购买本书，如有缺损质量问题，本社销售中心负责调换。

定　　价：48.00 元　

前言

高分子化学，狭义上是指高分子量化合物的化学合成及其化学反应的一门学科。高分子化合物化学合成的历史起步于20世纪初的苯酚和甲醛聚合成酚醛树脂，这是人类利用小分子化合物之间的化学反应合成的第一种塑料。然而，人类对天然高分子物质的利用有着更悠久的历史。智人时代开始，人们的生活就和天然高分子物质息息相关，作为食物的蛋白质和淀粉以及作为衣物的棉、毛和丝等都是天然高分子，这些物质支撑着人们吃穿住等各方面。16世纪中叶现代科学的诞生促使人们对天然高分子尤其是天然橡胶和天然纤维进行更广泛的利用和改进，由此衍生了纤维素的硝化等高分子量化合物的化学反应。20世纪20年代高分子概念的提出和确立标志着高分子化学真正成为一门科学，进而得到了非常迅速的发展。

发展至今，高分子化学的内容已超出一般化学的范围，因此，也常用高分子科学这一名词来称呼这门学科，国内外已出版了一批相关的教科书。本教材的编写者长期从事"高分子化学"省级一流课程的本科生教学，在工作中体会到，为理工科高等院校高分子材料与工程专业本科生学习高分子化学而编写的教科书，有必要在高分子化学、高分子物理、高分子材料、聚合反应工程以及高分子加工等系列课程之间作出一定的区分，将高分子相关反应的化学本质（或微观机理）及调控高分子结构的基本原理作为主线和重点。因此，本教材更加聚焦于高分子化合物的合成及其化学反应的基本化学原理，适当减少宏观动力学等涉及聚合反应工程的内容，增加介绍近年已趋成熟的聚合反应及高分子化学反应的新方法、新原理，同时也加强了对重要高分子品种的工业应用现状及聚合反应工业实施方法的介绍，以期帮助学习者在深刻理解高分子化学的反应机理和调控原理基础上，也能了解高分子工业研发的性质及特点，形成更加完整的知识结构。

本书在内容和编写体例上具有一定的特色，择要说明如下：将一些涉及新方法、新进展或相对小众聚合物品种的内容设为"扩展阅读"版块，放在各章最后，以兼顾重点和知识面，方便教师根据课时设置调整讲授内容；对逐步聚合的主要聚合物品种按其反应机理特征分类介绍，淡化基于聚合物结构的分类思路；在自由基聚合一章不再介绍旋转光闸法测定链增长速率常数，改为简要介绍IUPAC推荐的PLP-GPC法；在自由基共聚合一章将Q-e方程的介绍放入扩展阅读（选学内容）；在配位聚合一章仅简要介绍第一代基于$TiCl_3$的Ziegler-Natta催化剂，而将氯化镁负载型Ziegler-Natta催化剂（目前工业生产的主力催化剂）的结构、活性中心、立体定向机理和调控原理作为本章主要内容，以加强系统性和整体性；开环聚合一章对各类开环聚合按其机理特点作分类介绍，增加了环酯开环聚合、配位开环聚合等内容；聚合反应工业实施方法一章增加介绍用于烯烃配位聚合的浆液聚合、气相本体聚合等重要而有特色的方法，并将该章放到全书最后，以突显高分子化学的强应用背景。

全书共分九章，第一章绪论和第八章高分子化学反应由徐志康编写，第二章逐步聚合由江黎明编写，第三章自由基聚合和第四章自由基共聚合由王齐编写，第五章离子聚合由朱蔚璞编写，第六章配位聚合由范志强编写，第七章开环聚合由凌君编写，第九章聚合反应工业实施方法由傅智盛编写，全书由徐志康和范志强负责统稿和定稿。本书尝试用适中的篇幅和简练的叙述展示当代高分子化学的核心科学原理、方法与实际应用，以适应培养理工结合型人才的趋势。虽然本书是为本科专业课程而写，相信对相关专业的研究生及其他科研人员也有一定的参考价值。因编者水平有限，不妥和错误之处难免，衷心希望广大读者给予指正。

2025 年 9 月
编者

目录

第 1 章　绪论　/ 001

第 2 章　缩合聚合与逐步聚合　/ 018

第 3 章 自由基连锁聚合 / 070

第 4 章 自由基共聚合 / 125

第 5 章 离子聚合 / 150

第 6 章 配位聚合 / 171

第 7 章 开环聚合 / 194

第 8 章 高分子的化学反应 / 217

第9章 聚合反应工业实施方法 / 257

参考文献 / 275

第 1 章
绪 论

1.1 高分子的定义与发展简史

高分子化学是研究高分子量化合物（简称高分子）的合成（聚合）及其化学反应的一门科学。分子量高达 $10^4 \sim 10^7$ 及以上的分子被称为高分子，也称大分子（macromolecule），它们往往由许多有机（或无机）小分子（低分子）通过共价键（或离子键）连接而成。由小分子重复键接组成的高分子化合物被称为聚合物（polymer），分子量未达 10^4 时则被叫作齐聚物（oligomer）。聚合物一定是大分子，但大分子不一定是聚合物，原因在于生物体内的蛋白质、核糖核酸和脱氧核糖核酸等也是由小分子（氨基酸、核苷酸）共价连接而成的大分子，但难以用简单的重复键来描述。另外，由两种或两种以上分子基于分子间的相互作用（金属离子的配位键、氢键、π-π 堆积作用、离子-π 作用、静电作用和疏水作用等）结合在一起，组成复杂的和有组织的聚集体，并保持一定的完整性使其具有明确的微观结构和宏观特性，被称作超分子（supermolecule）。

例如，聚苯乙烯是由苯乙烯结构单元通过共价键重复键接而成的高分子：

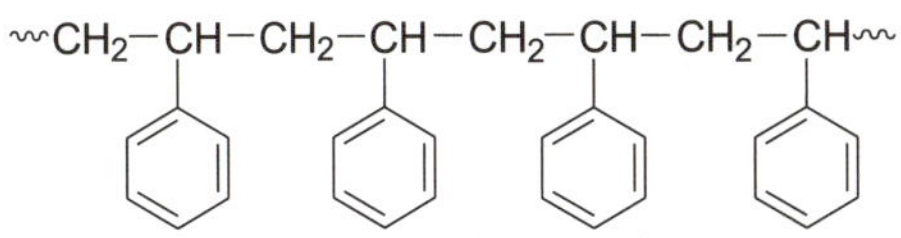

上式中，符号〰代表碳链骨架，并略去了端基。

高分子具有分子量大的这一特点使得其分子内和分子间的内聚能密度大幅度提高，与小分子相比，高分子就更容易聚集在一起，故高分子也被称作高聚物。高分子可特指一个高分子量的化合物分子，而高聚物则通常指许多高分子的聚集体。因内聚能密度大而使得不同的高分子容易聚集在一起，用高聚物来指称大多数情况下的高分了就显得更为科学，但通常用高分子或聚合物来泛指这一类物质。

人类生活与高聚物密切相关，食物中的蛋白质、纤维素和淀粉等都是高分子。远在几千年以前，我们的祖先就使用棉、麻、丝、毛、皮等天然高分子材料来御寒，并由此发展出了各类织物；使用竹子尤其是木料等作为建筑材料，也利用它们来制作水桶等日常用具。纤维造纸、皮革鞣制、油漆应用等则是天然高分子材料早期的化学改性和加工应用。

直至 20 世纪 20—30 年代，还只有酚醛树脂等少数几种通过小分子化合物的聚合反应合成的高分子产物，而目前高分子材料的体积产量已经远超钢铁和其它金属的总和。在材料分类中，高分子材料已与金属材料以及无机材料并列，成为国民经济发展不可或缺的组成部分，日常生活也已离不开各种各样的高分子材料。

1835 年，H. V. Regnault 发现，用日光照射氯乙烯时生成一种白色固体，即聚氯乙烯。但直到 1926 年，才由 W. Semon 在美国申请了专利，并开发了利用加入各种助剂塑化聚氯乙烯的方法，使它成为更柔韧更易加工的材料并很快得到广泛的商业应用。1839 年，德国人 E. Simon 发现了聚苯乙烯；1931 年，I. G. Farben 公司开始在德国的路德维希港真正工业化制造聚苯乙烯。19 世纪中叶，天然高分子的化学改性也开始有了发展，如天然橡胶的硫化（C. N. Goodyear，1838 年）、硝化纤维赛璐珞的出现（J. W. Hyatt，1868 年）、黏胶纤维的生产（1900 年）。1907 年，L. Backeland 报道了第一种合成树脂和塑料——酚醛树脂，这种材料于 1909 年实现工业化。第一次世界大战期间，出现了丁钠橡胶。20 世纪 20 年代，醇酸树脂、醋酸纤维、聚醋酸乙烯酯、聚乙烯醇、聚甲基丙烯酸甲酯和脲醛树脂等也相继投入生产。

19 世纪，还没有高分子的概念，也不知道高分子的结构，连分子量的测定方法都未建立。1890—1919 年间，E. Fischer 通过蛋白质的研究开始涉猎高分子的结构，认识到蛋白质是氨基酸残基组成的多肽结构，对以后高分子概念的建立起了重要作用。1892 年，W. A. Tilden 确定天然橡胶的干馏产物由异戊二烯构成；1904 年，确认纤维素和淀粉由葡萄糖基本结构构成，但还不知道是通过共价结合；1907 年，W. Ostwold 提出分子胶体概念。直至 1920 年，H. Staudinger 才提出聚苯乙烯、橡胶、聚甲醛等都是共价结合的高分子，于 1929 年确立了高分子学说，创建了高分子学科，他也因此于 1953 年获得了诺贝尔化学奖。

20 世纪 30—40 年代是高分子化学和工业开始兴起的时代，两者相互促进。从 20 年代末期开始，W. H. Carothers 在杜邦公司着手系统研究合成聚酯和聚酰胺的缩聚反应，1935 年尼龙-66 研制成功，并于 1938 年实现了工业化。30 年代，还工业化了一批经自由基聚合而成的烯类聚合物，如聚氯乙烯（1927—1937 年）、聚苯乙烯（1931—1937 年）、高压聚乙烯（1936 年）等。自由基聚合的成功已经突破了经典有机化学的范围。缩合聚合和自由基聚合奠定了早期高分子化学学科发展的基础。

在缩合聚合和自由基聚合等基本原理指导下，20 世纪 40 年代，高分子工业以很快的速度开始发展。相继推出了丁苯橡胶、丁腈橡胶、氟树脂、ABS 树脂等，属于阳离子聚合的丁基橡胶也在这一时期生产出来。同时，发展了乳液聚合和共聚合的基本理论，逐步改变了完全依靠条件摸索的初级阶段。陆续实现工业化的缩合聚合物有不饱和聚酯、聚硅氧烷、聚氨酯、环氧树脂等。由于原料问题，1940 年成功研发的涤纶树脂，到 1950 年才实现工业化。聚丙烯腈纤维也在解决了溶剂问题以后，于 1948—1950 年投产。

P. J. Flory 在缩合聚合和加成聚合机理系统化和高分子溶液理论方面做出了杰出的贡献，他也因此于 1974 年获得了诺贝尔化学奖。高分子溶液理论和分子量测定推动了高分子化学的发展。物理和物理化学中的许多表征技术，如核磁共振、红外光谱、X 射线衍射、光散射等，对高分子结构的剖析和确定起到了重要作用。

20世纪50—60年代，出现了许多新的聚合方法和聚合物品种，高分子化学和工业发展得更快，规模也更大。1953—1954年，K. Ziegler和G. Natta等发明了金属有机络合催化体系，合成了高密度聚乙烯和等规聚丙烯，开拓了高分子合成的新领域，二人也因此于1963年获得了诺贝尔化学奖。与此同时，M. Szwarc对阴离子聚合和活性聚合做出了开创性贡献。这些研究为聚烯烃、顺丁橡胶、异戊橡胶、乙丙橡胶以及苯乙烯-丁二烯-苯乙烯三嵌段共聚物的产业化提供了理论基础。

继20世纪50年代末期聚甲醛和聚碳酸酯出现，60年代还发展了聚砜、聚苯醚、聚酰亚胺等工程塑料，还研究了许多耐高温和高强度的合成高分子材料，这给缩合聚合反应开辟了新的方向。可以说，60年代是聚烯烃、合成橡胶、工程塑料以及离子聚合、配位聚合、溶液聚合等大发展的时期，与以前的聚合物品种和聚合方法一起，形成了合成高分子全面繁荣的局面。

20世纪70—80年代，高分子化学学科更趋成熟，进入了新的发展时期。基团转移聚合等新聚合方法和梳状高分子等新型高分子以及超枝化等新结构、超吸水等新性能和各种新用途不断涌现。除了原有聚合物产品以更大规模和更加高效地工业生产以外，更重视分子裁剪等新合成技术的应用以及高性能、特殊功能、特种聚合物的研制开发。新的合成方法涉及茂金属催化聚合、“活性”自由基聚合、基团转移聚合、丙烯酸类-二烯烃易位聚合、以二氧化碳为介质的超临界聚合等，以及开环聚合结合取代反应制备聚磷腈（聚磷氮烯）等。高性能涉及超强、耐高温、耐烧蚀、耐油、低温柔性等，相关的聚合物有芳杂环高分子、液晶高分子、梯形高分子等。此外，还开发了一些新型结构高分子，如星形和树枝状高分子、新型接枝和嵌段共聚物、无机-有机杂化聚合物等。应用聚合方法来合成多肽和蛋白质，推动了高分子化学与生物化学的交叉。R. B. Merrifield创建了固相聚合法，为合成多肽做出了杰出贡献，于1984年获得了诺贝尔化学奖。Y. Chauvin、R. H. Grubbs和R. R. Schrock三位科学家发展了烯烃复分解反应，进而用单环或多环烯烃进行开环易位聚合（ROMP）形成功能化聚合物，于2005年获诺贝尔化学奖。功能高分子除继续延伸原有的反应功能和分离功能外，更重视光电功能和生物医用功能的研究和发展。A. J. Heeger、A. G. MacDiarmid和H. Shirakawa（白川英树）在导电高分子方面的贡献，使他们共同获得了2000年诺贝尔化学奖。光电功能高分子推动了半导体器件、太阳能电池、传感器以及柔性电子器件等的发展，电池隔膜和质子传导膜则是锂离子电池和燃料电池等新能源技术不可或缺的高分子材料。在生物医药领域，高分子材料作为组织工程支架、药物控制释放的载体、生物相容涂层以及各种体外人工器官（例如人工肺氧合器、膜式人工肝、血液透析器等）等取得了巨大的进步，并在胶束、胶囊、微球、水凝胶、靶向给药和酶固定化等方面引起了广泛的研究兴趣。

中国的高分子研究起步于20世纪50年代初。当时国内一批高分子研究的先驱者，分别在不同领域开展了高分子方面的研究工作。唐敖庆先生于1951年在《中国化学会志》上发表了关于橡胶分子尺寸计算的我国首篇高分子科学论文，并在吉林大学开展了高分子统计理论的研究；中国科学院长春应用化学研究所于1950年开始了合成橡胶和纤维素化学的研究工作；王葆仁先生于1952年在中国科学院上海有机化学研究所建立了有机玻璃和尼龙6的研究小组；冯新德先生于50年代初在北京大学开设了高分子化学专业并开展了相关研究工作；何炳林先生于50年代中期在南开大学开展了离子交换树脂的研究工作；钱人元先生分别于 1952 年和 1953 年在中国科学院长春应用化学研究所与中国科学院上海有机化学研究所建立了高分子物理化学研究组，开展高分子溶液性质研究；钱保功先生于 50 年代初在中国科学院长春应用化学研究所开始了高聚物黏弹性能及高分子辐射化学的研究；徐僖先生于 50 年代初期在成都工学院（现四川大学）开设了塑料工程专业并开展了塑料加工成型研究；杨士林先生于 1958 年在浙江大学设立高分子化学专业，并开展了氯乙烯-醋酸乙烯酯共聚合等研究工作。老一辈高分子科学家们对我国高分子科学的形成和发展以及人才培养做出了不可磨灭的贡献，为改革开放以后我国高分子科学研究的蓬勃发展奠定了坚实的基础。

高分子科学推动了化工、材料等相关行业的发展，也丰富了化学、化工、材料诸学科。在高分子学科的形成过程中，也离不开其它学科的基础和相关行业的推动。高分子化学还逐渐与生物学科相互渗透。目前几乎 50%以上的化工、化学工作者，以及材料、轻纺乃至机械等行业的众多工程技术人员都在从事与高分子相关的研究开发工作。

高分子科学已经不再是有机化学或物理化学等某一传统化学学科的分支，而是整个化学学科与物理、工程、生物乃至药物等许多学科交叉、综合形成的学科分支，今后还会进一步丰富和完善。高分子科学在其它科学技术领域中的影响愈来愈大，实际上已经成为一门相对独立的核心科学。

1.2 高分子结构式的表达

为方便起见，线形的聚苯乙烯可缩写成下式：

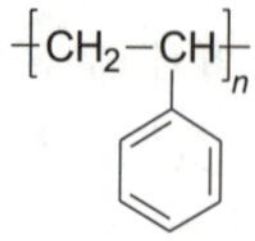

其中方（或圆）括号内是共价连接成聚苯乙烯高分子的结构单元，也就是重复单元；括号表示重复连接；n 代表结构单元数（或重复单元数），可称为聚合度（DP，degree of polymerization）。许多结构单元连接成线形高分子，类似一条链子，因此结构单元俗称作链节。

通过聚合反应合成高分子的小分子化合物称作单体，单体通过聚合反应，才转变成高分子链中的结构单元。聚苯乙烯的结构单元与单体的元素组成相同，只是电子云密度分布有所改变，因此可称为单体单元。

由此可见，一条高分子链的分子量 M 是聚合度 DP（或结构单元数 n）与结构单元分子量 M_0 的乘积，即：

$$M=DP\cdot M_0$$

如常用聚氯乙烯是由聚合度为 600～1600 的不同高分子链组成，其结构单元分子量为 62.5，因此分子量为 4 万～10 万。

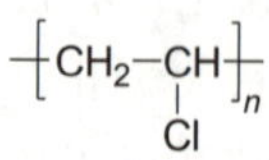

聚乙烯的分子式习惯写成$\left[CH_2CH_2\right]_n$而不写成$\left[CH_2\right]_n$，以便显示其单体单元的结构特点。

由一种单体聚合而成的聚合物称为均聚物，如上述的聚苯乙烯、聚氯乙烯和聚乙烯。由两种以上单体一起聚合叫共聚合，此时生成的聚合物则称作共聚物，如乙烯-丙烯共聚物、氯乙烯-醋酸乙烯酯共聚物、丁二烯-苯乙烯共聚物，等。

聚酰胺一类高聚物的结构式具有另一特征，例如聚己二酰己二胺（俗称尼龙-66）：

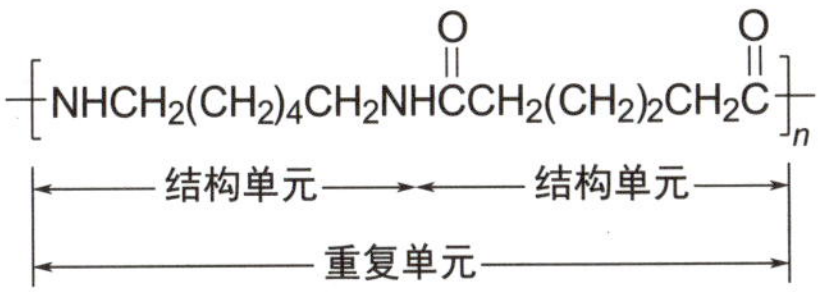

括号内的重复单元由—$NHCH_2(CH_2)_4CH_2NH$—和—$COCH_2(CH_2)_2CH_2CO$—两种结构单元组成，分别为己二胺 $NH_2(CH_2)_6NH_2$ 和己二酸 $HOOC(CH_2)_4COOH$ 两种单体经聚合反应失去水后的结果。聚对苯二甲酸乙二醇酯（PET，俗称涤纶聚酯）的情况也相似。

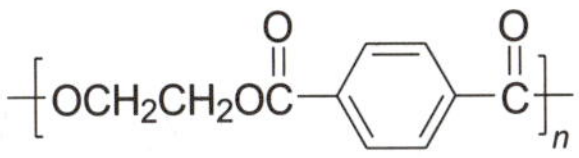

研究此类高分子时，多将两种结构单元的总数称作聚合度，以 $\overline{X}_n$ 表示，结构单元数是重复单元数的 2 倍，即 $\overline{X}_n=2n$。应注意，此类高分子的分子量应该是结构单元数 $\overline{X}_n$ 和两种结构单元平均分子量的乘积，或是重复单元数与重复单元分子量的乘积。

1.3 聚合物的分类和命名

自 1920 年施陶丁格（H. Staudinger）创建高分子学科以来，一系列聚合反应被用于合成各种聚合物，众多天然化合物被阐明是高分子（或大分子），相应的聚合物种类也日益增多，迫切需要一种科学的分类方法和合理的命名原则。

1.3.1 高分子的分类

可以从不同专业角度对高分子进行多种分类，例如，可按来源、合成方法、主要用途、受热时的行为、结构特点等来分类。按来源，可分为天然高分子、合成高分子、改性高分子；按主要用途，可粗分为合成树脂和塑料、合成橡胶、合成纤维、涂料、胶黏剂、功能高分子等；按受热时的行为，可分为热塑性高分子和热固性高分子；按凝聚态物理，可以分为橡胶态、玻璃态、半结晶态等。但从有机化学和高分子化学基本原理的角度考虑，则可按主链结构将高分子分为碳链高分子、杂链高分子和元素有机（半有机或半无机）高分子三大类；在此基础上，再进一步根据其结构单元的特点细分，如聚烯烃、聚酯、聚酰胺等。

(1) 碳链高分子

高分子主链完全由碳原子组成。绝大部分烯类和二烯类单体通过加成聚合合成的高分子属于这一类。以乙烯为母体，以不同基团作为侧基，如甲基、乙基、苯基、氯、氟、氰基、羟基、羧基、酯基或酰胺基等，就形成性能各异的一系列饱和碳链高分子，如聚乙烯、聚丙烯、聚苯乙烯、聚氯乙烯、聚乙烯醇、聚丙烯酸、聚丙烯酰胺等。由共轭二烯烃聚合，则形成高分子主链中含有双键的碳链高分子，如聚丁二烯和聚异戊二烯。详见表 1-1。

（2）杂链高分子

高分子主链中除了碳原子外，还有氧、氮、硫等杂原子，如聚醚、聚酯、聚酰胺等基于缩聚反应和杂环开环聚合的产物（见表 1-2）。除天然橡胶外，大多数的天然高分子多属于这一类。这类高分子的主链中都留有含杂原子的特征基团，如醚键（—O—）、酯键（—OCO—）、酰胺键（—NHCO—）等。

（3）元素有机高分子（半有机高分子）

高分子主链中没有碳原子，主要由硅、硼、铝和氧、氮、硫、磷等原子组成，但侧基多半是含碳原子的有机基团，如甲基、乙基、乙烯基、苯基等。聚硅氧烷（俗称硅橡胶）是典型的例子（见表 1-2）。

如果主链和侧基均无碳原子，则称为无机高分子，如硅酸盐类。另外，近年来广受关注的单壁碳纳米管和单层石墨烯等有时也被认为是高分子，但它们没有如经典高分子那样明确的链结构，分子量也没有达到 $10^4 \sim 10^7$ 及以上。

1.3.2 高分子的命名

高分子常按单体来源命名，有时也会有商品名。1972 年，国际纯粹和应用化学联合会（IUPAC）对线形高分子提出了结构系统命名法。

（1）单体来源命名法

高分子名称常以单体名为基础。烯类高分子以烯类单体名前冠以“聚”字来命名，例如以乙烯、氯乙烯、苯乙烯合成的高分子分别称为聚乙烯、聚氯乙烯和聚苯乙烯。表 1-1 中的高分子都按这种方法命名。

表 1-1 碳链高聚物

高分子名称	缩写简称	重复单元结构	单体结构	玻璃化温度 T_g/℃	熔点 T_m/℃
聚乙烯	PE	$-CH_2-CH_2-$	$CH_2=CH_2$	−125	线形 135
聚丙烯	PP	$-CH_2-CH(CH_3)-$	$CH_2=CH(CH_3)$	−10	全同 176
聚异丁烯	PIB	$-CH_2-C(CH_3)_2-$	$CH_2=C(CH_3)_2$	−73	44
聚苯乙烯	PS	$-CH_2-CH(C_6H_5)-$	$CH_2=CH(C_6H_5)$	95（100）	全同 240
聚氯乙烯	PVC	$-CH_2-CH(Cl)-$	$CH_2=CH(Cl)$	81	
聚偏氯乙烯	PVDC	$-CH_2-C(Cl)_2-$	$CH_2=C(Cl)_2$	−17	198
聚四氟乙烯	PTFE	$-CF_2-CF_2-$	$CF_2=CF_2$		327
聚丙烯酸	PAA	$-CH_2-CH(COOH)-$	$CH_2=CH(COOH)$	105	
聚丙烯酰胺	PAM	$-CH_2-CH(CONH_2)-$	$CH_2=CH(CONH_2)$	6	
聚丙烯酸甲酯	PMA	$-CH_2-CH(COOCH_3)-$	$CH_2=CH(COOCH_3)$	10	
聚甲基丙烯酸甲酯	PMMA	$-CH_2-CH(H_3)CH(COOCH_3)-$	$CH_2=C(CH_3)(COOCH_3)$	105	

续表

高分子名称	缩写简称	重复单元结构	单体结构	玻璃化温度 T_g/℃	熔点 T_m/℃
聚丙烯腈	PAN	$-CH_2-CH(CN)-$	$CH_2=CH(CN)$	97	317
聚醋酸乙烯酯	PVAc	$-CH_2-CH(OCOCH_3)-$	$CH_2=CH(OCOCH_3)$	28	
聚乙烯醇	PVA	$-CH_2-CH(OH)-$	$CH_2=CH(OH)$(假想)	85	258
聚乙烯基烷基醚		$-CH_2-CH(OR)-$	$CH_2=CH(OR)$	−25	85
聚丁二烯	PB	$-CH_2-CH=CH-CH_2-$	$CH_2=CH-CH=CH_2$	−108	2
聚异戊二烯	PIP	$-CH_2-C(CH_3)=CH-CH_2-$	$CH_2=C(CH_3)-CH=CH_2$	−73	
聚氯丁二烯	PCP	$-CH_2-C(Cl)=CH-CH_2-$	$CH_2=C(Cl)-CH=CH_2$		

由两种单体合成的共聚物，常摘取两单体的简名，后缀“共聚物”三字来命名，如乙烯和丙烯的共聚物，简称乙丙共聚物。对于一些早期已商品化的高分子，则以后缀“树脂”两字来命名，例如苯酚和甲醛的缩合聚合物称为酚醛树脂。这类产物的形态类似天然树脂，因此有合成树脂之统称。目前已扩展到将未加有填料的高分子粉料或粒料也称为合成树脂。由共聚反应合成的橡胶往往从共聚单体中各取一字，后缀“橡胶”二字来命名，如丁（二烯）苯（乙烯）橡胶、乙（烯）丙（烯）橡胶等。

表 1-2 所列的杂链高分子大多数按其主链的特征结构来命名，例如聚酯主链含酯键、聚碳酸酯主链含碳酸酯键、聚酰胺主链含酰胺键、聚砜主链含砜基等。这些都代表一类高分子，具体品种另有专名，如聚酰胺中的己二胺和己二酸的缩聚物学名为聚己二酰己二胺，国外商品名为尼龙-66（Nylon-66）。“尼龙”后的前一数字代表二元胺的碳原子数，后一数字则代表二元酸的碳原子数；如只有一位数，则代表单体氨基酸的碳原子数，如尼龙-6（Nylon-6）是己内酰胺或ε-氨基己酸的高分子。我国习惯以“纶”字作为合成纤维商品名的后缀字，如分别由聚对苯二甲酸乙二醇酯、聚丙烯腈、尼龙-6 和聚乙烯醇纺丝加工而成的纤维称作涤纶、腈纶、锦纶与维尼纶，其它如丙纶和氯纶则分别代表由聚丙烯与聚氯乙烯加工成的纤维。

有些高分子按单体名来命名容易引起混淆，例如结构式为$\left[CH_2CH_2O\right]_n$的高分子，可从环氧乙烷、乙二醇、氯乙醇或氯甲醚的聚合与后期反应来合成，只因为环氧乙烷单体最常用，且由它开环聚合容易得到高分子量的聚合物，故通常称作聚环氧乙烷。按重复单元结构命名，该高分子应称作聚氧乙烯。化妆品等常使用大量分子量在 2 万以下的这类产品，通常称为聚乙二醇。

表 1-2　杂链高分子和元素有机高分子

类型	高分子	结构单元	单体结构	T_g/℃	T_m/℃
聚醚 —O—	聚甲醛	$-OCH_2-$	H_2CO或$(H_2CO)_3$	−82	175
	聚环氧乙烷	$-OCH_2CH_2-$	H_2C-CH_2（环，经 O 相连）	−67	66
	聚双(氯甲基)丁氧环	$-O-CH_2-C(CH_2Cl)_2-CH_2-$	$Cl-CH_2-C(CH_2Cl)$—CH_2，CH_2-O（四元环）	10	

续表

类型	高分子	结构单元	单体结构	T_g/℃	T_m/℃
聚醚 —O—	聚苯醚	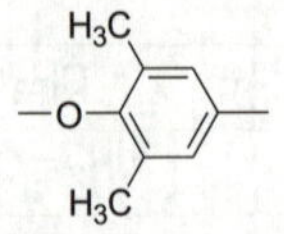	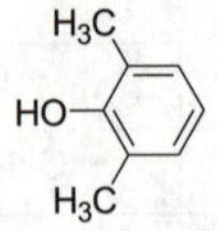	220	480
	环氧树脂	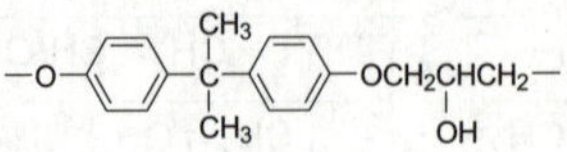	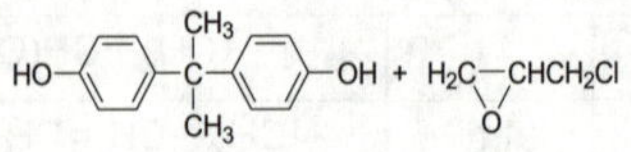		
	涤纶树脂	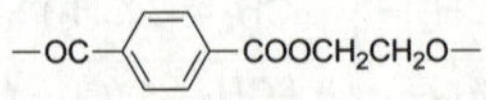	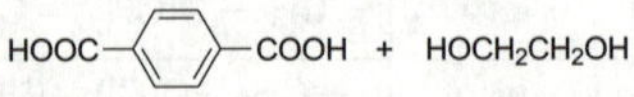	69	267
聚酯 —OCO—	聚碳酸酯	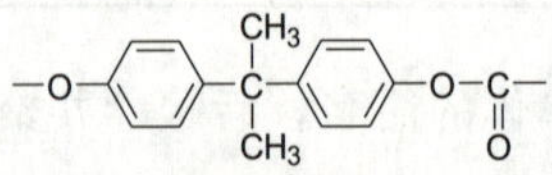	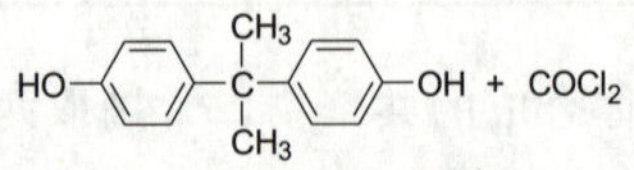	149	265
	不饱和聚酯	$—OCH_2CH_2OCOCH{=}CHCO—$	$HOCH_2CH_2OH$ + 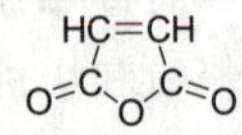		
	醇酸树脂	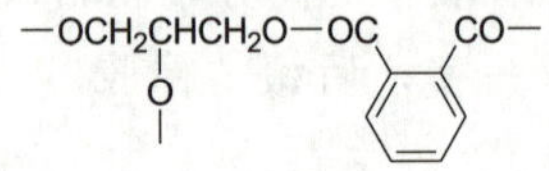	$HOCH_2CHOHCH_2OH$+ $C_2H_4(CO)_2O$		
聚酰胺 —NHCO—	尼龙-66	$—NH(CH_2)_6NHC(=O)(CH_2)_4C(=O)—$	$H_2N(CH_2)_6NH_2$+ $HOOC(CH_2)_4COOH$	50	
	尼龙-6	$—NH(CH)_5C(=O)—$	$HN(CH_2)_5CO$（环状）	49	228
聚氨酯 —NHCOO—		$—O(CH_2)_2O—C(=O)NH(CH_2)_6NHC(=O)—$	$HO(CH_2)_2OH$+ $OCN(CH_2)_6NCO$		
聚脲 —NHCONH—		$—NH(CH_2)_6NH—C(=O)NH(CH_2)_6NHC(=O)—$	$NH_2(CH_2)_6NH_2$+ $OCN(CH_2)_6NCO$		
聚砜 $—SO_2—$	双酚A聚砜	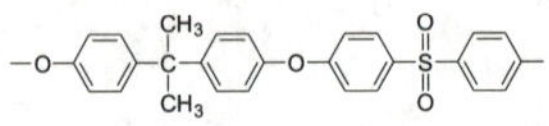	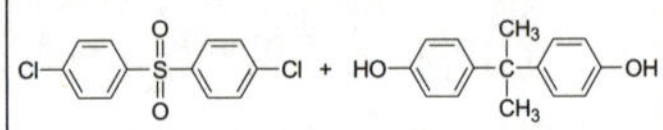	195	
酚醛	酚醛树脂	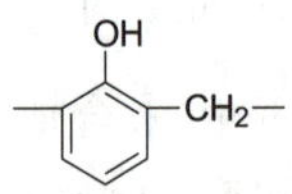	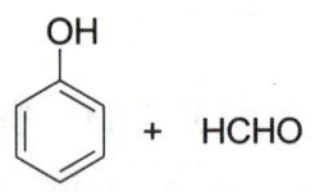		
脲醛	脲醛树脂	$—NHC(=O)NH—CH_2—$	$CO(NH_2)_2$+HCHO		
聚硫	聚硫橡胶	$—CH_2CH_2—S(=S)—S(=S)—$	$ClCH_2CH_2Cl+Na_2S_4$	−50	205
聚硅氧烷 $—OSiR_2—$	硅橡胶	$—O—Si(CH_3)_2—$	$Cl—Si(CH_3)_2—Cl$	−123	

(2) 系统命名法

IUPAC对线形高分子提出下列命名原则和程序：先确定重复单元结构，再排好其中次级单元次序，给重复单元命名，最后冠以“聚”字，就成为该高分子的名称。写次级单元时，先写侧基最少的基团元素，再写有取代的亚甲基，然后写无取代的亚甲基。这一次序与习惯写法有些不同，现举 4 例比较如下。

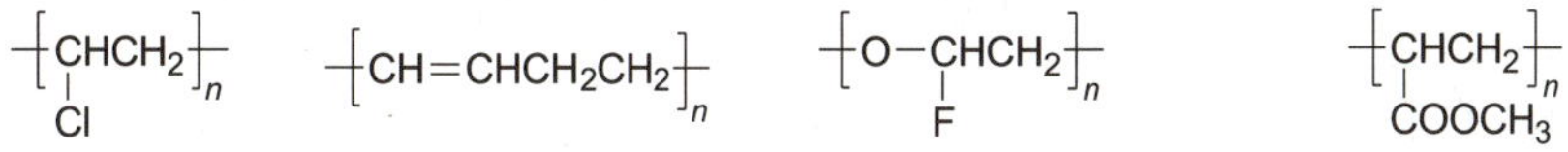

系统命名：	聚 1-氯代亚乙基	聚 1-亚丁烯基	聚氧化 1-氟代亚乙基	聚[1-(甲氧羰基)亚乙基]
习惯命名：	聚氯乙烯	聚丁二烯	聚氧化氟乙烯	聚丙烯酸甲酯

IUPAC 系统命名法比较严谨，但有些高分子，尤其是缩合聚合物的名称过于冗长，例如：

	$-[NH(CH_2)_5CO]_n-$	$-[NH(CH_2)_6NHOC(CH_2)_4CO]_n-$	$-[O(CH_2)_2OOCC_6H_4CO]_n-$
习惯命名	聚己内酰胺	聚己二酰己二胺	聚对苯二甲酸乙二醇酯
系统命名	聚[亚氨基(1-氧代己基)]	聚(亚氨基亚己基亚氨基己二酰)	聚(氧亚乙基氧对苯二甲酰)

为方便起见，许多高分子都有由英文名称缩写而来的符号，例如聚甲基丙烯酸甲酯[poly(methyl methacrylate)]的缩写符号为 PMMA。第一次看到比较不常用的符号时，应注意了解其全名。

1.4 聚合反应

由小分子单体合成高分子的反应总称聚合反应。聚合反应曾有两种重要分类方案。

1.4.1 按单体-高分子结构变化分类

按聚合过程中单体-高分子的结构变化，20 世纪 30 年代，卡罗瑟斯（W. H. Carothers）曾将聚合反应分成缩合聚合和加成聚合两类。随着高分子化学的发展，目前还可以增列开环聚合，即下列三类聚合反应：单体官能团间的缩合聚合、烯烃双键的加成聚合、环状单体的开环聚合。

（1）缩合聚合

缩合聚合（condensation polymerization）简称缩聚，是单体官能团依次发生缩合反应生成高分子的过程。过程中除形成分子量逐步增大的高分子链外，还有水、醇、氨或氯化氢等小分子副产物产生。缩聚物的结构单元要比单体少若干原子，如己二胺和己二酸反应生成聚己二酰己二胺（尼龙-66）就是缩合聚合的典型例子。

$$nH_2N(CH_2)_6NH_2 + nHOOC(CH_2)_4COOH \longrightarrow H-[HN(CH_2)_6NHOC(CH_2)_4CO]_n-OH + (2n-1)H_2O$$

聚酯、聚碳酸酯、酚醛树脂、脲醛树脂等都由缩聚反应来合成，详见表 1-2。

（2）加成聚合

烯类单体双键中的 π 键断裂，而后以 σ 键连接成高分子链的反应称作加成聚合（addition polymerization），简称加聚，产物称作加聚物。如乙烯加聚成聚乙烯、苯乙烯加聚成聚苯乙烯以及氯乙烯加聚生成聚氯乙烯等。加聚物结构单元的元素组成与其单体相同，仅仅是电子云由“肩并肩”的 π 键变化成“头碰头”的 σ 键，因此加聚物的分子量是单体分子量的整数倍，见式（1-1）。

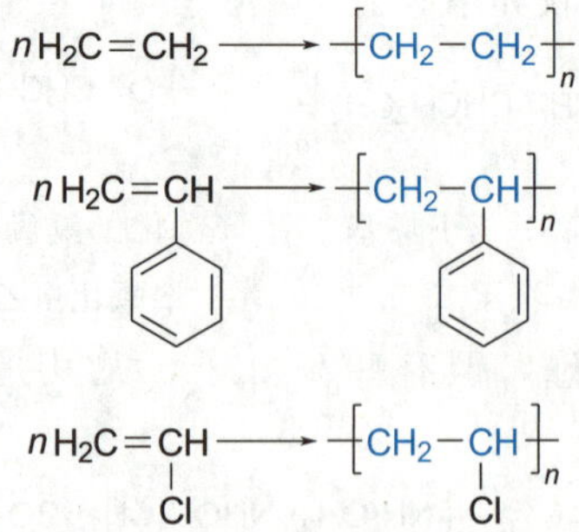

(1-1)

烯类单体的加聚物多属于碳链高分子，详见表 1-1。单烯类高分子（如聚苯乙烯）主链均为饱和碳-碳键的聚合物，而双烯类高分子（如聚异戊二烯）的高分子链中留有碳-碳双键，可进一步反应。

(3) 开环聚合

环状单体的环结构断裂而后连接成线形高分子的反应称作开环聚合（ring-opening polymerization）。含氧、氮、硫等杂原子的杂环开环聚合得到杂链高分子，其结构类似于缩聚物，聚合反应时无低分子副产物产生，又有点类似加成聚合。例如环氧乙烷开环聚合成聚氧乙烯，己内酰胺开环聚合成聚己内酰胺（尼龙-6）。

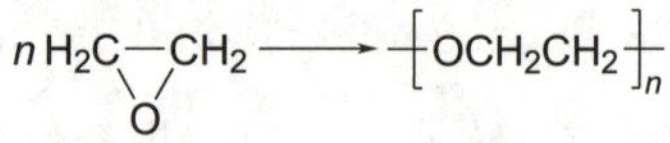

环氧乙烷　　聚环氧乙烷

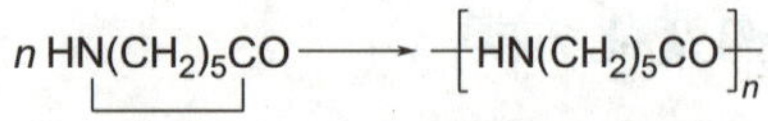

己内酰胺　　聚己内酰胺

含有碳-碳双键的环状烯烃也可以进行开环聚合，以过渡金属元素（如 W、Ta、Ru、Ti、Mo 等）的卡宾络合物作为催化剂，能使环状烯烃的开环聚合反应产物中仍保留单体中所含有的双键，被称之为开环易位聚合（Ring-Opening Metathesis Polymerization，ROMP），1976 年首次实现了工业化生产。

除以上三大类之外，还有很多种聚合反应，如聚加成、消去聚合、异构化聚合等，很难归入上述分类方案中去，待发展到足够程度，再来考虑归属问题。

聚加成

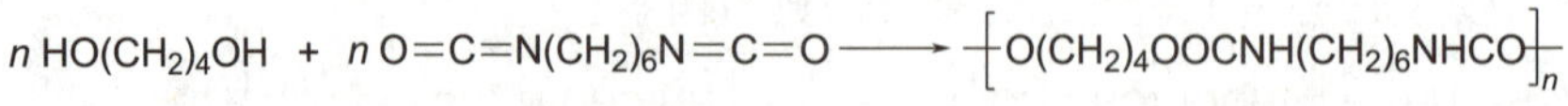

丁二醇　　二异氰酸己酯　　聚氨酯

消去聚合

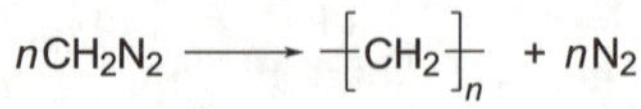

异构化聚合

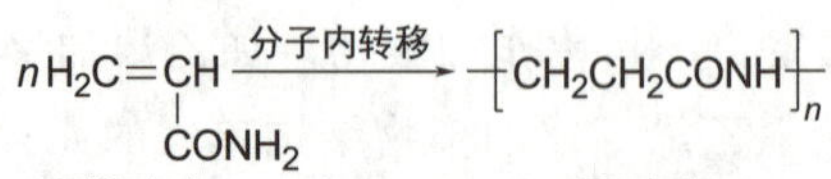

丙烯酰胺　　聚酰胺-3

1.4.2 按聚合机理分类

20 世纪 50 年代，P. J. Flory 根据反应机理和动力学，将聚合反应另分成逐步聚合（step polymerization）和连锁聚合（chain polymerization）两大类。这两类聚合反应的转化率和聚合物分子量随时间的变化均有很大的差别。

（1）逐步聚合

多数缩聚和聚加成反应属于逐步聚合，其特征是小分子转变成高分子链是缓慢和逐步进行的，每步反应的速率和活化能大致相同。两单体分子反应，形成二聚体；二聚体与单体反应，形成三聚体；二聚体之间相互反应，则形成四聚体；依此类推，最后生成高分子链。反应早期，单体很快聚合成二、三、四聚体等低聚物，短期内单体转化率很高，但参与反应基团的反应程度却很低。随后，低聚物间继续相互反应连接，分子量缓慢增加，直至基团反应程度很高时（＞98%），分子量才达到较高的数值，如图 1-1 中的曲线 3。在逐步聚合过程中，体系中含有单体、分子量递增的系列中间产物以及分子量较高的高分子。

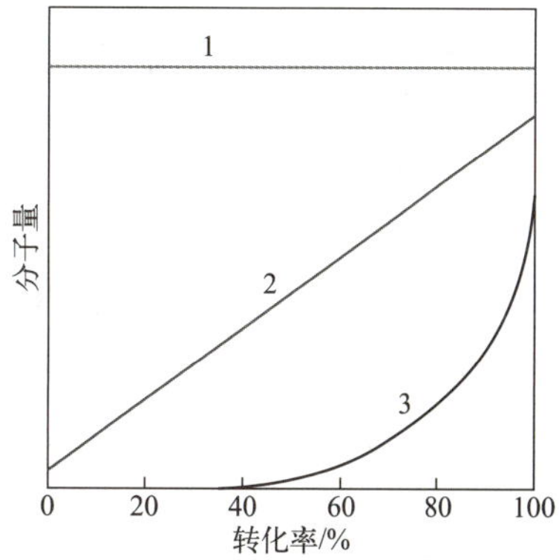

图 1-1 分子量与转化率的关系图
1—自由基聚合；2—活性阴离子聚合；3—缩聚反应

（2）连锁聚合

多数烯类单体的加聚反应属于连锁聚合。连锁聚合从活性种开始，活性种可以是自由基、阴离子或阳离子，因此有自由基聚合、阴离子聚合和阳离子聚合之分。连锁聚合历程由链引发、链增长、链终止等基元反应组成，各基元反应的速率和活化能差别很大。链引发是活性种的形成，活性种与单体加成，使链迅速增长，活性种的破坏失活就是链终止。自由基聚合过程中，低转化阶段分子量变化不大，如图 1-1 中曲线 1；除微量引发剂外，体系始终由单体和高分子量的聚合物组成，没有分子量递增的中间产物；转化率却随时间而增大，单体则相应减少。活性阴离子聚合的特征是分子量随转化率的增大而线性增加，如图 1-1 中曲线 2。根据聚合机理特征，可以按照不同规律来控制聚合速率以及分子量等重要指标。本书将按照聚合机理的分类方案，依次介绍各种聚合反应的基本规律和特征。

1.5 高分子的分子量及其分布

高分子主要被用作各种结构材料，强度是对结构材料的基本要求，而分子量则是影响高分子材料强度的重要因素。因此，在高分子合成和加工成型过程中，分子量及其分布是不可或缺的重要指标。

低分子量化合物（或低聚物）与高分子的分子量并无明确的界限。低聚物的分子量一般界定在 1000 以下，而高分子则都在 10000 以上，其间是过渡区，见表 1-3。

表 1-3　低聚物和高分子的分子量

物质划分	分子量	碳原子数	分子长度/nm
甲烷	16	1	0.125
低聚物	<1000	$1\sim10^2$	0.1～10
过渡区	$10^3\sim10^4$	$10^2\sim10^3$	10～100
高分子	$10^4\sim10^6$	$10^3\sim10^5$	100～10000

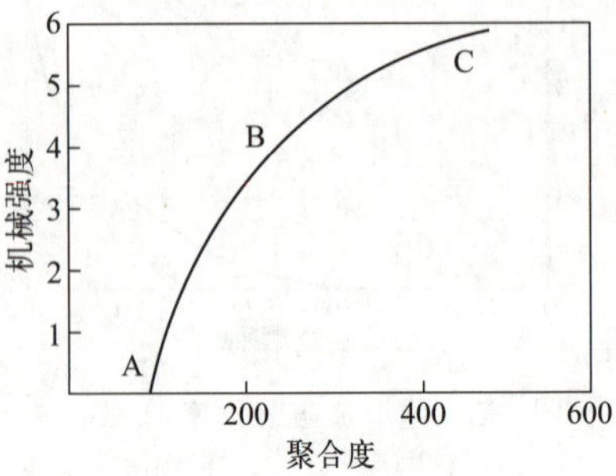

图 1-2　高分子强度与聚合度的关系

高分子材料的强度随聚合度的增大而增加，如图 1-2 所示。A 点是初具强度的最低聚合度。但非极性和极性高分子的 A 点最低聚合度不同，如强氢键的聚酰胺约 40，纤维素 60，而低极性的乙烯基高分子则在 100 以上，其分子量当以数千计。

A 点以上高分子的强度随聚合度的增大而迅速增加，到临界点 B 点后，强度变化缓慢。C 点后，强度增加更加缓慢。关于 B 点的聚合度，聚酰胺约 150，纤维素 250 左右，乙烯基高分子则在 400 以上。常用缩聚物的聚合度为 100～200，而烯类加聚物则在 500～1000 以上，相当于分子量 2 万～3 万，天然橡胶和纤维素超过此值。

常见高分子的分子量见表 1-4。

表 1-4　常见高分子的分子量

塑料	分子量/万	纤维	分子量/万	橡胶	分子量/万
高密度聚乙烯	6～30	涤纶	1.8～2.3	天然橡胶	20～40
聚氯乙烯	5～15	尼龙-66	1.2～1.8	丁苯橡胶	15～20
聚苯乙烯	10～30	维尼纶	6～7.5	顺丁橡胶	25～30
聚碳酸酯	2～6	纤维素	50～100	氯丁橡胶	10～12

1.5.1　平均分子量

乙醇、苯等小分子化合物具有固定分子量，但高分子往往由分子量不等的同系物混合而成，分子量存在一定的分布，通常所说的分子量是指平均分子量。平均分子量有多种表示法，最常用的是数均分子量和重均分子量。

（1）数均分子量 $\overline{M}_n$

通常由渗透压、蒸气压等依数性方法测定，其定义是某体系的总质量 m 被分子总数 n 所平均。

$$\overline{M}_n \equiv \frac{m}{\sum n_i} = \frac{\sum n_i M_i}{\sum n_i} = \frac{\sum m_i}{\sum (m_i / M_i)} = \sum x_i M_i \tag{1-2}$$

由于是数量的平均，低分子量部分对数均分子量有较大的贡献。

（2）重均分子量 $\overline{M}_w$

又称质均分子量，通常由光散射法测定，其定义为：

$$\overline{M}_w=\frac{\sum m_iM_i}{\sum m_i}=\frac{\sum n_iM_i^2}{\sum n_iM_i}=\sum w_iM_i \tag{1-3}$$

高分子量部分对重均分子量有较大的贡献。

以上两式中，n_i、m_i、M_i 分别代表 i-聚体的分子数、质量和分子量。对所有大小的分子，即从 $i=1$ 到 $i=\infty$ 作加和。

凝胶渗透色谱可以同时测得数均分子量和重均分子量。

（3）黏均分子量 $\overline{M}_v$

高分子的分子量也可用黏度法来测定，因此有黏均分子量。

$$\overline{M}_v=\left(\frac{\sum m_iM_i^{\alpha}}{\sum m_i}\right)^{1/\alpha}=\left(\frac{\sum n_iM_i^{\alpha+1}}{\sum n_iM_i}\right)^{1/\alpha}$$

式中，α 是高分子稀溶液特性黏数-分子量关系式 $[\eta]=KM^{\alpha}$ 中的指数，一般为 0.5～0.9。

以上三种分子量的大小依次为：$\overline{M}_w>\overline{M}_v>\overline{M}_n$。作深入研究时，还会出现 Z 均分子量。

1.5.2 分子量分布

合成高分子总存在一定的分子量分布，常称作多分散性。分子量分布有两种表示方法：

（1）分子量分布指数

其定义为 $\overline{M}_w/\overline{M}_n$ 的比值，可用来表征分布宽度。对于分子量均一的体系，$\overline{M}_w=\overline{M}_n$，即 $\overline{M}_w/\overline{M}_n=1$。合成高分子的分子量分布指数可在 1.5～2.0 至 20～50 之间，随合成方法而定。该比值越大，则分布愈宽，分子量愈不均一。

（2）分子量分布曲线

典型的分子量分布曲线如图 1-3 所示，横坐标上标注的三种平均分子量按 $\overline{M}_n$、$\overline{M}_v$、$\overline{M}_w$ 顺序依次增大。数均分子量最接近于最可几分子量。

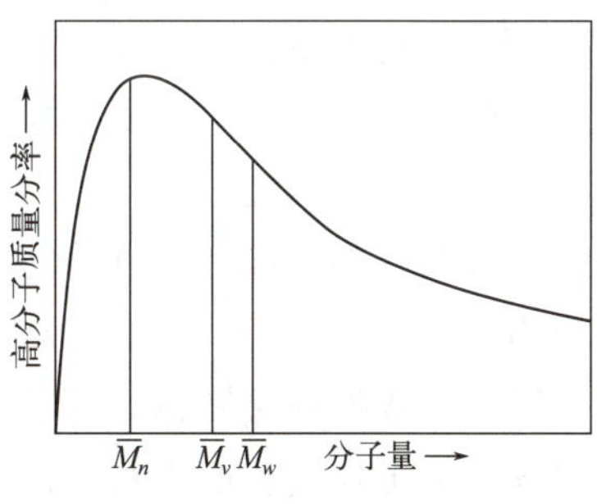

图 1-3 分子量分布曲线

平均分子量相同，其分布可能不同，因为同分子量部分所占的比例不一定相等。

分子量分布也是影响高分子性能的重要因素。低分子量部分将使高分子的固化温度和强度降低；分子量过高又使塑化成型困难。不同高分子材料应有合适的分子量分布，合成纤维的高分子量分布宜窄，而合成橡胶的分子量分布不妨较宽。

分子量和分子量分布是高分子合成化学的重要研究内容。

1.6 高分子的微结构

高分子链具有多层次的微结构，由结构单元及其键接方式引起，包括结构单元自身的结构、结构单元互相键接的序列结构、结构单元在空间排布的立体构型等。

结构单元由共价键重复键接成高分子链。共价键的特点是键能大（130～630kJ·mol^{-1}）、原子间距离短（0.11～0.16nm）、两键间夹角基本一定，例如碳-碳单键键角为109°28′。

线形高分子链内结构单元间可能有多种键接方式，乙烯基高分子链以头－尾键接为主，杂有少量头-头或尾-尾键接。以聚丙烯高分子链为例：

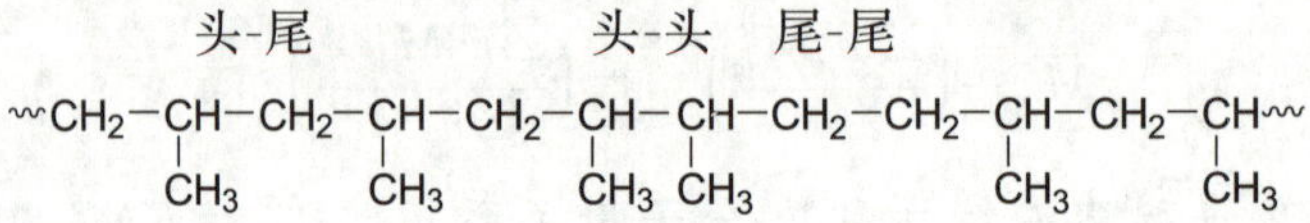

高分子链上结构单元中的取代基在空间可能有不同的排布方式，形成多种立体构型，主要有手性构型和几何构型两类。

（1）手性构型

聚丙烯中的叔碳原子连接有四个不同的基团，甲基在空间的排布方式如图1-4所示。为说明方便起见，将主链拉直成锯齿状，排在纸平面上，如甲基R全部处在平面的上方，则形成全同立构（等规）构型；R如规则相间地处于平面的两侧，则形成间同立构（间规）构型；如甲基无规排布在平面的两侧，则成无规构型。三种构型的聚丙烯性能差别很大。高聚物的立体构型主要由聚合方式来控制，因此也是高分子合成化学的重要内容。

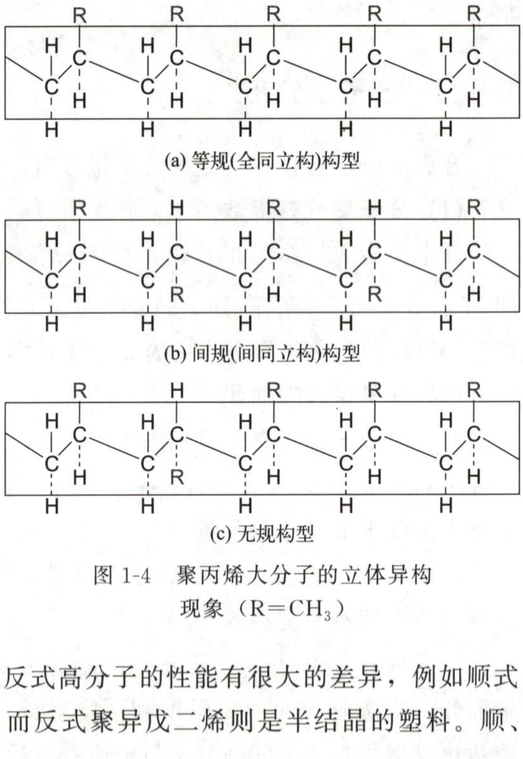

(a) 等规(全同立构)构型

(b) 间规(间同立构)构型

(c) 无规构型

图1-4 聚丙烯大分子的立体异构现象（R=CH_3）

（2）几何构型

几何构型由高分子链中的双键或环状结构等引起。丁二烯的1,4-加成高分子主链中留有双键，与双键连接的碳原子不能绕主链旋转，因此形成了顺式和反式两种几何异构体。顺式和反式高分子的性能有很大的差异，例如顺式聚异戊二烯（或天然橡胶）是性能优良的橡胶，而反式聚异戊二烯则是半结晶的塑料。顺、反式聚丁二烯的情况也相似。

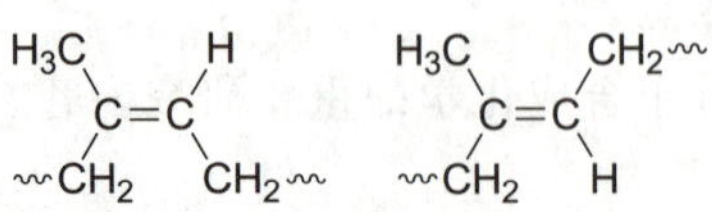

高分子的微结构与聚合过程关系密切，是高分子合成阶段需要研究和控制的内容。

1.7 线形、支化和交联高分子

高分子链中结构单元可键接成线形，还可能产生支链和交联结构。线形高分子链中的侧基不能称作支链，图 1-5 中支链只是简示图，还可能有星形、梳形以及树枝形等复杂结构。

形成线形高分子的单体至少应带有 2 个反应性官能团，如缩聚反应中的二元醇和二元酸，加聚反应中烯类单体的 π 键。多官能团的单体聚合，如二元酸和三元醇的缩聚，先形成支链，可进一步发展成交联结构。有些二官能团单体聚合时，也可通过链转移反应而产生支链，例如低密度聚乙烯和聚氯乙烯。有时还有目的地在高分子链上接上另一结构的支链，形成接枝共聚物，使其具有两种结构单元所形成的高分子的双重性能。

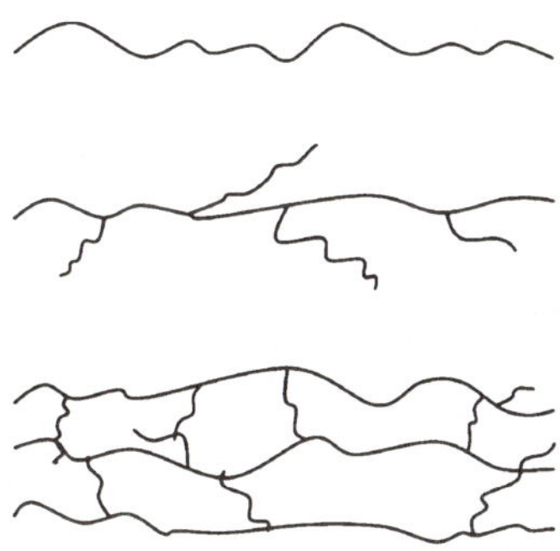

图 1-5　线形、支链形和交联形

线形或支化高分子以物理力聚集成高聚物，可溶于适当溶剂中；加热时可熔融塑化，冷却时则固化成型，这类高聚物被称作热塑性高分子，如聚乙烯、聚氯乙烯、聚苯乙烯、聚对苯二甲酸乙二醇酯、聚己内酰胺等。支化高分子不容易结晶，高度支化时甚至难溶解，只能被溶剂溶胀。

交联高分子可以看作由许多线形高分子由化学键连接而成的体形结构。交联程度低的网状结构，受热时尚可软化，但不熔融；适当溶剂可使其溶胀，但不溶解。交联程度高的体形结构，受热时不再软化，也不易被溶剂所溶胀，而成刚性固体。除无规的体形结构外，还可以有多种规整的特殊结构，如梯形、稠环片状（如石墨）和三度稠环（如金刚石）等。

酚醛树脂、醇酸树脂等在树脂合成阶段，需控制原料配比和反应条件，使其停留在线形或有少量支链的低分子预聚体阶段。成型时，经加热，再使其中潜在官能团继续反应成交联结构而固化。这类高聚物则称作热固性高分子。

天然橡胶、丁苯橡胶等原来是线形高分子，加工时与单质硫等反应，则交联固化。交联程度低时，具有良好的高弹性，却消除了高分子间的相互滑移和永久形变。硬橡皮、酚醛塑料等高度交联的高分子则呈刚性，尺寸稳定。

1.8 高分子的凝聚态

单体以结构单元的形式通过共价键键接成高分子，高分子再以分子间的相互作用聚集成高聚物。与共价键（键能为 130～630kJ・mol^{-1}）相比，分子间的其它作用力（作用能为

8.4～42kJ·mol^{-1}）要弱得多，分子间的距离（0.3～0.5nm）也比分子内原子间的距离（0.11～0.16nm）要大得多。但是，众多作用位点的加和使得高聚物的总内聚能密度很高，由此形成的凝聚态可以粗分成非晶态（无定形态）和晶态两类。大多数高聚物处于无定形态，有些高聚物能部分结晶，但结晶度很少达到100%。高聚物的结晶能力与高分子主链的对称性和规整性、有无侧基等微结构有关。结晶程度也与高分子链的柔性、分子间作用力等有关，还受取向、温度等条件的影响。

本书第八章将会详细说明，高聚物的结晶影响其化学反应的进行。结晶区分子链排列堆积紧密，反应试剂不易进入，通常只在晶区表面发生反应。无定形区容易被溶胀溶解，化学反应比较易于进行。

习题

1）举例说明小分子、大分子、高分子、低聚物、齐聚物、聚合物、高聚物等名词的含义以及它们之间的关系与区别。

2）举例说明单体、单体单元、结构单元、重复单元、链节、链段等名词的含义以及它们之间的关系与区别。

3）从有机化学教材中寻找下列单体源于石油的合成路线：

a）氯乙烯　b）四氟乙烯　c）苯乙烯　d）乙二醇　e）对苯二甲酸

4）设想因世界动乱，源于石油的单体供应中断，你能提出什么应急计划来保障聚合物的生产？

5）画出聚乙烯、聚丙烯、聚氯乙烯、聚苯乙烯、聚丙烯酰胺、聚甲基丙烯酸甲酯、聚丁二烯、聚异戊二烯的重复单元，假定这些聚合物的平均分子量均为10万，计算它们的聚合度。

6）画出聚对苯二甲酸乙二醇酯（涤纶）、双酚A聚碳酸酯、尼龙-66、尼龙-6、双酚A聚砜的重复单元，假定这些聚合物的平均分子量均为6万，计算它们的聚合度。

7）举例说明加成聚合与缩合聚合、逐步聚合与连锁聚合、开环聚合与加成聚合之间的区别。

8）写出下列单体的名称、聚合反应式以及聚合物名称。

a）$CH_2{=}CHF$　　b）$CH_2{=}C(CH_3)_2$　　c）$HO(CH_2)_5COOH$

d）
$$\begin{array}{ll} CH_2 & \!\!-\!\!CH_2 \\ | & \quad | \\ CH_2 & \!\!-\!\!O \end{array}$$
e）$NH_2(CH_2)_6NH_2+HOOC(CH_2)_4COOH$

9）对下列聚合物进行命名，并写出其单体结构与名称、聚合反应式和聚合反应类型。

a）$-\!\!(CH_2C(CH_3)_2)_n\!\!-$　　b）$-\!\!(NH(CH_2)_6NHCO(CH_2)_4CO)_n\!\!-$

c）$-\!\!(NH(CH_2)_5CO)_n\!\!-$　　d）$-\!\!(CH_2C(CH_3){=}CHCH_2)_n\!\!-$

10）写出下列聚合物的单体分子式及其聚合反应的方程：聚丙烯腈、丁苯橡胶、聚甲醛、聚苯硫醚、聚二甲基硅氧烷。

11）如何用实验来区分无定型、结晶型和交联聚合物？

12）有三种聚异丁烯样品，A的摩尔质量都是 $30000g \cdot mol^{-1}$，B的摩尔质量都是 $70000g \cdot mol^{-1}$，C的摩尔质量都是 $100000g \cdot mol^{-1}$，10克A和5克B以及1克C混合，计算混合物的数均分子量和重均分子量。

第2章

缩合聚合与逐步聚合

2.1 引言

第一章提到，聚合反应可粗略分为缩合聚合、加成聚合及开环聚合三类，这是基于单体分子结构的分类法。若从反应机理的角度考虑，可将聚合反应分为逐步聚合和连锁聚合两大类，两者在高分子形成机理、中间产物、分子量增长方式以及基元反应活化能等方面都存在显著差异。

许多有机化学反应（如：酯化、酰胺化、氨基甲酸酯的形成、芳香族取代等）用于高分子的合成，聚合反应在两个不同官能团（例如，羟基与羧基或异氰酸酯与羟基）之间进行，高分子链通常以缓慢、逐步的方式增长。逐步聚合涉及两类单体类型：第一类为含有两种不同的双官能团和/或多官能团单体，其中每一种单体具有相同的官能团。双官能团或多官能团单体是指含有两个或多于两个官能团的化合物。第二类为含有两种不同官能团的单一单体。可用聚酰胺的合成来说明这两类逐步聚合反应。如式（2-1a）和式（2-1b）所示，聚酰胺可通过二元胺与二元酸的缩合反应制得，也可来自氨基酸的自缩合反应。

$$n\,H_2N-R-NH_2 + n\,HO_2C-R'-CO_2H \longrightarrow H{+}NH-R-NHCO-R'-CO{+}_nH + (2n-1)H_2O \tag{2-1a}$$

$$n\,H_2N-R-COOH \longrightarrow H{+}NH-R-CO{+}_nOH + (n-1)H_2O \tag{2-1b}$$

上述两种类型的逐步聚合反应可用以下通式表示：

$$n\,A-A + n\,B-B \longrightarrow {+}A-AB-B{+}_n \tag{2-2a}$$

$$n\,A-B \longrightarrow {+}AB{+}_n \tag{2-2b}$$

其中，A和B是两种不同类型的官能团。这两种聚合反应的特性非常相似。但是，无论是哪种逐步聚合，要获得分子量足够高、具有实用价值的高分子材料通常都比相应的小分子反应困难得多，因为高分子量聚合物只能在非常高的官能团转化率下（大于98%～99%）

得到。因此，用于逐步聚合的反应须满足如下要求：有利的化学平衡、没有环化和其它副反应。实现高分子量的另一个要求是 A 和 B 官能团的量必须非常接近于化学计量。

大部分缩聚反应属于逐步聚合机理，也有相当多的逐步聚合是通过非缩合反应进行的，其聚合过程并不产生小分子副产物。有时会把缩聚和逐步聚合作为同义词，但是逐步聚合涵盖了范围更广的反应和产物。缩聚物种类繁多，大多数为杂链高分子。常见的聚酯、聚酰胺、酚醛树脂、环氧树脂、醇酸树脂等已经广泛应用于国民经济各个领域和日常生活。聚碳酸酯、聚酰亚胺、聚苯硫醚等高性能高分子材料在国防、航空航天等领域占有重要地位。从高分子化学角度看，纤维素、核酸、蛋白质等天然大分子也属于缩聚物范畴。

2.2 逐步聚合动力学

通过逐步聚合获得高分子量聚合物需要相当长的反应时间。图 2-1 描绘了一个缩聚过程可能出现的情况。可以看出，聚合是一步一步进行的，所有中间产物稳定、可分离；即使官能团的转化率达到 80%，也仅有 5 条聚合度分别为 3、4、5、6、7 的“聚合物链”。直到很高的转化率，形成的低聚物才会相互缩合成高分子链。这就提出了另一个问题：随着官能团转化程度的提高，平均分子量是如何变化的？

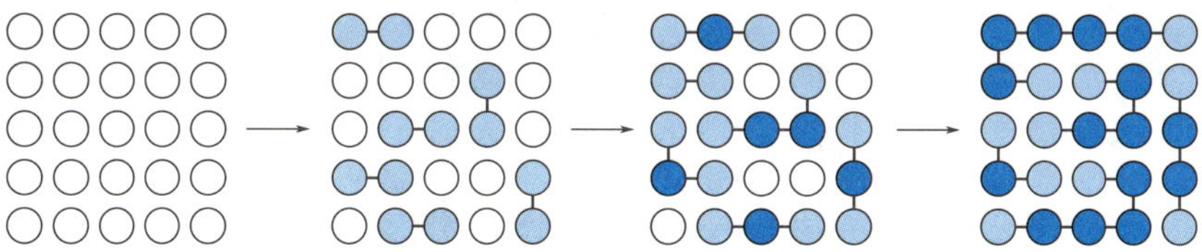

图 2-1　缩聚物形成示意图
白色球表示尚未反应的单体，浅蓝色球表示两个活性基团之一已经反应的分子，深蓝色球表示两端基团均已反应的分子

2.2.1 官能团等活性概念

逐步聚合与连锁聚合的差异很大程度上取决于它们不同的动力学特性。逐步聚合的动力学理论是基于如下假设建立的，即各反应步骤可以看作官能团之间的反应，而这些官能团的反应活性与分子的大小无关。如上所述，在逐步聚合中，聚合度（分子量）的增长相对缓慢。例如，在二醇与二酸的缩聚反应中，第一步是两种单体之间的反应形成二聚体：

$$HO{-}R{-}OH + HO_2C{-}R'{-}CO_2H \longrightarrow HO{-}R{-}OCO{-}R'{-}COOH + H_2O \tag{2-3}$$

然后，二聚体与二醇或二酸单体分子反应得到三聚体：

$$HO{-}R{-}OCO{-}R'{-}COOH + HO{-}R{-}OH \longrightarrow HO{-}R{-}OCO{-}R'{-}COO{-}R{-}OH + H_2O \tag{2-4a}$$

$$HO{-}R{-}OCO{-}R'{-}COOH + HO_2C{-}R'{-}CO_2H \longrightarrow HOCO{-}R'{-}COO{-}R{-}OCO{-}R'{-}COOH + H_2O \tag{2-4b}$$

二聚体自身反应形成四聚体：

$$2\,HO-R-OCO-R'-COOH \longrightarrow HO-R-OCO-R'-COO-R-OCO-R'-COOH + H_2O \qquad (2\text{-}5)$$

四聚体、三聚体既可以自身相互反应，也可以与单体和二聚体反应。聚合就以这种方式逐步进行下去，聚合物的分子量随转化率（时间）的增长而不断提高。在反应早期，单体基本消失，但产物的分子量远远低于具备实用价值所需分子量（约大于 5000～10000）。对于大多数逐步聚合反应，在聚合初期残留的单体不足 1%，而聚合物链平均只含 10 个单体单元。在第三章将会看到，自由基聚合的情况与此完全不同。

因此，逐步聚合的速率是不同大小的分子之间反应速率的总和，也就是将诸如式（2-6a）列举的所有可能的反应速率进行加和。

$$\left.\begin{array}{l}
\text{单体} + \text{单体} \longrightarrow \text{二聚体}\\
\text{二聚体} + \text{单体} \longrightarrow \text{三聚体}\\
\text{二聚体} + \text{二聚体} \longrightarrow \text{四聚体}\\
\text{三聚体} + \text{单体} \longrightarrow \text{四聚体}\\
\text{三聚体} + \text{二聚体} \longrightarrow \text{五聚体}\\
\text{三聚体} + \text{三聚体} \longrightarrow \text{六聚体}\\
\text{四聚体} + \text{单体} \longrightarrow \text{五聚体}\\
\text{四聚体} + \text{二聚体} \longrightarrow \text{六聚体}\\
\text{四聚体} + \text{三聚体} \longrightarrow \text{七聚体}\\
\text{四聚体} + \text{四聚体} \longrightarrow \text{八聚体}\\
\text{五聚体} + \text{三聚体} \longrightarrow \text{八聚体}\\
\text{五聚体} + \text{四聚体} \longrightarrow \text{九聚体}\\
\qquad\qquad\vdots
\end{array}\right\} \qquad (2\text{-}6a)$$

上述不同尺寸分子间的一系列反应可以用一个通式表示：

$$n\text{-聚体} + m\text{-聚体} \longrightarrow (n+m)\text{-聚体} \qquad (2\text{-}6b)$$

显然，在任何情况下，反应混合物都是由大小不同的二醇、二酸和羟基酸分子组成。任何含－OH 的分子都能与含－COOH 的分子发生反应。这是逐步聚合的普遍特征。对于这种包含无数独立反应的聚合体系，进行动力学分析无疑是非常困难的。但是，如果作如下假设，则可极大简化动力学分析：①双官能团单体中的两个同类型官能团（如：二醇的两个羟基）的反应活性是相同的；②不管另一个官能团是否发生了反应，双官能团反应物中的某一官能团的反应活性保持不变；③某一官能团的活性与其所连接的分子的大小无关（也就是与 n 和 m 的值无关）。基于这些假设，即所谓的官能团等活性的概念，逐步聚合动力学等同于相应的小分子反应动力学。例如，下面将看到，聚酯化和乙酸-乙醇酯化反应的动力学本质上是一样的。

在具体分析逐步聚合动力学之前，考察某些小分子化合物的反应有助于理解上述官能团等活性假设的合理性。对比一系列分子量不同的同系物的反应速率可以观察到特定官能团的反应活性与分子尺寸的相互关系。表 2-1 第二列中的数据为一元羧酸同系物酯化反应［式

(2-7)] 的速率常数。数据表明，随着亚甲基数（x）的增大，反应活性有所下降，但这种影响只在非常小的分子尺寸范围内才比较明显。反应速率常数在 $x=3$ 时达到极限值，之后这个值基本保持不变，也就是说，与分子大小无关。

$$H(CH_2)_xCOOH + C_2H_5OH \xrightarrow{HCl} H(CH_2)_xCOOC_2H_5 + H_2O \tag{2-7}$$

$$n\,HO(CH_2)_xOH + n\,ClCO(CH_2)_8COCl \xrightarrow{-HCl} \text{+}O(CH_2)_xOCO(CH_2)_8CO\text{+}_n + n\,HCl \tag{2-8}$$

$$HOCO(CH_2)_xCOOH + 2\,C_2H_5OH \longrightarrow C_2H_5OCO(CH_2)_xCOOC_2H_5 + 2\,H_2O \tag{2-9}$$

表 2-1 羧酸同系物酯化反应速率常数 单位/L·mol^{-1}·s^{-1}，125℃

分子尺寸（x）	$k\times10^4$，$H(CH_2)_xCO_2H$	$k\times10^4$，$(CH_2)_x(CO_2H)_2$
1	22.1	
2	15.3	6.0
3	7.5	8.7
4	7.5	8.4
5	7.4	7.8
6	—	7.3
8	7.5	
9	7.4	
11	7.6	
13	7.5	
15	7.7	
17	7.7	

表 2-2 为癸二酰氯与 α,ω-二醇的聚酯化反应［式（2-8）］动力学数据。显而易见，聚合速率常数与二元醇的亚甲基单元数（x）几乎无关，这为官能团反应活性不依赖于分子大小的概念提供了直接证据。

表 2-2 癸二酰氯与 α,ω-二醇的聚酯化反应速率常数（26.9℃；溶剂：1,4-二氧六环）

分子尺寸（x）	$k\times10^3$/L·mol^{-1}·s^{-1}
5	0.60
6	0.63
7	0.65
8	0.62
9	0.65
10	0.62

也许人们会认为，反应活性应该随着分子尺寸的增大而下降，因为大尺寸分子的扩散速度慢。然而，官能团的反应活性依赖于官能团的碰撞频率，而非整个分子的扩散速度。碰撞频率是一个官能团在单位时间内与其它官能团碰撞的次数。连接在聚合物增长链末端的官能

团比聚合物分子整体的运动能力要强得多。由于邻近链段的构象重排，这种链段官能团具有相当大的灵活性，与邻近基团的碰撞速度/频次与小分子的大致相同。

实际上，聚合物分子整体迁移能力的下降意味着任何两个官能团在分开之前更容易发生碰撞。如果一个官能团从一个碰撞目标扩散到下一个碰撞目标的速度太慢，以至于官能团反应对的浓度不能维持在平衡状态，则会观察到官能团反应活性的下降。但是，实际情况不是这样，因为在逐步聚合中，两个官能团之间的反应大约在每 10^{13} 次碰撞中才发生一次。在如此之多的碰撞所需的时间间隔内，分子和官能团的扩散都非常充分，足以保持官能团碰撞对的平衡浓度。综合考虑这些因素的最终结论是，官能团的反应性与它所连接的分子大小无关。当然，如果官能团的反应活性非常高和/或聚合物的分子量很大时，确实会出现例外。在这些情况下，聚合反应将受到扩散控制，因为迁移速度太慢，无法维持反应对的平衡浓度和官能团的碰撞频率。

在许多体系中，双功能反应物的官能团等活性也得到了证实。表 2-1 中第三列给出了一组二元羧酸同系物酯化反应［式（2-9）］的数据。表中列出的速率常数是二元酸中两个羧基的速率常数的平均值。在实验误差范围内，两个羧基的速率常数是相同的。此外，一个非常重要的结果是，某一官能团的反应活性与另一个官能团是否已经发生了反应无关。与一元羧酸一样，二元羧酸酯化的反应速率常数很快达到极限值。在癸二酰氯的聚酯化反应中也观察到了类似的现象（见表 2-2）。

值得指出的是，当 x 值（亚甲基数）小于 4 或 5 时，某一官能团的反应活性的确会受到第二个基团的影响。在大多数情况下，这种效应随着分子尺寸的增大、官能团的彼此隔离而迅速消失。因此，$x=6$ 的二元酸其酯化反应速率常数与一元酸的速率常数相同。初看起来，涉及较小 x 值的双功能单体的聚合可能会存在问题。然而，在处理逐步聚合反应动力学时，双功能反应物相比于单功能反应物在官能团反应活性上的差异不是重点考虑的因素。最为关键的是，双功能反应物中某一官能团的反应活性不会因另一官能团的反应而改变，且这两个官能团的反应活性相同，并在聚合过程中保持不变。

2.2.2 逐步聚合动力学分析

基于官能团等活性假设，下面以二元酸和二元醇的聚酯化为例来说明典型的逐步聚合反应动力学的一般特征。在这里所采用的方法和原则也适用于其它逐步增长聚合反应的动力学分析。

小分子的酯化反应是一个酸催化过程，聚酯化也是如此。如下列各式所示，该反应包括羧酸的质子化以及质子化羧酸与醇反应生成酯。

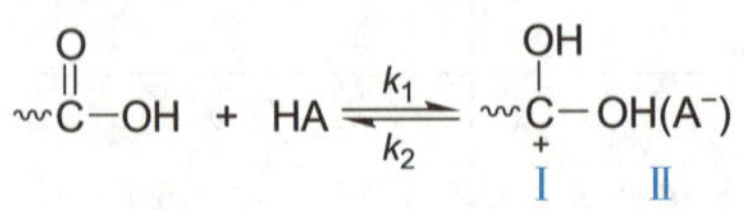

(2-10a)

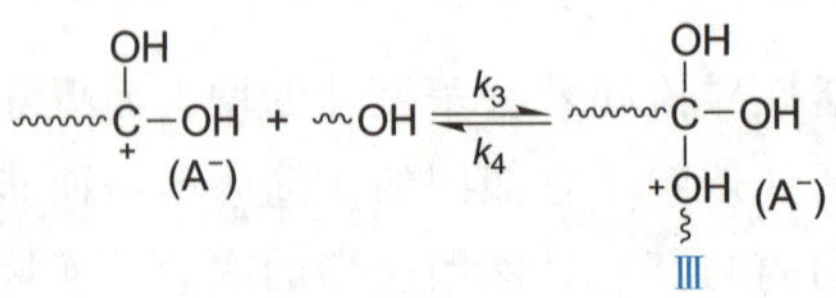

(2-10b)

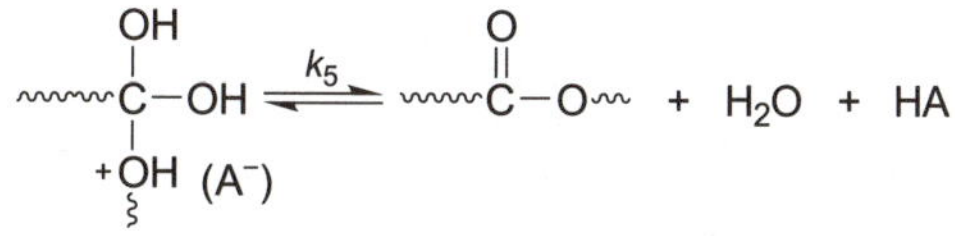

(2-10c)

在上述反应式中，~COOH和~OH表示反应混合物中所有酸或醇的种类，即单体、二聚体、三聚体，…，n-聚体。由于聚合反应通常在低极性有机介质中进行，质子化羧基（物种Ⅰ）和物种Ⅱ（A^-）以缔合离子对的形式存在，后者为来自酸 HA 的反离子。

像许多其它逐步聚合一样，聚酯化是一个平衡反应。从高产率获得高分子量聚合物的角度考虑，应该尽量驱使平衡不断向形成聚合物的方向移动。对于聚酯化反应，这很容易通过脱除物种Ⅲ的副产物（水）来实现［式（2-10c）］。在这种条件下，可将式（2-10b）和式（2-10c）视为不可逆反应。

逐步聚合速率可用反应官能团的浓度变化来表示。为此，利用酸碱滴定法测定未反应的羧基浓度来跟踪聚酯化反应。聚合反应速率 R_p 则可表示为羧基的消耗速率 $-d[COOH]/dt$。对于通常的聚酯化反应，聚合速率等同于物种Ⅲ的形成速率；也就是说，k_4 非常小［因为反应是在驱动式（2-10b）和式（2-10c）向右移动的条件下进行的］，而且 k_1、k_2、k_5 大于 k_3。于是，得到如下的速率表达式：

$$R_p=\frac{-d[COOH]}{dt}=k_3[\overset{+}{C}(OH)_2][OH] \tag{2-11}$$

式中，[COOH]、[OH] 和 $[C^+(OH)_2]$ 分别表示羧基、羟基和质子化羧基（Ⅰ）的浓度，$mol \cdot L^{-1}$。

根据式（2-10a）得到质子化反应的平衡常数表达式：

$$K=\frac{k_1}{k_2}=\frac{[\overset{+}{C}(OH)_2]}{[COOH][HA]} \tag{2-12}$$

联合式（2-11）和式（2-12）得到式（2-13）：

$$\frac{-d[COOH]}{dt}=k_3K[COOH][OH][HA] \tag{2-13}$$

催化剂 HA 可来自单体二元羧酸本身，也可来自外部添加的硫酸或对甲苯磺酸等强酸。因此，根据 HA 的性质，由式（2-13）可得出两种截然不同的动力学情况。

(1) 自催化聚合

在没有外加强酸的情况下，二元酸单体可自催化进行聚酯化反应。此时，式（2-13）中的 [HA] 用 [COOH] 代替，转变为如下形式：

$$\frac{-d[COOH]}{dt}=k[COOH]^2[OH] \tag{2-14}$$

式中，K 和 k_3 合并为实验可确定的速率常数 k。

式（2-14）表明自催化聚合属于三级反应，反应速率正比于羟基浓度的 1 次方和羧基浓度的 2 次方。对羧基浓度的二级依赖关系由两个一级依赖关系组成：一个是作为反应物的羧基，另一个是作为催化剂的羧基。

对于大多数聚合反应，两种官能团的浓度非常接近于化学计量，故式（2-14）可简化为：

$$\frac{-d[M]}{dt}=k[M]^3 \tag{2-15a}$$

或

$$\frac{-\mathrm{d}[\mathrm{M}]}{[\mathrm{M}]^3}=k\,\mathrm{d}t \tag{2-15b}$$

式中，[M] 为羟基或羧基的浓度。对式（2-15b）积分得到：

$$2kt=\frac{1}{[\mathrm{M}]^2}-\frac{1}{[\mathrm{M}]_0^2} \tag{2-16}$$

式中，$[\mathrm{M}]_0$ 为初始（$t=0$）羟基或羧基浓度。在这里，用反应程度（p）来表示式(2-16）更为方便。反应程度定义为在时刻 t 已经反应的羟基或羧基官能团的分数。p 也被称为转化程度或转化分数，可通过测定未反应羧基的量来确定。于是，在某一时刻 t 的羟基或羧基浓度 [M] 为：

$$[\mathrm{M}]=[\mathrm{M}]_0-[\mathrm{M}]_0p=[\mathrm{M}]_0(1-p) \tag{2-17}$$

联立式（2-16）和式（2-17）得到：

$$\frac{1}{(1-p)^2}=2[\mathrm{M}]_0^2kt+1 \tag{2-18}$$

上式表明，$1/(1-p)^2$ 对 t 作图得到的曲线应该是线性的。这种行为在聚酯化反应中普遍存在。图 2-2 为己二酸和二甘醇（$HOCH_2CH_2OCH_2CH_2OH$）在自催化条件下的聚酯化结果。可以发现：在 $p=0.80\sim0.93$ 范围内，实验点遵循式（2-18）所描述的线性关系，而在基团转化率低于 80%的反应初期及大于 93%的后期，实验点偏离了三级动力学曲线。曾经有人提出过二级和二级半动力学方程，但缺乏足够的实验证据。总体而言，相比于二级和二级半动力学模型，三级动力学方程在较高转化率范围内与实验数据的拟合要好得多。高转化率至关重要，因为正如下面所看到的，只有在高转化率下才能获得高分子量聚合物。从实际应用角度看，动力学曲线的低转化区意义不大。

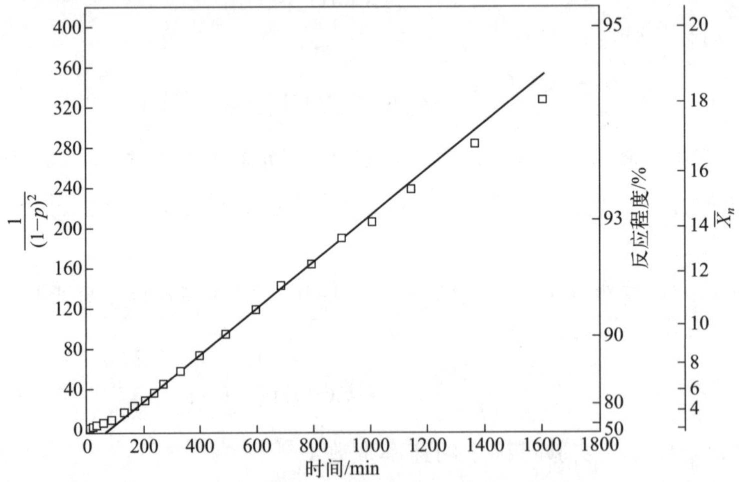

图 2-2　己二酸与二甘醇自催化聚酯化反应的动力学曲线（166℃）

上述观察到的非线性行为并非聚酯化所固有的特征。对于小分子化合物，如月桂醇与月桂酸或己二酸，二甘醇与己酸的酯化反应也有类似现象。在低转化率下出现的非线性现象通常被认为是由于反应介质发生了巨大变化。这是因为，随着反应的进行和水的脱除，弱极性的酯基取代了极性的羟基和羧基，反应介质从最初的羧酸和醇的混合物变成了酯，反应体系的极性显著下降，这可能导致反应速率常数或反应级数的改变。在图 2-2 中，低转化区的曲线近似线性，但斜率（即速率常数）小于高转化区的斜率。速率常数由小变大符合反应动力学的一般规律。对于一个荷电底物（质子化羧基）与中性的亲核试剂（醇）的反应来说，其过渡态的电荷密度比反应物小，因此，介质极性的下降通常有利于提高反应速率。此外，在低转化区存在的醇-酸缔合作用会降低活性物种（即游离羟基和羧基）的浓度，从而导致较低的反应速率。

在低转化率下，反应体系中质子浓度相对较高，其催化作用比未电离的羧酸更为有效。若用 H^+ 取代式（2-10a）、式（2-12）和式（2-13）中的 HA，则反应速率对羧基、羟基和质子浓度均呈一级依赖关系。质子浓度由式（2-19）给出：

$$[H^+]=(K_{HA}[HA])^{1/2} \tag{2-19}$$

其中 K_{HA} 是羧酸的电离常数。联立式（2-13）和式（2-19），得到如式（2-20）所示的动力学表达式，属于 2.5 级反应。因此，将低转化率范围内的动力学曲线拟合为 2.5 级比三级更适合。但是，在低转化率之后（>80%），介质的极性下降了，体系中主要的催化剂是未电离羧酸。此时，反应速率对羧酸是二级依赖关系，总反应级数则为三级［式（2-14）和式（2-15）］。

$$\frac{-d[COOH]}{dt}=k_3KK_{HA}^{1/2}[COOH]^{3/2}[OH] \tag{2-20}$$

低转化区偏离三级动力学曲线的原因还与高的反应物浓度有关。严格地说，任何速率表达式［如式（2-18）和式（2-20）］的正确推导应该用活度而不是浓度。以浓度代替活度的前提是浓度与活度成正比。这种假设通常适用于在稀溶液和中等浓度条件下的小分子反应动力学研究。在高浓度的情况下往往不成立，而这正是典型的逐步聚合的反应条件。实际上，浓度和活度都不是衡量反应体系向羧基提供质子能力的合适指标。有研究指出，对于非水体系或含有高浓度酸的体系，酸度函数（h_0）才更适合表征酸度。然而，对于聚合体系，难以获得这种参数。

对于缩聚反应，由于产物之一（例如酯化反应中的水）的脱除势必导致反应混合物的体积随着转化率的提高而减小。这可能是导致低转化区非线性的另一个原因。如果用浓度对时间作图［即按照式（2-16）］，则不会有这样的偏离；而以 $1/(1-p)^2$ 对时间作图则引入了固有误差，因为式（2-18）假定反应体积（和质量）是不变的。可见，低转化区的非线性现象是多种因素影响的结果。

在聚酯化后期，实验点也偏离了三级动力学曲线（图 2-2），这可能与反应物损失和存在逆反应有关。像许多其它逐步聚合反应一样，聚酯化通常在中、高温和减压条件下进行，以便加快反应，促进副产物水的脱除，驱动体系向聚合物形成的方向移动。在这些条件下，少量反应物因挥发或降解（如二元醇的脱水、二酸的脱羧）而损失。在反应初期，反应物少量损失可能并不重要，但在后期会变得非常重要。比如，在 $p=0.93$ 时，0.3%的反应物损失会引入约 5%的浓度误差。

聚酯化是一个平衡反应。随着转化率的提高，驱动平衡向聚合物形成的方向移动会变得越来越困难。因此，导致高转化区非线性的另一个重要原因是逆反应趋势的增大。这在很大程度上归因于在高转化率下反应介质的黏度增大。有研究表明，在己二酸-二甘醇聚合过程中，黏度从 0.015 泊增至 0.30 泊。黏度的大幅度上升势必降低脱水效率，从而导致反应速率随转化率的增加而下降。对于高黏度反应体系，官能团等活性假设有可能并不成立，特别是当分子迁移能力严重下降时，连接在大尺寸分子上的官能团的反应活性也会降低。

(2) 聚合物分子量

表征高分子材料最重要的参数之一是分子量。如果未达到足够高的分子量（>5000～10000)，材料强度将达不到预期的要求。下面以聚酯化为例来分析聚合物分子量随反应时间的变化规律。

对于化学计量的二元醇和二元酸聚合体系，某时刻 t 未反应的（残留的）羧基数 N 等于体系中存在的分子总数。这是因为，平均而言每个尺寸比单体大的分子一端是羟基，另一端为羧基，而每个二酸单体分子含有两个羧基，二醇单体不含羧基。根据定义，聚酯分子链中由酯键连接的二醇和二酸残基被称为结构单元，两个结构单元构成一个重复单元。对于给定的聚酯化反应体系，结构单元的总数等于起始双功能单体的总数。定义数均聚合度（$\overline{X}_n$）为每条聚合物链的平均结构单元数。于是，$\overline{X}_n$ 可简单地表示为起始单体分子总数除以 t 时刻的分子总数：

$$\overline{X}_n=\frac{N_0}{N}=\frac{[\mathrm{M}]_0}{[\mathrm{M}]} \tag{2-21}$$

联立式 (2-17) 和式 (2-21)，得到

$$\overline{X}_n=\frac{1}{(1-p)} \tag{2-22}$$

该式关联了数均聚合度和反应程度，最初由 Carothers 于 1936 年提出，故被称为 Carothers 方程。

数均分子量 $\overline{M}_n$（聚合物样品的总质量除以分子总物质的量，参见绪论）由下式给出：

$$\overline{M}_n=M_0\overline{X}_n+M_{\mathrm{eg}}=\frac{M_0}{(1-p)}+M_{\mathrm{eg}} \tag{2-23}$$

其中，M_0 为两个结构单元分子量的平均值，M_{eg} 为端基分子量。例如，由己二酸和乙二醇缩合得到的聚酯，其重复单元为—$OCH_2CH_2OCO(CH_2)_4CO$—，它的分子量的一半（等于 86）即为 M_0。端基为—H 和—OH，$M_{\mathrm{eg}}=18$。对于即使是中等分子量的聚合物，M_{eg} 对 $\overline{M}_n$ 的贡献也可以忽略不计，故式 (2-23) 可简化为：

$$\overline{M}_n=M_0\overline{X}_n=\frac{M_0}{(1-p)} \tag{2-24}$$

联合式 (2-18) 和式 (2-22)，得到数均聚合度随时间变化的关系式：

$$\overline{X}_n^2=1+2[\mathrm{M}]_0^2kt \tag{2-25}$$

在上式中，反应时间和聚合度分别以 1 次方和 2 次方出现。因此，除了反应初期外，聚合物分子量随反应时间的增长非常缓慢。这意味着合成高分子量的聚合物需要很长的反应时间。在图 2-2 中，右侧纵坐标表示 $\overline{X}_n$ 随 t 的变化趋势。显而易见，分子量增长缓慢，而且随着反应的进行，其增长速率也在下降。

(3) 外加酸催化聚合

在上述自催化的直接聚酯化过程中，分子量的增长非常缓慢，这是三级动力学的结果。添加少量的强酸（如硫酸或对甲苯磺酸）作为催化剂，可以提高聚合速率，从而在适宜的时间内获得高分子量产物。在这种情况下，式 (2-13) 中的 [HA] 即为催化剂的浓度。由于

在整个聚合过程中催化剂浓度保持不变，因此，式（2-13）可改写为：

$$\frac{-\mathrm{d}[\mathrm{M}]}{\mathrm{d}t}=k'[\mathrm{M}]^2 \tag{2-26}$$

在这里，已将式（2-13）中的各常数项合并为实验可测定的速率常数 k'。式（2-26）适用于化学计量的二元醇和二元酸之间的缩聚反应。

将式（2-26）积分，得到：

$$k't=\frac{1}{[\mathrm{M}]}-\frac{1}{[\mathrm{M}]_0} \tag{2-27}$$

联立式（2-27）和式（2-17），得到聚合度与反应时间的关系式：

$$[\mathrm{M}]_0k't=\frac{1}{(1-p)}-1 \tag{2-28a}$$

或

$$\overline{X}_n=1+[\mathrm{M}]_0k't \tag{2-28b}$$

图 2-3 所示为对甲苯磺酸催化二甘醇与己二酸聚合的动力学实验结果。除了反应的初始阶段外，聚合度实测值随反应时间的延长呈线性增长趋势，符合式（2-28）的预期结果。在催化聚酯化中，聚合度的增长速率远远高于相应的非催化聚合反应（图 2-2），这是一种普遍现象。因此，通过外加酸催化来合成聚酯是更为经济、可行的方法，而自催化聚合并不实用。

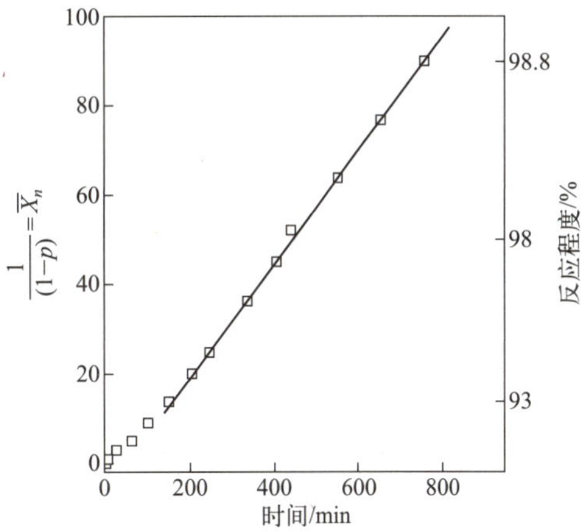

图 2-3　己二酸与二甘醇的聚酯化反应［0.4%（摩尔分数）对甲苯磺酸为催化剂，109℃］

根据式（2-22）、式（2-28）以及图 2-3 可知，与类似的小分子反应（例如，由乙酸和乙醇合成乙酸乙酯）相比，成功进行聚合反应的难度要大得多。设想一下这样的情形：合成聚合度为 100 的聚合物，只有在转化率达到 99%的时候才能实现。对于小分子合成反应，98%的转化率是一个相当高的值，但在这个转化率下却得不到理想分子量的聚合物。此外，从图 2.3 可以发现，为了获得 99%的转化率和预期的聚合度，所需反应时间几乎翻倍（从约 450min 到 850min）。对于小分子反应，人们不会花费额外时间来提高这 1%的转化率。然而，对于逐步增长聚合反应，除了将转化率提高到 99%外则是别无选择。

图 2-3 还显示，在反应初期存在与自催化聚酯化相似的非线性区。这是酯化反应的一般特征，并非聚合反应所特有。在高转化区总体上呈现了良好的线性关系，这是对官能团反应活性不依赖于分子尺寸这一概念的有力证明。聚酯化反应的二级动力学行为至少维持到聚合度达到 90，对应约 10000 分子量。官能团反应活性与分子大小无关的概念已经成功用于许多聚合反应的动力学分析和聚合物化学反应中，但在非常低或非常高的转化率下，则不一定适用。

2.2.3　除聚酯化以外的其它逐步聚合

对于其它逐步聚合反应，可按照处理聚酯化反应同样的方法进行动力学分析。适宜的单体通过 A 和 B 官能团间的反应所发生的聚合有三种可能的情形：(1) 有些聚合反应，如聚酰胺化，可在非催化条件下以合理的速率进行；(2) 像尿素、三聚氰胺或苯酚与甲醛的缩聚(见表 1-1)，需要外加酸或碱催化来获得理想的反应速率；(3) 一些聚合反应在催化或非催化条件均能以合理的速率进行。一个典型例子是聚氨酯的合成。尽管碱可催化二元醇与二异氰酸酯的反应，但是聚合反应往往采用非催化方式进行，以避免可能出现的副反应。

不管某一聚合归属于哪一种情况，所观察到的动力学特征大体上是相同的。聚合速率取决于 A 和 B 官能团。在两官能团数为化学计量的通常情况下，聚合动力学行为将由式 (2-25) 或式 (2-28) 描述。无论聚合是由 A-A 和 B-B 单体间的反应进行，还是由 A-B 单体的自缩合反应进行，所观察到的动力学都是相同的。

值得指出的是，在外加酸催化聚酯化动力学方程的推导中有一个默认的前提，即，催化反应比非催化反应快得多，也就是，$k' \gg k$。这个假设通常是成立的。例如，对于典型的聚酯化反应，k' 比 k 大两个数量级。因此，推导过程中可以忽略非催化聚酯化反应对总的聚合速率的贡献。然而，对于 k 相对于 k' 不能忽略的非典型情形，[M] 或 $\overline{X}_n$ 作为反应时间函数的动力学表达式的推导应该从催化和非催化聚合速率之和开始：

$$\frac{-\mathrm{d}[\mathrm{M}]}{\mathrm{d}t}=k[\mathrm{M}]^3+k'[\mathrm{M}]^2 \tag{2-29}$$

对式 (2-29) 积分，得到

$$k't=\frac{k}{k'}\ln\frac{[\mathrm{M}](k[\mathrm{M}]_0+k')}{(k[\mathrm{M}]+k')[\mathrm{M}]_0}+\frac{1}{[\mathrm{M}]}-\frac{1}{[\mathrm{M}]_0} \tag{2-30}$$

上式右边的自然对数项是非催化反应的贡献，其相对重要性随着 k/k' 的增大而增大。当 k/k' 非常小的时候，式 (2-30) 转化为式 (2-27)。

2.3 可逆聚合反应

2.3.1 封闭体系

许多逐步聚合都涉及平衡反应，因此，有必要研究平衡对转化率，尤其是对聚合物分子量的影响。单体和聚合物处于平衡状态的聚合反应被称为平衡聚合或可逆聚合。首先考虑的问题是，如果在一个封闭体系中进行可逆聚合能否形成高分子量聚合物。所谓封闭体系是指没有移走正向反应的任何产物，不采取任何措施来驱动反应体系的平衡点向聚合物一侧移动。在这些条件下，产物（聚合物和小分子，如水）的浓度不断增大，直至逆向反应速率与聚合速率相等。逆反应一般称为解聚反应；诸如水解或糖酵解等其它术语适用于某些特定的体系。

聚合物的分子量取决于平衡建立时正向反应进行的程度。以外加酸催化聚酯化反应 [式 (2-31)] 为例讨论如下。

$$\sim\!\mathrm{COOH} + \sim\!\mathrm{OH} \overset{K}{\rightleftharpoons} \sim\!\mathrm{CO{-}O}\!\sim + \mathrm{H_2O} \tag{2-31}$$

假定羟基和羧基的初始浓度均为 $[\mathrm{M}]_0$。达到平衡时，酯基的浓度 [COO] 为 $p_e[\mathrm{M}]_0$，其中，p_e 是平衡时的反应程度。$p_e[M]_0$ 也等于平衡状态时的 $[H_2O]$。聚合反应的平衡常数由下式给出：

$$K=\frac{[COO][H_2O]}{[COOH][OH]}=\frac{(p_e[M]_0)^2}{([M]_0-p_e[M]_0)^2} \tag{2-32}$$

可简化为

$$K=\frac{p_e^2}{(1-p_e)^2} \tag{2-33}$$

求解 p_e 得到：

$$p_e=\frac{K^{1/2}}{1+K^{1/2}} \tag{2-34}$$

联立式（2-34）和式（2-22）得到聚合度与平衡常数 K 的函数关系：

$$\overline{X}_n=1+K^{1/2} \tag{2-35}$$

表 2-3 汇总了不同 K 值所对应的 p_e 和 $\overline{X}_n$ 计算值。这些计算清楚地表明，平衡对合成聚合物（即使是中等分子量聚合物）的制约作用。在封闭体系中，只有当平衡常数接近 10^4 时，聚合度才能达到 100（对大多数体系，相当于分子量约为 10^4）。在实际应用中通常需要更高分子量，这就要求有更大的平衡常数。从各种逐步聚合或相应的小分子反应的平衡常数可知，聚合反应难以在封闭条件下进行。例如，聚酯化的平衡常数一般不超过 1～10，而聚酰胺化的 K 值为 10^2～10^3。虽然聚酰胺化的平衡常数非常高，但它仍然不足以在封闭条件下合成高分子量聚合物。此外，即使是近乎不可逆的聚合反应，如果不及时脱除小分子副产物或移走聚合物，也存在聚合逆转的潜在风险。

表 2-3　平衡常数对封闭体系反应程度和聚合度的影响

平衡常数 K	p	$\overline{X}_n$	平衡常数 K	p	$\overline{X}_n$
0.001	0.0099	1.01	361	0.950	20
0.01	0.0909	1.10	2401	0.980	50
1	0.500	2	9801	0.990	100
16	0.800	5	39601	0.995	200
81	0.900	10	249001	0.998	500

值得指出的是，对于一个特定的逐步聚合反应，文献报道的 K 值往往差别很大。例如，有关己二酸和己二胺缩聚所报道的 K 值从 250 至 900 不等。有多种原因造成这种差异，其中最重要的是对高浓度（通常只含单体，不含任何溶剂）和中等温度下（200～300℃）的聚合体系进行测量存在实验上的困难。温度和小分子副产物浓度对 K 值也有影响。大多数逐步聚合是放热反应，K 值随温度的升高而降低。在焓变（ΔH）不确定的情况下，将某些温度下测定的 K 值外推到其它温度下的常规处理方法会导致相当大的误差。已经证实，聚酰胺化的 K 值因小分子副产物浓度的变化而改变。这种效应与反应介质的极性变化有关，但少有定量研究。

2.3.2　开放体系

在大多数情况下，逐步聚合必须作为一个开放的、驱动的体系来进行。也就是说，必须及时移走至少一个正向反应产物以驱动平衡向形成聚合物的方向移动。对于式（2-31）所示的聚酯化反应，式（2-32）改写为：

$$K=\frac{p[H_2O]}{[M]_0(1-p)^2} \tag{2-36}$$

与式（2-22）联立，得到：

$$K=\frac{p[H_2O]\overline{X}_n^2}{[M]_0} \tag{2-37}$$

然后将这个结果与式（2-22）联立，得到：

$$[H_2O]=\frac{K[M]_0}{\overline{X}_n(\overline{X}_n-1)} \tag{2-38}$$

上式表明，为了获得高聚合度，必须极力降低水的浓度。式（2-38）同样适用于 A-B 型单体的缩聚反应。当 $\overline{X}_n$ 较大时，($\overline{X}_n-1$) 近似于 $\overline{X}_n$，因此，聚合度与水浓度的平方根成反比。随着 K 值和反应物初始浓度的增大，为获得某一聚合度所能容许的水浓度也可随之提高。表 2-4 给出了某些设定的 K 和 $\overline{X}_n$ 所对应的 $[H_2O]$ 计算值。一般情况下，典型的逐步聚合体系只含有反应物，没有溶剂，单体浓度约为 5M。

表 2-4 开放聚合体系水浓度对聚合度的影响

K	$\overline{X}_n$	$[H_2O]^a$/mol·L^{-1}	K	$\overline{X}_n$	$[H_2O]^a$/mol·L^{-1}	K	$\overline{X}_n$	$[H_2O]^a$/mol·L^{-1}
0.1	1.32^b	1.18^b	16	5^b	4.00^b	361	20^b	4.75^b
	20	1.32×10^{-3}		20	0.211		50	0.735
	50	2.04×10^{-4}		50	3.27×10^{-2}		100	0.183
	100	5.05×10^{-5}		100	8.10×10^{-3}		200	4.54×10^{-2}
	200	1.26×10^{-5}		200	2.01×10^{-3}		500	7.25×10^{-3}
	500	2.00×10^{-6}		500	3.21×10^{-4}			
1	2^b	2.50^b	81	10^b	4.5^b			
	20	1.32×10^{-2}		20	1.07			
	50	2.04×10^{-3}		50	0.166			
	100	5.05×10^{-4}		100	4.09			
	200	1.26×10^{-4}		200	1.02×10^{-2}			
	500	2.01×10^{-5}		500	1.63×10^{-3}			

注：^{a} $[M]_0=5M$ 时的 $[H_2O]$；

^{b} 这些值适用于处于平衡状态的封闭反应体系。

从化学平衡角度来看，聚酰胺（典型的 $K>10^2$）的合成显然比聚酯（$K\sim0.1-1$）的合成容易。与聚酰胺化相比，聚酯化需要更大程度地降低水浓度。然而，只是尽可能降低 $[H_2O]$ 并不可取，而应根据所需的聚合度来控制水含量。

2.3.3 可逆聚合动力学

虽然可逆或平衡聚合几乎总是采用不可逆的方式进行，但在允许反应以可逆方式进行的情况下，则有必要考虑聚合动力学问题。下面仍然以化学计量条件下的聚酯化［式（2-31）］

为例来分析。设定：k_1 和 k_2 分别为正向和反向反应的速率常数，初始的羧基和羟基浓度为 $[\mathrm{M}]_0$。在某一时刻，羧基和羟基的浓度 $[\mathrm{M}]=[\mathrm{M}]_0\times(1-p)$，产物浓度 $[\mathrm{COO}]=[\mathrm{H_2O}]=p[\mathrm{M}]_0$。聚合速率是正向反应速率与反向反应速率之差：

$$\frac{-\mathrm{d}[\mathrm{M}]}{\mathrm{d}t}=\frac{-[\mathrm{M}]_0\mathrm{d}(1-p)}{\mathrm{d}t}=k_1(1-p)^2[\mathrm{M}]_0^2-k_2p^2[\mathrm{M}]_0^2 \tag{2-39}$$

可简化为

$$\frac{-\mathrm{d}p}{\mathrm{d}t}=[\mathrm{M}]_0[k_1(1-p)^2-k_2p^2] \tag{2-40}$$

积分式（2-40），得到

$$\ln\left[\frac{p_\mathrm{e}-p(2p_\mathrm{e}-1)}{p_\mathrm{e}-p}\right]=2k_1\left(\frac{1}{p_\mathrm{e}}-1\right)[\mathrm{M}]_0t \tag{2-41}$$

如果已知 k_1 和 p_e，则可用式（2-41）计算任何时刻的反应程度 p。p_e 可通过实验确定，或者根据已知的平衡常数 K 由式（2-34）计算得到。实验值 p 随反应时间变化，用式（2-41）的左边项对时间 t 作图时给出直线，其斜率可以用来计算 k_1。

2.4 线形缩聚：副反应及环化倾向

2.4.1 缩聚中的副反应

缩聚反应通常在较高温度下进行，往往伴随着诸如基团脱除、化学降解等副反应（2-42），从而影响聚合物的分子量。此外，还存在链交换反应（见 2.6.2 节）。

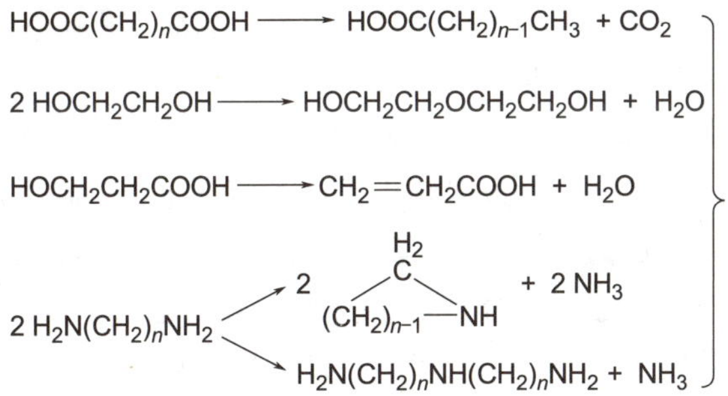

(2-42)

2.4.2 环化反应

通过多功能单体的逐步聚合制备线形聚合物时，有时会由于发生环化反应而变得复杂。A-B 型和 A-A＋B-B 型聚合都可能存在环化反应。例如，A-B 型反应物（如氨基酸或羟基酸）会倾向于分子内环化而不是线形聚合：

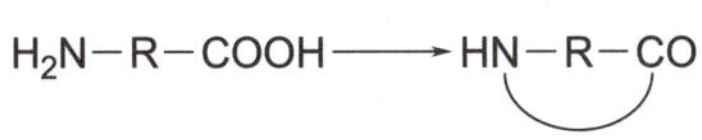

(2-43)

$$\mathrm{HO{-}R{-}COOH \longrightarrow \overline{O{-}R{-}CO}} \quad (环状) \tag{2-44}$$

在逐步聚合条件下，A-A（或 B-B）型单体不太可能发生直接环化反应。例如，在聚酯化中，二元酸单体的羧基通常不可能形成酸酐。同样，对于二醇、二胺或二异氰酸酯等单体，也不会发生分子内环化反应。然而，在 A-B 或 A-A＋B-B 聚合反应中，一旦线形聚合到二聚体后，则可能出现分子内环化：

$$\mathrm{H{+}O{-}R{-}CO{+}_{n}OH \longrightarrow {+}O{-}RCO{+}_{n}} \quad (环状) \tag{2-45}$$

$$\mathrm{H{+}O{-}R{-}OCO{-}R'{-}CO{+}_{n}OH \longrightarrow {+}O{-}R{-}OCO{-}R'{-}CO{+}_{n}} \quad (环状) \tag{2-46}$$

对于特定的单体或单体对，环化反应是否与线形聚合竞争取决于可能形成的不同尺寸环结构的热力学和动力学因素及反应条件。不同大小的环结构，其热力学稳定性的一般次序为：3，4≪5，7～13＜6，14 及更大的环（参见第 7 章）。就 A-B 型单体而言，当其可形成六元环时［即式（2-43）和式（2-44）中的 R 提供 4 个原子］，环化将成为线形聚合的主要障碍。除极少数例外，这些化合物难以聚合得到线形聚合物。对于 R 仅含一个碳的 A-B 型单体，在二聚体阶段环化反应也会占据主导地位［式（2-45）和式（2-46）中的 n 分别为 2 和 1］。比二聚体更大的物种（n 值较大）其环化程度依赖于特定的反应条件。可形成 5 元环和 7 元环的单体可以线形聚合，但有明显的环化倾向，尽管比可环化成 6 元环的单体小得多。环化反应的动力学可行性与反应物分子的官能团相互接近的概率直接相关。大尺寸的环结构不易形成，因为在单体分子的大量构象中两端基相遇的概率很小。

环化是单分子（分子内）反应，而线形聚合是双分子（分子间）反应。因此，高浓度单体通常有利于线形聚合。此外，单体分子结构也是影响环化和线形聚合竞争的一个因素。例如，邻苯二甲酸比对苯二甲酸更容易在低分子量（如二聚体）阶段发生端基环化，因为处于邻位的羧基容易形成有利于环化的构象。相比于柔性的脂肪族聚酰胺，由芳香二胺和芳香二酰氯反应形成的刚性链不易发生环化。

综上所述，为了在逐步聚合中获得高分子量的线形聚合物，须考虑下列原则和措施：①用于逐步聚合的反应不存在副反应或尽量少，因为副反应会限制转化率；②在高单体浓度的条件下聚合，以最大限度提高反应速率、降低环化倾向；③用高纯度原料，按化学计量或近化学计量投料；④鉴于许多逐步聚合是平衡反应，采取适当手段（例如，适当升温和/或减压，及时脱除反应混合物中的小分子副产物）来促使平衡向生成聚合物的方向移动。

2.5 线形聚合中的分子量控制

在高分子合成中，如何获得特定分子量的产物是至关重要的问题，因为聚合物的性质高度依赖于分子量的大小。聚合度随反应时间变化，因此可以通过在适当的时间淬灭反应（如冷却）以获得所需分子量。然而，用这种方法得到的聚合物往往是不稳定的，在随后的加热处理中其分子量仍会发生变化，这是因为聚合物分子的末端含有可进一步相互反应的官能团（端基）。

通常用两种策略来解决上述问题。①调整两种单体（如二醇和二酸）的浓度稍微偏离化学计量，也就是说使某一反应物过量。当聚合进行到某一时刻，其中一种反应物完全消耗，形成的聚合物将具有相同的端基（即过量的基团），因而不会发生进一步的聚合。②加入少量的单功能化合物作为封端剂。例如，醋酸或月桂酸常被用来稳定聚酰胺的分子量。单功能化合物可以终止双功能单体的聚合，因为它可以使增长链末端失去活性。反应式（2-47）和式（2-48）以聚酰胺化为例说明了这两种分子量控制方法。

$$\text{过量 } H_2N-R-NH_2 + HOCO-R'-COOH \longrightarrow H\!\left[NH-R-NHCO-R'-CO\right]_n NH-R-NH_2 \tag{2-47a}$$

$$\text{过量 } HO_2C-R'-CO_2H + H_2N-R-NH_2 \longrightarrow HO\left[CO-R'-CONH-R-NH\right]_n CO-R'-COOH \tag{2-47b}$$

$$\begin{aligned} &H_2N-R-NH_2 + HOCO-R'-COOH + \text{少量 } Ph-COOH \longrightarrow \\ &PhCO\left[NH-R-NHCO-R'-CO\right]_n NH-R-NHCOPh \end{aligned} \tag{2-48}$$

为了控制好聚合物的分子量，必须精确调节双功能单体或单功能化合物的投料比。若两种官能团的量偏离化学计算量太大，则会导致聚合物分子量过低。因此，有必要了解反应物的化学计量比对聚合物分子量的定量影响。以下分三种类型讨论。

类型 1：双功能单体 A-A 和 B-B 聚合，B-B 过量

设定：A、B 基团数分别为 N_A 和 N_B；N_A 和 N_B 分别是 A-A 和 B-B 分子数的两倍。定义 A 基团数与 B 基团数之比为化学计量比 r，且该值等于或小于 1，即

$$\frac{N_A}{N_B}=r\leqslant 1 \tag{2-49}$$

则，起始单体分子总数：

$$N_0=\frac{(N_A+N_B)}{2}=\frac{N_A(1+1/r)}{2} \tag{2-50}$$

若某时刻 t，A 基团的反应程度（转化率）为 p，则未反应的 A 基团数和 B 基团数分别为：

$$N_{A,t}=(1-p)N_A \tag{2-51}$$

和

$$N_{B,t}=(1-rp)N_B \tag{2-52}$$

t 时刻未反应的基团总数为：

$$N_{A,t}+N_{B,t}=(1-p)N_A+(1-rp)N_B \tag{2-53}$$

因为每一条聚合物链有两个端基，所以聚合物分子的总数等于端基总数的一半：

$$N=\frac{[(1-p)N_A+(1-rp)N_B]}{2} \tag{2-54}$$

数均聚合度 $\overline{X}_n$ 为初始单体分子的总数（等于结构单元数）除以聚合物分子总数：

$$\overline{X}_n=\frac{N_A(1+1/r)/2}{[N_A(1-p)+N_B(1-rp)]/2}=\frac{1+r}{1+r-2rp} \tag{2-55}$$

上式给出了数均聚合度对化学计量比和反应程度的依赖关系。当两个双功能单体以化学计量（即 $r=1$）存在时，式（2-55）简化为前面讨论过的 Carothers 方程［式（2-22）］。

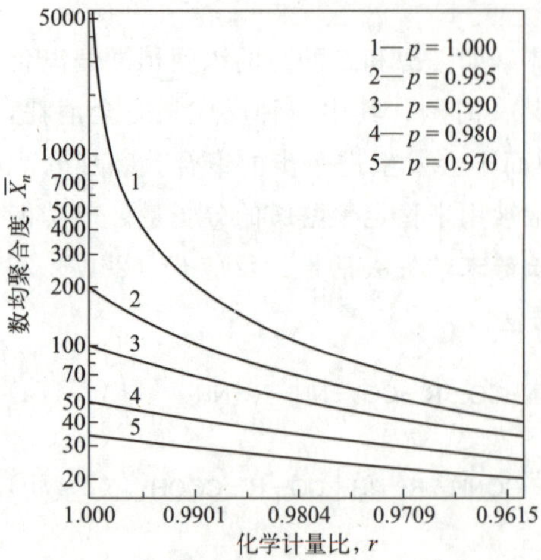

图 2-4　数均聚合度对化学计量比和反应程度的依赖关系

另一方面，对于 100％的转化率（即 $p=1$），式（2-55）变为：

$$\overline{X}_n=\frac{(1+r)}{(1-r)} \tag{2-56}$$

实际上，p 可能接近于 1 但永远不会等于 1。

图 2-4 为根据式（2-55）绘制的在不同 p 值下数均聚合度与化学计量比的关系曲线。化学计量比也可以用 B-B 相对于 A-A 的过量摩尔分数表示。这些曲线直观展示了 r 和 p 对聚合度的影响。例如，$r=0.975$，在 $p=1$ 时，数均聚合度仅为 79。在其它条件相同，$p=0.95$ 的情况下，聚合度则降至 16。

类型 2：等物质的量 A-A 和 B-B 聚合，添加少量单功能化合物 B

适用于类型 1 的方程同样适用于该聚合体系，但是，化学计量比须重新定义：

$$r=\frac{N_A}{N_B+2N_{B'}} \tag{2-57}$$

其中，$N_A=N_B$，$N_{B'}$ 是化合物 B 分子数；$N_{B'}$ 前面的系数“2”，是因为在限制聚合物的链增长时，一个 B 分子与一个过量的 B-B 单体分子具有相同的定量效果。必须强调的是，只有在两单体的物质的量数相等的情况下，式（2-55）、式（2-56）和式（2-57）才可用于该类型聚合体系。

类型 3：A-B 型单体聚合，添加少量单功能化合物 B

对于 A-B 型单体（如：羟基酸、氨基酸）的聚合反应，通常添加单功能化合物来控制和稳定聚合物分子量（双功能化合物 A-A 或 B-B 也可用于控制分子量）。r 定义如下：

$$r=\frac{N_A}{N_B+2N_{B'}} \tag{2-58}$$

在这里，$2N_{B'}$ 的含义与类型 2 中的 $2N_{B'}$ 相同，$N_A=N_B=$ A-B 分子数。在求得 r 值后，同样可用式（2-55）计算聚合度。

上述讨论［包括从式（2-55）到式（2-57）的推导］基于一个基本假定，即反应物的初始化学计量比从聚合开始到结束保持不变。然而，实际情况并非如此，因为在聚合过程中反应物有可能损失。由于聚合反应通常在较高温度下进行，挥发造成的单体损失并不少见。例如，在聚酰胺化中，二胺挥发损耗是普遍现象，因为二胺的蒸气压比二酸高得多。损耗程度取决于单体的理化性质、反应条件（温度、压力）以及反应器是否有预防或减少挥发的设计。许多聚合体系所涉及的反应物除了聚合反应之外，还有其它副反应（参见第 2.4 节和 2.8 节），这也是导致反应物损失的重要原因。

聚合条件的选择通常需综合考虑反应速率、减少导致副反应和挥发损失等因素。由于化学计量比（r）对聚合物分子量的影响特别大，这种折衷可能更倾向于使 r 变化最小的反应条件。实际生产中，通过连续或分批补充“损失的”反应物来调整化学计量失衡。根据化学分析确定反应体系的 r 值随转化率的变化来计算添加量。另外，必须在适当的时候补加额外的反应物。过早加入或不正确的加入量会导致聚合反应在不合要求的化学计量比下进行。

图 2-4 中的曲线适用于上述三种聚合类型。当 x 轴表示为化学计量比 r 时，其标度对于这三种类型是完全相同的（若用过量物质的量之比表示时，x 轴的标度可能不同）。聚合度与化学计量比之间的定量关系［式（2-55）～（2-58）和图 2.4］已在大量的逐步聚合反应中得到验证。过量的双功能单体和单功能反应物对聚合度的调控结果与理论预期吻合。值得指出的是，在聚合实施过程中，人们往往难以绝对自由地控制 r 和 p 值。具体来说，原料纯度、称量误差等因素导致无法达到非常接近于 1.000 的化学计量比。另外，实际生产须考虑时间和经济成本，因此常常在转化率低于 100%（$p<1.000$）时就会终止聚合。

2.6 线形聚合物的分子量分布

聚合产物是一系列大小不同物种的混合物。讨论聚合过程中分子量的分布对理论研究和实际应用都具有重要意义。Flory 基于官能团等活性概念，应用统计方法推导了分子量分布函数，适用于 A-B 型和化学计量的 A-A+B-B 型逐步聚合反应。

2.6.1 分布函数的推导

以 A-B 型单体的逐步聚合为例来讨论数量和重量分布函数。设想该单体所形成的聚合物链为 Ababa ... abaB，其中，ab 连接中的 a 和 b 是官能团 A 和 B 发生反应后的残基。在这种聚合物分子中，如果聚合度为 x，则其含有 $x-1$ 个 a 和 1 个 A。a 和 A 的区别在于前者已经发生了反应而后者没有。在聚合反应的任一时刻，已反应转变成 a 的 A 基团数占其初始数的比例（分数）由 p 给定，而仍然为 A 的比例则为 $1-p$。在这些表述中，p 的含义与式（2-17）定义的反应程度相同。

现在来推导 x-聚体在反应混合物中的分数与反应程度 p 的函数关系。x-聚体，也就是含有 x 个结构单元的分子。实际上，某一特定大小的分子在反应混合物中的分数等同于该分子出现的概率。因此，我们的目标就是用 p 表示 x-聚体的概率；这个量用摩尔分数或数量分数 $\underline{N}_x$ 来表示。因为 x-聚体包含 $x-1$ 个 a 和 1 个 A，它的概率和在同一分子中找到 $x-1$ 个 a 和 1 个 A 的概率是一样的。于是，发现 x-聚体的概率由下式给出：

$$\underline{N}_x=p_a^{x-1}p_A=p^{x-1}(1-p) \tag{2-59}$$

其中，p_a 和 p_A 分别是 a 和 A 基团的各自概率，$p_a=p$，$p_A=1-p$。将反应程度为 p 时的反应混合物中的分子总数（N）乘以 x-聚体的概率，得到此刻 x-聚体的数量（N_x）：

$$N_x=Np^{x-1}(1-p) \tag{2-60}$$

注意：N_x/N 给出了反应程度等于 p 时 x-聚体在混合物中的摩尔分数。混合物中的分子总数等于未反应（或残留）的 A 基团数：$N=N_0(1-p)$；N_0 为初始存在的 A-B 单体分子总数（与初始的 A 基团数相等），将此结果代入式（2-60），得到

$$N_x = N_0(1-p)^2 p^{x-1} \tag{2-61}$$

在任意 p 值下，聚合反应混合物中 x-聚体的质量分数 w_x 等于混合物中 x-聚体的质量除以混合物的总质量。前者由乘积 xN_xM_0 给出，其中 M_0 为结构单元的分子量；后者由 N_0M_0 给出。忽略端基质量，x-聚体的质量分数为：$w_x = xN_x/N_0$；于是，式（2-61）转变为

$$w_x = x(1-p)^2 p^{x-1} \tag{2-62}$$

方程式（2-59）和式（2-62）分别为逐步聚合的数量分布函数和质量分布函数。这些分布通常被称为最可几分布或 Flory 分布或 Flory-Schulz 分布。图 2-5 展示了对应于三个不同反应程度的两种分布函数的曲线。数量分布曲线表明，不管 p 的值是多少，分子的数量分数总是随着 x 的增大而减小。单体分子是数量最多的物种，所占比例始终高于尺寸更大的任何聚合物分子。质量分布曲线与此完全不同。按质量计，在任意 p 值时，x 非常小和非常大的分子所占比例均小于 x 值居中的物种。随着 p 的增大，曲线中的最大值向更大的 x 值方向移动，曲线的尾部向更高的 x 值延伸，曲线趋向平坦，x 值的分布明显变宽。质量分布曲线的最大值出现在 $x=-(1/\ln p)$ 处，非常接近式（2-22）给出的数均聚合度。

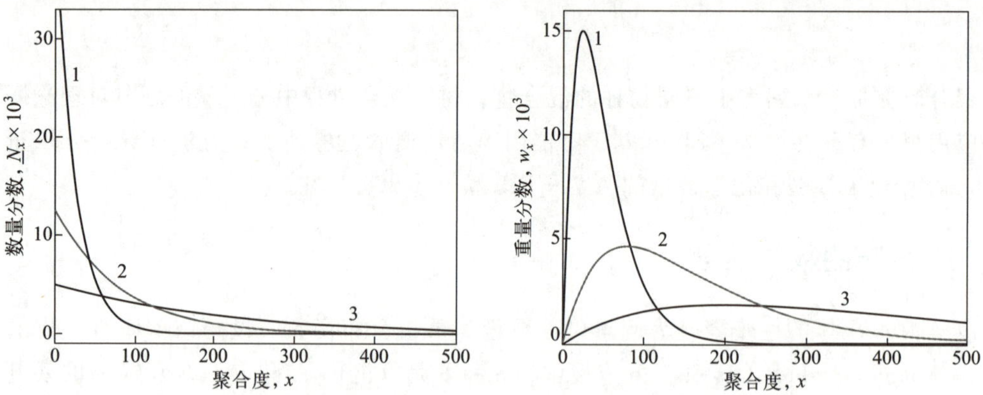

图 2-5 线形聚合的数量分数分布曲线（左）和重量分数分布曲线（右）
曲线 1—$p=0.9600$；曲线 2—$p=0.9875$；曲线 3—$p=0.9950$

2.6.2 分子量分布宽度

由数量和质量分布函数可分别推导出数均聚合度 $\overline{X}_n$ 和重均聚合度 $\overline{X}_w$。在绪论中已经定义了数均和重均分子量［参见式（1-2）和式（1-3）］。将式（1-2）除以结构单元的分子量 M_0 得到数均聚合度：

$$\overline{X}_n = \frac{\Sigma x N_x}{\Sigma N_x} = \Sigma x \underline{N}_x \tag{2-63}$$

在这里对所有 x 值求和。将式（2-59）代入式（2-63），得到：

$$\overline{X}_n = \Sigma x p^{x-1}(1-p) \tag{2-64}$$

做加和运算得到数均聚合度表达式：

$$\overline{X}_n = \frac{1}{(1-p)} \tag{2-22}$$

这个结果与先前得到的 Carothers 方程相同。不过，先前的结果纯粹是基于化学计量学的考虑，而不是基于数量分布函数。将重均分子量定义式［式（1-3）］除以 M_0，得到

$$\bar{X}_w=\sum x w_x \tag{2-65}$$

联立式（2-62）和式（2-65），得到重均聚合度表达式：

$$\bar{X}_w=\sum x^2 p^{x-1}(1-p)^2 \tag{2-66}$$

对这个求和的计算结果是：

$$\bar{X}_w=\frac{(1+p)}{(1-p)} \tag{2-67}$$

于是，分子量分布宽度由下式给出：

$$\frac{\bar{X}_w}{\bar{X}_n}=(1+p) \tag{2-68}$$

比值 $X_w/\bar{X}_n$ 与第 1 章中讨论的比值 $\bar{M}_w/\bar{M}_n$ 具有相同的意义，它是对一个聚合物样品的多分散性的衡量。随着反应程度的提高，$\bar{X}_w/\bar{X}_n$ 逐渐增大并趋近于 2。该比值也被称为多分散性指数（polydispersity index，PDI）。Flory 最可几分布已被广泛认可，尽管它的实验验证在一定程度上受到限制。许多由逐步聚合得到的聚合物，其 $\bar{X}_w/\bar{X}_n$ 实测值接近 2。

在适当条件下，某些聚合物（聚酯、聚酰胺、聚硫化物等）会发生交换反应。这种链交换涉及一条聚合物链的端基与另一聚合物分子的重复单元连接基之间的反应。如式（2-69）所示，聚酰胺分子的末端基$-NH_2$与单元间$-CONH-$基团反应，可能产生一条较短的链和一条较长的链：

$$\begin{aligned}&\mathrm{H{+}NH{-}R{-}CO{+}_n OH + H{+}NH{-}R{-}CO{+}_m OH} \longrightarrow \\ &\mathrm{H{+}NH{-}R{-}CO{+}_w OH + H{+}NH{-}R{-}CO{+}_z OH}\end{aligned} \tag{2-69}$$

如果这种交换反应是随机发生的，那么整个体系的分子量分布仍将服从 Flory 分布。随机链交换对应于所有聚合物分子中具有相等交换概率的所有单元连接基团。这类似于官能团活性不依赖于分子尺寸的概念在交换反应中的应用。显然，聚合过程中存在的链交换反应不会影响所预期的分子量分布。同样，聚合物主链中重复单元间连接键的随机断裂，例如纤维素水解，也符合 Flory 分布或最可几分布。

2.7 逐步聚合的实施方法

表 2-5 列举了典型缩聚和逐步聚合的一些动力学和热力学特性值。大多数逐步聚合在常温下的反应速率相对缓慢。为获得适宜的反应速率，聚合通常在 150～200℃或更高的温度下进行。但即使在较高的温度下聚合，速率常数也不大，约为 10^{-3} 数量级（$L \cdot mol^{-1} \cdot s^{-1}$）。有少数逐步聚合的速率常数较大，如酰卤与醇的缩聚反应。较高的反应温度会导致反应物因降解或挥发而损失。在某些情况下，聚合物的氧化降解也是一个潜在的隐患。采用惰性气氛（N_2、CO_2）可以减缓氧化降解。

合成线形缩聚物的工业实施方法主要有四大类：（1）均相本体聚合，包括熔融缩聚和固相缩聚；（2）溶液聚合；（3）非均相界面缩聚；（4）非均相乳液缩聚。

本体聚合是逐步聚合最简单的方法，只涉及反应物和催化剂（如需要），产物纯净，分离简单。该方法特别适合于逐步聚合，因为高分子量聚合物直到反应的最后阶段才形成。这意味着在整个聚合过程中物料黏度相对较低，反应混合物的混合不太困难。典型的逐步聚合反应具有适中的活化能（E_a）和聚合焓（ΔH），因此热控制也相对容易。虽然有些逐步聚合有较高的活化能，如癸二酸与己二胺缩聚，$E_a=100.4\text{kJ}\cdot\text{mol}^{-1}$（表 2-5），但 ΔH 只是适度放热的。与此相反，链锁聚合通常具有高活化能，是高放热的，黏度上升快，因而传热和物料混合的难度要大得多。

表 2-5　典型缩聚反应的热力学和动力学参数

反应物	催化剂	T/℃	$k\times10^3$ /$\text{L}\cdot\text{mol}^{-1}\cdot\text{s}^{-1}$	E_a /$\text{kJ}\cdot\text{mol}^{-1}$	ΔH /$\text{kJ}\cdot\text{mol}^{-1}$
聚酯					
$HO(CH_2)_{10}OH+HO_2C(CH_2)_4CO_2H$	无	161	7.5×10^{-2}	59.4	
$HO(CH_2)_{10}OH+HO_2C(CH_2)_4CO_2H$	酸	161	1.6		
$HOCH_2CH_2OH+p\text{-}HO_2C\text{-}C_6H_4\text{-}CO_2H$	无	150	—		−10.9
$HO(CH_2)_6OH+ClOC(CH_2)_8COCl$	无	58.8	2.9	41	
$p\text{-}HOCH_2CH_2OOC\text{-}C_6H_4\text{-}COOCH_2CH_2OH$	无	275	0.5	188	
$p\text{-}HOCH_2CH_2OOC\text{-}C_6H_4\text{-}COOCH_2CH_2OH$	Sb_2O_3	275	10	58.6	
聚酰胺					
$H_2N(CH_2)_6NH_2+HO_2C(CH_2)_8CO_2H$	无	185	1.0	100.4	
Piperazine$+p\text{-}Cl-CO-C_6H_4\text{-}CO-Cl$	无		$10^7\sim10^8$		
$H_2N(CH_2)_5CO_2H$	无	235			−24
聚氨酯					
$m\text{-}OCN\text{-}C_6H_4\text{-}NCO+$	无	60	0.40 (k_1)	31.4	
$HOCH_2CH_2OCO(CH_2)_4COOCH_2CH_2OH$			0.23 (k_2)	35.0	
酚醛树脂					
$PhOH+H_2CO$	酸	75	1.1	77.4	
$PhOH+H_2CO$	碱	75	0.048	76.6	

为保证足够高的反应速率，本体聚合须在单体和聚合物熔点以上的温度下进行，故又称熔融聚合。其基本要求是，单体和缩聚产物在反应温度下不会分解，且单体配比要求严格。由于反应物黏度高，小分子不易脱除，局部过热可能产生副反应，需要用惰性气体带走小分子并防止氧化降解，对聚合设备的密封性要求高。反应温度应高于单体和缩聚产物的熔融温度，通常为 150～350℃。以聚对苯二甲酸乙二醇酯（PET）的合成为例，为使其两种原料达到严格的官能团等物质量，一般先将对苯二甲酸二甲酯与乙二醇按 1∶2.5（物质的量之比）混合，在催化剂作用下发生酯交换反应，生成对苯二甲酸双羟乙酯（BHET）。BHET 再在 275～290℃下进行熔融缩聚，期间使系统达高真空度以移出副产物乙二醇。由于反应前后熔体黏度变化非常大，通常缩聚过程分段进行，每段选用不同的工艺条件和设备。由于线形缩聚物的熔体黏度很高，不易通过熔融混炼使稳定剂、消光剂、着色剂等添加剂均匀分散在聚合物中，因而常将这些组分与单体、催化剂及分子量调节剂等在配制原料时一起加入

到聚合体系中。除合成 PET 外，熔融聚合法也用于合成聚碳酸酯（酯交换法）、聚酰胺等重要缩聚物。聚氨酯的反应挤出或反应注射成型也属于熔融聚合的范畴。

固相缩聚是指反应温度在单体和所得缩聚物熔点以下进行的缩聚反应。与熔融缩聚相比，固相缩聚的反应温度较低，条件比较温和，可以避免高温下发生的副反应，从而提高缩聚物的纯度、质量和分子量。对于熔点很高或在熔点以上易分解的单体的缩聚反应，以及耐高温缩聚物，尤其是无机聚合物的制备，固相缩聚是更佳的实施方法。例如，将半结晶的预聚物于真空下或惰性气流中加热到其玻璃化转变温度以上、熔点以下的温度，使预聚物的活性官能团发生反应，同时移除小分子副产物以提高其分子量，可用于生产分子量非常高且具备很高质量的 PET 树脂、PBT（聚对苯二甲酸丁二醇酯）树脂、尼龙-6 和尼龙-66 树脂等。

许多缩聚在溶液中进行，所用单体一般活性较高。溶剂的存在可溶解反应物，或使聚合反应在较高的温度下进行，或有助于调节反应。其缺点是需增加溶剂回收工序，残余溶剂的去除也比较困难。熔点过高、易分解的单体更适合采用溶液缩聚。溶液缩聚主要用于生产具有特殊结构或特殊性能的缩聚物，如聚砜、聚苯硫醚、聚酰亚胺、聚苯并咪唑、聚芳酰胺、芳杂环树脂等耐高温材料。制备能耐 250℃高温的芳香族聚砜酰胺时，以 N,N'-二甲基乙酰胺为溶剂，在氮气保护下溶解对位二氨基二苯砜、间位二氨基二苯砜，将溶液冷却到 10℃左右，搅拌下缓慢加入对苯二甲酰氯，反应约 1 小时后升温，用 $Ca(OH)_2$ 中和得到的芳香族聚砜酰胺浆液。浆液经过脱泡、过滤后直接用于纺丝或在水中使聚合物析出、打碎、浸泡、水洗、烘干制得相应的树脂。聚间苯二甲酰间苯二胺的合成也是以 N,N'-二甲基乙酰胺为溶剂溶解间苯二胺并冷却到 0～5℃，再加入等物质的量的间苯二甲酰氯，反应一定时间后得到聚间苯二甲酰间苯二胺溶液，可直接用于湿法纺丝。在一些溶液缩聚中，缩聚物在溶剂中的溶解性并不好，会沉淀析出，此即沉淀缩聚。该生产工艺简单，聚合结束后经过过滤、干燥即得相应的树脂。

由表 2-5 可见，许多同类的逐步聚合产物可采用不同的反应物组合来合成。例如，由羟基酸自聚得到的聚合物与二醇和二酸反应得到的聚合物非常相似（但不相同）。用二酰氯或酸酐代替聚酯化反应中的二酸单体，则获得完全相同的聚合物。另一方面，用二酰氯替代相应的二酸或二酯时，聚酯和聚酰胺化反应［式（2-70）、式（2-71）］的速率常数比用二酸或二酯的反应速率常数大几个数量级。由于反应活性极高且不可逆，这类缩聚可以在常温甚至低温下快速进行，对两种单体的配比要求也不严格。在这种情况下，聚合物可通过一种被称为界面聚合的技术获得。界面聚合是在两个不相容溶液的界面上进行的，两种溶液各含一种反应物。如果聚合物有足够的机械强度，则可以膜或丝的形式连续取出沉淀出来的聚合物。聚合速率通常为扩散控制，因为反应物向界面的扩散速度比官能团的反应速度慢。如果不能及时移走产物，则会阻碍反应物向反应部位的输送，导致聚合速率随时间的推移而下降。

$$n\,\mathrm{ClOC{-}R{-}COCl} + n\,\mathrm{HO{-}R'{-}OH} \longrightarrow \mathrm{\text{[}CO{-}R{-}COO{-}R'{-}O\text{]}}_n + 2n\,\mathrm{HCl} \qquad (2\text{-}70)$$

$$n\,\mathrm{ClOC{-}R{-}COCl} + n\,\mathrm{H_2N{-}R'{-}NH_2} \longrightarrow \mathrm{\text{[}CO{-}R{-}CONH{-}R'{-}NH\text{]}}_n + 2n\,\mathrm{HCl} \qquad (2\text{-}71)$$

界面聚合在机理上不同于通常的逐步聚合，因为扩散到界面的单体只会与聚合物链的端基发生反应。例如，将二胺的水溶液置于含有酰氯的有机相的顶部，当反应物扩散到界面时即可发生聚合反应。由于反应极快，扩散到界面的单体（二酰氯和二胺单体分子）在渗入聚合物薄膜开始新的链增长之前，就会与正在增长的聚合物链末端反应。因此，界面聚合具有形成高分子量聚合物的强烈趋势。此外，界面聚合不需要两相中反应物的量满足化学计量的要求。实际上，化学计量在聚合发生的界面上会自动实现。无论两种反应物的总转化率如何，只要能维持单体供应，总能够在界面处产生高分子量聚合物。足够强度的搅拌是增加反应界面总面积的有效手段，由此可以提高单体转化率。

为了使界面聚合成功进行，须注意以下事项。水相中应加适量的无机碱来中和副产物氯化氢，因其会将二胺转化为无活性的铵盐，致使反应速率严重下降。在高浓度无机碱或低聚合速率的情况下，酰氯可能水解成非活性的酸。水解不仅降低聚合速率，而且极大地限制聚合物分子量的增长，因为水解产生的二酸在界面聚合的温度（0～50℃）下是惰性的。聚合速度越慢，水解就越严重，因为酰氯有更多的时间通过界面扩散进入水相。通常，聚酯化反应相对缓慢（$k\sim10^{-3}L\cdot mol^{-1}\cdot s^{-1}$），酰氯水解问题尤显突出，难以采用界面聚合技术来合成聚酯。相反，二酰氯和二胺的反应非常快（$k\sim10^{4}\sim10^{5}L\cdot mol^{-1}\cdot s^{-1}$），酰氯水解通常可以忽略。

在界面聚合中，有机溶剂的选择对于控制聚合物的分子量非常重要。在大多数体系中，聚合反应实际上发生在界面的有机相一侧。其原因是，与酰氯向界面的水相侧扩散相比，二胺向有机相扩散的趋势更大。但是对于某些体系，例如，双酚钠与光气的界面聚合情况则正好相反，聚合发生在界面的水侧。能析出高分子量级分又可保留低分子量级分的溶剂是最为理想的。例如，二甲苯和四氯化碳是聚癸二酰己二胺各种级分的沉淀剂，而氯仿是高分子量聚合物的沉淀剂。因此，用前两种溶剂时界面聚合只能产生低分子量聚合物。在界面聚合中观察到的分子量分布通常与最可几分布有很大的不同。

界面聚合技术已被用于聚酰胺及其它逐步聚合产物的合成，包括聚酯、聚氨酯、聚磺胺、聚碳酸酯和聚脲等。该技术存在酰氯原料价格较贵、必须使用和回收大量溶剂等缺点，其商业应用仅局限于某些聚碳酸酯、脂肪族聚硫化物和芳香族聚酰胺。例如，聚癸二酰己二胺（尼龙-610）的合成方法是将癸二酰氯和己二胺分别溶于有机溶剂和水（含 NaOH）中，室温下将己二胺水溶液倒入癸二酰氯溶液中，缩聚物膜便在两相界面生成，可通过导引和卷绕装置取出尼龙-610 膜或纤维。

乳液缩聚与界面缩聚相似，也由两相组成。若有机相在水中有一定的溶解度，界面张力不太大，则通过搅拌就可使其形成稳定的乳液。若有机相和水完全不混溶，可以加入一些乳化剂或表面活性剂来提高乳液的稳定性。与界面缩聚不同的是，界面缩聚生成缩聚物的反应发生在两相界面，受扩散控制，而乳液缩聚生成缩聚物的反应是在一相中进行的，属动力学控制，与溶液缩聚类似。但其与溶液缩聚不同的是，乳液缩聚存在单体由一相进入另一相的质量传递，因而各组分在两相间的分配情况起着重要作用。在乳液缩聚中，缩聚物在有机相内生成，而副反应（如 HCl 中和成盐、酰氯的皂化等）在水相进行，相互没有干扰，所以产物的分子量高于界面缩聚。通过乳液缩聚合成聚间苯二甲酰间苯二胺的实施方法为：以等摩尔比的间苯二甲酰氯和间苯二胺为原料，1.2 当量的 Na_2CO_3 为酸吸收剂，将间苯二甲酰氯溶解于环己酮形成浓度为 $0.28mol\cdot L^{-1}$ 的有机相，将间苯二胺和 Na_2CO_3 溶解于水中形成二元胺浓度为 $0.30mol\cdot L^{-1}$ 的水相，将两相分别冷却到 2～5℃后按有机相∶水相比为 1.07∶1（体积比）进行混合并搅拌，控制反应温度为 5～18℃，数分钟后即可出料。

对于不同的聚合物，可以用完全不同的方式解决各种合成上的需求。应全面了解每一种聚合反应的机理特征，进而选择合适的聚合工艺，以满足合成高分子量聚合物的严格条件。这在下一节介绍的重要线形缩聚物实例中有所反映。

2.8 重要的线形缩聚物

2.8.1 聚酯

聚酯由二酸和二醇直接酯化合成，或由羟基羧酸的自缩聚得到。聚酯化是一个平衡反应，必须不断地脱除水以获得高转化率和高分子量。控制反应温度对于减少副反应至关重要。主要的副反应有：二醇脱水形成二甘醇（参见 2.4 节），聚酯 β-断裂产生羧酸和双键位于末端的烯烃，后者随后反应形成乙醛和酸酐［式（2-72）］。

$$\begin{aligned}&\sim R-COOCH_2CH_2OCHO-R\sim \longrightarrow \sim R-COOH + CH_2=CH-OCO-R\sim \\ &\longrightarrow CH_3CHO + \sim R-COOCO-R\sim\end{aligned} \tag{2-72}$$

副反应的存在会改变官能团的化学计量比，从而干扰聚合反应，影响聚合物分子量。此外，副反应也可能对聚合物的材料性能带来不利影响。例如，在聚对苯二甲酸乙二醇酯（PET）合成中，由乙二醇脱水产生的二甘醇分子将参与缩聚。二甘醇结构单元进入 PET 主链会导致聚酯的 T_m 下降。当 PET 用于制作食品和饮料容器时，作为杂质存在的乙醛是一种安全隐患。乙醛还会导致最终聚合物材料的变色。

最重要的商品化聚酯是 PET。有两种合成工艺，分别基于对苯二甲酸二甲酯（DMT）和对苯二甲酸（TA）两种原料。首先实现商业化的是 DMT 工艺，这是因为原料 DMT 达到了纯度要求。现在情况已经不同，TA 纯度也能满足聚合要求，因此两种工艺均可采用。DMT 工艺是 DMT 与乙二醇之间的两段酯交换工艺。如式（2-73）所示，第一阶段酯交换形成双(2-羟乙基)对苯二甲酸酯和少量的低聚物。在 150～210℃的温度下加热反应物，将甲醇不断蒸出。在第二阶段［式（2-74）］，温度升至 270～280℃并减压（66～133Pa）脱除乙二醇以促进缩聚过程。第一阶段是溶液反应，第二阶段属于熔融聚合，反应温度高于聚合物的结晶熔融温度。

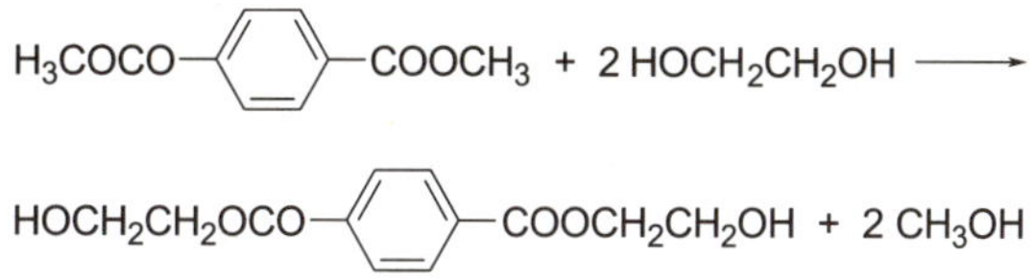

(2-73)

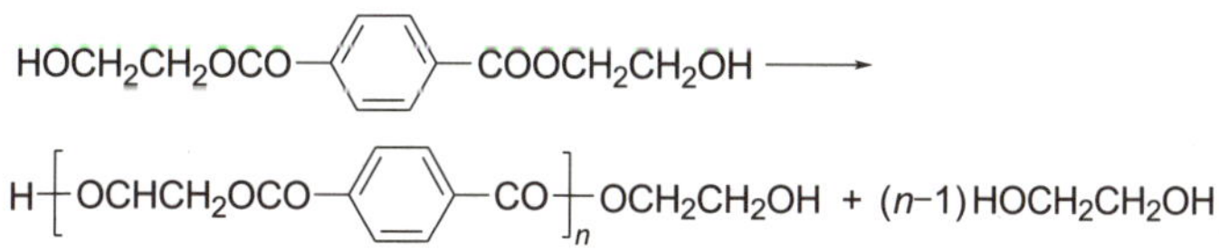

(2-74)

最终聚合物的性能和用途取决于在聚合及后续产品加工过程中的工艺条件对其结构的调

控。温度控制和催化剂的选择是减少有害副反应的关键。通常，第一阶段催化剂为锰、锌、钙、钴或镁的醋酸盐，三氧化二锑作为第二阶段催化剂。为获得高分子量 PET，在熔融聚合阶段必须完全脱除乙二醇，否则会产生不利的平衡。如果不去除乙二醇，平衡将在反应程度过低（约 $p<0.7$）的情况下建立，产物的分子量很低。

酯交换工艺的一个显著特点是在聚合开始时两种官能团数无须满足化学计量要求。化学计量是在第二阶段结束时实现的。实际上，第一阶段会使用过量的乙二醇来提高双(2-羟乙基)对苯二甲酸酯的生成速率。TA 工艺属于 DMT 工艺的改进。在这里，对苯二甲酸和过量乙二醇直接反应形成双(2-羟乙基)对苯二甲酸酯，然后进行后续的熔融缩合。

PET 具有刚性主链和高的结晶熔融温度（270℃），因此该材料具有好的机械强度和韧性，抗疲劳温度可达到 150～175℃，同时表现出良好的化学稳定性和耐溶剂性能。纤维应用约占 PET 总产量的 45%。PET 纤维（商品名涤纶）具有优异的抗皱性和良好的耐磨性，经交联树脂处理后可获得耐久压烫性能，与棉花等纤维素纤维混纺可获得更好的手感和透湿性。纤维的应用包括服装、窗帘、室内装潢、轮胎帘子布和工业过滤织物等。因其优异的阻隔性能，PET 吹塑瓶用于软饮料、啤酒、烈酒等食品包装。胶片应用包括照相、X 射线胶片或磁带、金属化胶片和电器绝缘。PET 可作为工程塑料替代钢铁、铝和其它金属，用于制造电子电气设备、家用和办公电器以及汽车零部件的精密模具。在这些工程应用中，PET 通常用玻璃纤维增强或与硅树脂、石墨或聚四氟乙烯复合以提高强度和刚度。玻纤增强的 PET 其连续使用温度达到 140～155℃。用 1,4-丁二醇替代乙二醇得到的聚对苯二酸丁酯(PBT)，结晶速度比 PET 快得多，在工程塑料应用中比 PET 更具优势，其最高使用温度(120～140℃）略低于 PET。

饱和脂肪族聚酯，由于熔点低和水解稳定性差，不具有重要的工业应用价值。低分子量脂肪族聚酯用作增塑剂和合成聚氨酯的预聚物。

2.8.2 聚碳酸酯（PC）

聚碳酸酯是碳酸的线形聚酯。工业上最重要的聚碳酸酯由双酚 A 和光气反应或与碳酸二苯酯进行酯交换反应来合成［式（2-75)］。基于双酚 A 的聚碳酸酯通常简称 PC。

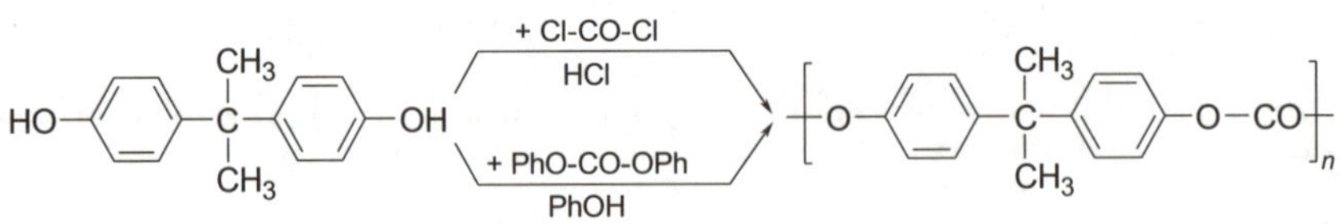

(2-75)

通过酯交换路线进行的聚合是一个两阶段熔融聚合，与上述的 PET 合成非常相似。光气工艺比酯交换工艺更有利于控制聚合物的分子量，成本也较低。工业上采用双酚 A 与光气进行界面聚合。光气溶于有机相（THF、1,2-二氯乙烷等），双酚 A 在碱性水溶液中以二钠盐存在。有机溶剂可以防止光气水解，确保在分子量达到要求之前不会发生聚合物沉淀。反应温度为 0～50℃。可添加季铵盐、磺酸盐、冠醚等相转移催化剂来促进酚盐向有机相迁移。聚合过程通常包括两个阶段：在第一阶段形成低聚物，在第二阶段加入叔胺进一步催化反应以获得高分子量聚合物。

虽然聚碳酸酯可以结晶（$T_m=270$℃），但在大多数情况下是无定形的，T_g约为 150℃。

在 PC 主链中，苯环和体积庞大的四取代碳的结合使链呈现刚性，在相当宽的温度范围内（15～130℃）材料具有良好的机械性能。PC 对酸和氧化剂的耐受性比 PET 更好，在常温下耐有机溶剂性能与 PET 相当，但对碱的耐受性不及后者。

与其它工程塑料相比，PC 的使用温度上限（增强级为 120℃）较低，但具有优异的透明性和抗冲击性（韧性），抗蠕变，尺寸稳定。应用范围包括光盘、玻璃门窗、太阳镜、飞机内饰、汽车（仪表板和部件、外板、车轮盖）、医疗（透析、血液收集和外科设备的部件）及其它用途（电动工具、冰箱内饰、安全头盔、电子连接器等）。

2.8.3 脂肪族聚酰胺（PA）

聚酰胺是最早合成并得到大规模应用的合成材料之一。

聚酰胺的合成路线与聚酯不同。聚酰胺可用单一原料（如：6-氨基己酸或相应的 ε-己内酰胺）合成，也可以由两组分原料（如：己二胺和己二酸）的缩聚来获得［式（2-76）］。由于环化倾向大，由氨基酸自聚合制备聚酰胺不是很有用（参见 2.4 节）。

由己二胺和己二酸缩聚得到的聚酰胺-66（PA66）俗称尼龙-66（数字分别表示两单体中的碳原子数，前者为二元胺的碳原子数）。通过在水溶液中预制 1∶1 的铵盐（Ⅳ），很容易实现胺基和羧基的化学计量平衡。这种盐被称为尼龙盐。两基团化学计量比可通过适当过量的二胺或二酸来调节，也可以通过调节溶液的 pH 值来控制。加热、浓缩至含盐量约为 60%或更高的浆液，然后在 210℃下聚合。聚酰胺化不需要外加强酸催化，因其反应速率足够快。聚酰胺化的平衡比聚酯化更为有利。维持压力 1.7MPa，温度升至 275℃，然后缓慢减压至常压，并继续加热以驱动平衡右移。反应后期是熔融聚合。分子量的控制和稳定通常是加入一定量的单功能化合物（如：乙酸）来实现的。在聚合过程中，二胺的挥发损失在所难免，必须通过对工艺条件和反应物初始投料的仔细控制来定量评估二胺的损耗。

$$n\,H_2N(CH_2)_6NH_2 + n\,HOCO(CH_2)_4CO_2H \longrightarrow n\left[\begin{matrix}{}^{-}OCO(CH_2)_4CO_2^{-}\\ {}^{+}H_3N(CH_2)_6NH_3^{+}\end{matrix}\right] \longrightarrow \tag{2-76}$$

Ⅳ

$$H{\left[NH-(CH_2)_6-NHCO-(CH_2)_4-CO\right]}_nOH + (2n-1)H_2O$$

聚酰胺的性质与相邻高分子链的酰胺基团间的氢键作用密切相关。例如，拉伸取向的尼龙-6（PA6）的熔点为 222℃，而尼龙-66 的熔点更高（260℃）。如图 2-6 所示，尼龙-66 的主链在拉伸状态下可有效形成分子间氢键。PA6 主链的对称性较差，只有在两条链反向排列的情况下才能产生氢键作用。若两条链同向排列，则氢键数量比 PA66 少。然而，由于高黏度及分子链缠结，聚合物主链不可能发生完全的转向。尼龙-6 的产量仅次于尼龙-66，在工业上由 ε-己内酰胺水催化开环聚合来生产（参见第 7 章）。

聚酰胺为半结晶聚合物。与其它非极性聚合物相比，聚酰胺分子间的氢键是导致玻璃化温度升高的重要原因。聚酰胺材料具有高回弹力、低摩擦系数和优良的耐磨性，广泛用于机械工程（齿轮、轴承），汽车部件（如：灯罩、燃油管道、挡泥板等），电气工程（电缆和电线的护套）及包装行业。聚酰胺比聚酯更耐碱性水解，但在酸性介质中不稳定，对有机溶剂的耐受性比 PET 和 PC 更好。聚酰胺的主要缺点是其较强的吸湿性，这会导致制品尺寸和机械性能的改变。

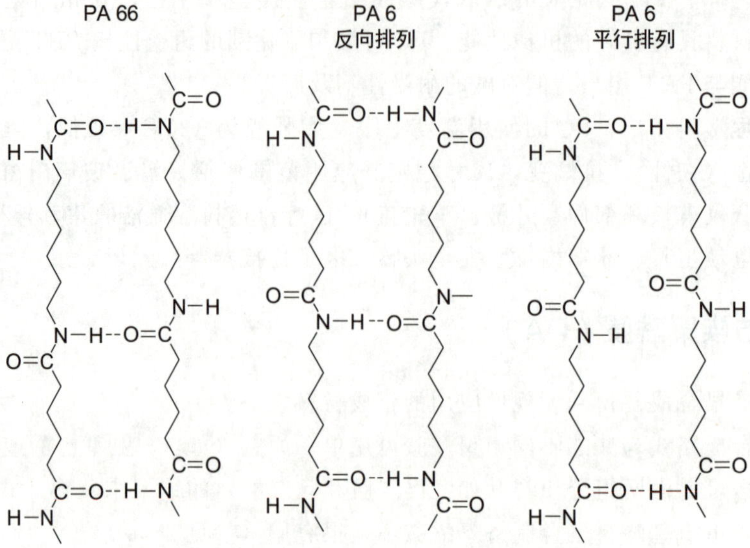

图 2-6　尼龙-66 和尼龙-6 的分子排列及氢键

2.8.4　芳香族聚酰胺

由于芳香胺的反应活性低于脂肪胺，芳香族聚酰胺（芳纶聚合物）一般用二胺和二酰氯（而不是二酸）的缩聚反应来合成。一个代表性的例子是聚间苯二甲酰间苯二胺（商品名：Nomex）。缩聚在 100℃以下的溶液中进行，使用极性非质子溶剂，如 *N*，*N*-二甲基乙酰胺、1-甲基-2-吡咯烷酮（NMP）、四甲基脲或六甲基磷酰胺以防止增长中的聚酰胺链的过早析出，反应产生的氯化氢用叔胺捕捉［式（2-77）］。聚合物溶液通常直接用于纺丝。

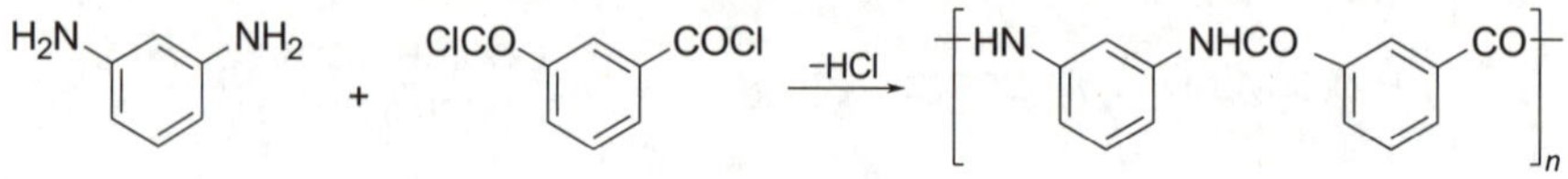

(2-77)

聚对苯二甲酰对苯二胺（Ⅴ，商品名 Kevlar，Twaron）由相应的对位取代二胺和二酰氯合成。聚（亚胺羰基-1，4-苯基）（Ⅵ，也被称为 Kevlar）来自对氨基苯甲酸的自缩聚反应。

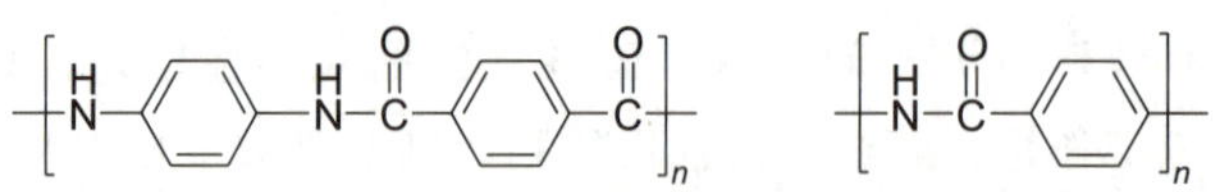

Ⅴ　　　　Ⅵ

全芳香结构赋予了此类聚酰胺材料特殊的耐热性、阻燃性、极高的熔点（≥500℃，高于它们的分解温度）和超高强度。相比于脂肪族聚酰胺，芳香族聚酰胺具有更好的耐溶剂、耐化学品和抗氧化性能。Kevlar 的强度和模量比 Nomex 更高。此外，由于刚性主链结构及链间氢键作用，前者表现出溶致液晶行为。从液晶溶液中得到的聚合物结晶将导致高度定向、伸展的链形态，从而获得高的强度和模量。

芳纶聚合物价格昂贵，其最重要的应用是在安全、军事（防弹背心、车辆装甲）和航空航天领域，以及对阻燃、耐热、尺寸稳定性或机械强度有极高要求的应用场景，如消防员和焊工的服装、防护罩、消防水带、电机的绝缘膜、电路板、光纤和电力线、船舶系缆、汽车轮胎帘线等。

2.8.5 芳香族聚酰亚胺

聚酰亚胺由芳香族二元酸（或其酸酐）与脂肪族/芳香族二元胺缩聚而成。芳香族聚酰亚胺常常是不溶、不熔的，在聚合反应的中间阶段就会沉淀出来。为解决这个问题，聚合分两步进行。如式（2-78）所示，第一阶段是在极性非质子溶剂（如 NMP 或 *N*,*N*-二甲基乙酰胺 DMAC）中进行酰胺化反应得到高分子量聚酰胺酸。该中间体是可溶和可熔的，将其加工成最终产品的物理形态（如薄膜、纤维、薄片、涂层或层压材料）后，进入第二阶段的反应—在高于 150℃的温度下加热处理，促使聚酰胺酸环化、脱水而转变成聚酰亚胺。

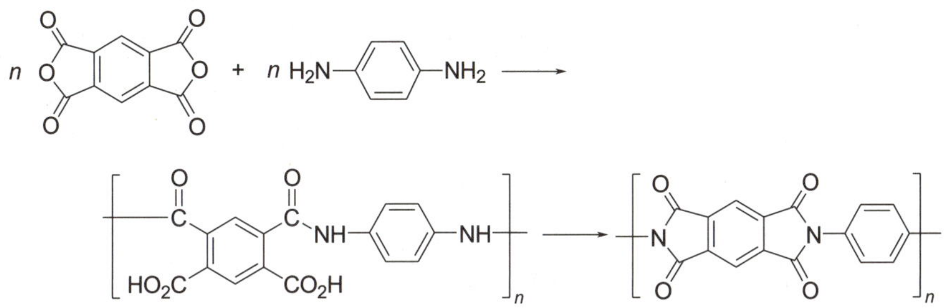

(2-78)

聚酰亚胺（PIs）多为非晶材料，具有高玻璃化转变温度，耐有机溶剂性能优良，抗氧化性和酸性水解稳定性与 PET 相媲美，优于尼龙-66。PI 在强碱性环境中的水解稳定性与聚碳酸酯相当，但不及 PET 和尼龙-66。只含芳香环结构的 PI 的耐高温性能极好，连续使用温度达到 300～350℃。

最早商品化的聚酰亚胺是以 4,4′-二氨基二苯醚和均苯四酸二酐为原料合成的（商品名：Kapton，Vespel）。该产品及类似的 PI 以聚酰胺酸溶液出售，用作高温电线漆和绝缘漆及玻璃纤维和其它织物的涂层。聚酰亚胺薄膜可作为电动机、导弹和飞机电线电缆的绝缘材料。PI 可采用粉末技术（低温成型后烧结）和模压成型工艺（需要比常规更高的压力）制造汽车和飞机发动机部件，如衬套、密封件、活塞环、轴承等。

2.9 非缩聚型逐步聚合及重要的聚合物

除了上述线形缩聚物外，还有许多聚合物是通过非缩合反应合成的，但其聚合过程同样具有逐步增长的特点。以下是一些典型的实例。

2.9.1 氧化偶联：芳香族聚醚

2,6-二取代苯酚衍生物通过氧化偶联可形成芳香族聚醚［式（2-79）］。该反应在亚铜盐-胺配合物存在下，将氧气鼓入酚的有机溶液中来完成。钴、锰盐的胺配合物也可用作氧化剂。加入二乙胺、吗啉、吡啶、N,N,N',N'-四甲基乙二胺等有机胺可增溶金属盐，提高反应体系的 pH 值，降低苯酚的氧化电位。如果加入的胺形成不溶的金属络合物，则聚合反应不能进行。在有些情况下，铜-胺催化剂因水解而失活（水来自聚合反应副产物）。加入无水硫酸镁或 4Å 分子筛等干燥剂以防止催化剂失活。用氮气清扫反应体系来终止聚合反应，然后加入水溶性螯合剂脱除催化剂。

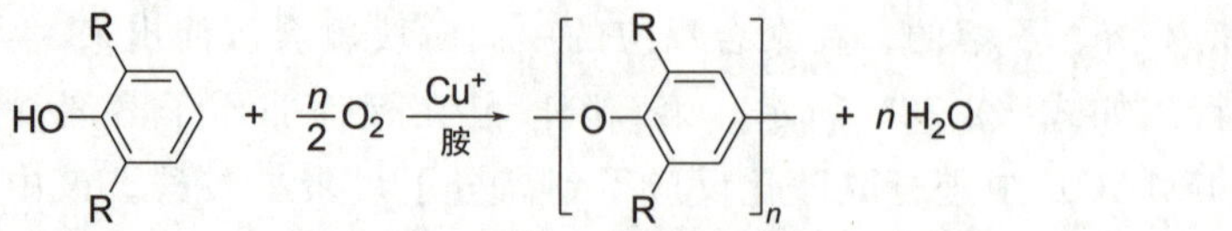

(2-79)

由 2,6-二甲基苯酚合成的聚对苯撑氧化物［Poly(p-phenylene oxide)，PPO］已经商品化。PPO 的结晶度极低，$T_m=262\sim267$℃，$T_g=205\sim210$℃。纯 PPO 的熔体黏度很高，加工非常困难。市售产品是 PPO 与高抗冲聚苯乙烯（聚丁二烯-接枝-聚苯乙烯，HIPS）的共混物，商品名为 Noryl。共混改性降低了熔体黏度，提高了材料的抗冲击强度，但 PPO 的连续使用温度降至 80～110℃。PPO 是所有工程塑料中吸水性最小的，可在相当大的湿度范围内提供优良的电气性能。PPO 在水性环境中能很好地耐受酸、碱和氧化剂；对有机溶剂的耐受性不如尼龙-66 等聚酰胺，也不及 PET。相比于聚碳酸酯，PPO 对芳香族、卤代和极性有机溶剂的耐受性更强一些。

改性 PPO 的应用范围广泛，包括汽车、电器零配件，冰箱门内衬、计算机外壳、键盘架、蒸汽熨斗以及用于液体处理的叶轮、阀门、泵壳、管道等。

2.9.2 亲核取代：芳香族聚醚酮和聚醚砜

聚醚酮和聚醚砜，又称聚酮和聚砜，由芳香族二卤化物和双酚 A 盐通过亲核取代反应合成［如式 (2-80) 所示］，其中 X 是卤素，Y 是 C=O 或 SO_2。

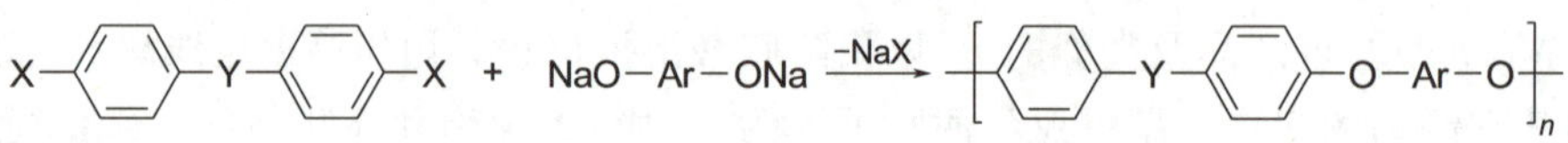

(2-80)

芳香族卤化物通常不易发生亲核取代反应，但是，吸电子的砜基或羰基的存在使得聚合反应相当容易。双酚盐由双酚与钠或其它碱金属碳酸盐或氢氧化物原位反应形成。聚砜的合成一般以二氯代芳烃为原料，在 1-甲基-2-吡咯烷酮或二甲基亚砜等极性非质子溶剂中进行。极性非质子溶剂可优先使阳离子溶剂化，提高酚氧阴离子的亲核进攻能力。由于二酚盐的溶解性差，反应温度须升到 130～160℃。加入适当过量的一元酚或一氯代烷烃来控制聚合物的分子量。为了获得高分子量聚合物，聚合体系须保持无水、无氧状态。水的存在会导致酚盐水解，由此生成的氢氧化钠与氯代芳烃发生反应将改变官能团的化学计量比。无氧条件是为了防止双酚盐的氧化。

聚酮的合成通常以芳香族二氟化物为原料，以二苯砜作为反应溶剂。与聚砜相比，聚酮合成反应需要在更高温度（200～350℃）下进行以防止聚合物过早析出。加入相转移催化剂（如冠醚或季铵盐）与酚盐的反离子络合，可以提高酚氧阴离子的亲核性和溶解度，从而降低反应温度。

聚合物Ⅶ～Ⅹ已有商品化产品。Ⅶ和Ⅷ分别被称为聚醚醚酮（PEEK）和聚醚酮

(PEK)，Ⅸ和Ⅹ被称为双酚 A 聚砜和聚醚砜。聚合物Ⅷ和Ⅹ可采用 A-A+B-B 的单体组合来合成，也可以用合适的 A-B 型反应物通过自聚合来获得。

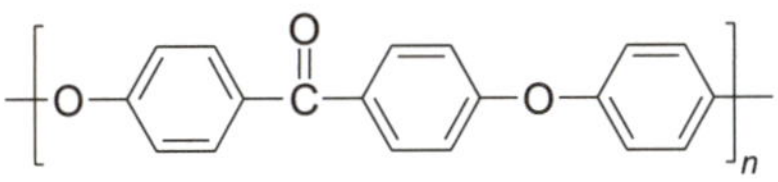

Ⅶ

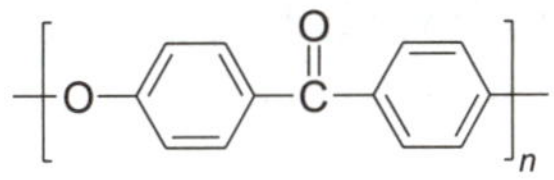

Ⅷ

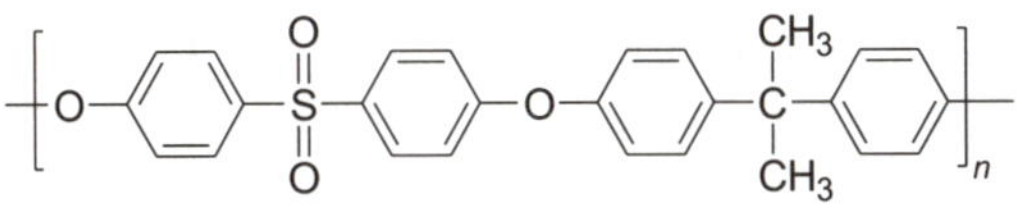

Ⅸ

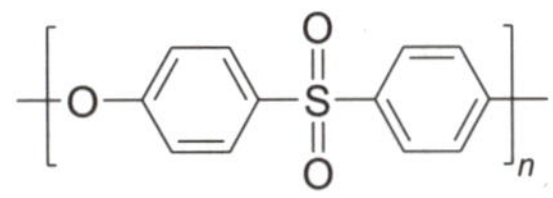

Ⅹ

聚砜是一种透明的无定形聚合物，因其刚性主链而具有良好的机械性能。$T_g=180\sim230$℃，可在 150～200℃的温度范围内连续使用。聚砜在水性环境中对酸、碱和氧化剂的耐受性很好，对芳香族和含卤有机溶剂的耐受性与 PPO 相当。由于异亚丙基的存在，双酚 A 型聚砜不同于其它聚砜，它的玻璃化转变温度和使用温度较低，对有机溶剂的耐受性也较差。由于良好的热稳定性和水解稳定性，聚砜适用于炊具、医疗、生物、食品加工等需要用热水或蒸汽反复清洗的应用场合。其它应用包括电器开关、电连接器、继电器底座、雷达罩、电池盒、相机机身、飞机内部部件和用于反渗透的膜支架等。聚砜的抗紫外性能较差，户外应用受限。

聚酮属于部分结晶聚合物，结晶度约 35%。PEEK 和 PEK 的 T_g 分别为 143℃和 165℃，熔点为 334℃和 365℃。这两种聚酮均具有优异的耐水和耐有机溶剂的性能，对有机物的耐受性与聚酰胺相当。PEEK 和 PEK 可在 240～280℃环境中连续使用，涉及汽车（轴承、活塞部件）、航空航天（结构部件）、石油化工（泵、压缩机阀板）以及电子电气（电缆、绝缘）等应用领域。

2.9.3 芳香族聚硫醚

聚苯硫醚（PPS；商品名：Ryton），由硫化钠和对二氯苯在 1-甲基-2-吡咯烷酮（NMP）等极性溶剂中于 250℃左右的温度下反应合成。反应过程可能比芳香族亲核取代机理［式(2-81)］更复杂。在空气中加热聚苯硫醚至熔点以上时，会发生一个缓慢的固化过程。固化涉及扩链、氧化和交联，但目前对其机理了解甚少。有光谱研究表明，聚合物链之间通过硫、氧和芳香桥进行交联。

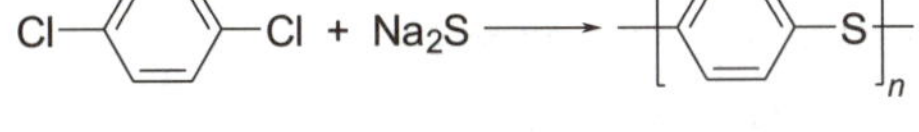

(2-81)

未交联的聚苯硫醚具有较高的结晶度（约 60%），$T_m=185$℃，$T_g=85$℃。PPS 的连续使用温度为 200～240℃，介于聚砜与聚酮之间。它具有阻燃性，在有机和水环境中稳定性很好，抗酸碱性能与聚砜和聚酮相当，对氧化剂的耐受力稍差。PPS 可用作耐热和耐腐蚀金属涂料及玻璃纤维增强注塑件，与氟碳聚合物共混后用于炊具、电器、脱模涂层和阀门、管道、热交换器的防护涂层。在有些应用中 PPS 可替代传统的热固性塑料。

2.10 交联及凝胶化作用

前面讨论的由双功能单体（A-A+B-B 或 A-B 型单体）通过缩合反应形成的是线形聚合物。当一个或多个单体在分子中含有两个以上的官能团时，所得到的聚合物将是支化的而不是线形的。某些单体会发生交联，形成网络结构，其中来自某一聚合物分子的一个或多个支链连接到其它聚合物分子上。图 1-5 对比了线形、支链和交联聚合物的结构。下面我们来考察这种含有多功能单体的缩聚体系。为简便起见，假设反应混合物中只含有 A、B 两种反应基团。用 A_f 或 B_f 来表示多功能单体，下标 f 是其所含基团数，称为该单体的官能度。有如下四种常见的可发生交联的聚合体系：

(i) A-A+B-B+A_f 或 B_f ⟶

(ii) A-A+B_f 或 B-B+A_f ⟶

(iii) A-B+A_f+B-B 或 A-B+B_f+A-A ⟶

(iv) A_f+B_f ⟶

其中，第三种体系是一种特殊的情况，因为必须存在 B-B 或 A-A 单体时才能发生交联。当有少量 A_f 时，A-B 聚合产物将是一个支化聚合物，其中 f 条链连接在一个中心支化点上（即 A_f 物种）。例如，A-B+A_3 聚合形成如Ⅺ所示的结构，每个聚合物分子中只能结合一个 A_3 分子，因为所有的链末端都不适合进一步引入支化点。除非 A 基团能够相互反应（并不常见），否则不会产生交联结构。

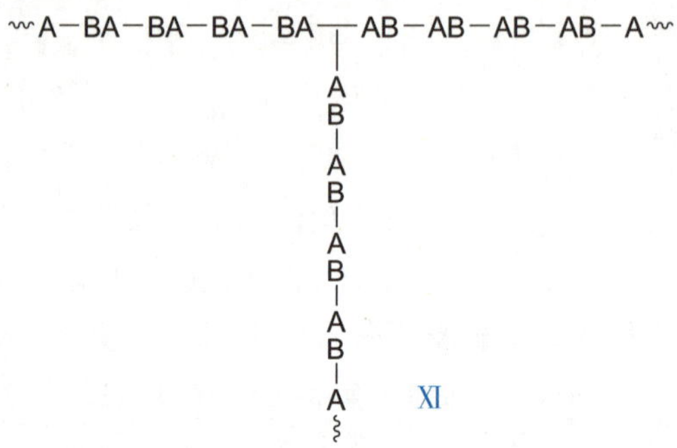

Ⅺ

然而，上述 A-B+A_f（f>2）混合物中若包含了 B-B（或 A-A）后情况将发生改变，该聚合不仅发生支化而且会形成交联结构的聚合物。如下图所示，由于 B-B 反应物的存在，一个聚合物分子的支链将能够与另一个聚合物分子的支链发生反应。交联过程可以描述为结构Ⅻ的形成，其中两条聚合物链通过一条支链连接在一起（交联）。当两条支链（如箭头所示）在其末端具有不同官能团（即一个是 A 另一个为 B）时则可发生交联。

交联的特点是聚合进行到某一时刻发生凝胶化。出现凝胶时的反应程度被称为凝胶点，此时可观察到凝胶或不溶性聚合物的形成。凝胶点也被看作是聚合体系失去流动性的一个标志，可通过观测反应混合物中的气泡不能上升来判断。凝胶对应于无限网络的形成，其中聚合物分子相互交联形成了宏观分子。凝胶可在溶剂中膨胀，但不能溶解。出现凝胶时，非凝胶部分的聚合物仍可溶于溶剂，被称为溶胶。超过凝胶点后，随着交联反应的继续，溶胶量不断减少，凝胶量相应增加。在凝胶化过程中体系的物理性质会发生显著的变化，反应混合物转变为黏度极大的聚合物。

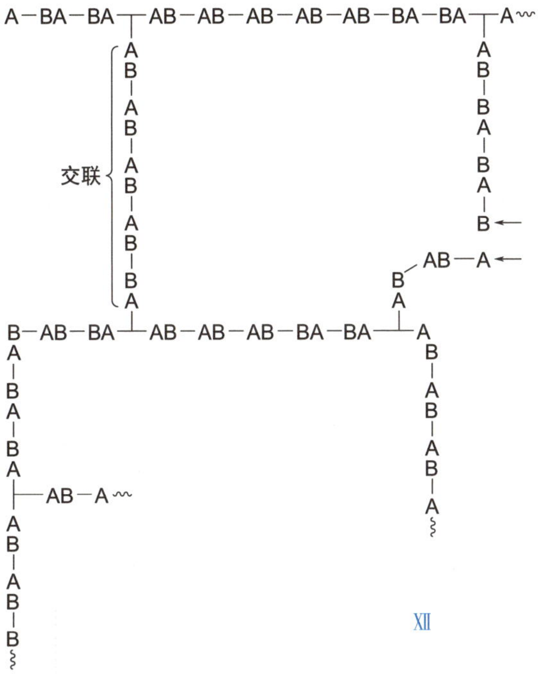

XII

从商业角度看，交联反应是一个非常重要的反应。交联塑料因其对高温和物理应力的优异稳定性而越来越多地被用作工程材料。它们的刚性网络结构使材料在不同条件下保持尺寸稳定。这种聚合物在加热时不会流动，被称为热固性聚合物或热固性塑料。相反，加热时可软化、流动的塑料，即非交联的塑料，被称为热塑性塑料。由连锁聚合得到的聚合物大多是热塑性塑料。弹性体是一种具有交联结构的聚合物，通常在聚合完成后通过交联制得，其交联反应与这里讨论的涉及多功能单体聚合过程中的交联有所不同（参见第 8 章）。

为了控制并合理利用交联反应，有必要了解凝胶化与反应程度之间的关系。一般有两种方法来建立凝胶点时反应程度与聚合体系组成之间的函数关系式。

2.10.1 Carothers 法预测凝胶点

在 A、B 两官能团数相等的情况下，Carothers 推导了在凝胶点时的反应程度与平均官能度之间的定量关系。单体混合物的平均官能度是指所有单体分子中每个单体所占有的平均官能团数：

$$f_{avg}=\frac{\sum N_i f_i}{\sum N_i} \tag{2-82}$$

N_i 表示官能度为 f_i 的单体 i 的分子数。例如，由 2mol 甘油（三元醇）和 3mol 邻苯二甲酸（二酸）组成的混合物，共有 5mol 单体分子和 12mol 官能团，平均官能度 $f_{avg}=12/5=2.4$。对于由等摩尔数的甘油、邻苯二甲酸和一元酸组成的体系，每 3 个分子总共有 6 个官能团，则 $f_{avg}=6/3=2$。

对于一个含等摩尔 A、B 基团数的体系，设定起始的单体分子数为 N_0，则相应的官能团总数为 $N_0 f_{avg}$。如果 N 为反应进行到某时刻的分子数，则，已经反应的官能团数为 $2(N_0-N)$。反应程度 p 就是已消失官能团的分数：

$$p=\frac{2(N_0-N)}{N_0 f_{avg}} \tag{2-83}$$

根据数均聚合度的定义：

$$\overline{X}_n=\frac{N_0}{N} \tag{2-84}$$

联立式（2-83）和式（2-84），得到：

$$\overline{X}_n=\frac{2}{2-pf_{avg}} \tag{2-85}$$

上式可重排为：

$$p=\frac{2}{f_{avg}}-\frac{2}{\overline{X}_n f_{avg}} \tag{2-86}$$

式（2-86）即通常被称为 Carothers 方程，它关联了反应程度、聚合度与体系的平均官能度。Carothers 认为，达到凝胶点时，数均聚合度为无穷大。因此，出现凝胶时的临界反应程度 p_c 由下式给出：

$$p_c=\frac{2}{f_{avg}} \tag{2-87}$$

根据单体混合物的平均官能度，可用式（2-87）来预测达到凝胶化时所需要的反应程度。例如，上述甘油-邻苯二甲酸（摩尔比为 2∶3）体系的临界反应程度计算值为 0.833。

必须强调的是，式（2-86）和式（2-87）仅适用于两种不同官能团的数量为化学计量的体系。当 A、B 官能团数不相等时，由式（2-82）计算的平均官能度过高，最终会得出错误的结论。例如，由 1mol 甘油和 5mol 邻苯二甲酸构成的混合物，据式（2-82）得到：

$$f_{avg}=(1\times3+5\times2)/(1+5)=13/6=2.17$$

这个值表明，该体系可获得高分子量聚合物。若进一步根据式（2-87）计算，预期在 $p_c=2/2.17=0.922$ 时出现交联。然而，实际上这两个结论都是错的。该体系的两种基团（羟基与羧基）数严重偏离化学计量（$r=0.3$），只可能形成分子量极低的产物（参见 2.5 节）。真实的情况是，大部分的羧基尚未发生反应时聚合就会停止。

对于非化学计量混合物，平均官能度应该以非过量的官能团数的两倍除以反应物分子总数来计算。这是因为，该聚合体系的反应程度以及可能发生的交联取决于含量不足的反应物。过量组分不仅没有用，而且还会降低体系的平均官能度。对于上述 1mol 甘油和 5mol 邻苯二甲酸混合物而言，平均官能度的正确计算值为 $f_{avg}=6/6=1.00$。f_{avg} 值如此之低，只能形成低聚物。

可用类似的方法计算含有两种以上单体的非化学计量混合物的平均官能度。考虑一个三组分混合物：$N_A$mol A_{f_A} $+N_C$mol A_{f_C} $+N_B$mol B_{f_B}。反应物 A_{f_A}、A_{f_C} 和 B_{f_B} 的官能度分别为 f_A、f_C 和 f_B；其中，A_{f_A} 和 A_{f_C} 具有相同官能团 A，B_{f_B} 的 B 基团数大于 A 基团总数。则，平均官能度按照下式计算：

$$f_{avg}=\frac{2(N_A f_A+N_C f_C)}{N_A+N_C+N_B} \tag{2-88}$$

或

$$f_{\text{avg}}=\frac{2rf_{A}f_{B}f_{C}}{f_{A}f_{C}+r\rho f_{A}f_{B}+r(1-\rho)f_{B}f_{C}} \tag{2-89}$$

在这里，r 和 ρ 的定义如下：

$$r=\frac{N_{A}f_{A}+N_{C}f_{C}}{N_{B}f_{B}} \tag{2-90}$$

$$\rho=\frac{N_{C}f_{C}}{N_{A}f_{A}+N_{C}f_{C}} \tag{2-91}$$

r 是 A 基团数与 B 基团数的比值，它的值等于或小于 1。r 与 2.5 节中定义的化学计量比相当。ρ 是 $f>2$ 的反应物 A_{f_C} 中的 A 基团占 A 基团总数的分数。

将不同的 r、ρ、f_A、f_B 和 f_C 值代入式（2-88）和式（2-89）可以发现：A、B 基团数越接近化学计算量（r 越接近于 1）的体系，多功能反应物含量越高（ρ 越接近于 1）及含有较高官能度（f_A、f_B 或 f_C 较大）的体系，均会加速交联反应的进行，即在较低反应程度时发生凝胶化。

利用 Carothers 方程［式（2-85）］可计算线形聚合物的聚合度，这与方程式（2-55）（见 2.5 节）有部分重叠，但两者并不等同。后者不适用于含有单功能反应物的体系，除非是这样的体系：化学计量的双功能反应物（A-A＋B-B 或 A-B）加单功能反应物。举例来说，式（2-55）可用于 10mol A-A＋10mol B-B＋1mol B 反应体系，但不适用于 10mol A-A＋9mol B-B＋1mol B 体系。实际上，这两种聚合体系在任一特定反应程度下得到的聚合物具有几乎相同的聚合度。比如，根据 Carothers 方程计算，两体系在反应完全时的 $\overline{X}_n$ 值分别为 21.0 和 20.0。如果将式 2-55 用于第二个反应体系则会导致谬误，因为根据式（2-57）得到的化学计量比 $r=1$（与完美的化学计量体系 10mol A-A＋10mol B-B 是一样的!），这意味着在完全转化时（$p=1$）$\overline{X}_n$ 为无穷大。这个结果对于 A、B 基团数相等的体系是正确的，而对于含有大量单功能 B 反应物的体系则是错误的。因此，式（2-55）的使用必须限于双官能反应物为化学计量的体系（A-A＋B-B）或 A-B 体系；该式也不适用于含有官能度大于 2 的反应物的任何体系。Carothers 方程的使用没有这些限制。根据式（2-85）可计算聚合度；若得到负值，意味着在此转化率下已超过凝胶点。

2.10.2 统计法预测凝胶点

Flory 应用统计方法推导出一个表达式，通过计算重均聚合度（$\overline{X}_w$）趋向无穷大时来预测凝胶点的反应程度。我们以上一节提及的第一种聚合体系 A-A＋B-B＋A_f（$f=3$）为例来建立反应程度、单体混合物的组成与凝胶点之间的定量关系（其它体系的推导方法类似）。该聚合体系可能发生的反应如下所示；其中单体 A-A 和 B-B 简化为 AA 和 BB，小写的 a 和 b 表示已经反应的相应基团。

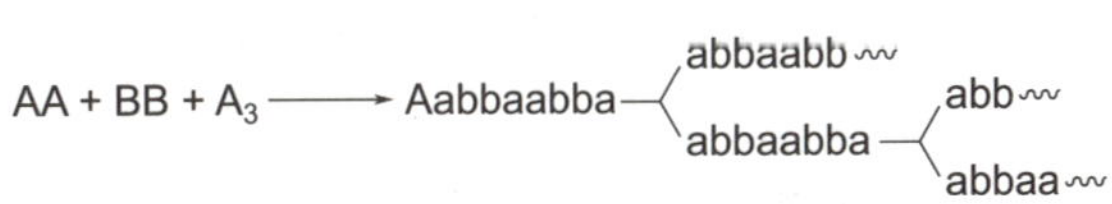

(2-92)

为了进一步明确该体系的特性，假定 B 基团的数量大于 A 基团，即 B 基团过量；引入两个参数表征反应混合物：A 基团数与 B 基团数的初始数量之比用因子 r 表示，来自多功能分子的 A 基团数与 A 基团总数之比定义为 ρ。同时，定义两个重要的参数—反应程度（p）和支化系数（α）—用来描述反应过程。反应程度是基于非过量基团来确定的。对于目前考虑的体系，反应程度 p 就是指已经反应的 A 基团的分数。支化系数定义为聚合物链段末端支化单元的给定官能团通向另一个支化单元的概率。也就是说，某一链段两端被支化单元封顶的概率。支化系数是讨论网络形成的核心，因为凝胶化的发生与否取决于链段被可能的支化单元封端后会发生什么样的情况。

推导过程分两个阶段进行。首先考虑 AA 和 BB 聚合直到所有链段都被 A_f 分子封端的概率，然后计算这些链段连接在一起形成网络的概率。实际的过程是随机发生的，不可能按这样的次序进行，但是分步考虑便于数学分析。此外，统计法推导凝胶点时假定所有同类型官能团的反应活性是相同的，与分子大小无关；同一分子中的基团不会相互反应，即不存在环化。从统计学的观点看，某官能团发生反应的概率由该时刻已反应基团的分数（比例）给定，而一连串事件的概率是它们各自概率的乘积。

下面具体分析一段聚合物链的两端被潜在支化点封端的概率：

(i) 第一步是 BB 单体与 A_f 分子中的一个 A 基团的缩合反应［式 (2-93)］：由于假定所有 A 基团具有相同的反应活性，所以发生这种情况的概率就是 p。

$$A_f + BB \longrightarrow A_{f-1}abB \tag{2-93}$$

(ii) 末端 B 基团与 AA 单体中的一个 A 基团反应：

$$A_{f-1}abB + AA \longrightarrow A_{f-1}abbaA \tag{2-94}$$

已反应的 A 基团的分数是 p，则 B 基团已反应的分数是 rp，这也就是 B 反应的概率。因为多功能分子 A_f 中的 A 基团数占 A 基团总数的比例为 ρ，所以，B 基团与 AA 单体反应的概率应该是 rp 乘以 $(1-\rho)$。于是，形成式 (2-94) 所示链段的总概率为：$p[rp(1-\rho)]$

(iii) 末端 A 基团与另一个 BB 单体的反应：

$$A_{f-1}abbaA + BB \longrightarrow A_{f-1}abbaabB \tag{2-95}$$

这一步的概率仍然是 p，故总概率为：$p[rp(1-\rho)p]$

(iv) 后续更多的 AA 和 BB 分子缩合进入这条链，形成 i 个 bbaa 单元组成的序列：

$$A_{f-1}abbaabB + AA + BB \rightarrow\rightarrow\rightarrow A_{f-1}a(bbaa)_i bB \tag{2-96}$$

上一步已经计算了一个这种单元的概率；一系列 i 个单元的概率就是单个概率的乘积：$p[rp(1-\rho)p]^i$。

(v) 末端 B 基团与多功能分子中的一个 A 基团发生反应：

$$A_{f-1}a(bbaa)_i bB + A_f \longrightarrow A_{f-1}a(bbaa)_i bbaA_{f-1} \tag{2-97}$$

B 基团发生反应的概率是 rp，其中涉及与 A_f 反应的比例是 $rp\rho$。因此，上述整个序列的概率是：$p[rp(1-\rho)p]^i rp\rho$。

(vi) 在上面的一般表达式中，i 可以是 0 到∞之间的任何值。因此，所有可能选项的概率应该是单个概率之和。注意：这里是求和而不是乘积，因为在这里我们关心的是 $i=0$ 或者 $i=1$ 或者 $i=2$，等等。

支化系数的含义是一个链段被潜在支化点封端的概率，而上述推导正好描述了这种情形，因此有：

$$\alpha = \sum_{i=0}^{\infty} rp^2\rho[rp^2(1-\rho)]^i \tag{2-98}$$

加和只适用于方括号内的参量，因其只涉及到 i。用 Q 代表括号内的量，根据 $\sum_{i=0}^{\infty} Q^i = 1/(1-Q)$，经变换，得到：

$$\alpha = \frac{rp^2\rho}{1-rp^2(1-\rho)} \tag{2-99}$$

至此，我们已经知道一条链的两端被潜在支化点封端的概率。在推导的第二阶段要考虑这些链末端通过残余的 $f-1$ 个活性 A 基团之间的反应。根据假设，该混合物含过量的 B 基团，所以仍然有未反应的 BB 单体或其它末端带有 B 基团的聚合物链段可以与该 A_{f-1} 基发生反应。如果随机选择一个 A_f 基团（支化点），然后沿着这条链找到另一个 A_f 基团，试问：我们可以永远以这种方式继续下去的概率是多少？如上所述，两个支化点间形成一条链段的概率为 α。当我们到达相邻的 A_f 时，该支化单元有 $f-1$ 种可能性连接到新的链段，而且，从这 $f-1$ 个基团中的任意一个形成一条链段的概率仍然是 α。因此，从每一个 A_f 出发连接到下一个 A_f 的总概率等于 $\alpha(f-1)$。如果我们想要把 x 条链依次连接起来，能实现的概率为 $[\alpha(f-1)]^x$。试想：当 $x\rightarrow\infty$ 时，如果这个概率大于 1，也就是 $\alpha(f-1)>1$（反之，如果 $\alpha(f-1)<1$，则当 $x\rightarrow\infty$ 时 $[\alpha(f-1)]^x\rightarrow 0$），我们就能获得一个网络。于是，对应于该概率等于 1 的临界支化系数为：

$$\alpha_c = \frac{1}{(f-1)} \tag{2-100}$$

联立式（2-99）和式（2-100）并重排，得到凝胶开始出现时的临界反应程度（p_c）—凝胶点，它是单体混合物性质（r、ρ 和 f）的函数：

$$p_c = \frac{1}{\{r[1+\rho(f-2)]\}^{1/2}} \tag{2-101}$$

当 A、B 两种官能团的数目相等时，即 $r=1$，式（2-99）和式（2-101）变为：

$$\alpha = \frac{p^2\rho}{1-p^2(1-\rho)} \tag{2-102}$$

和

$$p_c = \frac{1}{[1+\rho(f-2)]^{1/2}} \tag{2-103}$$

如果聚合体系不存在 AA 单体（即 $\rho=1$），且 $r<1$，式（2-99）和式（2-101）分别简化为：

$$\alpha = rp^2 \tag{2-104}$$

和

$$p_c = \frac{1}{\{r[1+(f-2)]\}^{1/2}} \tag{2-105}$$

如果上述两个条件同时满足，即：$r=\rho=1$，式（2-99）和式（2-101）简化为：

$$\alpha = p^2 \tag{2-106}$$

和

$$p_c=\frac{1}{[1+(f-2)]^{1/2}} \tag{2-107}$$

这些方程不适用于含有单功能反应物和/或支化单元同时含有 A 和 B 的反应体系。

2.10.3 凝胶点的实验测定

通常，凝胶点是通过实验确定的。当反应混合物失去流动性，气泡不能上升时的临界反应程度被确定为凝胶点。许多实验观察已经证实了用 Carothers 方程和统计方法预测凝胶点的可靠性。但是，理论预测值与实测值有一定偏差。例如，在甘油与等当量的几种二元酸的反应中，实测凝胶点为 0.765，而由统计法［式（2-101）］和 Carothers 法［式（2-87）］得到的预测值分别为 0.709 和 0.833。Flory 针对一缩二乙二醇（$f=2$）、1,2,3-丙三酸（$f=3$）和己二酸或丁二酸组成的体系，研究了在羟基和羧基为化学计算量和非化学计算量情况下的凝胶点。表 2-6 对比了实测凝胶点和理论预测值。

表 2-6　一缩二乙二醇、1,2,3-丙三酸和己二酸或丁二酸混合物的凝胶点测定

$r=[CO_2H]/[OH]$	ρ	凝胶点时的反应程度（p_c）		
		由式（2-87）计算	由式（2-101）计算	实测值
1.000	0.293	0.951	0.879	0.911
1.000	0.194	0.968	0.916	0.939
1.002	0.404	0.933	0.843	0.894
0.800	0.375	1.063	0.955	0.991

数据显示，实测 p_c 值大致介于两个计算值之间。Carothers 方程给出的 p_c 值偏高，主要原因是该方程预测的凝胶点是数均聚合度达到无穷大时的反应程度。基于这样的假设，显然会得出一个过大的 p_c 值，因为聚合体系中存在不同大小的聚合物分子，那些大于 $\overline{X}_n$ 的聚合物分子会比尺寸为 $\overline{X}_n$ 的分子更早达到凝胶点。实验测得的 p_c 与统计法计算值比较接近，但预测值总是低于实测值。这与聚合体系存在分子内环化以及同类型官能团并非等活性有关。在理论推导中忽略了这两个因素。官能团间发生的分子内环化反应是对反应物的浪费，对交联没有贡献，其结果是需要更高程度的聚合才能到达凝胶点。在许多体系中观察到的 p_c 值与预测值有差异，至少在一定程度上归因于同类官能团反应活性相等这一假设的失效。一个例子就是前面提到的甘油-邻苯二甲酸体系。如果在计算中针对已知的甘油仲羟基较低的反应活性进行适当修正，就可以减小计算值（0.709）与观测值（0.765）之间的差异。

虽然 Carothers 方法和统计方法都用于凝胶点的实际预测，但统计法更常用，因为理论上它给出了在分子尺寸分布中的最大分子的凝胶点。从实用观点看，单独使用 Carothers 方法有风险，因为 Carothers 法预测的 p_c 值总是比实测的要高。超过凝胶点的交联聚合物不易处理，反应必须在低于 p_c 时终止，然后才能进入后续的材料加工、成型阶段。此外，统计方法提供了更大的可能性来适应各种反应物体系，包括对不适用等活性假设和发生分子内反应的修正。

2.11 重要的交联体系

无论是凝胶点之前的反应还是凝胶点之后的反应，控制交联过程对于热固性塑料加工都是至关重要的。凝胶点之后的反应时段通常称为固化期。交联过慢或过快都可能影响最终产品的性能。例如，在热固性泡沫产品的生产过程中，如果交联速度（凝胶化）太慢，泡沫结构会发生坍塌；而对于层压产品，如果固化速度太快，则难以保证材料的结合强度。

热塑性和热固性塑料制品的制造工艺有很大的不同。对于前者，制造商将热塑性树脂加热、施压，产生可流动的物料以塑造成所需要的成品。热固性塑料的情况则完全不同。从单体到制品通常分成两个阶段进行：第一阶段是树脂的合成，先聚合成低分子量（500～5000）线形或支链形预聚物，即未完全聚合的聚合物。第二阶段是成型，完成第一阶段没有完成的聚合（和交联）。根据反应程度的不同，将热固性聚合物划分成 A、B、C 三段。A-段聚合物的反应程度低于凝胶点（$p<p_c$）；如果 p 与 p_c 接近，则为 B-段聚合物。A-段聚合物可溶、可熔，B-段聚合物仍然可熔，但几乎是不溶的。终端产品制造商使用的预聚物通常是 B-段。后续反应使其高度交联，成为不溶、不熔的制品。

预聚物可分为无规预聚物和结构预聚物两大类。无规预聚物中的基团呈无序分布状态，后续的反应随机进行。结构预聚物中基团分布明确，可预先设计，其本身一般不能交联，成型时需另外加入催化剂或其它活性物质。这样的预聚体系通常有利于对聚合和交联反应有更好的可控性，而且非常重要的是，可更好地控制最终制品的结构。

2.11.1 聚酯、不饱和聚酯及醇酸树脂

由邻苯二甲酸酐和甘油缩聚形成的聚酯是最早商品化的交联聚酯之一。线形聚酯很少由酸或酸酐与醇的直接反应合成，因为高转化率所需的较高反应温度会导致多种副反应，不利于获得高分子量。但是，这种考虑对于交联体系不是非常重要，因为交联是在远低于在线形聚合中获得高聚物所需的反应程度下实现的。交联聚酯通常由酸或酸酐与醇直接酯化合成。式（2-108a）所描述的简单聚酯种类非常有限，不具商业价值。几乎所有的交联聚酯都是不饱和聚酯或醇酸聚酯。这些树脂为调节终端产品的性能以适应市场提供了更大的可能性。此外，由于聚合和交联涉及不同的化学反应，因而可进行更好的过程控制。

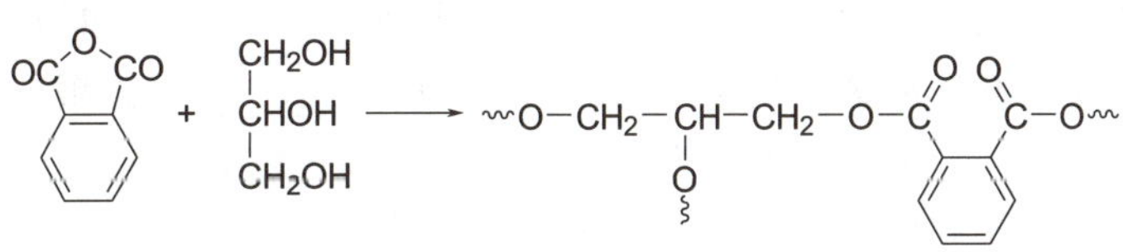

(2-108a)

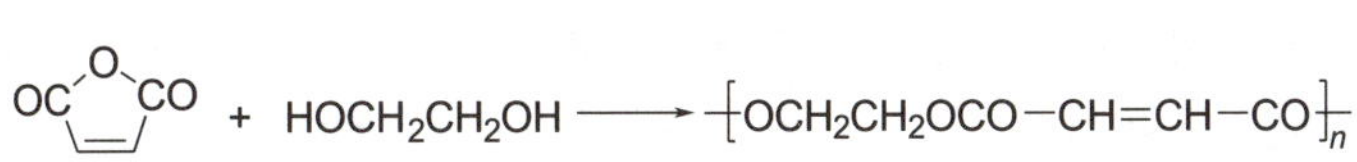

(2-108b)

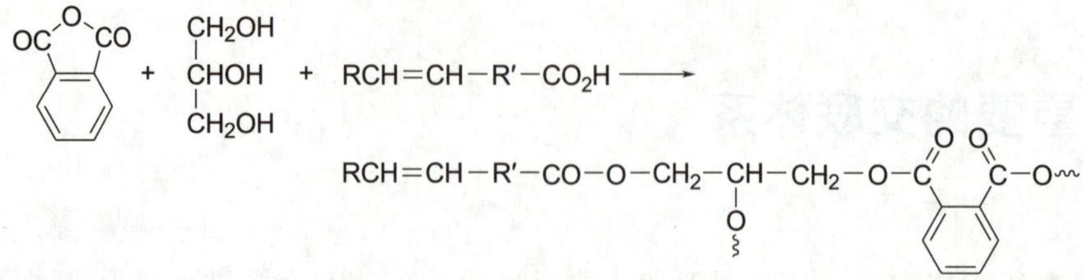

(2-108c)

式（2-108b）展示了一个典型的不饱和聚酯，由马来酸酐和乙二醇缩聚得到。在聚酯化反应中马来酸酐只是一种双功能反应物，但是由它引入的烯烃双键在自由基连锁聚合条件下具有反应性。交联是在一个单独的步骤中通过与烯类单体（如苯乙烯、乙烯基甲苯、甲基丙烯酸甲酯、邻苯二甲酸二烯丙酯等）的自由基共聚来完成。

富马酸和衣康酸也被用作二元酸组分。为了控制交联密度或针对某些特定用途，大多数反应配方中含有饱和二酸（异苯二甲酸和对苯二甲酸、己二酸），与不饱和二酸或酸酐按适当比例混合。丙二醇、1,4-丁二醇、新戊二醇、二甘醇和双酚A也可代替乙二醇作为二醇组分。加入芳香族反应物可提高交联产物的硬度、刚性和耐热性。卤化物被用来增强材料的阻燃性。

不饱和聚酯主要用来生产玻璃纤维增强塑料。不饱和聚酯塑料具有良好的综合性能：耐高温软化和变形、耐腐蚀、耐强酸和耐候性。液态聚酯预聚物特别适合在开口模具中浇铸各种制品。不饱和聚酯广泛用于建筑（淋浴装置、特种地板、建筑外墙）、汽车修理和船舶行业以及电动工具模制部件。

醇酸树脂是一类末端含有烯键的不饱和聚酯。通常在聚合中加入不饱和一元羧酸来引入末端烯键［式（2-108c)］，如：油酸、蓖麻油酸（含单个双键），含两个或两个以上孤立双键的亚油酸、亚麻酸或含共轭双键的桐油酸等。不饱和脂肪酸一般与饱和一元酸一起使用（通常是脂肪酸，如月桂酸、硬脂酸、棕榈酸，但也包括苯甲酸和对丁基苯甲酸）。不饱和脂肪酸和饱和脂肪酸常常分别被称为干性油和非干性油。脂肪酸含量在30%～60%或以上，根据脂肪酸含量醇酸树脂分为短油度、中油度和长油度醇酸树脂。虽然甘油是醇酸配方中主要的多元醇，但也有官能度为2～8的其它多功能醇（如：二甘醇、山梨醇、季戊四醇、三季戊四醇），它们可单独或组合使用。醇酸预聚物通过大气氧的氧化作用来实现交联。这个交联过程俗称风干，干燥的快慢取决于不饱和脂肪酸的含量。交联所涉及的化学反应不同于预聚物的合成。

醇酸树脂主要用作涂料或胶黏剂。醇酸树脂涂层干燥快，具有良好的附着力、柔韧性、强度和耐久性，最高使用温度上限约为130℃。调整醇酸配方可以使漆膜性能发生相当大的变化。例如，引入较高官能度的醇可提高脂肪酸用量，从而加快干燥速度、更好地保持光泽，提高硬度和耐湿性。醇酸树脂用于建筑漆、外用漆、船舶顶面漆和各种金属底漆和油漆。末端含羧基的醇酸树脂与硝化纤维素的羟基反应后生成的清漆广泛用于家具、地板、门窗等的涂装。经氨基树脂（2.11.3节）改性的醇酸树脂可用作金属橱柜、电器、百叶窗和玩具的烤漆。氯化橡胶与醇酸树脂的共混物被用于公路标识、混凝土和游泳池的油漆。

水性醇酸树脂在当今市场中占有相当大的份额。提高醇酸预聚物的水溶性有两种方法。一是将游离的羧基引入预聚物分子，例如，通过添加偏苯三甲酸酐（XIII）或双羟甲基丙酸（XIV）；经碱中和后形成的羧酸根基团可提高树脂的水溶性。另一种方法是在预聚物合成中加入带有羟基末端的聚环氧乙烷（XV）作为醇组分。

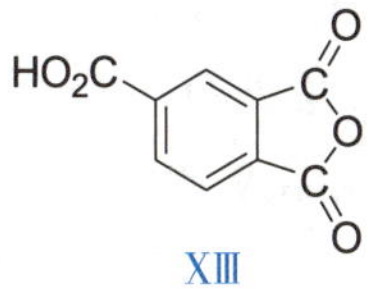

XIII

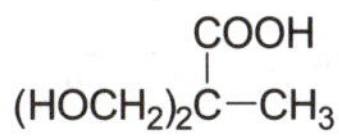

XIV

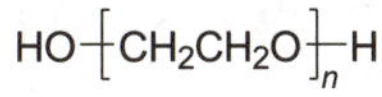

XV

2.11.2 酚醛树脂

酚醛树脂是最早商品化的合成树脂。苯酚（$f=3$）与甲醛（$f=2$）缩聚形成的低摩尔质量中间产物（预聚物）通常是可溶的液态物质。通过进一步反应（如加热），预聚物转化为不溶、不熔的网络结构。苯酚与甲醛在水溶液中的缩聚反应对 pH 值非常敏感。在碱性条件下得到的预聚物（resole）是一种由单核羟甲基苯酚、双核和多核化合物组成的混合物。XVI～XVIII所示只是一些可能的缩聚产物，其它产物具有不同的取代程度和位置（邻位或对位）以及不同的桥联结构（亚甲基或醚键）。甲醛与苯酚的摩尔投料比为 1.2～3.0∶1，典型的配方是 1.2∶1。以钠、钙或钡的氢氧化物（1%～5%）作为催化剂。在 80～95℃加热 1～3h 足以形成预聚物。快速真空脱水可以防止反应过度和凝胶化。

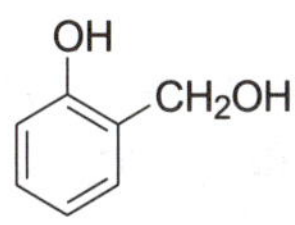

XVIa

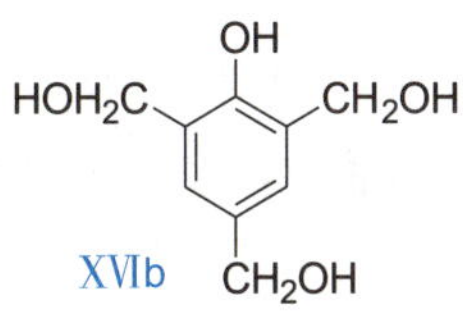

XVIb

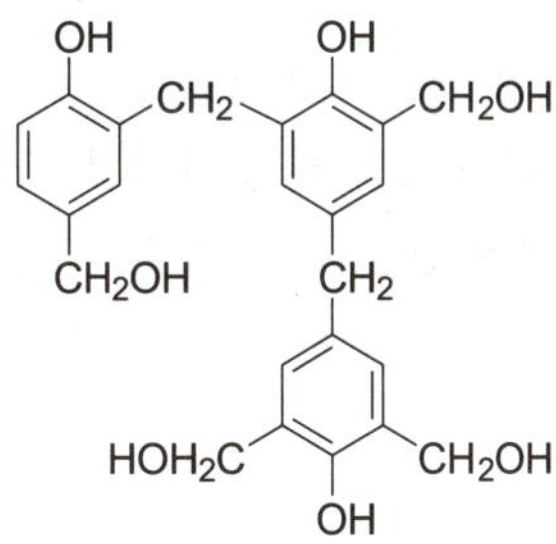

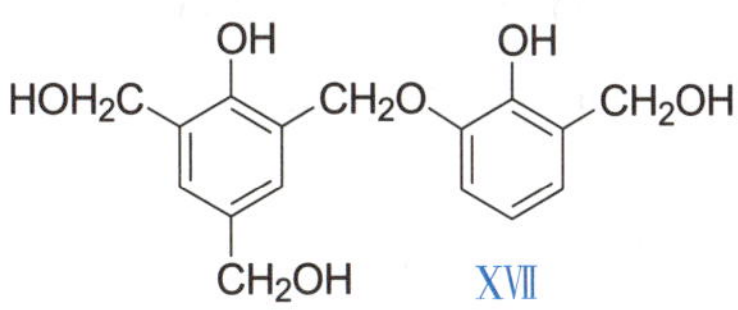

XVII

XVIII

碱催化酚醛预聚物的分子量在 500～5000 范围内，大多数低于 2000。因组成和分子量不同，预聚物可能是固态或液态，可溶于水或不溶于水。通常要将预聚物中和或使之呈弱酸性，其 pH 值和组成会影响固化速度。交联（固化）在高达 180℃的条件下进行。交联过程涉及与合成预聚物相同的化学反应，即在苯环之间形成亚甲基桥和醚桥，导致如 XIX 所示的网络结构。预聚物中反应基团呈无规分布，属于无规预聚物。

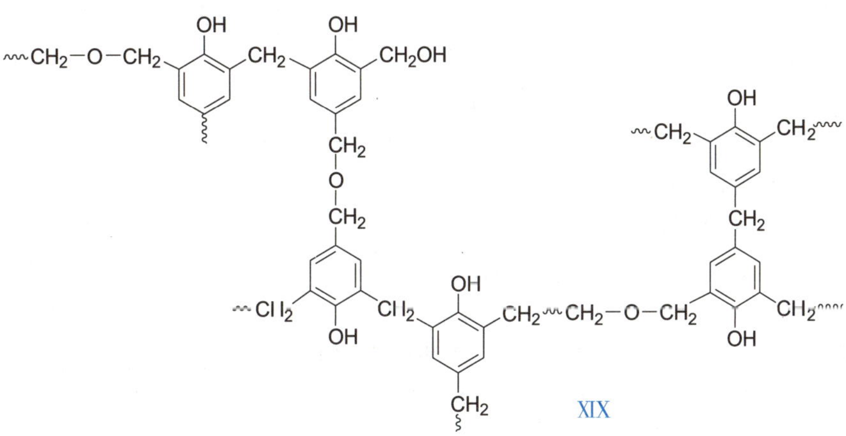

XIX

在酸性介质及甲醛/苯酚投料比为 0.75～0.85：1 的条件下合成的酚醛预聚物称为线形酚醛清漆（novolac）。由于反应体系缺乏足量甲醛，只能形成低分子量聚合物，产物的种类比碱催化酚醛预聚物少得多。该反应在回流温度或接近回流温度下加热 2～4h 小时完成。作为催化剂，草酸和硫酸的用量相对于每 100 份苯酚分别为 1～2 份和<1 份。聚合过程涉及一系列羟甲基碳正离子和苄基碳正离子的亲电芳香族取代反应［式（2-109）］。这些碳正离子由羟基质子化后失水所形成。相比于碱催化预聚物（resole），桥联苯环间的醚键要少得多。用锌、钙等二价金属羧酸盐催化合成的酚醛树脂比由强酸催化得到的酚醛树脂在苯环上具有更高的邻位取代度，固化速度更快。

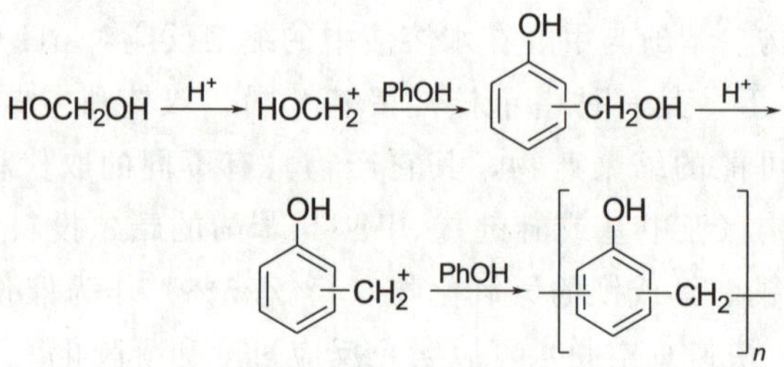

(2-109)

XX

反应混合物在 160℃ 的高温下脱水，所得预聚物经冷却、粉碎，与六亚甲基四胺（5%～15%，质量分数）混合后提供给塑料制品生产商。六亚甲基四胺是 6mol 甲醛和 4mol 氨反应的产物，水解成二羟甲基胺后与酸催化酚醛预聚物（novolac）反应。加热促使苯环间亚甲基和苄胺桥联的形成和快速固化。交联网络结构如下所示（XXI）。

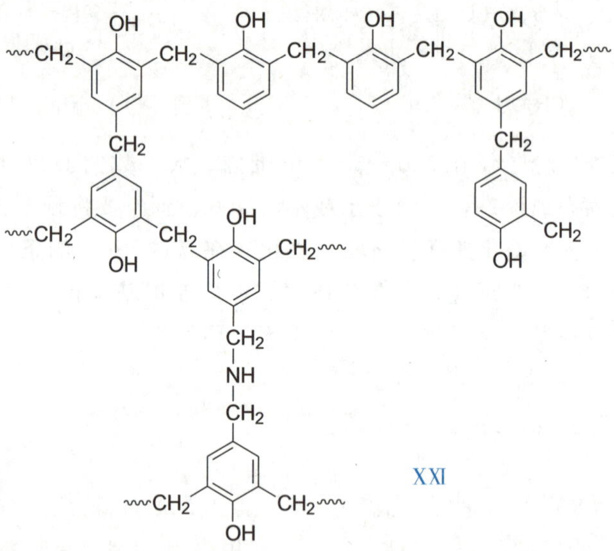

XXI

酚醛塑料具有高强度和尺寸稳定性，有良好的抗冲击、抗蠕变、抗溶剂和防潮性能。大多数酚醛塑料都含有填充剂或增强剂。通用等级酚醛塑料由云母、黏土、木材或矿石粉、纤维素和碎织物填充而成。工程酚醛塑料以玻璃或有机纤维、弹性体、石墨和聚四氟乙烯为增强填料，适合在 150～170℃下连续使用。酚醛树脂主要用作粘结剂、涂料，制造模压制品（开关、泵壳、刀柄、烤箱和烤面包机部件）等。

2.11.3 氨基塑料

氨基树脂或塑料由甲醛与尿素（XXⅡ，$f=4$）或三聚氰胺（XXⅢ，$f=6$）缩合得到，它的合成和应用都与酚醛树脂密切相关。氨基塑料的合成可在碱性或酸性条件下进行。通过改变 pH 值和温度来控制反应程度。根据所选择的反应温度，可以在不同的 pH 值下制备预聚物。通过冷却并调节 pH 值接近中性来终止聚合反应，然后在酸催化下加热、固化预聚物。

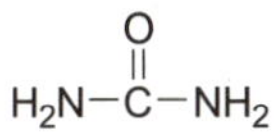

XXⅡ

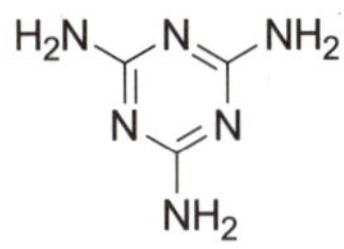

XXⅢ

类似于酚醛预聚物的合成，尿素（脲）与甲醛反应生成各种各样的羟甲基脲衍生物（如 XXⅣ）和齐聚物，各组分相对量依赖于反应条件。交联反应涉及尿素单元间的亚甲醚（XXⅤ）、亚甲基（XXⅥ）、和环（XXⅦ）等各种桥联结构的形成。如同苯酚-甲醛体系，有相当多的证据表明，官能团等活性的假设并不适用于尿素和甲醛分子。

$HOCH_2-NH-CO-NH_2$

XXⅣa

$(HOCH_2)_2N-CO-N(CH_2OH)_2$

XXⅣb

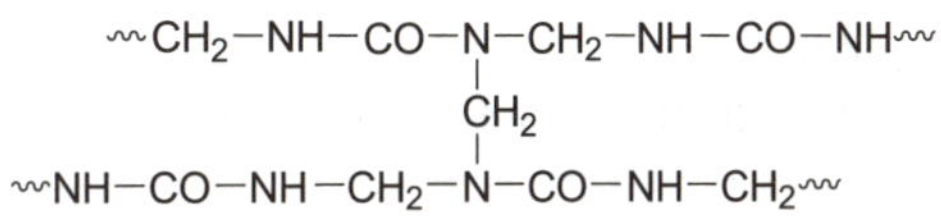

XXⅥ

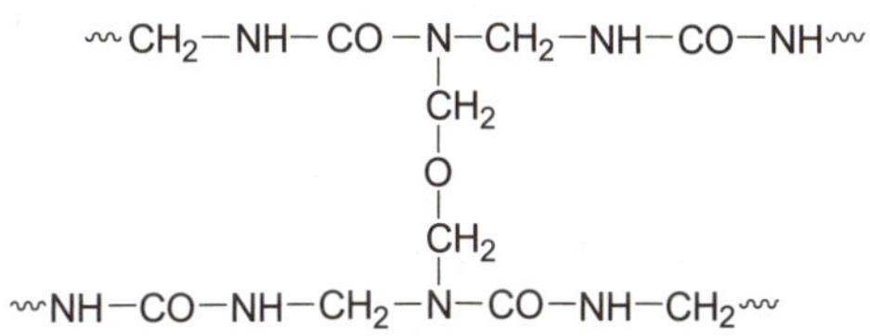

XXⅤ

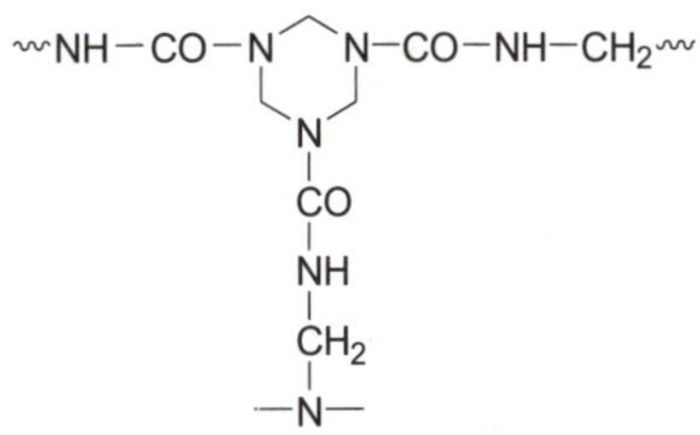

XXⅦ

三聚氰胺（1,3,5-三氨基三嗪，蜜胺）和甲醛反应得到与尿素树脂结构相似的中间体。中间产物在 140～160℃的温度下进一步脱去水和甲醛，形成网状结构。主要的中间体结构和交联反应如式（2-110）所示。

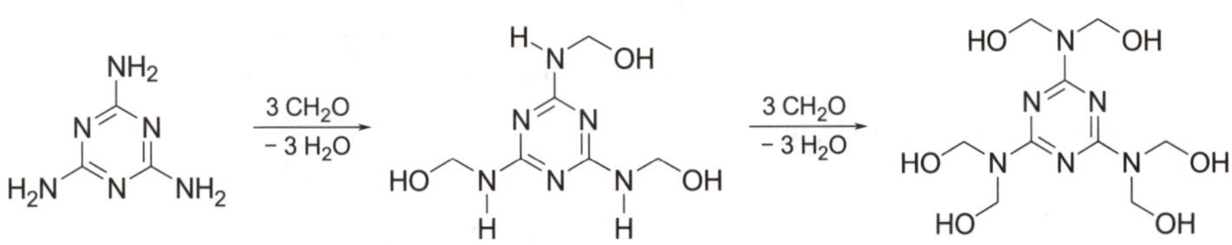

(2-110a)

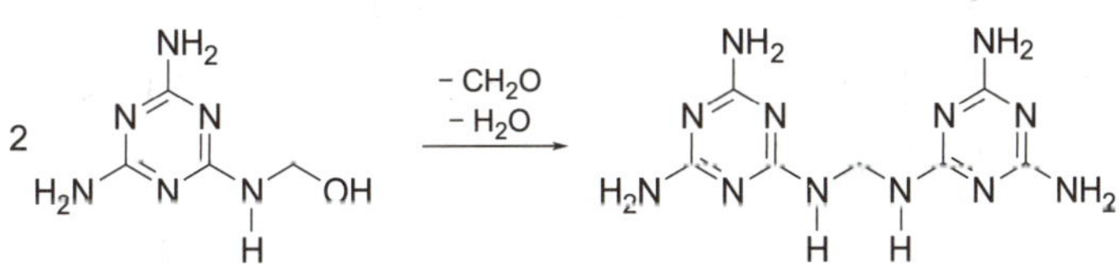

(2-110b)

氨基塑料的性质与酚醛塑料相似，但更光亮、透明，硬度更高；冲击强度、耐热和防潮性能略差。三聚氰胺树脂的硬度、耐热性和防潮性优于尿素树脂。蜜胺树脂、尿素树脂连续使用温度分别为 130～150℃和 100℃。氨基塑料和酚醛塑料的用途基本相同，但在有些应用场合氨基塑料有其优越性。蜜胺树脂比酚醛树脂色泽浅，比脲醛树脂有更好的硬度、耐热性和防潮性，因而占据了一个重要的细分市场。可采用模塑和层压技术制造彩色的和有装饰图案的餐具。另外，可将酚醛塑料和三聚氰胺塑料组合用于生产装饰性层压塑料板，酚醛背衬赋予板材优越的力学性能，而三聚氰胺层则赋予其突出的透明度和硬度。氨基树脂常常用于提高纤维织物的抗皱性及耐洗、耐磨性能。浸渍了低分子量氨基树脂的服装经加热处理后其折痕得以固化、定形。固化涉及树脂与纤维素织物上的羟基反应。氨基树脂也广泛用于汽车涂装，廉价的脲醛树脂用作底漆，而蜜胺树脂用作面漆。

2.11.4 环氧树脂

环氧树脂或塑料通常由环氧氯丙烷和双酚 A 反应形成［式（2-111)］。该反应实际上涉及双酚 A 钠盐，因为聚合是在符合化学计量关系的氢氧化钠存在下进行的，反应温度一般为 50～95℃。为了合成具有环氧端基的预聚物，需要控制副反应（如：环氧氯丙烷的水解、环氧氯丙烷与聚合物或杂质分子中的羟基反应）及化学计量比。通过控制分子量来制备液态或固态预聚物。液态预聚物的 n 值一般小于 1，而固态预聚物的 n 值为 2～30。

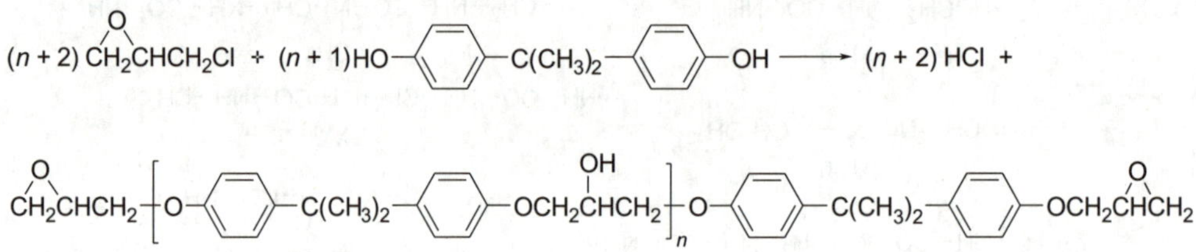

(2-111)

环氧基团或羟基与某些活性组分的反应被用于环氧树脂的固化。多胺是最常用的固化剂，通过开环加成反应固化剂［式（2-112)］实现交联、固化。多胺交联剂包括：二亚乙基三胺（f=5)、三亚乙基四胺（f=6)、4,4′-二氨基苯基甲烷（f=4）等。交联剂用量可根据环氧树脂的环氧值及特定的化学计量比来估算。环氧值表示 100 g 环氧树脂中含有的环氧基摩尔数。其它类型的化合物也被用来通过与环氧基团的反应固化环氧树脂，如多硫醇、双氰胺、二异氰酸酯和酚醛预聚物。其中有些交联反应需加入叔胺、咪唑衍生物等弱碱来加速固化过程。

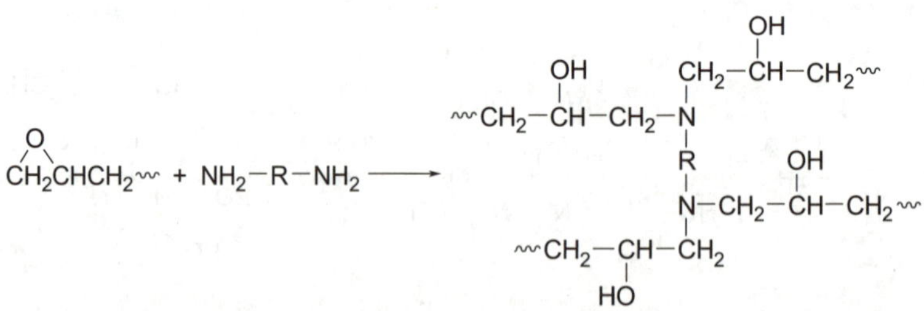

(2-112)

对于低环氧基含量的预聚物，可利用重复单元中的羟基来交联环氧树脂。各种酸酐被用作固化剂，其中邻苯二甲酸酐最为常见：

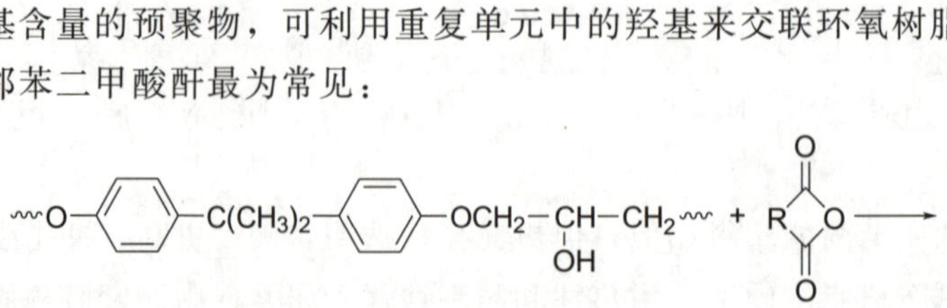

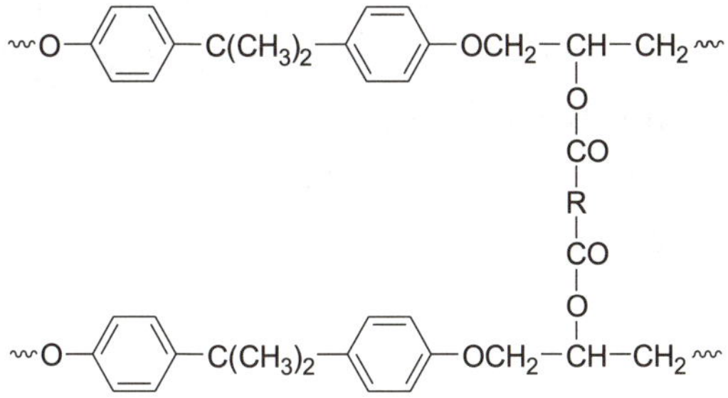

(2-113)

大多数环氧树脂配方含有稀释剂、填料或增强材料和增韧剂。稀释剂有反应性的（如：单和双环氧化物）和非反应性的（如：邻苯二甲酸二丁酯）。增韧剂（如低分子量聚酯、含端羧基的 1,3-丁二烯-丙烯腈共聚物或脂肪族双环氧化物）参与交联过程。

环氧树脂具有良好的耐化学腐蚀性、韧性和柔韧性以及良好的机械和电气性能，对多种基材的附着力极强。适当选择单体、添加剂和固化剂，可以得到不同性能和固化温度的产品，以满足特定的应用需求。环氧塑料的使用温度范围在 90～130℃。环氧树脂的应用大致分为涂料和结构材料两大类。涂料应用非常广泛，如船舶维修、易拉罐涂装。用作汽车底漆时，环氧树脂应含有离子基团（羧酸盐或季铵离子）以便树脂电沉积。水性环氧涂料已被开发用于啤酒和饮料的容器。结构复合材料（玻璃、碳或芳纶纤维作为增强剂）用于军事、航空、车辆（叶片弹簧、传动轴）、石油化工、采矿等领域。层压板用于电气电子工业，如电路基板、器件封装等。其它应用包括混凝土裂缝修补、道路和桥梁的涂装以及广泛的黏结应用。

2.11.5 聚氨酯及聚脲

聚氨酯是通过二元醇与二异氰酸酯反应形成氨基甲酸酯键来合成的：

$$
\begin{aligned}
&n\,\mathrm{HO{-}R{-}OH} + n\,\mathrm{OCN{-}R'{-}NCO} \longrightarrow \\
&\qquad \mathrm{HO}\left[\mathrm{R{-}OCONH{-}R'{-}NHCO{-}O}\right]_{(n-1)}\mathrm{R{-}OCONH{-}R'{-}NCO}
\end{aligned}
\tag{2-114}
$$

大多数聚氨酯由末端带有羟基的低分子量聚醚或聚酯（二元醇预聚物）、二醇或二胺和二异氰酸酯反应合成。常用的二异氰酸酯单体有：2,4-或 2,6-甲苯二异氰酸酯（TDI）、萘-1,5-二异氰酸酯（NDI）、4,4′-亚甲基双（异氰酸苯酯）（MDI）及六亚甲基二异氰酸酯（HDI），结构如下所示。二异氰酸酯单元作为聚氨酯的硬段。选用的二元醇预聚物也可以引入“软”的柔性链和“硬”的非柔性链。这种预聚物被称为遥爪聚合物，其端基可选择性与特定化合物反应形成化学键。

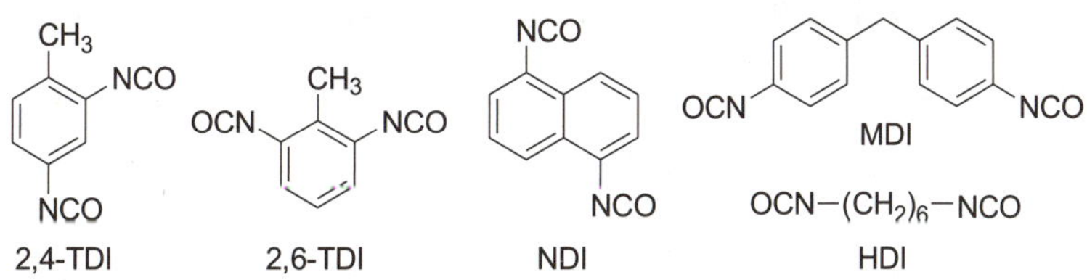

常见的二醇单体有：乙二醇、1,4-丁二醇、1,6-己二醇和 1,4-二(2-羟基乙氧基)苯。二胺单体包括二乙基甲基苯二胺、4,4′-亚甲基苯胺和 3,3′-二氯-4,4′-二氨基二苯基甲烷。芳香族二异氰酸酯也可用来形成聚氨酯中的硬链段。还可用官能度大于 2 的醇和异氰酸酯反应。

聚合过程常常包含其它反应。例如，在生产软质聚氨酯泡沫塑料时，经常有意加入水。异氰酸酯基与水反应后，在聚合物链中形成脲键，并释出二氧化碳［式（2-115)］。二氧化碳作为发泡剂导致最终产品的泡沫结构。许多聚氨酯是用二醇和二胺的混合物来合成的。二胺与异氰酸酯基反应将脲键引入聚合物链［式（2-116)］。因此，典型的聚氨酯同时含有氨酯和脲重复单元。

$$2\sim NCO + H_2O \longrightarrow \sim NH-CO-NH\sim + CO_2 \tag{2-115}$$

$$2\sim NCO + H_2N-R''-NH_2 \longrightarrow \sim NH-CO-NH-R''-NH-CO-NH\sim \tag{2-116}$$

实际上，聚合过程还会出现更复杂的情况。来自氨酯单元和脲单元的 N—H 可与异氰酸酯基发生加成反应，分别形成脲基甲酸酯键和缩二脲键，从而导致聚合物的支化和交联。如式（2-117）所示，二异氰酸酯通过加成反应将两个不同聚合物链上的氨基甲酸酯基和脲基交联在一起：

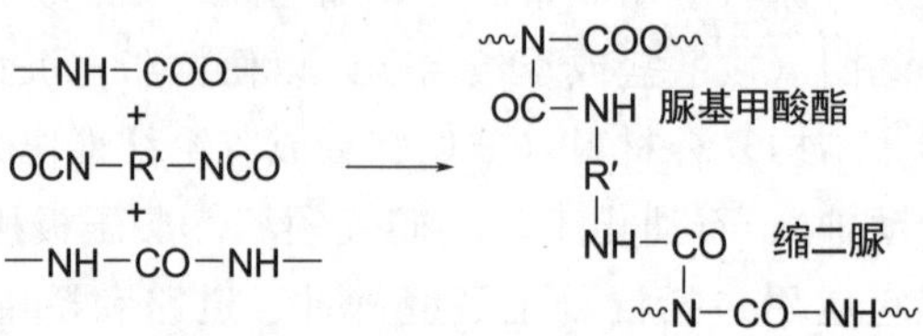

(2-117)

在上述交联结构中，脲基甲酸酯键和缩二脲键交联的相对量取决于脲基和氨酯键的相对含量，而这又取决于二胺和二醇的投料比以及反应条件。由于脲单元中的 N—H 比氨酯键中的 N—H 更活泼，因此形成缩二脲连接的倾向更大。此外，由异氰酸酯基团三聚产生的异氰脲酸酯［式（2-218)］也可作为发生支化和交联的另一个源头：

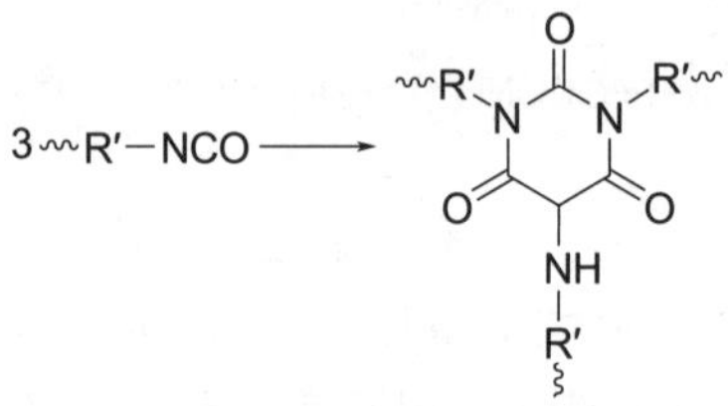

(2-118)

聚氨酯的交联程度取决于多功能单体的用量及双缩脲、脲基甲酸酯和异氰酸酯基三聚反应程度的综合影响。这些反应受控于化学计量和特定的催化剂。适当选择特定催化剂（如：亚锡和其它金属羧酸盐、叔胺等）可改变每种反应的相对量。聚合温度不宜高于 100～120℃，温度过高会导致聚氨酯的分解［式（2-219)］或解聚。

$$\sim NH-COO-CH_2CH_2\sim \longrightarrow \sim NH_2 + CO_2 + H_2C=CH\sim \tag{2-119a}$$

$$\sim NH-COO-CH_2CH_2\sim \longrightarrow CO_2 + \sim NH-CH_2CH_2\sim \tag{2-119b}$$

对聚氨酯发泡产品的合成控制还需要在聚合-交联与发泡工艺之间取得平衡。化学和物理过程之间的不平衡可能导致泡沫结构的塌陷（在交联和/或冷却凝固之前）或泡沫结构不完整，使材料的机械强度和性能低下。

聚氨酯产品包括柔性和刚性的海绵和固态弹性体、挤出物、涂料和黏合剂。聚氨酯具有良好的耐磨、耐撕裂、耐冲击和耐油性。柔性发泡产品包括软垫家具和汽车配件（坐垫、靠背和扶手）、床垫和地毯衬底。具有封闭空腔形态的刚性泡沫产品因其良好的绝缘性能而广泛用于住宅覆盖层、热水器、水箱、管道、冰箱、冷冻机等的绝缘材料。实心弹性体产品包括叉车轮胎、滑板车轮、汽车零部件（保险杠、筋膜、挡泥板、门板、后备箱垫片、车窗、挡风玻璃、方向盘、仪表盘）和体育用品（高尔夫球、滑雪靴、足球鞋）。许多这样的发泡产品（如汽车挡泥板）是通过反应注射成型制造的，也就是将单体混合物注射到一个模腔中，在那里聚合、交联，直接形成最终产品。

2.11.6 聚硅氧烷

聚硅氧烷，也被称为硅树脂，是一类在宽温度范围内（−100～250℃）能保持独特性能的聚合物材料。它们对高温、氧化、化学和生物环境非常稳定。因其 T_g 低（如聚二甲基硅氧烷为−127℃），聚硅氧烷具有优良的低温柔顺性。这源于较长的 Si—O 键（1.64Å；C—C 键为 1.54Å），较大的 Si—O—Si 键角（143°；C—C—C 键角为 109.5°）以及较强的 Si—O 键（约 $450kJ \cdot mol^{-1}$，C—C 键为 $350kJ \cdot mol^{-1}$）。它们还有良好的介电强度、防水性和耐候性。

硅油和聚硅氧烷树脂通过水解氯硅烷（如：二氯二甲基-、二氯甲基苯基-和二氯二苯基硅烷）来合成。氯硅烷水解成氯羟基和二羟基硅烷（称为硅烷醇），然后脱水和脱氯化氢得到环状低聚物和羟基封端的线形低聚物的混合物（式 2-120）。环状低聚物的含量取决于反应条件，在 20%～80%范围内变化，主要的环状低聚物是四聚体。

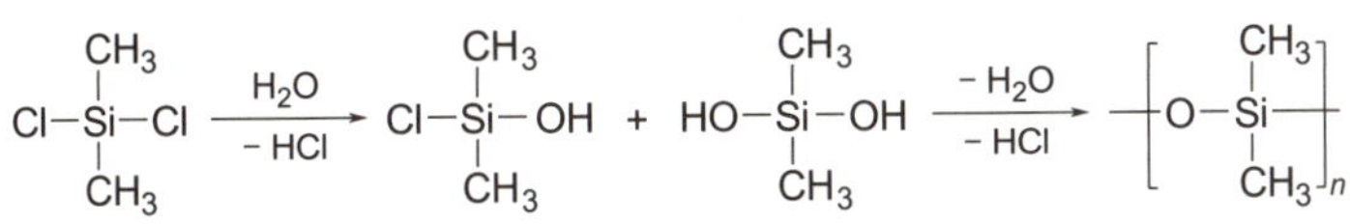
(2-120)

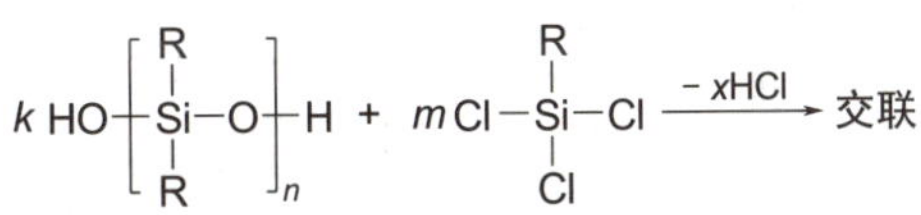
(2-121)

反应达到平衡后，加入诸如 $[(CH_3)_3Si]_2O$ 等二硅氧烷终止剂，通过终止线形聚合物来稳定反应混合物。反应在碱性条件下进行时，有利于获得较高分子量。环状低聚物和线形聚合物的混合物可以直接用作硅油，或者在使用前进行脱挥处理（真空加热）以降低环状物含量。硅树脂的合成与此类似，只不过反应混合物中包含了三氯硅烷以促使交联和更高程度的聚合［式（2-121）］。通常，在水解步骤后，将聚合产物从水层中分离出来，然后在辛酸锌等碱性催化剂的存在下加热以提高聚合物的分子量并降低环状物含量，冷却、存储。该产物需进一步交联以满足最终用途。

聚硅氧烷产品包括低黏度液体、硅油、树脂和橡胶。硅油被用作电介质、液压油、润滑剂和防水剂。树脂用作电气绝缘和防护涂层。模塑和挤压制品以及电线和电缆绝缘层可用硅橡胶制造。

2.11.7 聚硫化物——聚硫橡胶

脂肪族二卤化物［通常为双（2-氯乙基）缩甲醛］与碱金属多硫化物反应生成橡胶状的

聚合物［式（2-122)］，该反应是将二卤化物悬浮于氢氧化镁水溶液中进行的。聚合很容易产生分子量非常高的聚合物。随后，用 NaSH 和 Na_2SO_3 还原剂处理并酸化，其中一些多硫键 S_x 发生裂解，得到末端含有巯基的液态支化聚合物，分子量 1000～8000，x 的值略大于 2。最后，用二氧化铅、对苯醌二肟等氧化剂将巯基转化为二硫键来实现交联、固化［式（2-123)］。

$$n\,ClCH_2CH_2OCH_2OCH_2CH_2Cl + Na_2S_x \longrightarrow \left[CH_2CH_2OCH_2OCH_2CH_2CH_2S_x \right]_n + NaCl \quad (2\text{-}122)$$

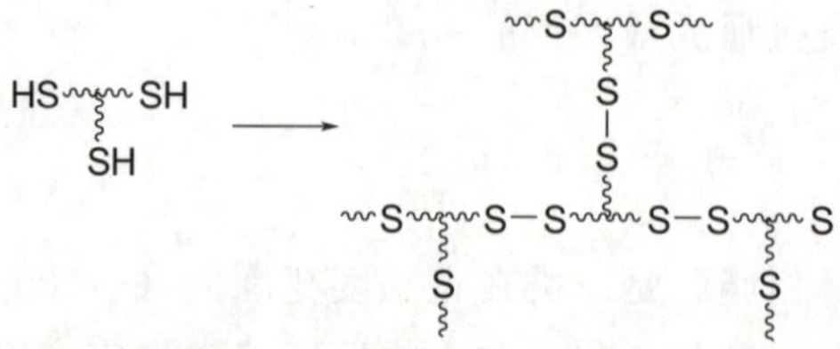

(2-123)

聚硫橡胶属于特殊材料，其优点和缺点都源自主链中的二硫键。它具有低温柔顺性，耐臭氧、耐候、耐湿气，对油脂及烃、醇、酮、酯类有机溶剂有良好的耐受性，但是热稳定性、抗蠕变能力和回弹性差，有臭味（芳族聚硫醚没有这些缺点）。聚硫橡胶主要用作密封剂、填缝剂、中空玻璃和燃料箱的胶合剂以及汽油和燃料的导管等。

2.12 扩展阅读：超支化聚合物及树状大分子

树状聚合物（Dendritic polymers）是一种高度支化的聚合物，具有树状分枝结构。树状聚合物在分子形状上与线形及低支化聚合物有很大的不同，前者呈球形，而后者呈细长形。树状聚合物的合成是高分子化学领域的一项重大进展。

由于分子形状的不同，线形和树状聚合物在分子间相互作用力方面存在明显差异。相比于树状（球形）聚合物分子，线形聚合物具有更强的次级吸引力，因为细长的分子聚集、缠绕在一起，可在更大的表面积上产生相互吸引。树状聚合物分子不会像线形聚合物那样发生链缠结，其强度通常不足以用作纤维、橡胶和塑料。然而，由于其较低的分子间作用力，树状聚合物具有较好的溶解性和与其它材料（包括其它聚合物）的相容性。因其球状结构，树状聚合物相比线形聚合物具有较低的流体力学体积和较低的黏度。因此，它可作为添加剂来改善聚合物和油的黏度、熔融行为和润滑性能，促进不同材料的混合。线形聚合物和树状聚合物的这些差异类似于自然界中的纤维蛋白和球蛋白。纤维蛋白具有很强的次级吸引力，可用于构建骨骼、皮肤、指甲等材料。球状蛋白分子间的相互吸引力较弱，易溶于水性介质，这适合它们的生物学功能。球蛋白具有催化、输运、调节、激素和其它功能，这些功能需要它们在血液和细胞及组织的水性介质中有良好的溶解性。

线形聚合物和树状聚合物的另一个重要区别是后者的链端基团数要大得多。当用适当的合成方法在树状聚合物的链末端引入 NH_2、OH 或 COOH 等功能团时，这样的聚合物有望作为药物递送、基因治疗、催化和传感器的载体分子。

树状聚合物有两种类型：超支化聚合物和树状大分子。

2.12.1 超支化聚合物

超支化聚合物（hyperbranched polymers）由多功能单体（如：AB_f，$f \geqslant 2$）采用一锅法合成。超支化聚合物更确切地应称为无规超支化聚合物，因为支化是随机发生的。对于像二氨基或二羟基羧酸这样的 AB_2 型功能单体（$f=2$），产物的可能结构如XXⅧ所示。随着转化率的提高，AB_2 加入到XXⅧ中产生更高 $\overline{X}_n$ 的聚合物。超支化聚合物在其增长的每个阶段都有一个未反应的 A 基团。未反应的 B 基团数随 $\overline{X}_n$ 和 f 值的增大而增加，可根据式(2-124) 来确定。例如，XXⅧ的 $\overline{X}_n=12$，未反应的 B 基团数为 13。

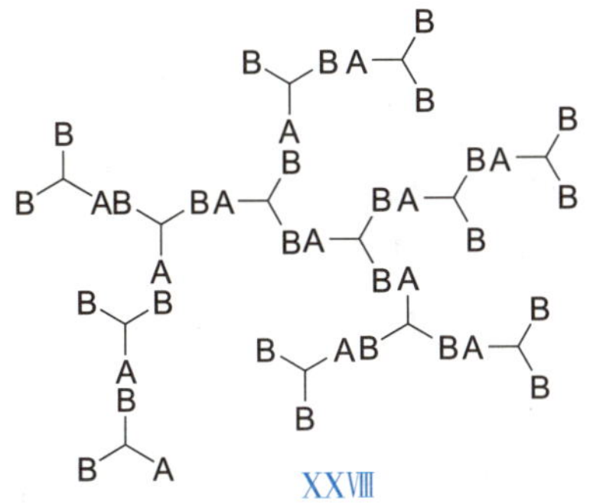

XXⅧ

$$\text{未反应的 B 基团数}=[1+\overline{X}_n(f-1)] \tag{2-124}$$

超支化聚合物常用支化度（DB）来表征。对于由 AB_2 制得的超支化聚合物，有三种不同类型的重复单元：树状、线形和末端单元，它们分别对应已反应的 B 基团数为 2、1 和 0。支化度（分数）由下式给出：

$$DB=\frac{D+T}{D+T+L} \tag{2-125}$$

其中，D、L 和 T 是树状、线形和末端单元的摩尔分数。对于高分子量聚合物，D、L 和 T 的极限值分别为 0.25、0.25 和 0.50，DB=0.50。对于线形聚合物，DB=0；树状大分子的 DB=1（见下节）。

超支化聚合物与线形聚合物相似，表现出分子量的多分散性。此外，单体单元的不同排列所造成的构造异构也存在多分散性。例如，在XXⅧ中最左下方的 AB_2 单元可以位于分子周边的任何其它位置上，这样就会产生许多异构体。超支化聚合物的合成有其固有困难，这限制了聚合物的分子量或分子形状。合成上的难点之一是存在分子内环化反应的干扰，这会减少可聚合的官能团数量。另一个难点是随着转化率和分子尺寸的增大，在超支化分子的内部和/或外围会产生空间拥挤效应。虽然空间拥挤可能不会限制聚合物分子量的增长，但会影响分子形状。这是因为某些区域的官能团因无法接近而不能发生反应，链增长只在官能团可及的区域进行。增加线形单元、减少树状单元可以缓解某个区域的空间拥挤。分子量和构造异构的多分散性、分子内环化以及由空间拥挤而产生的分子形状变化等因素导致了超支化聚合物结构的随机性。

超支化聚合物也可以由下列体系合成：

$$AB_2+AB$$

$$AB_2+B_3$$

$$A_2 + B_3$$

AB_2＋AB 体系等同于 AB_2 体系，只是 AB_2 单元被 AB 单元分隔而已。AB_2＋B_3 体系是对 AB_2 体系的改进，即以 B_3 为核心，聚合由内往外辐射出来，对分子形状可实现更好的控制。A_2＋B_3 体系是一个用于生产交联聚合物的典型体系（参见 2.10 节）。该体系只有在使交联最小化的条件下才能用来合成超支化聚合物。为此，可通过限制转化率和/或用溶剂稀释反应物来减少交联反应。

超支化聚合物还可以通过连锁聚合、开环聚合以及开环与逐步聚合的组合来合成。

2.12.2 树状大分子

树状大分子（Dendrimer）是一类高度支化的三维大分子，具有比超支化聚合物更可控的结构。调节其结构要素可以改变大分子的表面及内部性质。树状大分子结构包括三个主要部分：核心、内部和外壳。核心会影响树状分子的三维形状：球状、椭圆形或圆柱状。内部结构会影响树状大分子的主客体性质。其表面可进一步聚合或进行功能修饰。核心及内部分支单元的数量/类型都会影响整个树状分子的形态。

树状大分子的合成与超支化聚合物的一锅法合成有很大的不同。大多数树状大分子都是通过收敛法或以发散的方式合成的。两种方法有其各自的优缺点。

发散法是从一个核心分子开始，通过一次一个将单体单元连接到核心单元上，一层一层（或称之一代一代）地由里向外构建。各种各样的有机和金属有机反应已被用来合成树状大分子。图 2-7 展示了发散法合成聚酰胺胺（PAMAM）树状大分子的过程。在这里，由两个反应——胺对 α,β-不饱和酯的 Michael 加成，然后是胺对酯基的亲核取代——构成一个重复序列。氨作为起始的核心分子。第一步是氨对过量的丙烯酸甲酯（MA）的 Michael 加成得到 XXIX，然后 XXIX 与过量的乙二胺（EDA）反应形成 XXX。XXXI 是 MA 和 EDA 经过四次重复序列后形成的树状分子的示意图。

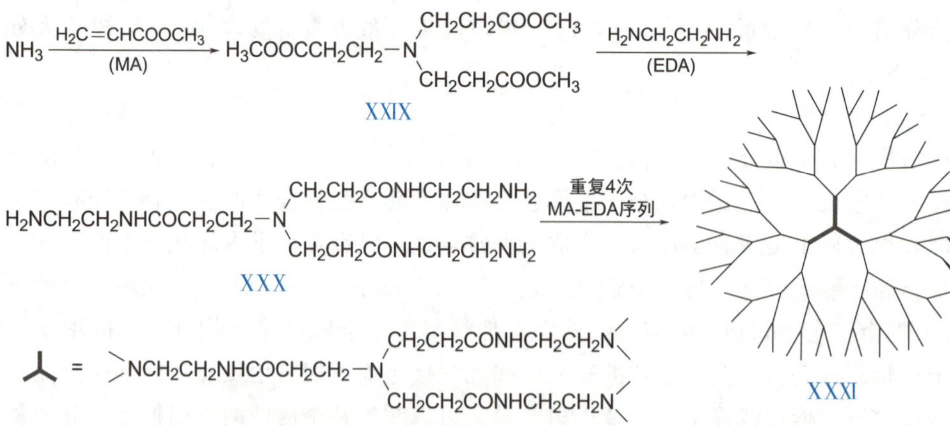

图 2-7 PAMAM 树状大分子的发散法合成。XXX 为一代，XXXI 为五代

树状大分子的结构特征通常用代数、层数或重复单元壳层数来描述，类似于洋葱的层数。对于 PAMAM 树状分子，代数等于 Michael 加成-亲核取代反应序列的重复数。XXX 和 XXXI 分别对应于一代和五代。XXX 有三条臂或三个 NH_2 基团。每一代都会使臂或 NH_2 基

团的数量增加一倍。第五代树状分子（XXXI）有 48 条臂或 48 个 NH_2 基团。随着代数的增多，树状分子的直径呈线性增长；而每一代树状分子表面基团的数量呈指数增加，因此在树状分子表面会出现空间拥挤现象。低代数的树状大分子通常是柔顺和开放的，而高代数的树状大分子则形成较为致密的三维形状。树状分子的代数也会影响整体结构的刚性。

图 2-8 所示为五代树状大分子的收敛法合成过程。通过重复反应合成树状片段，然后在最后一步利用一个核心分子将几个片段（对于图 2-8 中所示树状分子为三个碎片）连接在一起形成树状分子。该方法需要选择适当的反应物和化学反应。官能团 Z 应具有这样一种特性，即通过相互直接反应或与偶联剂反应，可以将较小的片段连接在一起形成较大的片段。由于选择了合适的反应物或偶联剂，较大的片段也有一个 Z 基团，片段间的连接通过多次重复的方式延伸。在某些体系中，Z 是一个被保护的官能团，在适当的时候脱去保护。收敛法的优点在于每步反应涉及有限数量的活性位点，减少了产物的结构缺陷。因此，每一代合成可以从副产品中分离出更高百分比的无缺陷产物。然而，收敛法通常只用于生成较低代数的结构，因为当较大的树状片段与较小的核分子反应生成较高代数的树状分子时，会遭遇立体位阻的影响。利用适宜的核分子，通过收敛法还可以合成其它形状（如椭圆体、棒状）的树状大分子。

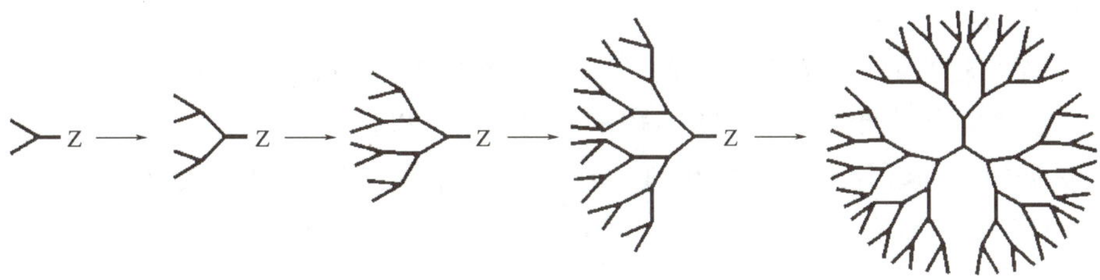

图 2-8　树状大分子的收敛法合成

与超支化聚合物相比，树状大分子有可能具有更好的结构规整性和更窄的分子量分布。然而，这必须对合成中存在的一些问题加以控制才能实现。合成树状大分子需要进行多步反应，每一个反应完成后都要纯化处理。这些反应和后处理的效率必须达到 100%，以获得一个单分散的产物。例如，如果一部分第二代树状大分子的结构不完美，也就是说，如果某些官能团没有反应，那么这种瑕疵就会代代相传、不断积累，一直延续到更高的代数。就这个问题的严重性而言，收敛法合成比发散法相对要小一些，因为后者在单个分子上需要进行更多的反应。应用固相合成技术（参见第 8 章）有助于提高树状大分子的合成效率。

此外，在发散法合成中，随着树状大分子代数的增加，分子内部及外围官能团之间的空间拥挤程度逐渐增加。这会引起树状分子形状的扭曲，妨碍所有官能团的完全反应，从而导致结构缺陷。在经过大约五代之后，空间拥挤变得相当明显，更高代数的树状大分子的纯度下降很快。超过 10－15 代的树状大分子少有报道。相对而言，在收敛法合成中空间拥挤似乎不那么显著，因为与树状大分子相比，碎片分子相对较小。然而，当大量的分子碎片（如图 2-8 中的三个碎片）需要通过与中心核分子的反应连接在一起形成树状分子时，就会出现立体位阻现象。选用更大、更柔性的核心分子可以缓解这种空间拥挤问题。

综上所述，相比于树状大分子的多步骤合成，超支化聚合物的一锅法合成相对容易，成本也更低。然而，由于没有太多容易获得的 AB_f 型单体，这可能会影响总体的合成经济性。

因此，超支化聚合物有可能在需要低成本的大规模或商业化应用中找到用途，而树状大分子则会应用于可以接受高价格的特定领域。

习题

1. 写出下列缩聚反应中所形成的聚酯结构。在（b）、（c）、（d）三例中产生的聚合物的结构与反应物相对用量有无关系？如果有请描述它们的差异。

（a）$HO—R—CO_2H$

（b）$HO—R—CO_2H+HO—R'—OH$

（c）$HO—R—CO_2H+R''(OH)_3$

（d）$HO—R—CO_2H+HO—R'—OH+R''(OH)_3$

2. 讨论下列反应物在 m 的取值为 2～10 的情况下，聚合过程中发生环化的可能性。

（a）$H_2N(CH_2)_mCO_2H$

（b）$HOCH_2CH_2OH+HO_2C(CH_2)_mCO_2H$

3. 对于等物质的量二元醇和二元酸的外加酸催化缩聚，从 $p=0.98$ 到 $p=0.99$ 所需时间非常接近于从聚合开始到 $p=0.98$ 所需的时间。请予以证明。

4. 用碱滴定法和红外光谱法测得 21.1g 聚己二酰己二胺试样中含有 2.50×10^{-3}mol 的羧基，据此计算出数均分子量为 8520。试问在计算中做了什么假设？如何通过实验得到 M_n 的正确值？

5. 由 1mol 1,4-丁二醇与 1mol 己二酸反应合成 $\overline{M}_n=5000$ 的聚酯。

（a）假设两基团等物质的量，忽略端基对 $\overline{M}_n$ 的影响，求终止缩聚反应的反应程度 p 值。

（b）假设由于二醇脱水生成烯烃，聚合过程中损失了 0.5%（摩尔分数）的丁二醇，如果反应进行到与（a）相同的反应程度，$\overline{M}_n$ 的值会是多少？

（c）如何补偿（a）中 1,4-丁二醇的损失，从而仍然得到相同 $\overline{M}_n$ 的聚合物？

（d）假设原始混合物中羧基的总数为 2mol，其中 1.0%为乙酸，无其它因素影响两基团化学计量比。求达到多大的 p 值时才能产生相同 M_n 的聚合物？

6. 将等物质的量二元醇和二元酸在封闭体系中进行缩聚，已知平衡常数为 200，预期的聚合度和反应程度是多少？如果羧基的起始浓度为 $2mol\cdot L^{-1}$，$[H_2O]$ 必须降至什么水平才能获得 200 的聚合度？

7. 计算等物质的量的己二酸和己二胺混合物在反应程度为 0.500、0.800、0.900、0.950、0.970、0.990 和 0.995 时的数均聚合度及数均分子量，并绘制 $\overline{X}_n$-p 关系图。

8. 由己二酸和己二胺合成聚酰胺，若在反应程度 $p=0.995$ 获得分子量约 15000 的聚合物，试计算两单体投料比。该产物的端基是什么？对分子量为 19000 的聚合物做同样的计算。

9. 由等物质的量己二酸和己二胺合成聚酰胺，若在反应程度 $p=0.995$ 得到分子量为

10000 的聚合物，须在单体混合物中加多少比例的苯甲酸？对 19000 和 28000 分子量的产物做同样的计算。

10. 尼龙 1010 是根据 1010 盐中过量的癸二酸来控制分子量。如果要合成分子量为 2×10^4 的尼龙 1010，问尼龙 1010 盐的酸值（以 mg KOH/g 计）应该是多少？

11. 用 Carothers 法和 Flory 法计算下列混合物的凝胶点，讨论官能团反应性不相等（如甘油中的羟基）对凝胶点的可能影响。

(a) 等物质的量邻苯二甲酸酐和甘油；

(b) 邻苯二甲酸酐和甘油的摩尔比为 1.500：0.980；

(c) 邻苯二甲酸酐、甘油和乙二醇的摩尔比为 1.500：0.990：0.002；

(d) 邻苯二甲酸酐、甘油和乙二醇的摩尔比为 1.500：0.500：0.700。

12. 等物质的量己二胺和己二酸缩聚，计算并绘出在反应程度为 0.99 和 0.995 时的数量分布曲线和质量分布曲线，并比较两者的分子量分布宽度。

13. 由 AA、BB 和 A_3 组成的混合物，其中 A 和 B 基团数各 3.00mol，A_3 提供的 A 基团占 A 基团总数的 10%。用公式（2-85）计算 $p=0.970$ 时的数均聚合度（$\overline{X}_n$）和 $\overline{X}_n=200$ 时的 p。将结果与不存在多功能反应物的情况下得到的结果进行比较。

14. 用乙二胺或二亚乙基三胺固化 1000 g 环氧树脂（环氧值=0.2），按化学计量计算两种固化剂的用量各为多少。

15. 分别写出具有下列两种结构单元的无规共聚物和嵌段共聚物的合成路线：

(a) 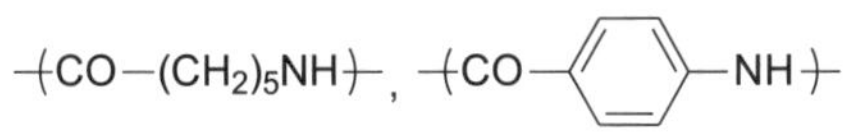

(b) 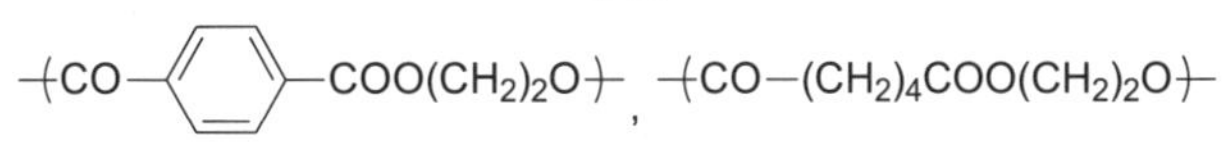

(c) 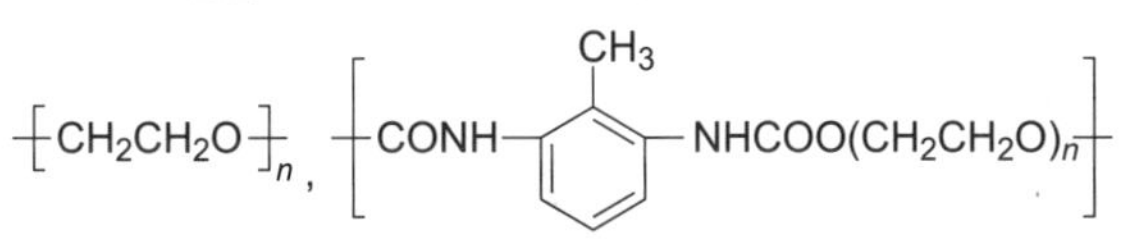

16. 不饱和聚酯树脂的主要原料为乙二醇、马来酸酐和邻苯二甲酸酐。试说明三种原料各起什么作用？三者比例调整的原则是什么？用苯乙烯固化的原理是什么？

17. 用 2.5mol 邻苯二甲酸酐与 1mol 乙二醇和 1mol 丙三醇缩聚，通过测定树脂熔点、酸值和溶解性来控制反应。试计算出现凝胶点时的酸值。酸值是指中和 1g 树脂中游离酸所需的 KOH 的质量（mg）。

18. 描述合成树状大分子的收敛和发散方法的区别。

19. 对于下列各反应体系，指出产物是线形的、支化的、交联的还是超支化的聚合物。

(a) A_2+B_2

(b) AB_2

(c) AB_3

(d) A_2+B_3

(e) AB_2+B_3

(f) $AB+B_3$

第 3 章 自由基连锁聚合

3.1 连锁聚合

烯类单体的连锁聚合是一类重要的聚合方法，其产量占到聚合物产量的 75%～80%，是石油化工的重要支柱。在本章及随后的几章将介绍含不同类型的连锁聚合。

3.1.1 加成连锁聚合

如图 3-1 所示，加成连锁聚合是通过引发剂或催化剂产生活性中心（R^*，自由基或离子），与含不饱和键的单体进行加成反应，形成新的活性中心的过程。通过不断重复该过程，单体连续链接到分子链的活性端。当活性中心被破坏，增长终止，生成一条聚合物链。

按照增长链端的活性种的性质，连锁聚合可以分为自由基聚合、阴离子聚合和阳离子聚合。不同单体可以进行不同类型的聚合，或者说不同单体对聚合机理有选择性。例如，氯乙烯（VC）只能进行自由基聚合，异丁烯只能进行阳离子聚合，甲基丙烯酸甲酯（MMA）可以进行阴离子聚合和自由基聚合，而苯乙烯（St）可以进行各种机理的连锁聚合。

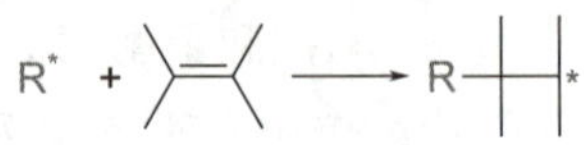

图 3-1　加成连锁聚合的特征

本章以自由基聚合为例，介绍连锁聚合的过程、机理及相关应用。

3.1.2 连锁聚合与逐步聚合的比较

与前一章讲述的逐步聚合相比，连锁聚合具有不同的特点，如表 3-1 所示。

表 3-1　连锁聚合与逐步聚合的区别

连锁聚合	逐步聚合
可区分成链引发、链增长、链终止等基元反应。各步反应的速率常数和活化能不同，链引发最慢，是控制总速率的反应步骤	基于官能团之间的反应，无所谓链引发、链增长、链终止，各步反应的速率常数和活化能基本相同

续表

连锁聚合	逐步聚合
少量活性中心迅速和单体加成，使聚合度增长。单体相互之间，或与聚合物之间均不能反应	无活性中心，任何两物种（单体和聚合物）间均能反应，使聚合度增加
只有链增长反应才使聚合度增加，形成聚合物所需时间极短，不能停留在中间聚合物阶段	任意单体、低聚物、高聚物间都能反应，反应可以停留在任意阶段
在聚合过程中，单体逐渐减少，聚合物转化率相应增加	聚合初期，单体几乎全部聚合成低聚物，到达高转化率。随后，低聚物转化成高聚物，反应程度逐步提高
延长聚合反应时间，主要是提高转化率，对聚合度影响较小	延长聚合反应时间，主要是提高聚合度，而转化率变化较小
反应混合物仅由单体、高聚物及微量活性中心组成	体系由聚合度不同的同系物组成
微量阻聚剂可消灭活性种，使聚合终止	由于平衡的限制，两单体非等物质的量，或温度过低而使缩聚暂停，这些因素一经消除，反应将继续进行

3.2 烯类单体对聚合机理的选择性

含有不饱和键的单体可以进行连锁聚合。单烯类、共轭二烯类、炔烃、羰基化合物和一些杂环化合物，在热力学上一般都有聚合倾向，但对不同聚合机理的选择性却有所不同。

单体所含不饱和键的电子云密度和极化程度决定了其易于受到何种活性种的进攻并发生加成反应。以双键为例，通常当单体中的双键富电子时，易受到阳离子进攻；缺电子时，易受到阴离子进攻；正常水平时，可受到自由基的进攻；当双键上的电子云可以极化时，易受到离子的进攻。共轭取代基能使电子云均匀化，可以同时稳定阴、阳离子，因此易受不同活性中心的进攻。从产物的角度看，供电子和吸电子的取代基可以分别稳定所形成的阳、阴离子；共轭体系则可以稳定不同的活性种。当双键有较大位阻时，不易受到活性种的进攻。总体而言，电子效应（共轭效应和诱导效应）主要影响聚合机理的选择性，体积效应决定能否聚合。上述规律与一般的有机化学反应一致。

烯类单体对聚合机理的选择性总结见表 3-2。

表 3-2 烯类单体对连锁聚合机理的选择性

烯类单体		连锁聚合机理			
		自由基	阴离子	阳离子	配位
乙烯	$CH_2=CH_2$	⊕			⊕
丙烯	$CH_2=CHCH_3$				⊕
丁烯	$CH_2=CHCH_2CH_3$				⊕
异丁烯	$CH_2=C(CH_3)_2$			⊕	+
丁二烯	$CH_2=CH-CH=CH_2$	⊕	⊕		⊕
异戊二烯	$CH_2=C(CH_3)-CH=CH_2$	+	⊕	+	⊕
氯丁二烯	$CH_2=C(Cl)-CH=CH_2$	⊕			

续表

烯类单体		连锁聚合机理			
		自由基	阴离子	阳离子	配位
苯乙烯	$CH_2{=}CHPh$	⊕	⊕	+	+
氯乙烯	$CH_2{=}CHCl$	⊕			+
偏氯乙烯	$CH_2{=}CCl_2$	⊕	+		
四氟乙烯	$CF_2{=}CF_2$	⊕			
六氟丙烯	$CF_2{=}CFCF_3$	⊕			
烷基乙烯基醚	$CH_2{=}CH{-}OR$			+	
醋酸乙烯酯	$CH_2{=}CH{-}OCOCH_3$	⊕			
丙烯酸甲酯	$CH_2{=}CH{-}COOCH_3$	⊕	+		+
甲基丙烯酸甲酯	$CH_2{=}C(CH_3){-}COOCH_3$	⊕	+		+
丙烯腈	$CH_2{=}CHCN$	⊕	+		+

“+”表示可以聚合，“⊕”表示已工业化。

3.2.1 电子效应的影响

醛、酮中的羰基π键有异裂倾向，可由阴离子或阳离子引发聚合，但不能自由基聚合。相反，烯类单体中C═C键兼有均裂和异裂倾向，因此可以进行自由基聚合或离子聚合，但受取代基的影响较大。

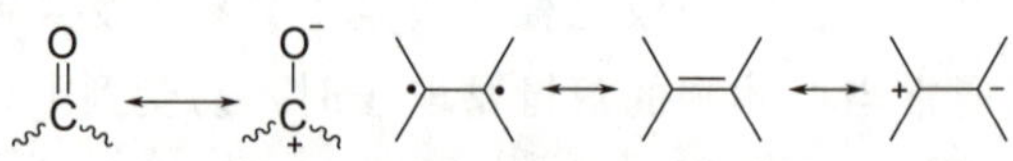

乙烯无取代基，结构对称，无诱导效应和共轭效应，较难聚合，只能在高温高压的苛刻条件下进行自由基聚合，或在较温和的条件下配位聚合。

带吸电子或供电子取代基的烯类单体对阴、阳离子聚合的选择性恰好相反，比较如下。

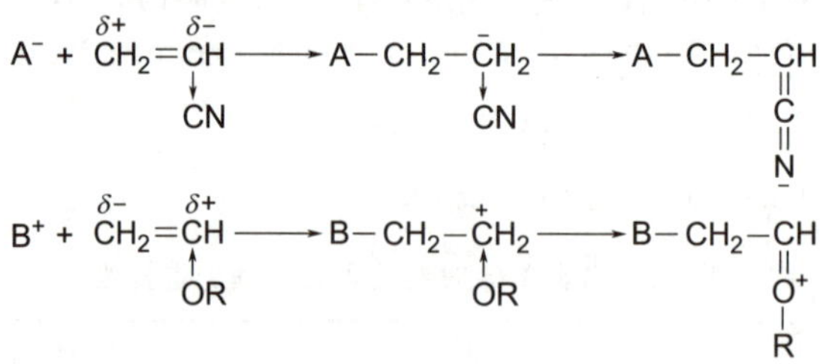

丙烯腈中的氰基是吸电子基团，会使双键的电子云密度降低，有利于阴离子的进攻，并使负电荷离域在碳、氮两原子上，通过共振实现稳定，因此有利于阴离子聚合。含羰基的丙烯酸酯类也相似。

烷基乙烯基醚中的烷氧基是供电子基团，会使双键的电子云密度增加，有利于阳离子的进攻，同时正电荷可离域在碳、氧原子上，通过共振实现稳定，因而有利于阳离子聚合。其他带烷基、苯基、乙烯基等的异丁烯、苯乙烯（St）、异戊二烯都易发生阳离子聚合。

卤原子的诱导效应为吸电性，而共轭效应则有供电性，两者相抵后，电子效应微弱，因此氯乙烯既不能阴离子聚合，也不能阳离子聚合，只能进行自由基聚合。

自由基呈中性，对 π 键的进攻和对增长自由基的稳定作用并无特定要求，几乎各种基团对自由基都有一定的共振稳定作用，因此大多数烯类单体都能进行自由基聚合。

许多带吸电子基团的烯类，如丙烯腈、丙烯酸酯类等，能同时进行阴离子聚合和自由基聚合。但基团的吸电子能力过强时，如硝基乙烯、偏二腈乙烯等，就只能进行阴离子聚合。

带有共轭体系的烯类，如 St、α-甲基苯乙烯、丁二烯、异戊二烯等，电子流动性较大（如下式所示），易诱导极化，能按上述三种机理进行聚合。

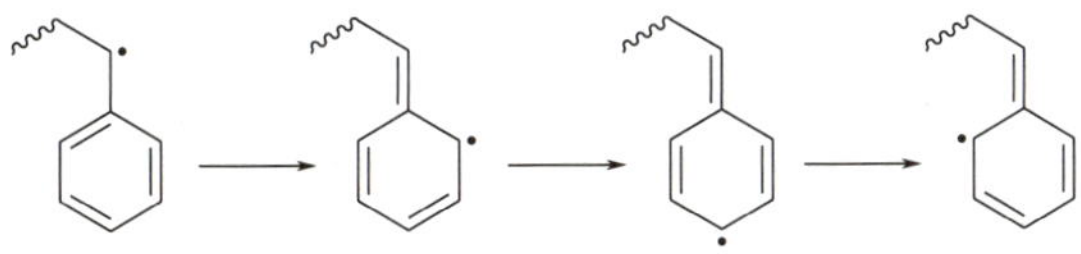

按照单体 CH_2=CHX 中取代基 X 的电负性次序，将取代基与聚合机理的关系总结如图 3-2。

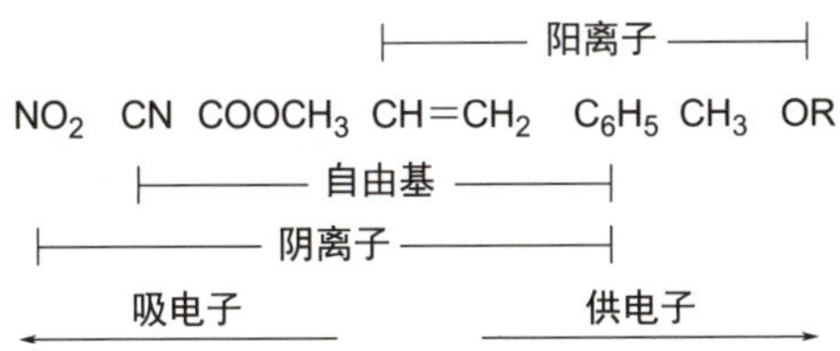

图 3-2 取代基的电负性与聚合机理的关系

如同时有供电子和吸电子的取代基，其聚合机理由净效果决定。如甲基丙烯酸甲酯（MMA）中的甲基是供电子基团，酯基是吸电子基团。酯基的吸电子能力要强于甲基的供电子能力，所以其双键是缺电子的，因此该单体可以进行自由基和阴离子聚合。

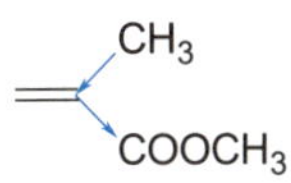

3.2.2 位阻效应的影响

单体中取代基的体积、位置和数量等所引起的位阻效应，对聚合能力有显著的影响，但对聚合机理选择性的影响却较小。

单取代的烯类单体，即使取代基体积较大，如 N-乙烯基咔唑和乙烯基吡咯烷酮，也能发生聚合。

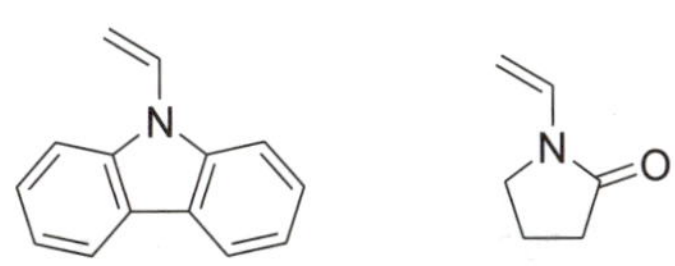

N-乙烯基咔唑　　乙烯基吡咯烷酮

1,1-双取代烯类单体（CH_2=CXY），如异丁烯、偏氯乙烯、甲基丙烯酸甲酯等，一般都能按取代基性质进行相应机理的聚合，且结构上更不对称，极化程度增加，反而更易聚合。当两个取代基都是体积较大的芳基时，如 1,1-二苯基乙烯，只能聚合成二聚体。

1,2-双取代烯类单体（XCH=CHY），如 2-丁烯、1,2-二氯乙烯、2-丁烯甲酯等，由于位阻大且结构对称、极化程度低，一般都难发生均聚，只能形成二聚体。

三、四取代烯类单体一般都不能聚合，但氟代乙烯是例外。不论氟代的数量和位置如何，即一氟乙烯、1,1-二氟乙烯、1,2-二氟乙烯、三氟乙烯、四氟乙烯均易聚合。其主要原因是氟原子半径较小，位阻效应可以忽略。聚四氟乙烯和聚三氟氯乙烯就是典型的例子。

烯类单体的取代基的大小对聚合能力的影响见表 3-3。

表 3-3　取代基对烯类单体聚合能力的影响

取代基 X	取代基半径/nm	一取代	1,1-二取代	1,2-二取代	三取代	四取代
H	0.032	+				
F	0.064	+	+	+	+	+
Cl	0.099	+	+	−，D	−，D	−
CH_3	0.109	+	+	−	−，D	−
Br	0.114	+	+	−	−，D	−
I	0.133	+	−	−	−	−
Ph	0.232	+	−，D	−，D	−	−

注："+"表示能聚合，"−"表示不能聚合，"D"表示仅形成二聚体。

3.3　自由基聚合概述

3.3.1　自由基的性质及相关反应

自由基是具有未成对电子的原子或基团，具有较高的反应活性。它可以参与加成、偶合、歧化、转移、消去和氧化-还原等反应。

自由基的活性与其结构有关，电子（共轭）效应和位阻效应对自由基均有稳定作用，一般有如下次序：

$$H\cdot > CH_3\cdot > Ph\cdot > RCH_2\cdot > R_2CH\cdot > Cl_3C\cdot > R_3C\cdot > Br_3C\cdot > R\dot{C}HCOR >$$
$$R\dot{C}HCN > R\dot{C}HCOOR > CH_2{=}CHCH_2\cdot > PhCH_2\cdot > Ph_2CH\cdot > Ph_3C\cdot$$

最后四种是稳定自由基，例如 $Ph_3C\cdot$ 有 3 个苯环与单电子共轭，非常稳定，无加成反应能力，可作为阻聚剂。

3.3.2　自由基聚合中的基元反应

在自由基聚合中，从产生自由基到形成一个聚合物大分子，依次包含链引发（Initiation）、链增长（Propagation）、链终止（Termination）和链转移（Chain transfer）等主要反应，是多个反应的有序集成，如图 3-3 所示。

（1）链引发

链引发涉及两个反应。第一步反应是产生自由基，如引发剂 I_2 通过均裂产生一对初级自由基（或称为引发剂自由基）$I\cdot$，如图 3-3 所示。其中，k_d 是引发剂的分解速率常数。第二步是初级自由基加成到第一个单体（M）上并形成含有一个单体的单体自由基（$M_1\cdot$），其中 k_i 是该反应的速率常数。

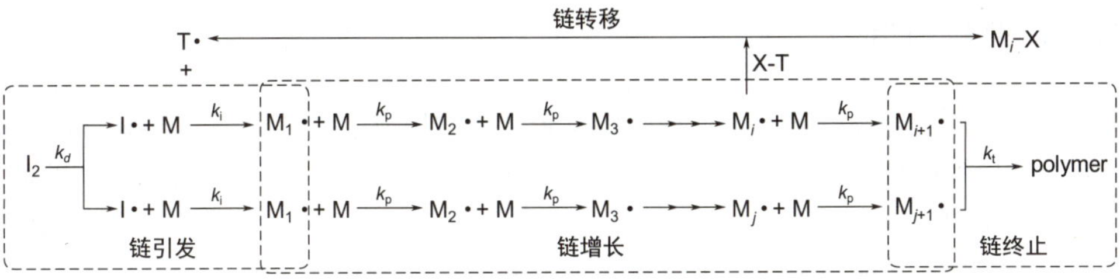

图 3-3 自由基聚合中的主要基元反应

(2) 链增长

链增长是单体自由基 M_1·与大量（数百甚至数千）含不饱和键的单体分子的连续加成反应，每次加成产生多含一个单体单元的自由基，形成长度不断增加或不同链长的自由基，也称大分子或链增长自由基。图 3-3 中的 i 和 j 表示大分子自由基的聚合度，k_p 是增长速率常数。对于大多数单体，k_p 值为 $10^2 \sim 10^4 L \cdot mol^{-1} \cdot s^{-1}$，比一般的逐步聚合速率常数大很多。因此，形成一个聚合物链所需要的时间很短，一般在百分之一秒到几秒之间。

(3) 链终止

在一定时刻，大分子自由基会停止增长而终止。终止反应一般是通过自由基的双分子反应进行的，也称双基终止。

(4) 链转移

当聚合体系中存在可以和自由基进行转移反应的化合物 X-T 时，大分子自由基 M_i·夺取原子 X，产生一个聚合物 M_i-X 和新的自由基 T·，这称为链转移反应，如图 3-3 所示。新产生的 T·可以再引发单体聚合。因此，链转移反应可以视为链终止和链引发的串联反应。

上述四种基元反应在自由基反应中都存在。自由基与含双键单体的反应中，能否形成聚合物的关键是各种反应的相对速率。在传统的自由基聚合中，只有链增长反应速率远远大于链终止和链转移反应速率时，才能得到聚合物。

3.4 链引发

3.4.1 链引发概述

链引发是聚合反应的第一个环节，是自由基生成的过程，也是控制聚合速率和聚合度的关键反应。通常，各种引发剂经热、光化学或氧化-还原等途径产生自由基。用于聚合的引发体系应容易获得，在常温或冷藏条件下稳定，并且在一定的温度下（<150℃）具有适当的自由基生成速率。

引发剂一般含有弱键，受热后易分解成自由基。其弱键的解离能为 100～170kJ·mol^{-1}，远低于 C—C 单键键能（350kJ·mol^{-1}）。引发剂受到高温或撞击可能引起爆炸，使用时需注意安全。本节专门介绍引发方法和引发剂种类。

3.4.2 热分解引发

高温下引发剂的均裂是产生自由基并引发聚合的常用方式，常用于聚合物制造和理论研究。以此方式引发的聚合通常称为热分解引发聚合。可用作热分解引发剂的化合物种类相当有限，通常选用键的解离能在 100～170kJ·mol^{-1} 范围内的化合物。具有更高或更低解离能的化合物会分解得太慢或太快，不适合作为引发剂。常用的热分解引发剂主要包括过氧类和偶氮类化合物。

(1) 过氧类引发剂

过氧化物是含有过氧键的化合物。过氧化氢是最简单的过氧化物，其热分解产生两个氢氧自由基，但因其分解活化能较高（约 220kJ·mol^{-1}），很少单独用作引发剂，如图 3-4 所示。过氧化氢分子中的一个氢原子被取代，称为氢过氧化物；两个氢原子被取代，则称为过氧化物。这一类引发剂很多，其中过氧化二苯甲酰（BPO）最常用。BPO 中过氧键的电子云密度大而相互排斥，容易断裂，在 60～80℃下使用比较合适。如图 3-4 所示，BPO 分解按两步进行。第一步先均裂为苯甲酸自由基，再进一步分解成苯自由基并放出二氧化碳，但分解不完全。

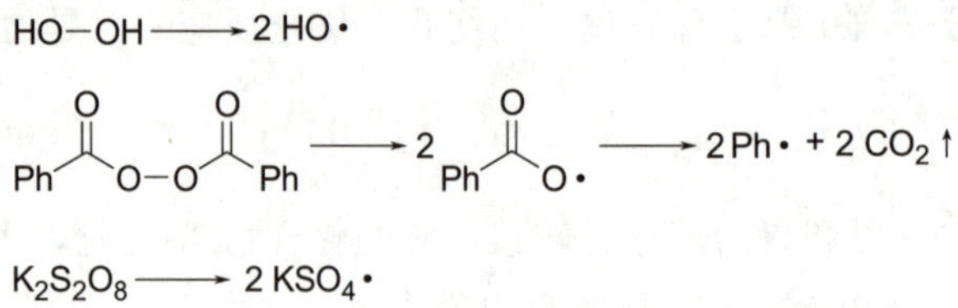

图 3-4 过氧化类引发剂的分解反应

表 3-4 有机过氧类引发剂

引发剂	结构式	温度（℃）	
		$t_{1/2}$=1h	$t_{1/2}$=10h
氢过氧化物	RO—OH		123～172
异丙苯过氧化氢	Ph(CH$_3$)$_2$CO—OH	193	159
叔丁基过氧化氢	(CH$_3$)$_3$CO—OH	199	171
过氧化二烷基	R^{1}O—OR^2		117～133
过氧化二异丙苯	Ph(CH$_3$)$_2$CO—OC(CH$_3$)$_2$Ph	128	104
过氧化二叔丁基	(CH$_3$)$_3$CO—OC(CH$_3$)$_3$	136	113
过氧化二酰	R^{1}COO—OOCR^2		20～75
过氧化二苯甲酰	PhCOO—OOCPh	92	71
过氧化十二酰	C$_{11}$H$_{25}$COO—OOCC$_{11}$H$_{25}$	80	62
过氧化酯	R^{1}COO—OR^2		40～107
过氧化苯甲酸叔丁酯	PhCOO—OC(CH$_3$)$_3$	122	101
过氧化叔戊酸叔丁酯	(CH$_3$)$_3$CCOO—OC(CH$_3$)$_3$	71	51
过氧化二碳酸酯	R^{1}OCOO—OCOOR^2		43～52
过氧化二碳酸二异丙酯	(CH$_3$)$_2$CHOCOO—OCOOCH(CH$_3$)$_2$	61	46
过氧化二碳酸二环己酯	C$_6$H$_{11}$OCOO—OCOOC$_6$H$_{11}$	60	44

过氧类引发剂的种类较多，主要包括烷基、酰基、酯基和碳酸酯等。其活性按取代基的类型递增，即烷基＜酰基＜酯基＜碳酸酯基。表 3-4 列出了主要的有机过氧类引发剂。

一些无机过氧化物，如过硫酸盐，也可以用作引发剂。如图 3-4 所示，过硫酸盐的分解产物是离子自由基或自由基离子 $SO_4^- \cdot$。无机过氧类引发剂具有水溶性，主要用于水溶液聚合和乳液聚合。

(2) 偶氮类引发剂

另一类热分解引发剂是偶氮化合物。2,2′-偶氮二异丁腈（AIBN）是这类引发剂中最重要的成员，其分解反应呈一级反应，无副反应，只产生一种自由基，广泛用于聚合动力学研究。它的另一优点是比较稳定，储存安全，但高温下也会剧烈分解。如图 3-5 所示，AIBN 分解得到的 2-氰基丙基自由基中有氰基的共轭效应和甲基的超共轭效应，减弱了其活性和夺氢的能力，因此很少用作接枝聚合的引发剂。其他偶氮化合物，如 2,2′-偶氮二(2,4-二甲基戊腈)、4,4′-偶氮二(4-氰基戊酸)、1,1′-偶氮二(环己腈）也有使用。

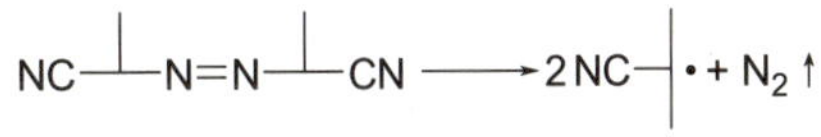

图 3-5　偶氮类引发剂的分解反应

C—N 键离解能很高（约 $290kJ \cdot mol^{-1}$），偶氮化合物易于分解不是因为其像过氧化合物一样含有弱键，其分解的驱动力是形成高度稳定的氮分子。

(3) 引发剂分解动力学

如图 3-3 所示，引发过程包括两个串联反应，即引发剂的分解和初级自由基与单体的加成。引发过程总的速率是由引发剂分解这步反应决定的，因为它是慢反应。

引发剂分解通常属于一级反应，即分解速率 R_d 与引发剂浓度 [I] 的一次方成正比，如式（3-1）所示。式中的负号表示引发剂浓度随反应时间增加而减小。

$$R_d \equiv -\frac{d[I]}{dt} = k_d[I] \tag{3-1}$$

将上式中的变量分离和积分，得

$$\ln\frac{[I]}{[I]_0} = -k_d t \quad 或 \quad \frac{[I]}{[I]_0} = e^{-k_d t} \tag{3-2}$$

式中，$[I]_0$、[I] 分别代表起始时间（$t=0$）和任意时间 t 时的引发剂的浓度，$[I]/[I]_0$ 代表引发剂的残留分数，它随时间呈指数关系衰减。

各种引发剂分解速率的差异也可以用引发剂的半衰期 $t_{1/2}$ 表示，其定义为引发剂浓度降至其初始值一半所需要的时间。根据式（3-2），当 $[I]/[I]_0=0.5$ 时，半衰期与分解速率常数的关系为

$$t_{1/2} = \frac{\ln 2}{k_d} = \frac{0.693}{k_d} \tag{3-3}$$

常见引发剂的分解速率常数、半衰期和分解活化能见表 3-5。

(4) 引发剂效率

引发剂分解后，只有部分初级自由基 I· 实际引发了单体聚合。将引发剂分解后可引发聚合的自由基占引发剂分解或消耗总量的比例定义为引发剂效率（f）。

表 3-5　常用引发剂的分解速率常数（k_d）和分解活化能（E_d）

引发剂	溶剂	温度/℃	$k_d \times 10^6/s^{-1}$	$t_{1/2}$/h	E_d/kJ·mol^{-1}	温度/℃	
						$t_{1/2}$=1h	$t_{1/2}$=10h
偶氮二异丁腈	甲苯	50 60 70	2.64 11.6 3.78	73 16.6 5.1	128.4	79	59
偶氮二异庚腈	甲苯	60 70 80	80.5 198 710	2.4 0.97 0.27	121.3	64	47
过氧化二苯甲酰	苯	60 80	2.0 25	96 7.7	124.3	92	71
过氧化十二酰	苯	50 60 70	2.19 9.17 28.6	88 21 6.7	127.2	80	62
过氧化叔戊酸叔丁酯	苯	50 70	9.77 124	20 1.6	—	71	51
过氧化二碳酸二异丙酯	甲苯	50	30.3	6.4	—	61	46
过氧化二碳酸二环己酯	苯	50 60	44 193	3.6 1	—	60	44
异丙苯过氧化氢	甲苯	125 139	9.0 30	21.4 6.4	170	193	159
过硫酸钾	KOH （0.1mol·L^{-1}）	50 60 70	0.95 3.16 23.3	212 61 8.3	140.2	—	—

未引发聚合的引发剂因不同的副反应而消耗。第一种是大分子自由基进攻引发剂造成引发剂的诱导分解。在诱导分解中，引发剂分子未完全转化为自由基并引发聚合，如图 3-6 所示。该反应实际上是向引发剂的链转移反应。氢过氧化物特别容易诱导分解，AIBN 一般不易或微量发生诱导分解。引发剂的诱导分解不会改变聚合过程中的自由基浓度，因为新形成的自由基（PhCOO·）将引发新的聚合物链。但是，该反应导致了引发剂的浪费。

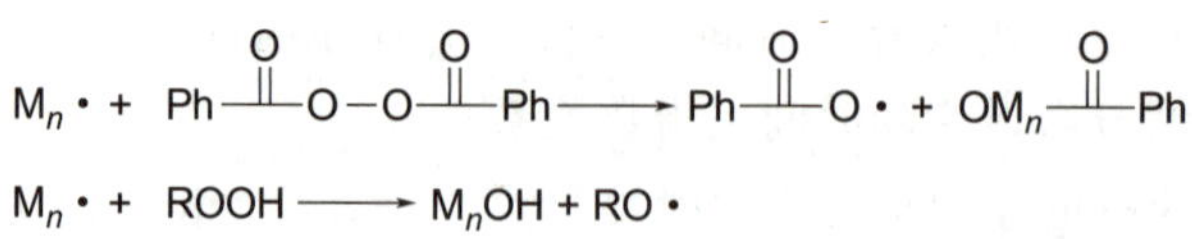

图 3-6　引发剂的诱导分解

活性较高的单体，如 St、丙烯腈等，容易被自由基加成，自由基参与诱导分解的机会相对较少，因此引发效率较高。活性较低的单体，如醋酸乙烯酯，自由基参与诱导分解的概率相对较大，因此引发剂效率较低。表 3-6 列出了 AIBN 在不同单体中的引发剂效率。

第二种副反应是初级自由基未能进一步引发聚合，而转变为其他中性分子。引发剂在聚合体系中的浓度很低，处于单体或溶剂形成的“笼子”内。在笼内的初级自由基的寿命很短（平均约为 10^{-10}～10^{-9} s），必须扩散到笼外才能引发单体聚合。否则，就会在笼内发生非聚合的副反应，形成稳定的分子，造成引发剂的浪费。此种现象称为笼蔽效应。

表 3-6　AIBN 在不同单体中的引发剂效率（f）

单体	f
丙烯腈	约 1.00
苯乙烯	约 0.80
醋酸乙烯酯	0.68～0.82
氯乙烯	0.70～0.77
甲基丙烯酸甲酯	0.52

如图 3-7 所示，在 BPO 引发的聚合反应中，可能发生不同反应。图中的虚线表示存在的“笼子”。通过两步分解生成苯甲酸和苯基自由基的同时，也会通过不同的反应生成苯甲酸苯酯和联苯等副产物，使引发剂效率降低。

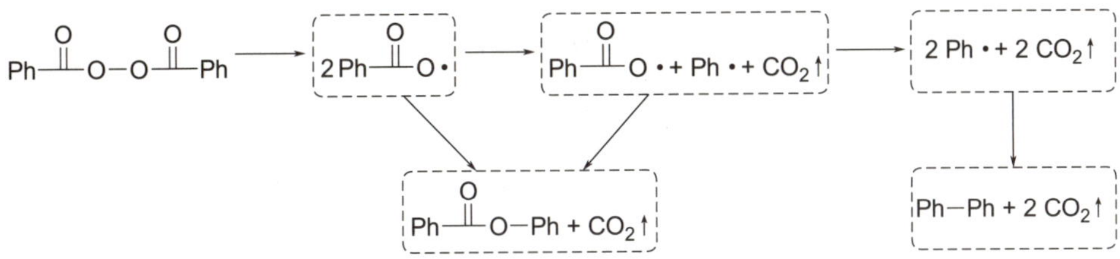

图 3-7　引发剂分解中的笼蔽效应（以 BPO 为例）

引发剂效率还与单体、溶剂、引发剂、温度和体系黏度等因素相关。如果将引发剂效率考虑在内，引发剂热分解引发反应速率 R_i 由式（3-4）表示，其中系数 2 表示每个引发剂分解产生 2 个自由基。

$$R_i = -2R_d = 2fk_d[I] \tag{3-4}$$

3.4.3　氧化-还原引发

通过氧化-还原反应产生自由基并引发聚合，称为氧化-还原引发。氧化-还原引发的主要优点是，可在很宽的温度范围内以合理的速率产生自由基，如在 0～50℃或更低的温度下引发聚合。

氧化-还原引发体系可以是无机水溶性体系或有机油溶性体系，分别用于不同的聚合体系。

（1）水溶性体系

该体系的氧化剂为过氧化物，如过氧化氢、过硫酸盐、氢过氧化物等；还原剂为无机还原剂（Fe^{2+}、Cu^{+}、$NaHSO_3$、Na_2SO_3、$Na_2S_2O_3$ 等）或有机还原剂（醇、胺、草酸、葡萄糖等）。图 3-8 给出了部分水溶性氧化-还原反应，产生的自由基可以引发聚合。

过硫酸盐与脂肪胺或脂肪二胺也能组成氧化-还原引发体系。高价的过渡金属离子，如四价铈盐和醇、醛、酮、胺等也可以组成氧化-还原引发体系，有效引发烯类单体聚合或接枝聚合。在淀粉接枝丙烯腈制备水溶性高分子时，常采用这一引发体系，主要是葡萄糖单元中的醇羟基和醛基参与氧化-还原反应。

（2）油溶性体系

油溶性体系的氧化剂为过氧化物，如过氧化氢、过氧化二烷基、过氧化二酰等，还原剂

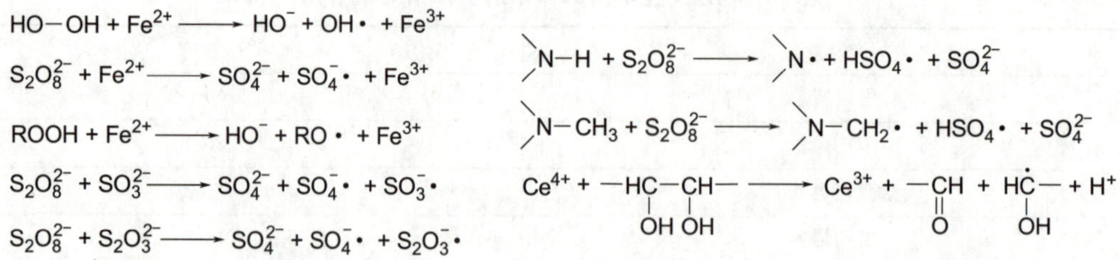

图 3-8 水溶性氧化-还原引发体系生成自由基过程

为叔胺、环烷酸盐、硫醇、金属有机化合物（如三乙基铝、三乙基硼等）。BPO/N,N'-二甲基苯胺（图 3-9）是常用的体系，可在室温下用于引发 MMA 共聚，用于齿科原位修复。萘酸盐（如萘酸亚铜）与 BPO 可以构成高活性油溶性氧化-还原体系，用于油漆干燥。

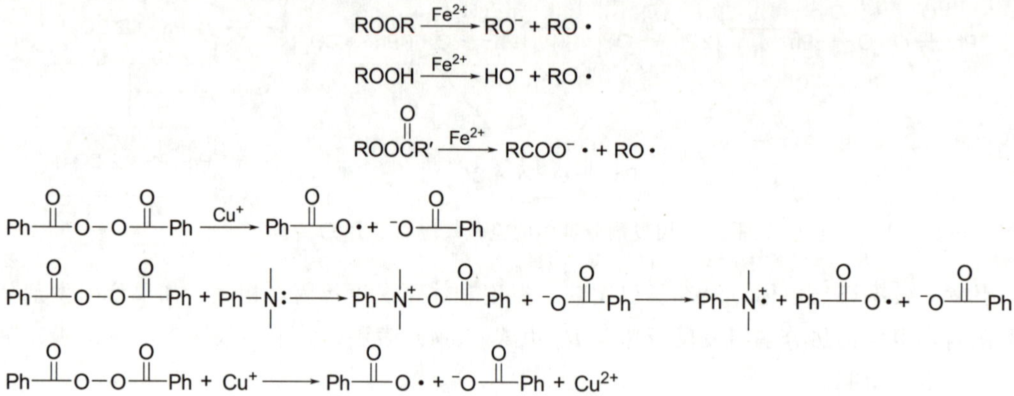

图 3-9 油溶性氧化-还原引发体系生成自由基过程

(3) 引发速率

对于一般的氧化-还原引发体系，其引发速率如式 (3-5) 所示。

$$R_i = k_d[\text{氧化剂}][\text{还原剂}] \tag{3-5}$$

氧化-还原体系产生自由基的速率远高于单独的过氧化物的热分解。例如，St 聚合中 BPO 的 k_d 在 90℃时为 $1.33\times10^{-4}\,s^{-1}$，而 BPO-N,N'-二乙基苯胺组成的氧化-还原体系的分解速率常数分别为 $1.25\times10^{-2}\,L\cdot mol^{-1}\cdot s^{-1}$（60℃）和 $2.29\times10^{-3}\,L\cdot mol^{-1}\cdot s^{-1}$（30℃）。

3.4.4 热引发

许多单体在无引发剂的情况下仅受热就可以聚合。研究证实，引发聚合的自由基很少是由单体产生的。在大多数情况下，聚合反应是由单体中存在的杂质（包括由 O_2 形成的过氧化物或氢过氧化物）引发的。当彻底纯化单体和反应器后，大多数单体在黑暗中不会自发聚合。St 是目前已证实可以受热后发生聚合的单体，这种引发方式称为热引发。实验表明，St 的聚合速率与单体浓度的 2.5 次方成正比，推测其引发速率与单体浓度的三次方成正比，如式 3-6 所示。

$$R_i = k[St]^3 \tag{3-6}$$

目前的研究证实，两分子 St 通过 Diels-Alder 反应生成二聚体，然后二聚体中的氢原子转移到另一分子 St 上，形成 St 自由基，引发聚合，如图 3-10 所示。在 60℃下纯 St 的热引发速率较低，为 $1.98\times10^{-6}\,mol\cdot L^{-1}\cdot s^{-1}$。工业上聚合多在 120℃以上，可以达到合理的速度。

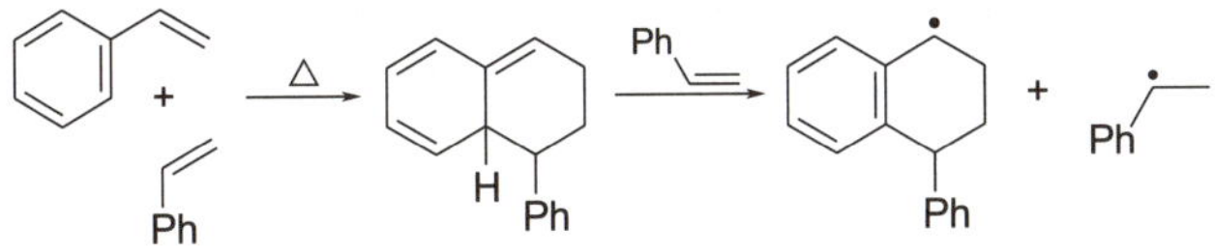

图 3-10　苯乙烯的热引发机理

3.4.5　光引发

紫外和可见光照射聚合体系可以产生自由基时，可发生光化学或光引发的聚合。通常，光引发通过两种途径产生自由基：一是体系中的某些化合物吸收能量后分解成自由基；二是一些化合物被激发并与第二化合物（通过能量转移或氧化-还原反应）相互作用后，导致前者、后者或两者都转变为自由基。

(1) 光直接引发

若紫外光的能量大于单体的化学键能，就可直接引发聚合。单体吸收一定波长的光量子后，先形成激发态 M^*，然后再分解成自由基，引发聚合。一些烯类单体的吸收波长见表 3-7。

表 3-7　烯类单体的吸收波长

单体	波长/nm
丁二烯	254
苯乙烯	250
醋酸乙烯酯	300
氯乙烯	280
甲基丙烯酸甲酯	220

光引发速率可由式（3-7）表示，其中 I_a 为体系吸收的光强度，ϕ 为光引发效率或自由基的量子产率，即每吸收一个光量子所产生的自由基对数。一般光引发效率都比较低，只有 0.01～0.1。

$$R_i=2\phi I_a \tag{3-7}$$

根据 Lambert-Beer 定律，光线透过厚度为 b 的单体层后被吸收的光强度与入射光强度的关系为式（3-8），其中 I_0 是入射光强度，I_a 是被单体吸收的光强，[M] 为单体浓度，ε 为单体的摩尔吸光系数。ε 越大，表示物质吸收光的能力越强，越易被激发。该式也表明，光线已透过的单体层越厚（b 越大），距离气液（或气固）界面更远处的单体接受到的光照强度越弱，越难被激发。

$$I_a=I_0(1-e^{-\varepsilon b[M]}) \tag{3-8}$$

易直接光引发聚合的单体有丙烯酰胺、丙烯腈、丙烯酸、丙烯酸酯等。

(2) 光引发剂引发

一些化合物在吸收光后，可以分解出初级自由基，再引发单体聚合。一些热分解引发剂，如 AIBN 和 BPO，也是光引发剂。甲基乙烯基酮和安息香等含羰基的化合物并不是热引发剂，但却是有效的光引发剂。它们按照图 3-11 所示的反应，分解产生自由基，引发单体聚合。光引发剂一般都在一定的波长范围内有强烈吸收并且具有高量子产率。

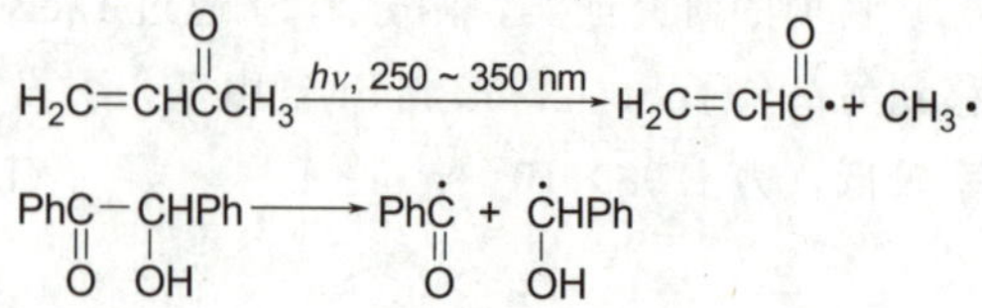

图 3-11　光引发剂引发机理

(3) 光敏剂间接引发

光敏剂，如二苯甲酮和荧光素、曙红等染料，吸收光能后，将能量传递给单体或引发剂，而后引发聚合。

光引发有重要的应用价值。一方面，光强不仅容易测量和调节，而且可以瞬时启停，可以精确控制自由基的生灭，常用于精确控制聚合中的自由基浓度和反应时间，测量链增长和链终止速率常数。另一方面，光引发的活化能低（约 $20kJ \cdot mol^{-1}$），可在室温下引发聚合。可见光源成本低，可用于印刷版和集成电路制造，也可用于牙齿修复和体内固化。

3.4.6 其他引发

(1) 等离子体引发

等离子体是部分电离的气态分子，由电子、离子和自由基等组成。气态单体在产生等离子体的条件下可发生等离子体聚合，包括烯烃、炔烃和烷烃的各种有机分子可以聚合成为聚合物。聚合增长机理涉及离子和自由基。等离子体聚合为制备聚合物薄膜提供了独特的方法。

(2) 超声波引发

高强度的超声波也可以引发自由基聚合。引发是由空化效应引起的。空化效应是指超声波经过液体介质时，在极短时间内可导致大量微气泡形成、生长、崩溃的过程。空化效应可使空化泡相界面周围产生高温高压的极端环境，可使溶剂、单体或聚合物链分解或断裂产生自由基，进一步引发聚合反应，可得到高分子量聚合物，但转化率较低（$<15\%$）。

(3) 微波引发聚合

微波是频率为 $3\times10^2\sim3\times10^5$ MHz 的电磁波。常用的频率为 (2450 ± 50)MHz，与化学基团的振动频率接近，可以活化基团和促进化学反应。微波具有热效应和非热效应双重作用。在微波作用下，St、丙烯酸酯类、丙烯酸和丙烯酰胺等都可以聚合，也可以用于接枝聚合。

(4) 电引发或电解聚合

电解也可作为引发聚合的手段。引发体系为各种无机化合物的水或有机溶液（例如二甲酰胺、二氯甲烷和甲醇等）。溶剂用于传导电流或参与引发过程。当电流通过反应系统时产生自由基和/或离子，进而引发聚合。这种聚合称为电引发或电解聚合。例如，含有四丁基高氯酸铵的丙烯酰胺的乙腈溶液电解时，在阳极发生由 ClO_4^- 氧化形成的 $ClO_4\cdot$ 引发的自由基聚合；在阴极发生电子转移到单体的反应，引发阴离子聚合。

3.4.7 引发剂的选择

引发剂的选择首先需考虑聚合方法、聚合温度和对聚合物性能的影响，其次也要考虑储运安全。

首先，根据聚合方法选择引发剂。本体聚合、溶液聚合和悬浮聚合选用油溶性引发剂；乳液聚合和水溶液聚合则宜选用水溶性引发剂。过氧类引发剂具有氧化性，易使聚合物着色；偶氮类含有氰基，安全性差。

其次，根据聚合温度，应选择半衰期与聚合时间相近的引发剂，主要是依据其在不同温度下的分解速率。如图 3-12 所示，半衰期过大时，需要在后处理中除去残留过多的引发剂；半衰期过小时，则前期聚合速率过大，后期无自由基生成，聚合过早终止。例如，AIBN 通常在 50～70℃下使用，BPO 在 80～95℃下使用，二枯基或二叔丁基过氧化物在 120～140℃下使用。过氧化物和偶氮化合物使用广泛，是因为其结构多样和稳定，可在不同的温度下使用。具体示例见表 3-8。

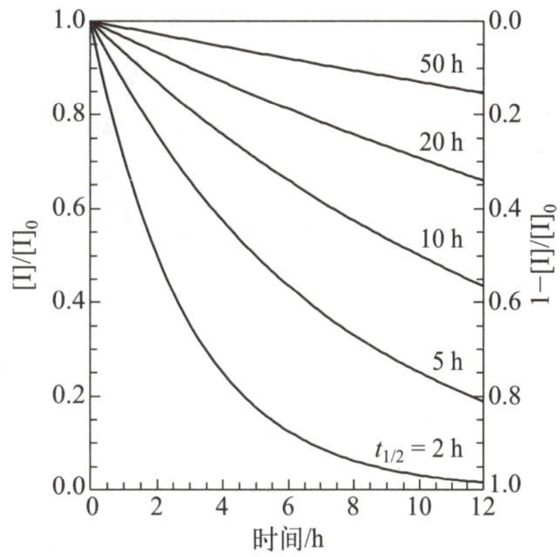

图 3-12　引发剂残留分率与时间的关系（曲线上的数字表示半衰期）

表 3-8　不同聚合温度下可选用的引发剂

温度/℃	E_d/kJ·mol^{-1}	可选用的引发剂
高温（>100）	138～188	异丙苯过氧化氢，叔丁基过氧化氢，过氧化二异丙苯，过氧化二叔丁基
中温（40～100）	110～138	BPO，过氧化十二酰，AIBN，过硫酸盐
低温（−10～40）	63～110	氧化-还原引发体系：过硫酸盐-亚硫酸氢钠，异丙苯过氧化氢-亚铁盐，过氧化氢-亚铁盐，BPO-二甲基苯胺
超低温（<−30）	<63	过氧化物-烷基金属（三乙基铝、三乙基硼、二乙基铅），氧-烷基金属

各种引发剂的分解速率的差异与引发剂和产生的自由基的结构差异有关。结构对引发剂活性的影响已在相关章节讨论。

3.5　链增长

3.5.1　链增长反应的选择性

链增长是指单体自由基加成到烯类单体的双键，形成新自由基。新自由基的活性并不衰减，继续与烯类单体连锁加成，形成聚合度更大的增长链自由基。链增长反应需考虑立体化学问题。在链增长中，非对称的结构单元的键接以“头-尾”为主，少有“头-头”（或“尾-尾”）键接，如图 3-13 所示。这种不同的键接方式也称为区域选择性。结构单元的键接方式受电子效应和位阻效应的影响。如 St 聚合，易形成“头-尾”键接。因为“头-尾”键接时，苯基与单电子位于同一碳原子上，形成共轭体系，对自由基有稳定作用。另外，亚甲基一端的位阻较小，也有利于“头-尾”键接。两种键接方式的活化能相差 34～42kJ·mol^{-1}。相反的是，醋酸乙烯酯的增长链自由基中取代基的共轭稳定作用比较弱，会出现较多的“头-头”键接。升高聚合温度，会使“头-头”键接增多。

增长链末端的自由基可以绕邻近碳-碳单键自由旋转，单体可以不同的构型随机增长，导致自由基聚合的产物多呈无规立构。

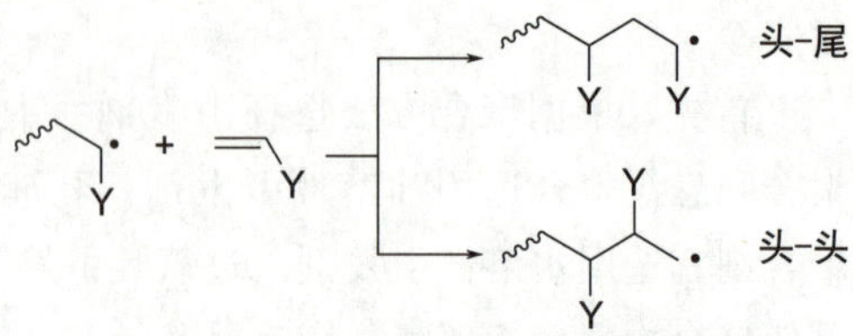

图 3-13　链增长反应的区域选择性

3.5.2　链增长反应速率

链增长反应有两个特征：一是强放热，常用烯类单体的聚合热约为 55kJ·mol^{-1}；二是活化能低，约为 20kJ·mol^{-1}，增长反应极快，在 0.1～10 s 内，就可使聚合度达到 10^3～10^4，速率难以控制。因此，整个反应体系由单体和聚合物两部分组成，不存在聚合度递增的中间物种。

链增长反应涉及不同链长的自由基与单体的加成反应，其反应速率 R_p 由式 (3-9) 所示。式中，[M]、[M$_i$ ·] 和 $k_{p,i}$ 分别表示单体浓度，链长为 i 的自由基浓度及其增长反应速率常数。

$$R_p = \sum_i k_{p,i}[M_i \cdot][M] \tag{3-9}$$

假设不同链长的自由基的反应活性相同，或自由基的活性与链长无关（简称为等活性假设），链增长反应速率就可以简化为式 (3-10)。其中，[M·] 是自由基的总浓度；k_p 是增长反应速率常数。

$$R_p = k_p[M \cdot][M] \tag{3-10}$$

根据式 (3-10)，获得增长反应速率常数值的前提是知道体系中自由基的总浓度。典型的链增长速率常数值处于 10^2～10^3 L·mol^{-1}·s^{-1} 范围内。

在有机化学反应中，结构相似的自由基的活性是随链长而降低的，降低的幅度随着自由基的链长增加而逐步减小。当自由基的链长超过一定长度后，其活性不再明显变化。类似地，在大分子链形成初期，$k_{p,i}$ 受 i 影响较大且随 i 增加而降低；链长稍大后，$k_{p,i}$ 受 i 影响较小并趋于恒定。一般聚合物的聚合度都比较大，链增长反应以较大链长自由基的增长反应为主。因此，采用等活性假设处理聚合反应中的链增长反应动力学是合理的。

3.6　链终止

3.6.1　链终止反应方式

链终止一般是通过自由基的双分子反应进行的。两个自由基可以发生偶合（combination）或歧化反应（disproportionation）。偶合终止是两个大分子自由基形成一条死的聚合物链，形成“头-头”键接，聚合物的两个端基为引发剂的残基。歧化终止是一个大分子自由基夺取另一个大分子自由基上的氢或其他原子后形成两条死的聚合物链，其中一条聚合物链含有饱和的端基和引发剂残基，另一条含有不饱和的端基和引发剂残基。两种终止反应如图 3-14 所示，其中 k_{tc} 和 k_{td} 分别是偶合和歧化终止速率常数。链终止后聚合度一般就不会再发生变化，因此终止反应对聚合度有直接的影响。

终止方式与单体种类和聚合温度有关。60℃下不同单体的终止情况见表 3-9。大多数大分子自由基倾向于通过偶合反应终止（除了链转移主导的情况）。对小分子脂肪族自由基的模型反应研究证实了该规律。然而，在一些聚合体系中也观察到不同程度的歧化终止。当大分子自由基受到空间位阻或含有许多可发生转移的 β-氢时，歧化终止会增加。因此，尽管 St、丙烯酸甲酯和丙烯腈主要通过偶合进行终止，但 MMA 以歧化终止为主，醋酸乙烯酯几乎全是歧化终止。温度升高会增加歧化程度，空间位阻大的自由基受到的影响更显著。MMA 的歧化程度从 25℃时的 67%增加到 80℃时的 80%。

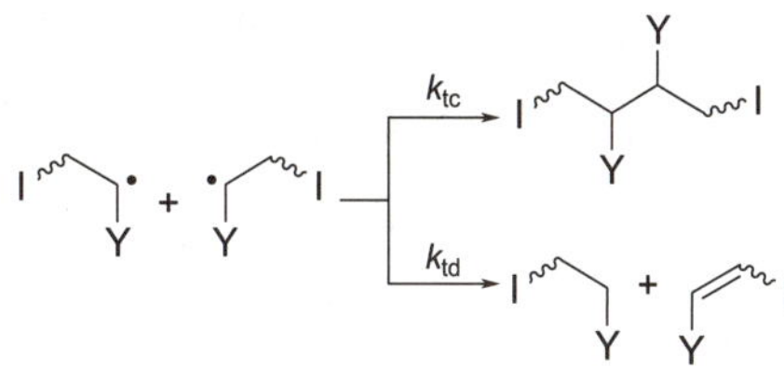

图 3-14 终止反应方式

大分子自由基还可能被初级自由基或聚合釜金属器壁的自由电子所终止。

表 3-9 不同单体自由基聚合的终止方式（60℃）

单体	偶合/%	歧化/%
丙烯腈	约 100	0
苯乙烯	77	23
甲基丙烯酸甲酯	21	79
醋酸乙烯酯	0	100

3.6.2 链终止反应速率

无论偶合终止还是歧化终止，两者的终止反应速率都遵循相同的动力学表达，如式（3-11）所示。式中，k_{tc} 和 k_{td} 分别是偶合和歧化终止速率常数，因子 2 表示 1 次终止反应消耗 2 个自由基，是沿用的习惯。

$$R_t = 2k_t[M\cdot]^2 = 2(k_{tc}+k_{td})[M\cdot]^2 \tag{3-11}$$

典型的终止速率常数在 $10^6 \sim 10^8 L \cdot mol^{-1} \cdot s^{-1}$ 范围内，远远大于增长速率常数。与 k_p 相比，虽然 k_t（k_{tc} 或 k_{td}）大很多，这并不能妨碍聚合物的生成，主要是因为在聚合反应体系中自由基的浓度非常低，从而使链增长速率远大于链终止速率，具体将在后面的章节中讨论。

3.7 链转移

3.7.1 链转移反应

在许多聚合体系中，实验观察到聚合物的聚合度低于只考虑偶合和歧化终止时预测得到的结果。在连锁聚合中，除了链引发、链增长和链终止反应外，还存在链转移反应。如图 3-15 所示，链转移是指活性种（如 $M_n\cdot$）从单体、引发剂、溶剂或其他物质（XT）上夺取一个

$$M_n\cdot + XT \xrightarrow{k_{tr}} M_nX + T\cdot$$

$$T\cdot + M \xrightarrow{k_a} TM\cdot$$

图 3-15　链转移反应

原子或极性相反的负离子（X）而终止，并同时生成新的活性种（T・），继续引发单体聚合和新的链增长。

链转移反应可以视为链终止反应和链引发反应的串联反应，因此会造成聚合度降低。链转移速率常数 k_{tr} 越大，产物的聚合度就越低，直至降为零。链转移对聚合速率的影响取决于新自由基的再引发速率常数 k_a 与 k_p 的相对大小。如果 k_a 与 k_p 相当，聚合速率则无明显变化，活性不减，如表 3-10 中的示例 1 和 2。如果 k_a 明显低于 k_p，则出现缓聚现象，极端的情况成为阻聚，如表中的示例 3～5。

表 3-10　链转移对聚合速率（R_p）和聚合度（$\bar{X}_n$）的影响

示例	速率常数的相对关系	效果分类	对 R_p 的影响	对 $\bar{X}_n$ 的影响
1	$k_p \gg k_{tr}$，$k_a \approx k_p$	正常链转移	无	减小
2	$k_p \ll k_{tr}$，$k_a \approx k_p$	调节聚合	无	大幅度减小
3	$k_p \gg k_{tr}$，$k_a < k_p$	缓聚	降低	减小
4	$k_p \ll k_{tr}$，$k_a < k_p$	衰减链转移	大幅度降低	大幅度减小
5	$k_p \ll k_{tr}$，$k_a = 0$	阻聚	降至零	降至零

3.7.2　链转移反应类型

根据与活性种反应的对象，可以将链转移反应分为以下几类。

① 向单体链转移　单体是聚合体系中不可或缺的组分，因此向单体链转移是无法避免的。向单体链转移与单体的结构和温度相关。叔氢、卤素等易被自由基夺取而发生链转移。例如，在氯乙烯聚合中，就特别容易发生向单体链转移反应，对产物的聚合度有重要影响。

② 向引发剂链转移　引发剂是大多数聚合体系中不可缺少的组分。自由基向引发剂转移，将导致诱导分解，使引发剂效率降低的同时，也使聚合度降低。

③ 向溶剂或链转移剂链转移　除了单体和引发剂，聚合体系中存在的其他组分都有可能成为链转移剂。在某些情况下，溶剂可以是链转移剂，而在其他情况下，可以是特意添加的化合物。带有活泼氢原子或卤原子的溶剂，易发生链转移。取代苯类发生链转移的趋势是异丙苯＞乙苯＞甲苯＞苯。C—Cl 和 C—Br 键较弱，因此四氯化碳和四溴化碳更易链转移。四氯化碳是具有调节聚合度功能的溶剂。

④ 向大分子链转移　以上讨论的都是向小分子的链转移反应。在聚合体系中会不断产生聚合物大分子，因此还存在向大分子的链转移。向大分子转移的结果，是在大分子链上形成活性点，再引发单体聚合，形成支链。

一种是大分子之间的链转移。由于大分子浓度相对较低，分子间链转移发生的概率较低，一般会形成数量少的长支链，如图 3-16 所示。另一种是大分子内的链转移，分子内链转移发生的概率比较大，一般会产生数量较多的短支链。

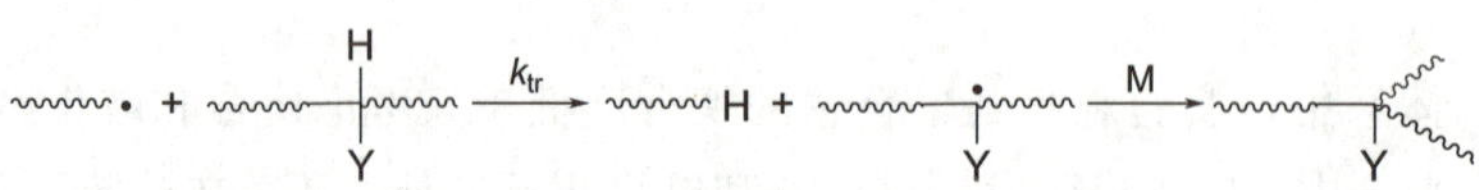

图 3-16　向大分子链转移反应（分子间）

图 3-17 显示了乙烯高压聚合中不同链转移并形成不同类型的支链的过程。聚合物除含少量长支链外，还有乙基、丁基、己基等短支链，这就是分子内链转移的结果。丁基支链是自由基端基夺取 δ-位亚甲基上的氢（路线 a），“回咬”转移而成。由于六元环的过渡态比较容易形成，因此丁基支链含量占优势。如果形成丁基支链后，加成一个乙烯单元后再发生分子内链转移，就形成了乙基支链。如果端基自由基分别进攻分子内的 ε-和 ζ 位的亚甲基（路线 b 和 c)，则分别形成戊基和己基支链。聚乙烯侧基数可高达 30 支链/500 单元。聚氯乙烯（PVC）也是容易链转移的大分子，曾测得有 16 个支链的聚氯乙烯大分子。

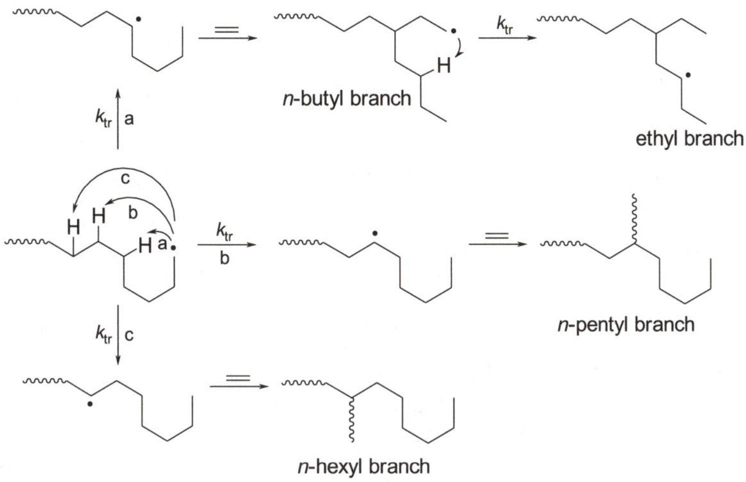

图 3-17 乙烯自由基聚合中的链转移反应（分子内）

⑤ 催化链转移

如图 3-18 所示，某些钴（Ⅱ）配合物，如钴肟配合物及其硼化物（L 是配体）可通过所谓催化链转移（CCT）的转移反应终止增长链。首先 H 原子从增长链转移到 Co（Ⅱ）并形成 Co（Ⅲ）氢化物，然后 H 原子转移到单体以重新开始聚合，其中 Co（Ⅱ）充当催化剂。催化链转移总的结果是 H 原子从增长链转移到单体，并产生含不饱和端基的聚合物，与一般的向单体链转移不同。

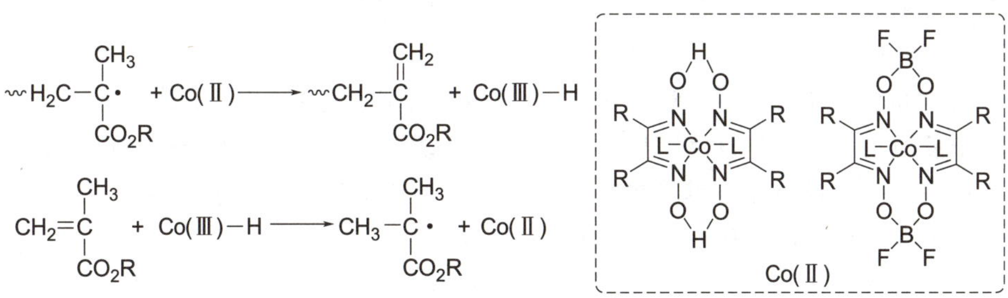

图 3-18 催化链转移

3.7.3 链转移反应速率

链转移反应的速率是不同链转移反应速率的总和。其中向单体（M）、引发剂（I）和溶剂（S）的链转移反应速率由式（3-12）～式（3-14）给出，其中 k_{tr} 为链转移反应速率常数。

$$R_{tr,M}=k_{tr,M}[M\cdot][M] \tag{3-12}$$

$$R_{tr,I}=k_{tr,I}[M\cdot][I] \tag{3-13}$$

$$R_{tr,S}=k_{tr,S}[M\cdot][S] \tag{3-14}$$

3.8 聚合反应动力学

基于聚合过程的各基元反应，可以研究聚合反应的动力学。宏观的动力学主要关注聚合反应速率、聚合物的平均聚合度与反应参数之间的定量关系；微观动力学是以基元反应为基础，推导出聚合反应速率、聚合物的平均聚合度与反应物浓度和温度之间的定量关系。

3.8.1 聚合速率

聚合速率是指单体转变为聚合物的速率，可以用单位时间内单体的消耗量或聚合物的生成量表示，通常以单体转化率随时间变化数据为基础。

$$R=-\frac{d[M]}{dt}=R_i+R_p\approx R_p \tag{3-15}$$

在聚合反应中，消耗单体的反应有链引发反应和链增长反应。聚合速率 R 由式（3-15）所示。其中 R_i 是链引发反应速率，R_p 是链增长反应速率。由于每个链引发反应只消耗一个单体，远远少于链增长反应所消耗的单体，因此聚合速率可以近似等于 R_p，如式（3-16）所示。

$$R=k_p[M\cdot][M] \tag{3-16}$$

为了进一步求得聚合反应速率，需要获知自由基总浓度。聚合反应中，自由基的浓度非常低（约 $10^{-8}mol\cdot L^{-1}$）且一般难以测定。为了获得自由基浓度，假设聚合过程中自由基的浓度不变或处于稳态，即稳态假定。聚合反应中的自由基浓度受链引发反应（生成自由基）和链终止反应（消耗自由基）共同影响，依据稳态假定可以得到

$$R_i=R_t=2k_t[M\cdot]^2 \tag{3-17}$$

稳态假设并非只在聚合动力学中采用。它常用于解决许多涉及极低浓度的高反应性中间体的小分子反应动力学，与自由基聚合中的情况相似。稳态假设的理论已被很多实验证实是合理的。典型的聚合反应在一段时间后达到稳态，一般至多需要一分钟。

从式（3-17）可以获得自由基浓度的表达式为

$$[M\cdot]=\left(\frac{R_i}{2k_t}\right)^{0.5} \tag{3-18}$$

将自由基浓度的表达式（3-18）代入式（3-16）就可以得到聚合速率为

$$R\approx R_p=k_p[M]\left(\frac{R_i}{2k_t}\right)^{0.5} \tag{3-19}$$

从式（3-19）可以看出，聚合速率与链引发速率的平方根成正比。链引发速率加倍不会使聚合速率加倍，仅会提高 $2^{0.5}$ 倍，这是自由基之间双基终止的结果。不同的引发方式会

产生不同的反应速率方程。将不同的引发速率式代入式（3-19）可以得到多种引发方式下的聚合反应速率，具体见表 3-11。

表 3-11　不同自由基聚合的引发速率对聚合速率的影响

引发方式	引发速率 R_i	聚合速率 R_p
引发剂引发	$2fk_d[I]$ $2fk_d[I][M]$	$k_p\left(\frac{fk_d}{k_t}\right)^{1/2}[I]^{0.5}[M]$　(3-20) $k_p\left(\frac{fk_d}{k_t}\right)^{1/2}[I]^{0.5}[M]^{1.5}$
自引发	$k_i[M]^2$ $k_i[M]^3$	$k_p\left(\frac{k}{2k_t}\right)^{0.5}[M]^2$ $k_p\left(\frac{k}{2k_t}\right)^{0.5}[M]^{2.5}$　(3-21)
直接光引发	$2\phi\varepsilon I_0[M]$ $2\phi I_0(1-e^{-\varepsilon[M]b})$	$k_p\left(\frac{\phi\varepsilon I_0}{k_t}\right)^{0.5}[M]^{1.5}$ $k_p\left(\frac{\phi I_0[1-e^{-\varepsilon[M]b}]}{k_t}\right)^{0.5}[M]$
光敏剂引发或 光敏剂间接反应	$2\phi\varepsilon I_0[S]$ $2\phi I_0(1-e^{-\varepsilon[S]b})$	$k_p\left(\frac{\phi\varepsilon I_0}{k_t}\right)^{1/2}[S]^{0.5}$ $k_p\left(\frac{\phi I_0[1-e^{-\varepsilon[S]b}]}{k_t}\right)^{0.5}[M]$

由式（3-20）可以看出，引发剂引发时，聚合速率与引发剂浓度的 0.5 次方和单体浓度的 1 次方成正比。该公式描述的聚合速率与单体和引发剂浓度的定量关系已在各种单体-引发剂体系中得到证实。图 3-19 是 MMA 和苯甲酸乙烯酯聚合速率与引发剂浓度的关系图。在非常高的引发剂浓度下，R_p 对 $[I]^{0.5}$ 的依赖性可能偏离线性关系，其原因是引发剂浓度的增加导致其引发效率的降低。图 3-20 是 MMA 聚合速率与单体浓度的关系图，表明聚合速率与单体浓度的 1 次方成正比。

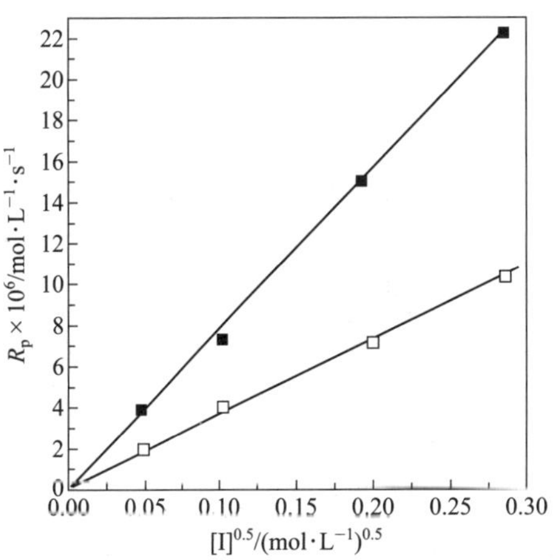

图 3-19　聚合速率对引发剂浓度的依耐性
（■：MMA-BPO；□：苯甲酸乙烯酯-AIBN）

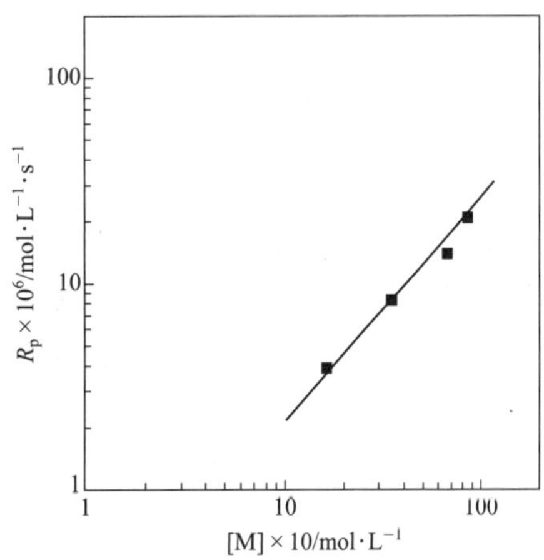

图 3-20　MMA 聚合速率对单体浓度的依耐性

3.8.2 自动加速效应及成因

自由基连锁聚合的特征在于随着反应的进行，聚合速率存在自动加速现象。正常而言，单体和引发剂的浓度随时间降低，因此聚合速率也会随时间降低。但是，在许多聚合反应中观察到了完全相反的行为，即反应速率随转化率增加而增加。对于一些单体，包括 St、MMA 和醋酸乙烯酯，都观察到了类似的现象。事实证明，自动加速效应是大多数聚合反应的正常行为。该效应与非等温条件下由温度升高而引起的加速完全不同。

现以不同浓度的 MMA 在苯中的溶液聚合过程（如图 3-21 所示）为例来说明这一现象。单体浓度低于 40%的 MMA 溶液聚合时，未显现出自动加速现象；单体浓度 60%以上才出现加速，单体浓度越高，加速现象越明显。MMA 本体聚合时，10%转化率以下，体系从易流动的液体逐渐变成黏稠糖浆状，加速现象尚不明显；转化率达到 10%～50%，体系从黏稠液体很快转变成半固体状，加速显著；再以后，体系仍以较高的速率聚合，但速率增长逐渐变慢，直至 70%～80%转化率；最后，速率慢到接近于终止。MMA 聚合特性黏度-转化率曲线如图 3-22 所示。

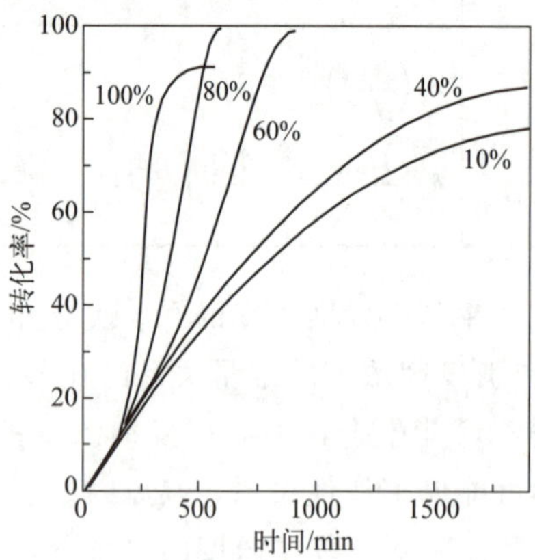

图 3-21 MMA 的聚合转化率-时间曲线

（引发剂为 BPO，苯为溶剂，50℃；图中数字为单体浓度）

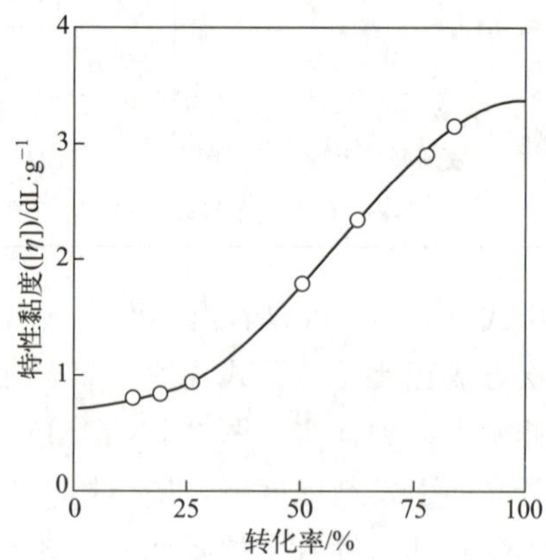

图 3-22 MMA 聚合特性黏度-转化率曲线

自动加速效应主要是体系黏度增加所引起的，因此也称为凝胶效应，早先也称为 Trommsdorff 效应或 Norrish-Smith 效应。加速的原因可以由链终止受扩散控制来解释。如图 3-23 所示，链自由基的双基终止过程可分为三步：①链自由基质心的平移（translational diffusion）；②链段重排（segmental motion），使活性中心靠近；③偶合或歧化反应而终止。其中链段重排是控制步骤，体系黏度是主要影响因素。体系黏度随转化率提高而增大，致使链段重排受阻，活性端基甚至被包埋，双基终止困难，链终止速率常数下降，自由基寿命延长、浓度增大。如表 3-12 所示，转化率为 40%～50%时，k_t 可能降低上百倍。但该转化率下，体系黏度尚未妨碍单体的扩散。链增长速率常数 k_p 变化不大，从而使 $k_p/k_t^{0.5}$ 增加了近 7～8 倍，导致加速明显。聚合度也同时迅速增加，并导致聚合体系的特性黏度同步增加，如图 3-22 所示。

转化率超过 50%后，聚合体系黏度大到也影响单体的扩散，k_p 开始变小。当 $k_p/k_t^{0.5}$ 综合值下降时，聚合速率也随着降低，最后聚合停止。例如，对于 MMA 本体聚合，25℃

时最终转化率约为 80%，85℃时则为 97%。该温度就相当于体系的玻璃化转变温度。在低于该温度和高转化率下，单体和链段都受到冻结，聚合暂停。利用这一特点，可以在聚合后期再升温“解冻”，使聚合继续进行。

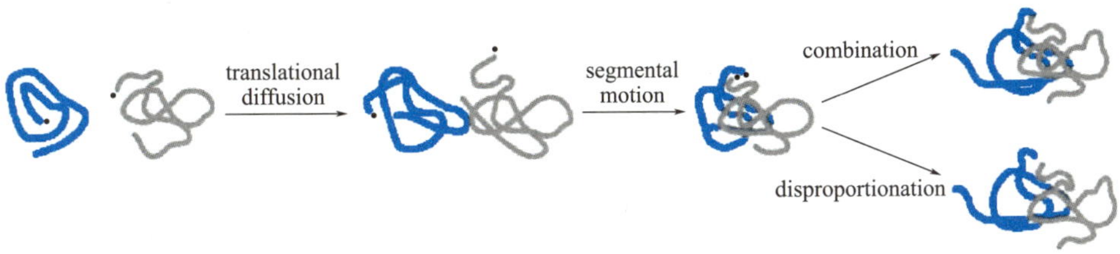

图 3-23　大分子自由基的双基终止过程

表 3-12　转化率对甲基丙烯酸甲酯聚合速率常数的影响（22.5℃）

转化率/%	速率 /(%·h^{-1})	自由基寿命/s	k_p/L·mol^{-1}·s^{-1}	$k_t\times10^{-5}$ /L·mol^{-1}·s^{-1}	$k_p/k_t^{0.5}/\times100$
0	3.5	0.89	384	442	5.78
10	2.7	1.14	234	273	4.48
20	6.0	2.21	267	72	9.95
30	15.4	5.0	303	14.2	25.4
40	23.4	6.3	368	8.93	38.9
50	24.5	9.4	258	4.03	40.6
60	20.0	26.7	74	0.498	33.2
70	13.1	79.3	16	0.0564	21.3
80	2.8	216	1	0.0076	3.63

单体种类和溶剂性质对凝胶效应都有影响。St 本体聚合至 50%转化率时，自动加速尚不明显。不良溶剂将使大分子卷曲，不利于链段重排，将加重凝胶效应。对于 MMA，苯是良溶剂，醋酸戊酯是不良溶剂，庚烷是沉淀剂，在不同溶剂中聚合的动力学行为均有差异。

伴有凝胶效应的动力学已经偏离了微观动力学行为，属于宏观范畴。速率方程的处理比较复杂，多采用直接关联，广泛使用如下经验公式：

$$R_p=K[I]^m[M]^n \tag{3-22}$$

3.8.3　聚合速率曲线类型

自由基聚合速率可考虑由两部分组成：①正常速率，随单体浓度降低而逐渐减小；②因凝胶效应而引起的自动加速。两者叠加导致的不同情况，就形成三类转化率-时间曲线，如图 3-24(a) 所示。

(1) S 形聚合

如图 3-24 (a) 中曲线 1 所示，采用低活性引发剂，St、MMA 和氯乙烯等聚合时，初期慢，为正常速率；中期加速，是凝胶效应造成的结果；后期转慢，是玻璃化效应所致，造成凝胶效应和正常聚合都减慢。当体系中存在杂质时，聚合初期产生的初级自由基会被终止，无聚合发生或聚合速率为零，称为诱导期。上述四个阶段如图 3-24（b）所示。

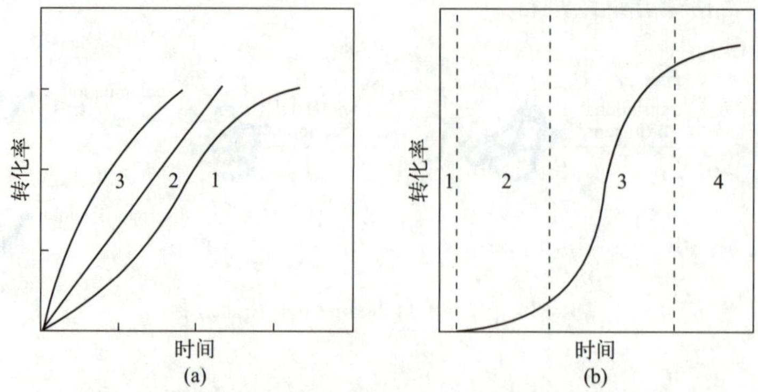

图 3-24　自由基聚合的典型转化率-时间曲线

(2) 匀速聚合

如图 3-24(a) 中曲线 2 所示，当引发剂的半衰期合适，可使正常聚合减速部分与自动加速部分互补，达到匀速。例如选用 $t_{1/2}=2$ h 的引发剂，氯乙烯聚合有望接近匀速，这更有利于传热和温度的控制。

(3) 前快后慢的聚合

如图 3-24（a）中曲线 3 所示，采用高活性的引发剂，聚合早期的速率很大。稍后，引发剂浓度过低，凝胶效应不足以弥补正常聚合速率衰减，致使速率转慢，过早地终止聚合。如补加一些中、低活性引发剂，则可使聚合继续。

3.8.4 聚合动力学研究方法

聚合速率可由不同的实验方法测定。通常的方法是，测量单体和聚合物各种性质的变化，例如溶解度、密度、折射率和光谱吸收等，获得聚合速率。在这些方法中，有的方法同时适用于逐步聚合和连锁聚合，有的方法只适用于其中一种。适用于自由基聚合的方法通常也适用于离子聚合。方法的实用性主要取决于其在低、中和高转化率下的精确度和准确度。一些方法无须终止聚合反应，因此可以通过一个聚合反应获得转化率随时间的变化趋势。

称重法是在不同反应时间终止聚合反应，将聚合物从反应产物中分离、干燥和称重，获得聚合物质量随反应时间变化的数据。通常采用加入沉淀剂的方法分离聚合物。该方法主要用于连锁聚合，反应体系包含单体和高分子量聚合物，它们的溶解度差别很大。该方法通常不适用于逐步聚合，因为逐步反应体系是由单体和一系列不同的低分子量产物组成（直到非常高的转化率），各组分的溶解度差异不大。

通过化学方法分析未反应单体的官能团一般用于逐步聚合的反应速率测定。该方法也可用于测定烯类单体的聚合速率，如可以在聚合后用溴滴定未反应的双键。

膨胀计法可利用聚合体系发生的体积变化测量聚合速率。当单体转化为聚合物时，通常会出现明显的体积收缩，记录体积随反应时间的变化就可以得到转化率与时间的关系。如表 3-13 所示，PMMA 的密度比其单体的密度高 20%左右。对于一些连锁聚合来说，这是一种精确的方法。膨胀计法不适用于一般的逐步聚合，因为存在小分子副产物，导致聚合时没有显著的体积变化。

表 3-13　不同单体与聚合物的密度（$g \cdot mL^{-1}$，25℃）及体积变化率 K

单体	密度		$K/\%$	单体	密度		$K/\%$
	单体	聚合物			单体	聚合物	
氯乙烯	0.919	1.406	34.4	醋酸乙烯酯	0.934	1.291	21.6[a]
丙烯腈	0.800	1.170	31.0	甲基丙烯酸甲酯	0.940	1.179	20.6
偏二氯乙烯	1.213	1.710	28.6[a]	苯乙烯	0.905	1.062	14.5
甲基丙烯腈	0.800	1.100	27.0	丁二烯	0.628	0.906	44.4
丙烯酸甲酯	0.952	1.223	22.1	异戊二烯	0.681	0.906	33.2

a）20℃的数据

一般的聚合都会放热，可以通过示差扫描量热法测量聚合过程中的聚合热，精确测量转化率。

可以采用红外（IR）、紫外（UV）和核磁共振（NMR）和其他光谱等仪器分析的方法测定单体的消耗或聚合物的生成速率。该方法是测定单体引起的吸收信号的减少和/或聚合物引起的吸收信号的增加。例如，St 的双键上质子的 NMR 信号位于 5.23ppm、5.73ppm 和 6.71ppm，其强度随转化率增加而降低。同时，聚合物中饱和的 CH_2 和 CH 的质子的特征信号分别出现在 1.44ppm 和 1.84ppm，其强度随转化率增加而增加。当单体和聚合物信号不重叠时，光谱技术的准确度很高。此外，将进行聚合反应的样品管置于仪器中，可以连续监测聚合反应，无需定期取样再进行分析。

3.9　平均聚合度

聚合度是表征聚合物的重要参数。影响自由基聚合速率的诸因素，如引发剂浓度、温度等，也同时影响着聚合度，但影响规律却往往相反。

3.9.1　动力学链长

将平均每个引发聚合的活性种所消耗（聚合）的单体数，定义为连锁聚合的动力学链长，ν。由链增长速率与引发速率或终止速率之比给出，如式（3-23）所示。在稳态时，引发与终止速率相等。

$$\nu=\frac{R_p}{R_i}=\frac{R_p}{R_t} \tag{3-23}$$

将 R_p 和 R_t 的表达式（3-10）和式（3-11）代入，可以得到

$$\nu=\frac{k_p[M]}{2k_t[M\cdot]} \tag{3-24}$$

通过链增长速率公式（3-10）解出自由基浓度并代入上式，得

$$\nu=\frac{k_p^2[M]^2}{2k_tR_p} \tag{3-25}$$

对于引发剂引发的聚合，将稳态时的自由基浓度式 (3-18) 和式 (3-4) 代入式 (3-24)，得

$$\nu=\frac{k_p[M]}{2(fk_dk_t[I])^{1/2}} \tag{3-26}$$

式 (3-23) ～式 (3-26) 是动力学链长的不同表达式。式 (3-26) 表明，对于引发剂引发的聚合，其动力学链长与引发剂浓度的平方根成反比。因此，增加引发剂浓度来提高聚合速率的措施，往往使动力学链长减小。

3.9.2 平均聚合度

数均聚合度，$\overline{X}_n$，定义为平均每个聚合物分子含有的单元数，与动力学链长有关。在无链转移反应的情况下，如果聚合完全通过偶合终止，两个大分子自由基产生一个死的聚合物分子，由两个动力学链组成，即 $\overline{X}_n=2\nu$；如果聚合完全通过歧化终止，每个大分子自由基产生一个死的聚合物分子，由一个动力学链组成，即 $\overline{X}_n=\nu$。死亡的大分子的数量与终止速率相关，聚合产物所含单元的数量与增长速率相关。当死亡的聚合物仅由两种终止方式产生，按照数均聚合度的定义，可按式 (3-27) 计算。式中，分子部分表示聚合过程中某一瞬时消耗的单体总数，分母对应的是该瞬时新生成聚合物的分子总数。分母的第一项表示每个歧化反应产生一个死亡的大分子，第二项表示两次偶合反应产生一个死亡的大分子。δ 为歧化终止占双基终止的比例，介于 0～1 之间。

$$\overline{X}_n=\frac{R_p}{R_{t,d}+0.5R_{t,c}}=\frac{R_p}{0.5(1+\delta)R_t}=\frac{2\nu}{(1+\delta)} \tag{3-27}$$

$$\delta=\frac{R_{t,d}}{R_{t,d}+R_{t,c}}=\frac{k_{td}}{k_{td}+k_{tc}} \tag{3-28}$$

3.9.3 链转移对平均聚合度的影响

发生链转移后，动力学链尚未真正终止，仍在继续引发增长。因此，链转移不会改变动力学链长，但每个动力学链长产生的大分子数发生了变化，所以导致 $\overline{X}_n$ 减小。本节仅讨论链转移后聚合速率不衰减的情况下链转移对 $\overline{X}_n$ 的影响。

存在链转移反应的情况下，$\overline{X}_n$ 可由式 (3-29) 计算。其中，分子部分为瞬时消耗的单体数量，分母部分为瞬时生成的大分子的数量。分母的前两项是歧化终止和偶合终止对大分子数的贡献，第三项是所有链转移反应对大分子数的贡献。如果考虑常见的链转移，如向单体 (M)、引发剂 (I) 和溶剂 (S) 等的链转移，则式 (3-29) 中的链转移速率一项可以进一步具体化。

$$\overline{X}_n=\frac{R_p}{R_{t,d}+0.5R_{t,c}+\sum R_{tr}}=\frac{R_p}{0.5(1+\delta)R_t+R_{tr,M}+R_{tr,I}+R_{tr,S}} \tag{3-29}$$

将式 (3-29) 中各反应速率的具体表达代入并变为倒数，可得

$$\frac{1}{\overline{X}_n}=(1+\delta)\frac{R_t}{2R_p}+\frac{k_{tr,M}}{k_p}+\frac{k_{tr,I}[I]}{k_p[M]}+\frac{k_{tr,S}[S]}{k_p[M]} \tag{3-30}$$

令 $C=k_{tr}/k_p$，即链转移速率常数与链增长速率常数之比，定义为链转移常数。该常数反映了两种反应的竞争能力。向单体、引发剂和溶剂的链转移常数 C_M、C_I、C_S 的定义如下：

$$C_M=\frac{k_{tr,M}}{k_p};\ C_I=\frac{k_{tr,I}}{k_p};\ C_S=\frac{k_{tr,S}}{k_p} \tag{3-31}$$

根据式（3-31），式（3-30）可以简化为

$$\frac{1}{\overline{X}_n}=(1+\delta)\frac{R_t}{2R_p}+C_M+C_I\frac{[I]}{[M]}+C_S\frac{[S]}{[M]} \tag{3-32}$$

式（3-32）是链转移反应对平均聚合度影响的定量关系。公式右边四项分别代表正常聚合、向单体转移、向引发剂转移、向溶剂转移对平均聚合度的贡献。在实际生产中，经常应用链转移来控制聚合度。例如，聚氯乙烯的聚合度主要决定于向单体转移，由聚合温度来控制；丁苯橡胶的聚合度由链转移剂十二硫醇来调节；溶液聚合产物聚合度一般较低。

(1) 向单体转移

单体是聚合体系中不可或缺的成分，因此向单体链转移是无法避免的。如果只考虑向单体链转移，式（3-32）可以简化为

$$\frac{1}{\overline{X}_n}=(1+\delta)\frac{R_t}{2R_p}+C_M \tag{3-33}$$

大部分单体的 C_M 比较小，为 $10^{-4}\sim10^{-5}$，如表 3-14 所示。向氯乙烯的链转移常数很高，约为 10^{-3}，比一般链转移常数要大 1～2 个数量级，超过了正常的链终止速率。因此，聚氯乙烯的平均聚合度主要由 C_M 决定。由式（3-33）可知，单体链转移对聚合度的影响不受单体浓度的影响。因此，即使降低单体浓度也不会减弱向单体链转移对聚合度的影响。向单体链转移是无法避免的，所以式（3-33）右边项的最小值等于 C_M。因此，最大 $\overline{X}_n$ 与 C_M 的关系为

$$\overline{X}_{n,\max}=C_M^{-1} \tag{3-34}$$

50℃下，测得氯乙烯聚合中 $C_M=1.35\times10^{-3}$，代入式（3-34），算得 $\overline{X}_n$ 为 740，与实验值的数量级一致。该数据表明，每增长 740 个单元，约向单体链转移一次。

表 3-14　向单体链转移常数 C_M（60℃）

单体	$C_M\times10^4$	单体	$C_M\times10^4$
丙烯酰胺	0.6	甲基丙烯酸甲酯	0.07～0.10
丙烯腈	0.26～0.3	苯乙烯	0.60～0.92
乙烯	0.4～4.2	醋酸乙烯酯	1.75～2.8
丙烯酸甲酯	0.036～0.325	氯乙烯	10.8～12.8

(2) 向引发剂转移

引发剂是绝大多数聚合体系中不可缺少的组分。自由基向引发剂转移，将导致诱导分解，使引发剂效率降低，同时也使聚合度降低。对于本体聚合，同时考虑向引发剂和向单体链转移时，式（3-32）可简化为

$$\frac{1}{\overline{X}_n}=(1+\delta)\frac{k_tR_p}{2k_p^2[M]^2}+C_M+C_I\frac{k_tR_p^2}{k_p^2fk_d[M]^3}$$

或

$$\frac{1}{\overline{X}_n}=(1+\delta)\frac{k_tR_p}{2k_p^2[M]^2}+C_M+C_I\frac{[I]}{[M]} \tag{3-35}$$

引发剂对聚合度的影响有：一是正常引发反应，即式（3-32）右边第一项；二是向引发剂链转移，即该式右边第三项。AIBN 的 C_I 很低，接近于零。过氧化物，尤其是氢过氧化物的 C_I 较大。表面看来，$C_I>C_M$，但是一般引发剂浓度（$10^{-2}\sim10^{-4}mol\cdot L^{-1}$）远低于单体浓度（$1\sim10mol\cdot L^{-1}$），[I]/[M] 为 $10^{-3}\sim10^{-5}$。因此，向引发剂转移所造成的聚合度降低是比较小的。

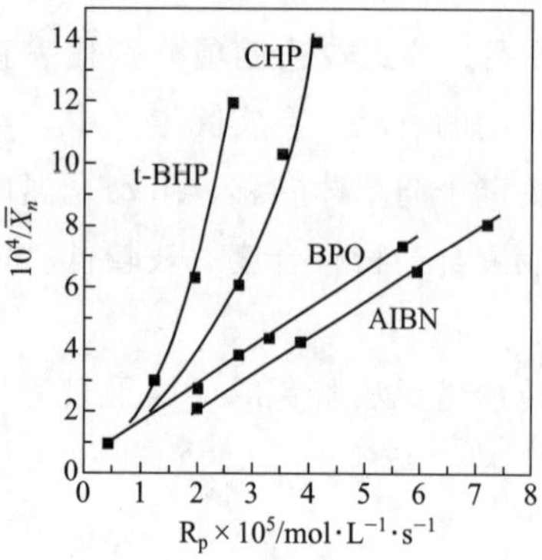

图 3-25　聚苯乙烯聚合度倒数与聚合速率的关系
（CHP-异丙苯过氧化氢；t-BHP-叔丁基过氧化氢）

60℃时，不同引发剂引发 St 本体聚合初期聚合度的倒数（$1/\overline{X}_n$）与聚合速率（R_p）的变化趋势如图 3-25 所示。图中曲线的起始部分一般呈线性关系，由截距可求 C_M，由斜率可求 k_t/k_p^2。引发剂浓度较高时（即聚合速率较快），向引发剂链转移对聚合度的影响增加，式（3-35）中的 R_p^2 项不能忽略，曲线向上弯曲。C_I 愈大，弯曲愈明显，如 *t*-BHP。相反地，在 C_I 很小的体系（如 AIBN）中，则 $1/\overline{X}_n$-R_p 的变化趋势在较广范围内均能保持线性关系。一些单体-引发剂组合的链转移常数见表 3-15。

表 3-15　向引发剂链转移常数 C_I（60℃）

引发剂	C_I		
	苯乙烯	MMA	丙烯酰胺
AIBN	0.091～0.14	0	—
过氧化叔丁基	$3\sim9\times10^{-4}$	—	—
过氧化十二酰（70℃）	0.024	—	—
BPO	0.048～0.10	0～0.02	—
叔丁基过氧化氢	0.035	—	—
异丙苯过氧化氢	0.063	0.33	
过硫酸（40℃）	—	—	0.0028

（3）向链转移剂转移

除了单体和引发剂，聚合体系中存在的其他组分都可能成为链转移剂。在某些情况下，溶剂也可以是链转移剂；而在其他情况下，可以是特意添加的化合物。

将式（3-32）右边前三项合并成为 $1/\overline{X}_{n,0}$，以代表无链转移剂时的 $\overline{X}_n$ 的倒数，则

$$\frac{1}{\overline{X}_{n,0}}=(1+\delta)\frac{k_tR_p}{2k_p^2[M]^2}+C_M+C_I\frac{[I]}{[M]} \tag{3-36}$$

$$\frac{1}{\overline{X}_n}=\frac{1}{\overline{X}_{n,0}}+C_S\frac{[S]}{[M]} \tag{3-37}$$

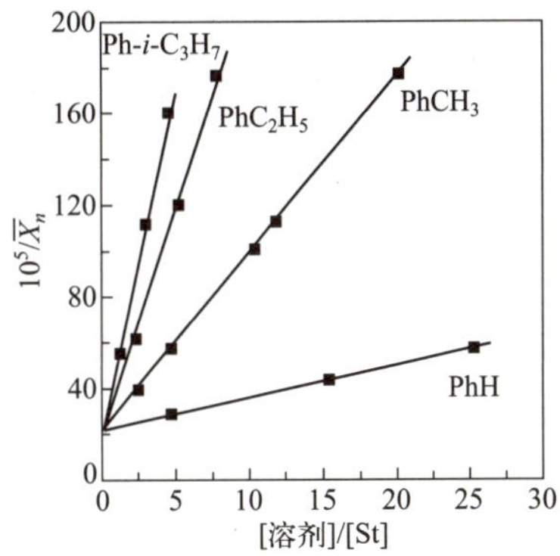

图 3-26　芳烃对苯乙烯热聚合产物聚合度的影响

采用低浓度引发剂或 C_I 值低的引发剂（例如，AIBN），式（3-36）中的最后一项可以忽略不计。通过在一系列单独的聚合中适当调节引发剂浓度，保持 $R_p/[M]^2$ 恒定，可以使式（3-37）右侧的第一项保持恒定。在这些条件下，根据式（3-37）可以测定各种链转移剂的 C_S 值。

图 3-26 为 St 在不同溶剂中聚合产物的 $1/\overline{X}_n$ 与 [S]/[M] 关系图。由直线斜率可求取 C_S，可看出溶剂种类对 C_S 的影响。

根据式（3-38），由链转移剂和单体的消失速率之比（d[S]/d[M]）随链转移剂和单体浓度之比（[S]/[M]）的变化可以求得 C_S 的值。

$$\frac{d[S]/dt}{d[M]/dt}=\frac{k_{tr}[S]}{k_p[M]}=C_S\frac{[S]}{[M]} \tag{3-38}$$

向溶剂和链转移剂的转移常数列于表 3-16 中。表中数据说明，链转移常数与自由基、溶剂、温度等有关。比较横行数据，发现低活性自由基（如 St 自由基）对同一溶剂的链转移常数比高活性自由基（如醋酸乙烯酯自由基）的链转移常数要小。

表 3-16　向溶剂和链转移剂的链转移常数 C_S（$\times10^4$）

溶剂	苯乙烯		甲基丙烯酸甲酯	醋酸乙烯酯
	60℃	80℃	80℃	60℃
苯	0.023	0.059	0.075	1.2
甲苯	0.125	0.31	0.52	21.6
乙苯	0.67	1.08	1.35	55.2
异丙苯	0.82	1.30	1.90	89.9
叔丁苯	0.06	—	—	3.6
庚烷	0.42	—	0.1	17.0（50℃）
环己烷	0.031	0.066	—	7.0
正丁醇	1.6	0.40	—	20
乙醚	5.6	—	—	45.3
丙酮	4.1	0.40	—	11.7
醋酸	2.0（40℃）	0.20	—	1.1
氯代正丁烷	0.04	—	—	10
溴代正丁烷	0.06	—	—	50
碘代正丁烷	1.85	—	—	800
氯仿	3.4	0.9	1.40	150
四氯化碳	110	130	2.39	10700
四溴化碳	22000	23000	3300	28700（70℃）
正丁基硫醚	22	—	—	260
正丁基二硫化合物	24	—	—	10000
正丁硫醇	210000	—	—	480000

提高温度将使链转移常数增加。从 60℃升到 100℃，St 对不同溶剂的 C_S 值将增加 2～10 倍不等。因为链转移活化能比链增长活化能一般要大 20～65kJ・mol^{-1}，升高温度更有利于 $k_{tr,S}$ 的增大。因此，从手册中选用链转移常数时，需注意单体、溶剂和温度等条件。

（4）向大分子转移

链自由基对聚合物的链转移常数见表 3-17。同一自由基对不同聚合物的链转移常数并不相同，与向溶剂的链转移常数相似，选用时需加以注意。值得注意的是，由于向大分子链转移并没有产生新的大分子，大分子的总数量并没有变化，因此其对平均聚合度没有影响。这与其他向小分子的链转移是不同的。如前所述，向大分子链转移主要是导致聚合物的支化。

表 3-17　向大分子的链转移常数 C_p

自由基-聚合物	$C_p \times 10^4$	
	50℃	60℃
PB・-PB	1.1	—
PS・-PS	1.9	3.1
PMMA・-PMMA	1.5	2.1
PAN・-PAN	4.7	—
PVAc・-PVAc	—	2.5
PVC・-PVC	5.0	—

注：PB 为聚丁烯，PS 为聚苯乙烯，PAN 为聚丙烯腈，PVAc 为聚酯酸乙烯酯。

3.10　聚合度分布

多分散性是合成高分子的重要特征，因此了解聚合物的聚合度（或相对分子质量）分布十分重要。链增长反应是随机过程，这是产生聚合度分布的原因。聚合度分布可用凝胶渗透色谱（GPC）等仪器来测定，也可由概率原理来推导。不同的终止方式会导致产物的聚合度分布有差异。

自由基聚合产物的聚合度分布比逐步聚合产物更复杂。自由基聚合涉及多种不同的终止方式。一类是每个动力学链产生一个聚合物分子的情况，如通过歧化、链转移或两者兼有的终止情况；一类是两个动力学链产生一个聚合物分子的情况，如偶合终止。此外，由于单体和引发剂浓度以及增长和终止速率常数的变化，在不同时刻产生的聚合物的聚合度随转化率而变化。对于在低转化率下的聚合，所有动力学参数（[M]、[I]、k_d、k_p、k_t）近似恒定，聚合物的聚合度不随转化率而变化，易于计算其分布。

3.10.1　歧化终止时的聚合度分布

首先考虑每个动力学链产生一个聚合物分子的情况。在这种情况下，聚合度分布与线形缩聚时的推导方法相同。将 p 定义为成键概率，为增长反应速率与链自由基可能经历的所有反应的总速率之比，如式（3-39）所示。其中 R_p、$R_{t,d}$ 和 R_{tr} 分别是增长速率、歧化终止速率和链转移总速率。相应地，不成键概率为（1－p）。与缩聚物（聚合度为 100～200）

相比，一般自由基聚合产物的聚合度很高，达 $10^3 \sim 10^4$，即成键 $10^3 \sim 10^4$ 次，才会发生一次不成键。因此，$0.999 < p < 1$，或者说 p 非常接近于 1。

$$p = \frac{R_p}{R_p + R_{t,d} + R_{tr}} \tag{3-39}$$

设想初始单体总数为 N_0 的体系中，生成了 N 个大分子。每终止一次生成一个大分子，则体系中大分子的总数 N 为 $N_0(1-p)$。生成一个聚合度为 x 的大分子，需要经过 $(x-1)$ 次成键和一次不成键，其数量分数为 $p^{x-1}(1-p)$。因此，x-聚体的数量分布函数和质量分布函数分别如式（3-40）和式（3-41）所示，其中 N_x 和 W_x 表示 x-聚体的总数量和总质量，N 和 W 分别为所有聚合物的总数量和总质量。聚合物的数量和质量分布函数的曲线如图 3-27 所示。

$$\frac{N_x}{N} = p^{x-1}(1-p) \tag{3-40}$$

$$\frac{W_x}{W} = \frac{xN_x}{N_0} = \frac{xN_x(1-p)}{N} = xp^{x-1}(1-p)^2 \tag{3-41}$$

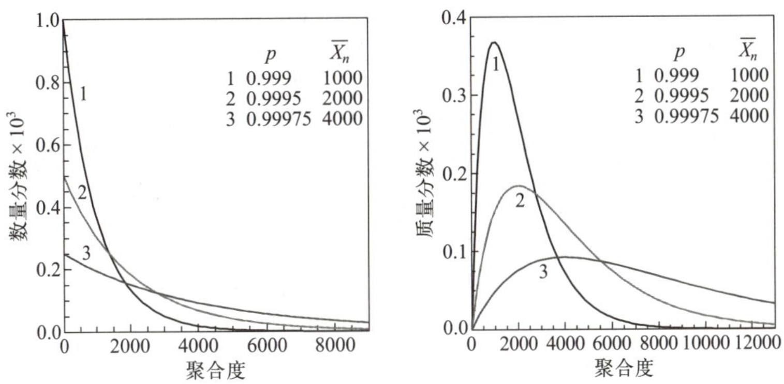

图 3-27　歧化终止时聚合度的数量（左）与质量（右）分布曲线

将数量和质量分布函数求和就可以得到数均（$\bar{X}_n$）和重均（$\bar{X}_w$）聚合度及分布指数（Đ）。

$$\bar{X}_n = \sum \frac{xN_x}{N} = \frac{1}{1-p} \tag{3-42}$$

$$\bar{X}_w = \sum \frac{xW_x}{W} = \frac{1+p}{1-p} \tag{3-43}$$

$$Đ \equiv \frac{x_w}{x_n} = 1 + p \approx 2 \tag{3-44}$$

每次不成键形成一个大分子，$1/(1-p)$ 表示不成键一次平均发生的成键次数，所以 $1/(1-p)$ 就等于 $\bar{X}_n$。因为自由基聚合反应中 p 很接近 1，所以 Đ 约等于 2。可见，以歧化终止（含链转移）的自由基聚合，其产物的平均聚合度及其分布指数与线形缩聚体系的结果相似。

与逐步聚合相比，上述公式仅适用于自由基聚合中的聚合物级分（不包括单体），而不适用于整个反应混合物。

3.10.2　偶合终止时的聚合度分布

偶合终止时，由两个不同聚合度的大分子自由基通过一次偶合反应形成 x-聚物。该过程包含形成一个聚合度为 n 的链自由基并终止一次，形成一个聚合度为 $(x-n)$ 的链自由基并终止一次。体系中大分子的总数 N 为终止次数的一半，即 $0.5N_0(1-p)$。此外，偶合形成 x 聚体的方式有 $[1+(x-1)]$，$[2+(x-2)]$，…，$[(x-1)+1]$ 等 $(x-1)$ 种组合方式。因此，x-聚物占所有聚合物的数量分数和质量分数如式（3-45）和式（3-46）所示，分布曲线如图 3-28 所示。当 x 很大时，式中的 $x-1$ 可近似为 x。

$$\frac{N_x}{N}=(x-1)p^{n-1}(1-p)p^{x-n-1}(1-p)\approx xp^{x-2}(1-p)^2 \tag{3-45}$$

$$\frac{W_x}{W}=0.5x^2p^{x-2}(1-p)^3 \tag{3-46}$$

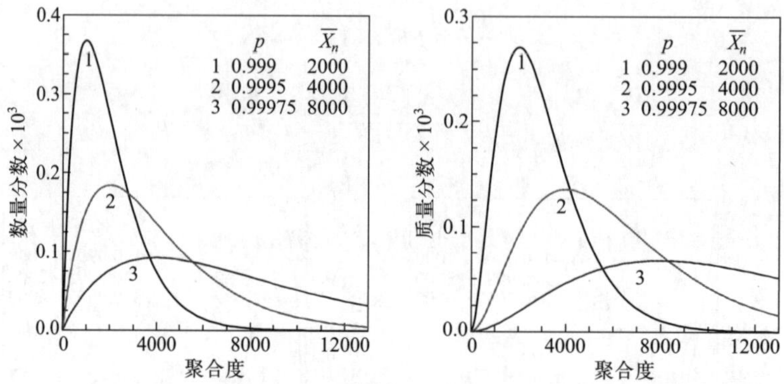

图 3-28　偶合终止时聚合度的数量（左）和质量（右）分布曲线

将数量和质量分布函数求和就可以得到数均和重均聚合度及其分布指数。

$$\overline{X}_n=\sum\frac{xN_x}{N}=\frac{2}{1-p} \tag{3-47}$$

$$\overline{X}_w=\sum\frac{xW_x}{W}=\frac{2+p}{1-p}\approx\frac{3}{1-p} \tag{3-48}$$

$$Đ\equiv\frac{\overline{X}_w}{\overline{X}_n}=\frac{2+p}{2}\approx 1.5 \tag{3-49}$$

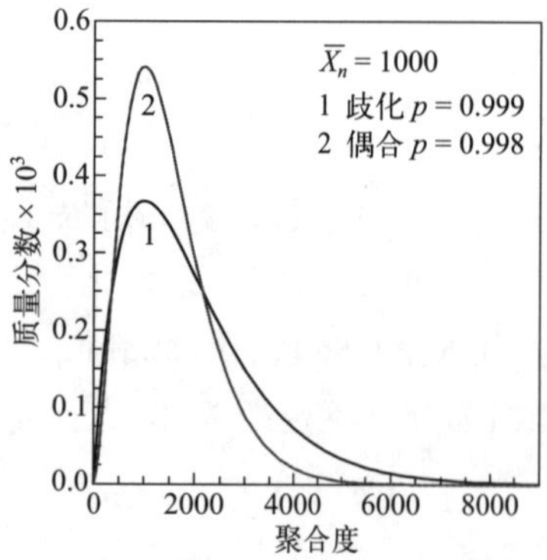

图 3-29　偶合终止与歧化终止聚合度的质量分布曲线比较

因为自由基聚合反应中 p 很接近 1，所以偶合终止得到的聚合物的 $Đ$ 值约等于 1.5，比歧化终止时的分布要窄一些。

将式（3-41）和式（3-46）绘成图 3-29。该图表明，偶合终止时质量分布曲线比歧化终止时更均匀一些。聚苯乙烯质量分布的实验分级曲线与理论曲线比较接近，说明了上述推导的合理性。上述聚合度分布是在低转化率的条件下推导出来的。高转化率有凝胶效应时，分布变宽；有包埋作用的，分布更宽；经链转移形成含有许多支链的聚合物，聚合度分布也变宽。配位聚合产物的聚合度分布也很宽，是多活性中心造成的，与自由基聚合不同。不同条件下的聚合度分布指数可参见表 3-18。

表 3-18 合成聚合物的多分散性指数（Đ）

聚合物	Đ
天然大分子	1.0
合成单分散聚合物	1.01～1.05
可控自由基聚合的聚合物	1.05～1.2
偶合终止聚合物	1.5
歧化终止加聚物/缩聚物	2.0
高转化烯类聚合物	2～5
自动加速显著的聚合物	5～10
配位聚合合成的聚合物	2～30
高支化聚合物	20～50

3.11 阻聚和缓聚

一些化合物对自由基聚合有抑制作用。根据抑制程度的不同，可以分为阻聚和缓聚两类。阻聚是使聚合完全停止，缓聚是使聚合速率变慢，但两者很难严格区分。以不同条件下St聚合的转化率曲线为例来说明阻聚和缓聚的区别，如图3-30所示。曲线1为热引发聚合，无诱导期，可作为参照。曲线2为添加了微量苯醌的聚合，有明显诱导期，诱导期过后，聚合速率曲线几乎是曲线1的平移，这是典型的阻聚行为。曲线3加有硝基苯，无诱导期，但聚合速率变慢，属于典型的缓聚。曲线4加有亚硝基苯，不仅有诱导期，而且在诱导期过聚合速率降低，兼有阻聚和缓聚的双重作用。

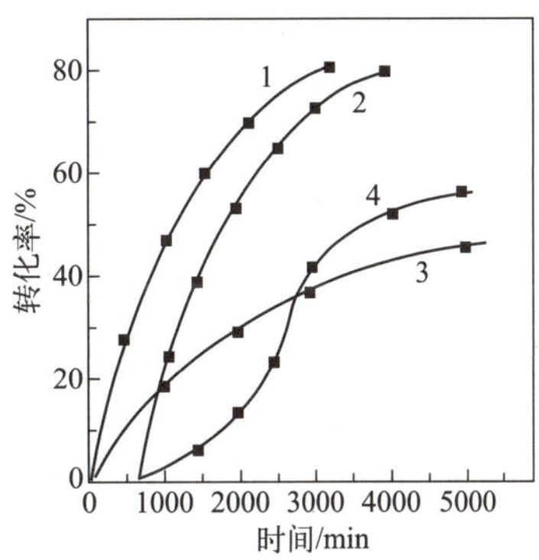

图3-30 苯乙烯热聚合的阻/缓聚动力学行为（1—无阻聚剂；2—加入0.1%苯醌；3—加入0.5%硝基苯；4—加入0.2%亚硝基苯）

阻聚并非聚合的基元反应，但对单体的生产和储存、聚合和必要时的终止等都很重要。单体储存时要加阻聚剂，聚合前再除去；聚合结束时，需另加阻聚剂彻底终止聚合。

3.11.1 阻聚剂和阻聚机理

阻聚剂有分子型和稳定自由基型两大类。分子型阻聚剂有苯醌、硝基化合物、芳胺、酚类、硫和含硫化合物、氯化铁等。稳定自由基型阻聚剂有1,1-二苯基-2-三硝基苯肼（DPPH）、2，2，6,6-四甲基-1-(1-苯基乙氧基）哌啶（TEMPO）、三苯基甲基等。按照阻聚剂与自由基的反应机理，则有加成型、链转移型和电荷转移型三类。现按这三类介绍阻聚机理。

(1) 加成型阻聚剂

苯醌、硝基化合物、氧、硫等可归入这一类。其中苯醌最重要，其阻聚行为比较复杂。如图 3-31 所示。自由基可以加成到苯醌分子上的氧或碳原子上，分别形成醚和醌型中间产物，然后偶合终止或歧化终止。每个苯醌分子所能终止的自由基数为 1～2，但不确定。

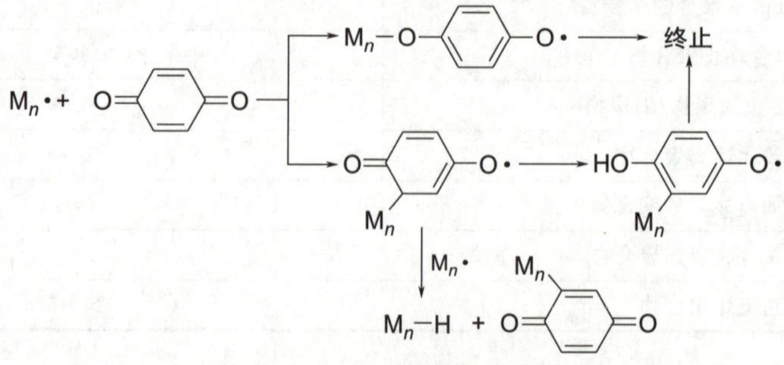

图 3-31　苯醌的阻聚机理

电子效应对醌类的阻聚效果有显著影响。苯醌和四氯苯醌都缺电子，对富电自由基（如醋酸乙烯酯和 St）而言是阻聚剂；对缺电自由基（丙烯腈和 MMA）而言却是缓聚剂。加入富电子的第三组分（如胺），可增加苯醌对缺电单体的阻聚能力。

芳族硝基化合物也是常用阻聚剂，其阻聚机理可能是向苯环或硝基进攻，如图 3-32 所示。自由基与苯环加成后，可以与另一自由基继续反应而终止。自由基与硝基加成后，可能与其他自由基反应而终止；或均裂成亚硝基苯和 M_n—O·，而后再与其他自由基反应而终止。

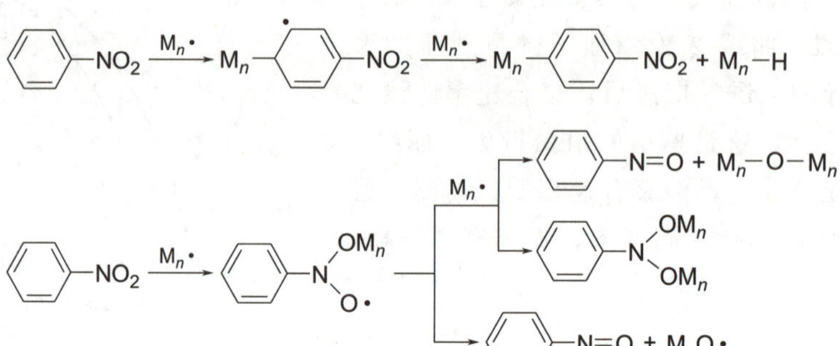

图 3-32　芳族硝基化合物的阻聚机理

这些反应都表明 1 分子硝基苯能消灭 2 个自由基。1,3,5-三硝基苯能与 5～6 个自由基反应。芳族硝基化合物对比较活泼的富电自由基有较好的阻聚效果，对醋酸乙烯酯是阻聚剂，对 St 却是缓聚剂，对（甲基）丙烯酸甲酯的阻缓作用就很弱。苯环上硝基数增多，阻聚效果也增强。三硝基苯的阻聚效果比硝基苯要强 1～2 个数量级。

$$M_n\cdot + O_2 \longrightarrow M_n-O-O\cdot$$

氧具有低温阻聚和高温引发的双重作用。在室温下，氧和自由基反应，先形成不活泼的过氧自由基。过氧自由基本身或与其他自由基歧化或偶合终止。过氧自由基有时也与少量单体加成，形成低分子量的齐聚物。因此，大部分聚合反应需在除氧的条件下进行。大分子过氧化合物低温时稳定，高温时却能分解成自由基，起引发作用。乙烯高温高压聚合利用氧作引发剂就是这个原理。

(2) 链转移型阻聚剂

DPPH、芳胺和酚类等属于链转移型阻聚剂。DPPH 是自由基型高效阻聚剂，浓度在 $10^{-4}mol \cdot L^{-1}$ 以下，就足以使醋酸乙烯酯和 St 阻聚；并且能够按化学计量 1∶1 地消灭自由基，素有“自由基捕捉剂”之称。DPPH 通过定量夺取增长自由基的 α-H，使其形成含端双键的聚合物，实现阻聚，如图 3-33 中的 a 所示。DPPH 呈黑色，向自由基转移后，则变成无色，可用比色法定量，用于链引发速率的测定。

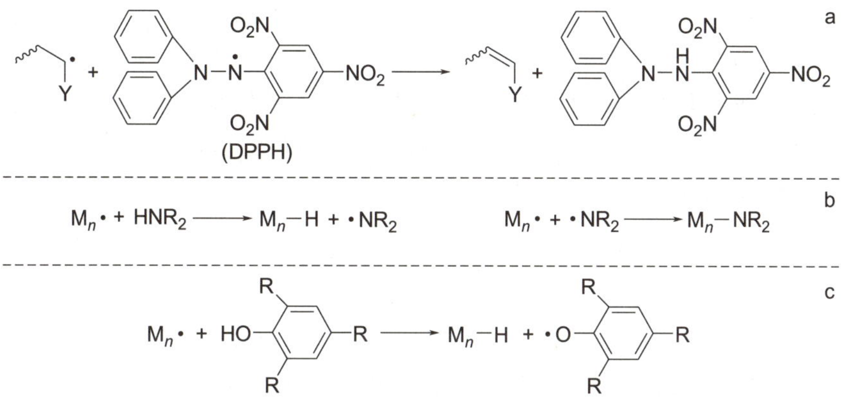

图 3-33 链转移型阻聚机理

仲胺与链自由基先经链转移反应，而后偶合终止，如图 3-33 中的 b 所示。苯酚和苯胺即使对很活泼的醋酸乙烯酯自由基也是效率很差的缓聚剂。酚类或芳胺类的苯环上有多个给电子的烷基取代后，缓聚效果显著增加。其机理是链自由基先夺取酚羟基上的氢原子而终止，同时形成酚氧自由基，再与其他自由基偶合终止，如图 3-33 中的 c 所示。多烷基取代的酚类常用作抗氧剂，其原理就是及时消灭自由基，实现阻聚的效果。

(3) 电荷转移型阻聚剂

属于这类阻聚剂的主要是变价金属的氯化物，如氯化铁、氯化铜等。氯化铁的阻聚效率很高，能 1∶1 地消灭自由基。亚铁盐也能使自由基终止，但效率较低。

$$M_n \cdot + FeCl_3 \longrightarrow M_n-Cl + FeCl_2$$

3.11.2 烯丙基单体的自阻聚作用

烯丙基单体（$CH_2=CH-CH_2Y$）易发生链转移生成稳定的烯丙基自由基（$CH_2=CH-CHY\cdot$），如图 3-34 所示。烯丙基自由基的 p 电子与双键的 π 电子共轭而稳定，链引发和链增长都减弱，勉强增长到十几的聚合度，最后，相互终止或与其他链自由基终止，类似于阻聚剂的终止作用，只是程度较弱而已。

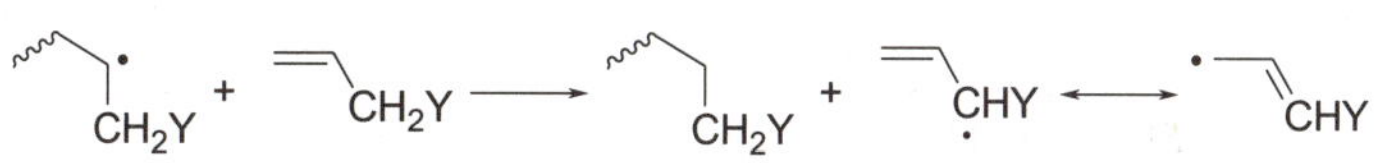

图 3-34 烯丙基自阻聚机理

丙烯、异丁烯等单体的自由基聚合活性较低，其原因是向烯丙基氢衰减链转移。丁二烯自由基也是稳定的烯丙基自由基，虽然能够引发活泼的丁二烯单体聚合，却是氯乙烯、醋酸乙烯酯等不活泼单体的阻聚剂，因此在氯乙烯聚合中，对丁二烯含量的限制甚严。醋酸烯丙酯的聚合速率很慢，与引发剂浓度呈一级反应，聚合度也很低，只有14左右，且与聚合速率无关。这些现象都是衰减链转移的特征。

MMA、甲基丙烯腈等也有烯丙基氢，却不衰减转移。其原因是酯基和氰基对自由基都有稳定作用，使链转移活性降低，链增长活性却增加，因此，可以形成聚合物。

3.11.3 阻聚效率和阻聚常数

自由基和阻聚剂的反应与链增长反应是一对竞争反应。参照式(3-32)，忽略向单体和引发剂链转移对聚合度的影响，就可写出数均聚合度与阻聚剂浓度[Z]之间的关系式(3-50)。式中，C_z（$=k_z/k_p$）是阻聚速率常数与链增长速率常数的比值，称为阻聚常数，类似于向溶剂链转移常数。根据 C_z 的大小，就可以判断阻聚效率。

$$M_n\cdot + Z \xrightarrow{k_z} M_n + Z\cdot \quad \text{and/or} \quad M_nZ\cdot$$

$$\frac{1}{\overline{X}_n} = \frac{2k_tR_p}{k_p^2[M]^2} + C_z\frac{[Z]}{[M]} \tag{3-50}$$

通过阻聚动力学实验，按式(3-50)可求得阻聚常数，部分数据见表3-19。由表可见，DPPH、苯醌、$FeCl_3$ 和氧的 C_z 值很大，阻聚效率高。缓聚剂的 C_z 则较小。

表3-19 一些阻聚剂的阻聚常数 C_z

阻聚剂	单体	温度/℃	$C_z=k_z/k_p$	k_z/L·mol^{-1}·s^{-1}
硝基苯	丙烯酸甲酯	50	0.00464	4.63
	苯乙烯	50	0.326	
	醋酸乙烯酯	50	11.2	19300
三硝基苯	丙烯酸甲酯	50	0.204	204
	苯乙烯	50	64.2	
	醋酸乙烯酯	50	404	760000
对苯醌	丙烯腈	50	0.91	1200
	甲基丙烯酸甲酯	44	5.5	2400
	苯乙烯	50	518	
四氯苯醌	甲基丙烯酸甲酯	44	0.26	
	苯乙烯	50	2040	
DPPH	甲基丙烯酸甲酯	44	2000	
$FeCl_3$（在DMF中）	丙烯腈	60	3.3	6500
	丙烯酸甲酯	60		5000
	苯乙烯	60	536	94000
	醋酸乙烯酯	60		235000
$CuCl_2$	丙烯腈	60	100	
	甲基丙烯酸甲酯	60	1027	
	苯乙烯	50	11000	

续表

阻聚剂	单体	温度/℃	$C_z=k_z/k_p$	$k_z/L\cdot mol^{-1}\cdot s^{-1}$
硫	丙烯酸甲酯	44		
	甲基丙烯酸甲酯	44	0.725	1100
	醋酸乙烯酯	45	470	40
氧	甲基丙烯酸甲酯	50	33000	10^7
	苯乙烯	50	14600	$10^6\sim10^7$

阻聚剂的阻聚效果与单体种类有关。例如，St 和醋酸乙烯酯等带供电子基团的单体，首选醌类、芳族硝基化合物、变价金属卤化物（$FeCl_3$）等亲电性阻聚剂，这可以从表 3-19 中的 C_z 值看出。丙烯腈和丙烯酸酯类等带吸电子基团的单体，则可选酚类、胺类等易提供氢原子的阻聚剂。

3.11.4 阻聚剂在测定链引发速率中的应用

阻聚剂可以及时地捕捉自由基。诱导期间，阻聚剂的消耗速率仅决定于自由基的生成速率，与阻聚剂浓度［Z］无关，因此自由基产生速率等于阻聚速率，如式（3-51）所示。式中，n 是每个阻聚剂分子所能捕捉的自由基数。例如 DPPH 和 $FeCl_3$ 的 $n=1$。苯醌的 n 接近 2，但不能按化学计量捕捉自由基，因此不能用来测定引发速率。如有颜色变化，可用比色法来测定引发速率。

$$R_i=\frac{n[Z]}{t} \tag{3-51}$$

阻聚动力学实验可在膨胀计中进行，加入不同浓度的阻聚剂进行聚合，与阻聚剂浓度相对应的诱导期可从动力学曲线（见图 3-35）的横轴截距获得。诱导期-阻聚剂浓度呈线性关系，如图 3-36 所示，由斜率可求得链引发速率。进一步，可由链引发速率和引发剂分解速率常数求出引发剂效率 f。

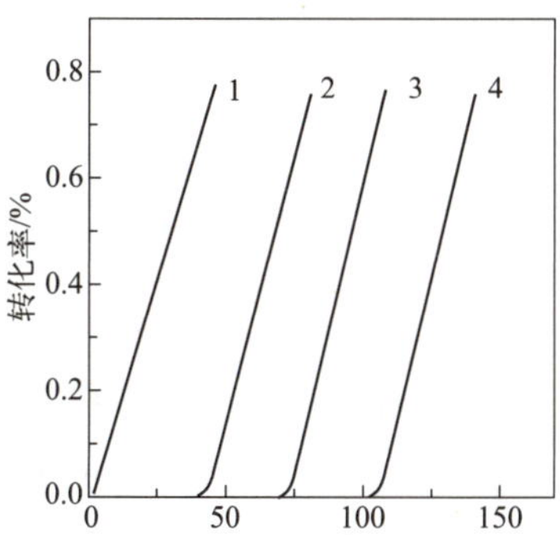

图 3-35 苯乙烯聚合动力学曲线

曲线 1～4 分别表示［DPPH］为 0，4.46×10^{-5}，8.95×10^{-5} 和 $13.4\times10^{-5}mol\cdot L^{-1}$

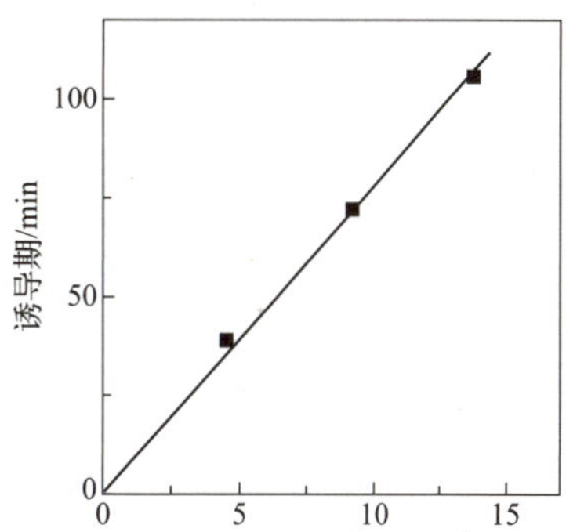

图 3-36 苯乙烯本体聚合时诱导期与阻聚剂浓度的关系，［AIBN］$=0.1837mol\cdot L^{-1}$

3.12 聚合热力学和聚合-解聚平衡

单体的聚合，可从热力学和动力学两方面来考虑。动力学是研究聚合过程涉及的问题，已在前面的相关章节讨论过。热力学是讨论聚合的可能性或倾向，以及聚合-解聚的平衡问题。本节将从热力学角度，半定量地分析单体的聚合可能性及与其结构的关系。

3.12.1 聚合热力学的基本概念

对于烯类单体的聚合反应，单体为初态（1），聚合物是终态（2）。

$$\underset{\text{初态}}{n\mathrm{M}} \rightleftharpoons \underset{\text{终态}}{\left[\mathrm{M}\right]_n}$$

聚合前后自由能的变化（ΔG）是单体能否聚合的判据。$\Delta G=G_2-G_1<0$ 时，单体才可能聚合；若 $\Delta G>0$，聚合物将解聚；若 $\Delta G=0$，则单体聚合与聚合物解聚处于可逆平衡状态。

ΔG 由焓变 ΔH 和熵变 ΔS 组成，即

$$\Delta G=\Delta H-T\Delta S \tag{3-52}$$

ΔH 和 ΔS 有下列几种组合情况。

① $\Delta H<0$ 和 $\Delta S<0$

这是最常见的组合。一般聚合是放热反应，即焓减反应，故 $\Delta H<0$。另外，单体聚合成大分子，无序性减小，是熵减过程，故 $\Delta S<0$，（$-T\Delta S$）始终是正值。只有 $\Delta H<0$ 且绝对值大于 $-T\Delta S$ 时，才可使 $\Delta G<0$，聚合才有可能。

在某一临界温度下，$\Delta G=0$，则 $\Delta H=T\Delta S$，聚合和解聚处于平衡状态。此时的温度称作聚合上限温度 T_{C}，可以根据式（3-53）计算得到。

$$T_{\mathrm{C}}=\frac{\Delta H}{\Delta S} \tag{3-53}$$

当温度 $T<T_{\mathrm{C}}$ 时，$\Delta G<0$，聚合成为可能；当 $T>T_{\mathrm{C}}$ 时，$\Delta G>0$，体系将处于解聚状态。

② $\Delta H>0$ 和 $\Delta S>0$

此种情况表明聚合是吸热反应且聚合后无序性增加。这种情况只有八元环硫（或硒）开环聚合成线形聚硫（或聚硒）一个特例。平衡时，相应地有聚合下限温度 T_{f}（环状硫的 T_{f} 为 159℃）。当 $T<T_{\mathrm{f}}$ 时，$\Delta G>0$，无法聚合，体系处于环状单体状态。只有当 $T>T_{\mathrm{f}}$，$\Delta G<0$，才能使八元环硫开环聚合。

另外还有两种组合情况。$\Delta H<0$ 和 $\Delta S>0$，则 $\Delta G<0$，表明在任何温度下都能聚合；相反的，$\Delta H>0$ 和 $\Delta S<0$，则 $\Delta G>0$，表明始终不能聚合。这两种组合均无实例，因此，需要进一步深入讨论的只有第一种组合。

3.12.2 自由能和聚合热（焓）

ΔG 的正负是单体能否聚合的判据，其大小取决于焓变和熵变的贡献。大部分烯类聚合时的 ΔS 非常接近，约等于单体分子的平移熵（100～120J·mol^{-1}·K^{-1}）。在一般聚合温度（50～100℃）下，$-T\Delta S$ 值约为 30～42kJ·mol^{-1}。大部分烯类单体的 $-\Delta H>$ 40kJ·mol^{-1}，都有聚合可能。因此，可用聚合焓变来初步判断聚合的可能性。部分单体的聚合焓和聚合熵见表 3-20。

表 3-20　不同单体的聚合焓和聚合熵（25℃，从液态单体转变成非晶聚合物）

单体	$-\Delta H^\ominus$ /kJ·mol^{-1}	$-\Delta S^\ominus$ /J·K^{-1}·mol^{-1}	单体	$-\Delta H^\ominus$ /kJ·mol^{-1}	$-\Delta S^\ominus$ /J·K^{-1}·mol^{-1}
乙烯[a)]	95	100	丙烯酰胺	62	—
丙烯	84	116	丙烯酸甲酯	78	—
1-丁烯	84	113	甲基丙烯酸	42	
异丁烯	52	121	甲基丙烯酸甲酯	56	117
丁二烯	73	89	丙烯腈	77	109
异戊二烯	75	86	醋酸乙烯酯	88	110
苯乙烯	73	105	α-甲基苯乙烯	35	110
四氟乙烯	156	112	马来酸酐	59	—
氯乙烯	72	—	甲醛	54[a]	—
偏二氯乙烯	73	89	乙醛	～0	—
丙烯酸	67	—			

a）从气态单体转变为非晶聚合物

在化学反应中，焓的变化（ΔH）等于系统所吸收或释放的热量。聚合热可由量热法、燃烧热法、热力学平衡法来实测，也可由标准生成热来计算。因此，聚合热是判断聚合倾向的重要参数，在工程上则是确定聚合工艺条件和设备传热设计的必要数据。

在定容变化时，$\Delta H=\Delta U$，即焓的变化等于内能的变化。因此，聚合热可由聚合前后键能的变化来估算。乙烯聚合成聚乙烯时，1 个 π 键转变成 2 个 σ 键，其键能变化为

$$-\Delta H=2U_\sigma-U_\pi=2\times352-608=96(\text{kJ}\cdot\text{mol}^{-1})$$

这表明乙烯聚合时化学键的变化导致键能的变化以聚合热的形式释放出来。

烯类单体中取代基的位阻效应、共轭效应以及氢键、基团电负性等因素，对聚合热都有影响，需考虑其综合结果。

① 取代基的位阻效应　位阻使聚合热降低。以乙烯的聚合热（95kJ·mol^{-1}）作为参照，丙烯（84kJ·mol^{-1}）、醋酸乙烯酯（88kJ·mol^{-1}）等单取代烯烃的聚合热稍有降低；异丁烯（52kJ·mol^{-1}）、MMA（56kJ·mol^{-1}）等 1,1-双取代烯类的聚合热就降得很多；1,2-双取代烯类很难聚合，主要源于位阻效应。

② 共振能和共轭效应　共振使内能和聚合热降低。St（73kJ·mol^{-1}）、丙烯腈（77kJ·mol^{-1}）、丁二烯（73kJ·mol^{-1}）和异戊二烯（75kJ·mol^{-1}）共轭效应相似，因此聚合热也相近，都比乙烯低得多。

比较丙烯、异丁烯、α-甲基苯乙烯的聚合热可以发现，丙烯中甲基的超共轭效应和位阻效应使聚合热有所降低；异丁烯中2个甲基的双倍影响使聚合热降得很多；α-甲基苯乙烯中苯环的共轭效应、甲基的超共轭效应和两基团的位阻效应，使聚合热（$35kJ \cdot mol^{-1}$）降低得更多。

另外，乙炔聚合成聚乙炔，成为大π体系~CH=CH−CH=CH~，其共振稳定作用远超过单体，致使其聚合热特别高（$192kJ \cdot mol^{-1}$）。

③ 强电负性取代基的影响　F、NO_2等强电负性基团会使聚合热增加。硝基乙烯（$91kJ \cdot mol^{-1}$）、偏二氟乙烯（$130kJ \cdot mol^{-1}$）等都有较高的聚合热。四氟乙烯中氟原子的强电负性大大减弱了其C=C键能（$400 \sim 440kJ \cdot mol^{-1}$），致使其聚合热特别高（$156kJ \cdot mol^{-1}$）。

④ 氢键和溶剂化的影响　氢键会使聚合热降低。例如丙烯酸（$67kJ \cdot mol^{-1}$）、甲基丙烯酸（$42kJ \cdot mol^{-1}$）、丙烯酰胺（$62kJ \cdot mol^{-1}$，在苯中）、甲基丙烯酰胺（$35kJ \cdot mol^{-1}$，在苯中）的聚合热都比较小。其中含甲基的则更低，这是双取代的位阻效应和氢键叠加影响的结果。

3.12.3　聚合上限温度和平衡单体浓度

在一定温度下，连锁加聚中的聚合和解聚可构成平衡，相应有平衡单体浓度。最直观的例子是萘钠引发α-甲基苯乙烯进行阴离子聚合，体系反复在$-75 \sim 40$℃间加热和冷却，体系黏度会同步地相应增减。黏度变化并非受温度的直接影响，而主要来自平衡变化所引起的聚合物浓度增减。此外，PMMA加热到160～200℃，也出现解聚，有单体产生，链增长与解聚构成平衡。

聚合与解聚是可逆平衡反应，如下式所示。

$$M_n\cdot + M \underset{k_{dp}}{\overset{k_p}{\rightleftharpoons}} M_{n+1}\cdot \tag{3-54}$$

正、逆反应速率如式（3-55）所示，其中k_p和k_{dp}分别是增长速率常数和解聚速率常数。

$$R_p = k_p[M_n\cdot][M]; R_{dp} = k_{dp}[M_{n+1}\cdot] \tag{3-55}$$

平衡时，正、逆反应速率相等，可得

$$k_p[M_n\cdot][M] = k_{dp}[M_{n+1}\cdot] \tag{3-56}$$

当聚合度很大时，考虑$[M_n\cdot] \approx [M_{n+1}\cdot]$，平衡常数$K$与平衡单体浓度$[M]_e$有如下关系：

$$K = \frac{k_p}{k_{dp}} = \frac{[M_{n+1}\cdot]}{[M_n\cdot][M]_e} = \frac{1}{[M]_e} \tag{3-57}$$

平衡单体浓度取决于温度。聚合是放热反应，升温有利于解聚。反应的等温方程如式（3-58）所示。式中，$\Delta G^{\ominus}$是标准状态下的吉布斯自由能变。

$$\Delta G = \Delta G^{\ominus} + RT\ln k \tag{3-58}$$

单体的标准状态经常采用纯单体或$1mol \cdot L^{-1}$溶液，而聚合物的标准状态则指非（微）晶态的聚合物或含重复单元的溶液。平衡时，$\Delta G = 0$，故

$$\Delta G^{\ominus}=\Delta H^{\ominus}-T\Delta S^{\ominus}=-RT\ln K \tag{3-59}$$

联立式（3-57）和式（3-59），可得平衡温度 T_e 与平衡单体浓度 $[M]_e$ 的关系式：

$$T_e=\frac{\Delta H^{\ominus}}{\Delta S^{\ominus}+R\ln[M]_e} \tag{3-60}$$

当平衡单体浓度 $[M]_e=1\text{mol}\cdot L^{-1}$ 时，平衡温度 T_e 就成为聚合上限温度 T_C：

$$T_C=\frac{\Delta H^{\ominus}}{\Delta S^{\ominus}} \tag{3-61}$$

按式（3-61），可由 $\Delta H^{\ominus}$ 和 $\Delta S^{\ominus}$ 来估算 T_C。选用非标准态的 ΔH 和 ΔS 来计算，结果相近。由于聚合熵变近于定值，T_C 也就仅由焓变决定。

在实测工作中，将单体在不同温度下聚合，测定转化率，将转化率（或速率）-温度曲线外推到转化率（或速率）为零（$k_p[M]-k_{dp}$ 为零）时的温度即为聚合上限温度，如图 3-37 所示。

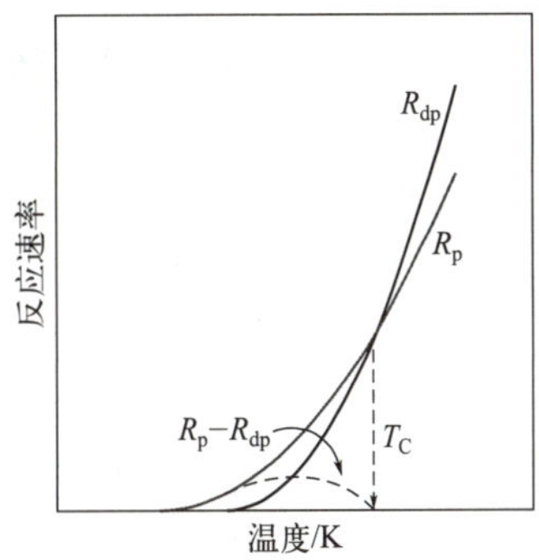

图 3-37　聚合速率-温度曲线

式（3-60）也可变换成平衡单体浓度的表达式。

$$\ln[M]_e=\frac{\Delta H^{\ominus}}{RT_e}-\frac{\Delta S^{\ominus}}{R} \tag{3-62}$$

每一温度都有对应的 $[M]_e$ 值。在聚合物经常使用的温度（<200℃）以下，尚未观察到多数聚合物的解聚，原因是平衡单体浓度甚低，可以忽略不计。但 132℃时 MMA 的 $[M]_e$ 就达 $0.5\text{mol}\cdot L^{-1}$，不容忽视。25℃时 α-甲基苯乙烯的 $[M]_e$ 就达 $2.6\text{mol}\cdot L^{-1}$，难以完全聚合；反应温度达到 $T_C=61$℃时，则将解聚成单体。不同单体的 T_C 和 $[M]_e$ 值见表 3-21。

表 3-21　不同单体的聚合上限温度和平衡单体浓度

单体	$-\Delta H/\text{kJ}\cdot\text{mol}^{-1}$	T_C/℃	$[M]_e$/(M)/(25℃)
乙烯	95.0	400	—
异丁烯	51.5	50	—
苯乙烯	69.9	310	1×10^{-6}
α-甲基苯乙烯	35.1	61	2.6
醋酸乙烯酯	87.9	—	1×10^{-9}
丙烯酸甲酯	78.7	—	1×10^{-9}
甲基丙烯酸甲酯	56.5	220	1×10^{-3}

在 T_C 以上，单体就无法聚合。但当聚合物形成后，有时在 T_C 以上，仍能“稳定”，其主要原因是解聚中心难以形成。这是假稳定平衡。在适当条件下，仍能解聚。聚合物中的残留引发剂对解聚有促进作用。

3.12.4　压力对聚合-解聚平衡和热力学参数的影响

聚合时体系的体积一般发生收缩。加压将缩短分子间的距离，有利于聚合，可使聚合上限温度提高。纯单体的聚合上限温度与压力的关系符合 Clapeyrom-Clausius 方程，如式（3-

63）和式（3-64）所示。

$$\frac{\mathrm{d}T_C}{\mathrm{d}p}=\frac{\Delta V}{\Delta H}T_C \tag{3-63}$$

$$\frac{\mathrm{d}(\ln T_C)}{\mathrm{d}p}=\frac{\Delta V}{\Delta H} \tag{3-64}$$

聚合过程放热或减焓，体积收缩，ΔV 和 ΔH 均为负值，其比值则为正值。上式表明聚合上限温度随压力增加而线性增加。一些 ΔH 和 T_C 较小而难聚合的单体，如 α-甲基苯乙烯、乙醛等，在加压的条件下，就有聚合的可能。

3.13 动力学速率常数的测定

自由基聚合中各基元反应的速率常数的测定对研究聚合动力学十分重要。一般是依据相关的动力学方程，测量方程中涉及的变量，计算得到动力学常数。例如，测定不同时间的引发剂分解速率，就可以依据式（3-1）计算得到分解速率常数。在聚合反应中，容易测定的参数是反应时间、引发剂浓度、单体浓度、聚合物质量、聚合物的平均聚合度等。相比而言，自由基浓度不易测定。电子自旋共振（ESR）是可以直接表征自由基及其浓度的方法。

早期，根据聚合速率方程式（3-20），通过测定聚合转化率就可获得比值 $k_p/k_t^{0.5}$。直到脉冲激光聚合（PLP）技术的发明，才实现了独立测定 k_p 和 k_t，并被国际纯粹与应用化学联合会（IUPAC）推荐为 k_p 的测定方法。相比之下，用于测定链转移速率常数的方法没有明显变化。

① k_d 的测定　根据引发剂分解速率方程式（3-1），可由引发剂的分解速率 R_d 直接测定 k_d。R_d 可以由引发剂浓度随聚合时间的变化直接测定，或者采用阻聚剂的方法间接测定。紫外和红外光谱法已被广泛应用于测定引发剂浓度的变化。了解引发剂在不同温度下的分解速率和分解机理对优化聚合过程至关重要。

② k_p 的测定　根据链增长速率方程式（3-10），如果知晓聚合速率、自由基浓度和单体浓度，就可以直接测定 k_p。自由基浓度可以由 EPR 测定，因此可根据式（3-10）直接测定 k_p。但自由基聚合中自由基的浓度很低（约 $10^{-8}\mathrm{mol\cdot L^{-1}}$），现有的 EPR 测量的精确度不够，因此该方法测得的 k_p 值的重复性较差。

脉冲激光聚合-凝胶渗透色谱法（PLP-GPC）是迄今为止可独立测量 k_p 的最可靠的方法。该方法使用聚合物的聚合度计算 k_p，已成功地测定许多均聚和共聚体系的 k_p 值。该方法的原理是，样品在一个脉冲激光周期（约 1s）内先经历极短时间（约 10ns）的激光照射产生自由基，随后光照停止，产生的自由基引发单体聚合。下一个周期内，激光照射产生新的自由基，新产生的自由基会使绝大部分已有的增长自由基终止。简而言之，奇数次照射产生自由基并进行增长反应，偶数次照射后增长的自由基被终止。在重复若干次后，对得到的聚合物进行 GPC 表征，获得数均聚合度。可以根据式（3-65）计算得到 k_p，其中 τ 为脉冲的周期，L 为聚合物的链长。表 3-22 列出了 PLP-GPC 方法测得的不同单体的 k_p 值。

$$k_p=L/([\mathrm{M}]\tau) \tag{3-65}$$

表 3-22　PLP-GPC 方法测定的不同单体的 k_p 值

单体	$k_p \times 10^{-3}$	E_p	$A_p \times 10^{-6}$
甲基丙烯酸甲酯	0.83	22.3	2.65
甲基丙烯酸乙酯	0.87	23.4	4.07
甲基丙烯酸丁酯	0.98	22.9	3.80
甲基丙烯酸异辛酯	1.19	20.4	1.87
甲基丙烯酸十二酯	1.28	15.8	2.51
甲基丙烯酸羟乙酯	3.27	21.9	8.89
丙烯酸丁酯	33.7	17.4	18.0
苯乙烯	0.16	32.5	42.7
对甲基苯乙烯	0.24	32.4	28.4
醋酸乙烯酯	9.46	20.4	14.9

注：a) 60℃的数据，k_p 和 k_t 的单位为 $L \cdot mol^{-1} \cdot s^{-1}$；$E_p$ 和 E_t 的单位为 $kJ \cdot mol^{-1}$；A_p 和 A_t 的单位为 $L \cdot mol^{-1} \cdot s^{-1}$。

表 3-23　不同单体链终止速率参数

单体	$k_t \times 10^{-7}$	E_t	$A_t \times 10^{-9}$
氯乙烯（50℃）	210	17.6	600
醋酸乙烯酯	2.9	21.9	3.7
丙烯腈	7.8	15.5	—
丙烯酸甲酯	0.95	22.2	15
甲基丙烯酸甲酯	2.55	11.9	0.11
乙烯基吡啶	3.3	21	—
苯乙烯	6.0	8.0	0.058
乙烯	54.0	1.3	—

③ k_t 的测定　k_t 可以直接从 PLP-SEC 聚合中得到，按下式计算。其中，r 和 L_w 是 PLP-SEC 实验中的转化率和重均聚合度，δ 是歧化终止对终止的相对贡献。表 3-23 给出了不同单体的 k_t 值。

$$k_t = \frac{k_p^2 [M]^2 (3-\delta)}{r L_w} \tag{3-66}$$

④ k_{tr} 的测定　根据式（3-32），不同的链转移常数可以通过产物聚合度的变化测定。相关内容在 3.9.3 节已经做了介绍。根据链转移常数的定义，可以由 k_p 和链转移常数计算得到 k_{tr}。

⑤ 终止模式的确定　根据聚合物链所含引发剂片段的数量可以测定 k_{td}/k_{tc} 或 δ 值。但链末端的识别和定量化并不容易，因为它们含量低，在光谱分析中的信号微弱。可以对引发剂的端基进行 ^{14}C 的同位素标记或使用含氟或磷的引发剂片段作为 NMR 敏感分子，在一定程度上可以解决端基检测难的问题。由于实验上的困难，所得结果重复性较差。目前可以采用基质辅助激光解吸电离-飞行时间质谱（MALDI-TOF-MS）分析聚合物的端基，可以提高

终止模式的测量准确性。

表 3-24 列出了自由基聚合动力学参数的范围。

表 3-24 自由基聚合中动力学参数

动力学参数	单位	数值范围	甲基丙烯酰胺光聚合
R_i	$mol \cdot L^{-1} \cdot s^{-1}$	$10^{-8} \sim 10^{-10}$	8.75×10^{-9}
$(R_p)_s$	$mol \cdot L^{-1} \cdot s^{-1}$	$10^{-4} \sim 10^{-6}$	3.65×10^{-6}
R_t	$mol \cdot L^{-1} \cdot s^{-1}$	$10^{-8} \sim 10^{-10}$	8.73×10^{-9}
$[I]$	$mol \cdot L^{-1}$	$10^{-2} \sim 10^{-4}$	3.97×10^{-2}
$[M \cdot]_s$	$mol \cdot L^{-1}$	$10^{-7} \sim 10^{-9}$	2.30×10^{-8}
$[M]$	$mol \cdot L^{-1}$	$10 \sim 10^{-1}$	0.2
k_d	s^{-1}	$10^{-4} \sim 10^{-6}$	—
k_p	$L \cdot mol^{-1} \cdot s^{-1}$	$10^4 \sim 10^2$	7.96×10^2
k_t	$L \cdot mol^{-1} \cdot s^{-1}$	$10^8 \sim 10^6$	8.25×10^6
τ_s	s^{-1}	$10 \sim 10^{-1}$	2.62
k_p/k_t	—	$10^{-4} \sim 10^{-6}$	9.64×10^{-5}
$k_p/k_t^{0.5}$	$L^{0.5} \cdot mol^{-0.5} \cdot s^{-0.5}$	$1 \sim 10^{-2}$	2.77×10^{-1}

3.14 温度对聚合的影响

温度是影响化学反应的重要参数，同样也会影响聚合反应过程中的各基元反应、聚合速率、聚合度。

微观上讲，温度的影响主要是通过温度对聚合反应中各基元反应的反应速率常数的影响而体现的。温度的定量影响可以用 Arrhenius 方程来描述。

$$k = A e^{-E/(RT)} \quad 或 \quad \ln k = \ln A - \frac{E}{RT} \tag{3-67}$$

其中，A 是频率因子；E 是活化能；T 是绝对温度；R 是摩尔气体常数。根据不同温度下的反应速率常数，由 $\ln k - 1/T$ 关系图，可以分别从斜率和截距来确定 E 和 A 的数值。

3.14.1 对反应速率常数的影响

聚合反应中涉及的各基元反应的活化能数据列于表 3-25。引发反应活化能 E_d 一般为 $105 \sim 140 kJ \cdot mol^{-1}$。引发剂分解是单分子反应，其 A_d 值一般为 $10^{13} \sim 10^{14}$。大多数单体的链增长反应活化能 E_p 和终止反应活化能 E_t 值分别在 $20 \sim 40 kJ \cdot mol^{-1}$ 和 $8 \sim 20 kJ \cdot mol^{-1}$ 范围内。增长反应的碰撞频率因子 A_p 值的变化要比 E_p 的变化大得多，说明位阻效应可能是决定 k_p 大小的重要因素。因此，位阻较大的单体，如 MMA，比位阻较小的单体具有较低的 k_p 和 A_p 值。一般来说，A_p 值比一般双分子反应的频率因子（$10^{11} \sim 10^{13}$）要低得多。这可能是由于聚合熵有较大的下降。终止反应的碰撞频率因子 A_t 的变化趋势与 A_p 相似。一般情况下，A_t 值都比 A_p 值大。

表 3-25　聚合基元反应的活化能参数

	k	$E/(kJ \cdot mol^{-1})$	A
引发剂引发	$10^{-4} \sim 10^{-6}\ s^{-1}$	120～150	$10^{13} \sim 10^{14}\ s^{-1}$
增长	$10^{2} \sim 10^{4}\ L \cdot mol^{-1} \cdot s^{-1}$	20～40	$10^{5} \sim 10^{8}\ L \cdot mol^{-1} \cdot s^{-1}$
终止	$10^{6} \sim 10^{9}\ L \cdot mol^{-1} \cdot s^{-1}$	8～20	$10^{7} \sim 10^{11}\ L \cdot mol^{-1} \cdot s^{-1}$
链转移	—	8～60	

根据链转移常数的定义，可以得出链转移常数的表观活化能。例如向单体链转移常数的表观活化能为

$$E_{C_M}=E_{tr,M}-E_p \tag{3-68}$$

链转移反应速率常数与链增长速率常数均随温度升高而增加，但前者活化能较大，温度的影响更加显著，结果两者比值也随温度升高而增加。氯乙烯的 E_{C_M} 为 $30.5kJ \cdot mol^{-1}$，温度升高，C_M 增加，聚氯乙烯的聚合度下降。在 45～60℃，聚氯乙烯的聚合度主要由聚合温度决定，与引发剂浓度基本无关。

3.14.2　对聚合速率的影响

通常，升高温度可以提高聚合速率。分析不同引发体系的聚合速率常数 k 可以明确温度对其的影响。

对于由引发剂的热分解引发的聚合，根据式（3-20），聚合速率常数取决于三个速率常数的比值 $[k_p(k_d/k_t)^{0.5}]$。该比值的温度依赖性，可由三个速率常数的 Arrhenius 方程联合给出，如式（3-69）所示。

$$\ln\left[k_p\left(\frac{k_d}{k_t}\right)^{0.5}\right]=\ln\left[A_p\left(\frac{A_d}{A_t}\right)^{0.5}\right]-\frac{E_p+0.5E_d-0.5E_t}{RT} \tag{3-69}$$

聚合速率的表观活化能 E_R 为

$$E_R=E_p+0.5E_d-0.5E_t \tag{3-70}$$

式（3-20）可写为

$$\ln R_p=\ln\{(f[I])^{0.5}[M]\}+\ln\left[A_p\left(\frac{A_d}{A_t}\right)^{0.5}\right]-\frac{E_R}{RT} \tag{3-71}$$

根据表 3-25 中的活化能数据，大多数热引发剂分解引发的聚合速率的表观活化能 E_R 约为 $80 \sim 90kJ \cdot mol^{-1}$。这相当于温度升高 10℃，聚合速率增加两至三倍。由于 E_d 值远大于 E_p 和 E_t 值，所以引发剂的选择对聚合速率的影响很大。

其他引发体系的情况则有所不同。在较低的温度下进行的氧化-还原引发反应，其 E_d 值仅为 $40 \sim 60kJ \cdot mol^{-1}$，比引发剂分解活化能低 $80kJ \cdot mol^{-1}$ 左右。这导致氧化-还原引发聚合的 E_R 值约为 $40kJ \cdot mol^{-1}$，约为非氧化-还原体系的一半。

对于纯光化学聚合，由于引发剂分解的能量由光量子提供，因此链引发反应与温度无关（$E_d=0$）。因此，光化学引发聚合的 E_R 只有 $20kJ \cdot mol^{-1}$ 左右，这表明光化学引发聚合的

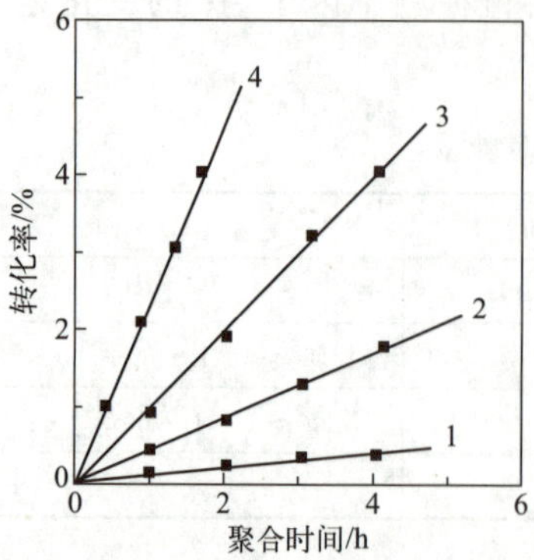

图 3-38　引发体系对苯乙烯聚合速率的影响
（1—热聚合；2—光聚合；
3—AIBN 热引发；4—AIBN 光引发）

R_p 相对于其他聚合体系而言对温度不敏感。然而，温度对光化学聚合的影响是复杂的，因为大多数光化学引发剂也会发生热分解。在较高的温度下，引发剂除了光化学分解外，还可能发生明显的热分解。在这种情况下，必须同时考虑热分解和光化学引发。

对于 St 纯热自引发的聚合，其引发反应的活化能为 121kJ·mol^{-1}，E_R 为 86kJ·mol^{-1}，与引发剂引发的 E_R 大致相同。然而，纯粹的热聚合的速度非常慢，这是因为在热聚合过程中，频率因子 A 值很低（$10^4 \sim 10^6$），造成引发过程的概率很低。图 3-38 给出了不同引发体系下 St 聚合速率的比较。

3.14.3　对聚合度的影响

如果忽略链转移反应，聚合度取决于动力学链长。根据式（3-26），温度对引发剂引发聚合产生的聚合物聚合度的影响，须考虑比值 $k_p/(k_d k_t)^{0.5}$。该比值随温度变化，由式（3-72）给出。

$$\ln\left[\frac{k_p}{(k_d k_t)^{0.5}}\right]=\ln\left[\frac{A_p}{(A_d A_t)^{0.5}}\right]-\frac{E_p-0.5E_d-0.5E_t}{RT} \tag{3-72}$$

在此情况下，聚合度的表观活化能 $E_{\overline{X}_n}$ 为

$$E_{\overline{X}_n}=E_p-0.5E_d-0.5E_t \tag{3-73}$$

对于双基终止，可以将式（3-27）写为

$$\ln\overline{X}_n=\ln\left[\frac{[M]}{(f[I])^{0.5}}\right]+\ln\left[\frac{A_p}{(A_d A_t)^{0.5}}\right]-\frac{E_{\overline{X}_n}}{RT} \tag{3-74}$$

对于引发剂热分解聚合体系，$E_{\overline{X}_n}$ 的值约为－60kJ·mol^{-1}，聚合度随温度升高而迅速下降。对于纯热自引发的聚合，$E_{\overline{X}_n}$ 基本与引发剂体系相同。对于纯光化学引发的聚合，E_d 为零，$E_{\overline{X}_n}$ 约为 20kJ·mol^{-1}，聚合度随温度适度增加。对于氧化-还原引发的聚合，E_d 为 40～60kJ·mol^{-1}，$E_{\overline{X}_n}$ 接近于零，温度对聚合度几乎没有影响。

当聚合过程中存在链转移时，聚合度由式（3-30）给出。此情况下，聚合度的温度依赖性比较复杂，结果取决于式（3-30）中各项的相对大小。如果聚合度主要由向链转移剂 S 转移控制［式（3-37）］，可以得到

$$-\ln\left[\frac{[M]}{[S]}\left(\frac{1}{\overline{X}_n}-\frac{1}{\overline{X}_{n,0}}\right)\right]=\ln\left(\frac{k_p}{k_{tr,S}}\right)=\ln\left(\frac{A_p}{A_{tr,S}}\right)-\frac{E_p-E_{tr,S}}{RT} \tag{3-75}$$

此时，聚合度的表观聚合度活化能为（$E_p-E_{tr,S}$）。如表 3-26 所示，$E_{tr,S}$ 通常比 E_p 高 20～65kJ·mol^{-1}，（$E_p-E_{tr,S}$）通常为－20～－65kJ·mol^{-1}。聚合度随温度的升高而降低。链转移反应速率常数的频率因子通常比链增长反应的大，特定的转移剂的低转移常数是其活化能高的结果。

表 3-26　苯乙烯聚合中链转移常数的活化能常数 C_M（60℃）

链转移剂	$-(E_p-E_{tr,S})$	$\lg(A_{tr,S}/A_p)$
环己烷	56.1	3.1
苯	62.0	3.9
甲苯	42.3	1.7
乙苯	23.0	−0.55
异丙苯	23.0	−0.47
特丁苯	57.4	3.8
氯代正丁烷	58.6	4
溴代正丁烷	46.1	2
碘代正丁烷	29.3	1
四氯化碳	20.9	1

3.15　可控自由基聚合

3.15.1　概述

传统自由基聚合在机理研究和工业应用两方面都比较成熟，其优点是聚合条件温和、耐水、适用于各种聚合方法，可聚合的单体种类多，60%～70%商业化聚合物品种由自由基聚合生产。缺点是聚合物的微结构、聚合度和多分散性无法控制，其根本原因与慢引发（$k_d=10^{-6}\sim10^{-4}$）、快增长（$k_p=10^2\sim10^4\,L\cdot mol^{-1}\cdot s^{-1}$）和快终止（$k_t=10^7\sim10^9\,L\cdot mol^{-1}\cdot s^{-1}$）的机理特征有关。

第5章将提到，阴离子聚合的特点是快引发、慢增长、无终止和无转移，具有活性聚合的特征。例如，单体耗尽，阴离子仍保持有活性，加入新单体，可以继续聚合；聚合度随转化率线性变化，聚合度分布较窄；聚合物的端基、组成、结构和聚合度都可以控制。

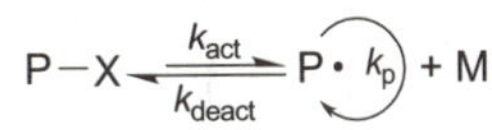

图 3-39　可控自由基聚合中自由基-休眠种的可逆平衡

自由基聚合的链增长对自由基浓度呈一级反应，而链终止对自由基浓度则呈二级反应。如能降低自由基的浓度或活性，就可减弱双基终止，有望成为可控/“活性”聚合。一般的方法是建立增长自由基的可逆终止，即增长自由基转变为休眠种（P—X）与休眠种转化为增长自由基形成可逆平衡，但平衡倾向于生成休眠种，如图 3-39 所示。增长自由基的浓度一般为 $10^{-7}\sim10^{-9}\,mol\cdot L^{-1}$，而休眠种的浓度为 $10^{-1}\sim10^{-3}\,mol\cdot L^{-1}$。可逆平衡降低了自由基浓度，进而大大减小了链终止速率，也使增长自由基的平均寿命增加至少4个数量级。自由基与休眠种的可逆平衡是实现可控/“活性”自由基聚合的关键。

3.15.2　稳定自由基聚合（Stable Free Radical Polymerization，SFRP）

各种稳定的自由基，如氮氧化物（图 3-40）、三唑啉基、三苯甲基和二硫代氨基甲酸盐，可用作自由基捕捉剂，易与增长自由基P·共价结合成休眠种。较高温度下，休眠种又能均裂成增长自由基，再引发聚合。

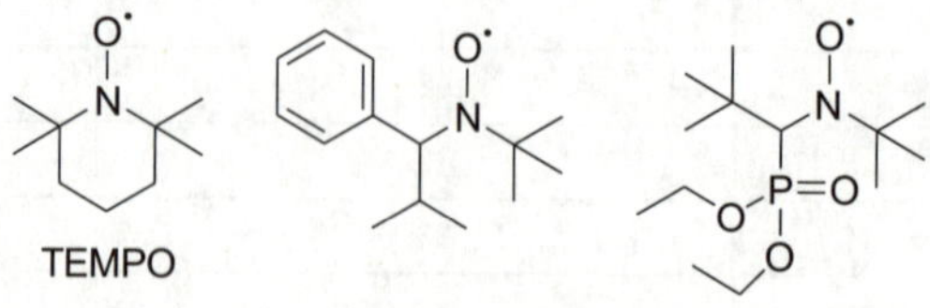

图 3-40 稳定的氮氧自由基

2,2,6,6-四甲基-1-氧基哌啶（TEMPO）是氮氧稳定自由基（RNO·）的代表，它参与的可控自由基聚合，可以通过两种方法进行。一种是用常规自由基引发剂和氮氧自由基的混合物作为引发体系。另一种是将烷氧胺，如2,2,6,6-四甲基-1-(1-苯基乙氧基)哌啶，作为引发剂，如图 3-41 所示。由于空间位阻大，氮氧自由基足够稳定，它们可以在一般条件下长期储存，可以直接购买。

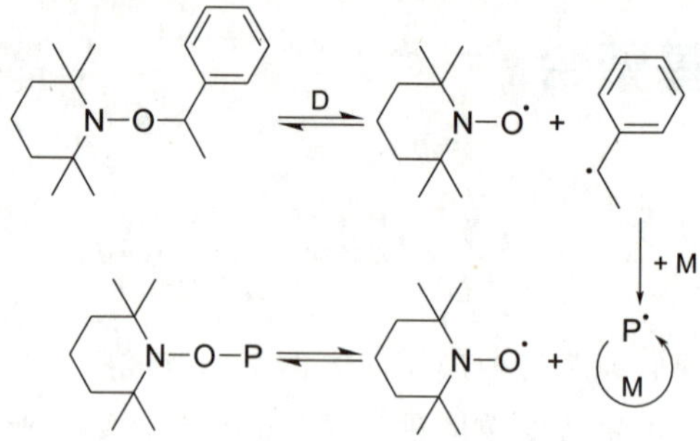

图 3-41 稳定自由基聚合机理

采用引发剂/TEMPO引发体系时，引发剂分解产生自由基，引发单体聚合所形成的增长自由基迅速被 TEMPO 捕捉，交叉偶合形成休眠种。在较高温度下，休眠种断裂生成自由基和 TEMPO，自由基可以继续与单体进行增长反应。如此反复，最终形成聚合物。如图 3-41 所示，单独采用烷氧胺化合物作为引发剂时，其受热分解为自由基和 TEMPO，自由基可以引发单体聚合成为增长自由基 P·。氮氧自由基尽管与其自身不反应，但与 P·迅速反应，重新形成烷氧胺。如此反复，最终形成聚合物。两种方法都通过上述可逆反应，降低增长自由基 P·的浓度，使大分子自由基的双基终止可忽略不计。所得聚合物的聚合度随转化率而线性增加，聚合度分布指数为 1.15～1.30，显示出活性聚合的特征。

该方法的主要不足是，只适用于 St 等少数单体，聚合温度较高（120℃），聚合速率低，TEMPO 较贵等。需要进一步探索的是合成新型氮氧自由基、降低聚合温度、扩大单体范围、合成新聚合物等。

3.15.3 原子转移自由基聚合（Atom Transfer Radical Polymerization, ATRP）

原子转移自由基聚合（ATRP）是通过卤化物与过渡金属化合物的可逆氧化-还原反应形成可引发聚合的自由基与稳定的有机卤化物（休眠种）之间的可逆平衡，其结果降低了体系中可引发聚合的自由基的浓度。ATRP 的引发体系可由不同的引发剂、催化剂和配体组成。引发剂（RX）除卤代芳烃化合物外，还有 α-卤代羰基化合物、α-卤代氰基化合物等；催化剂除卤化亚铜外，还有 Ru（Ⅱ）、Rh（Ⅱ）、Ni（Ⅰ）、Fe（Ⅱ）等过渡金属卤化物；配体（L）一般为含氮的多齿配体和有机膦化合物。配体的作用是提高催化剂的溶解度。该方法还可以在水相、乳液聚合中进行。

如图 3-42 所示，卤代烃 RX 与卤化亚铜发生氧化-还原反应，生成自由基（R·）和卤化铜。生成的 R·引发单体聚合成为增长自由基 P·。增长自由基 P·又可与高价卤化铜反应生成稳定的休眠种 P-X 和亚铜盐。上述两种反应构成动态可逆平衡，降低了自由基浓度，抑制了链终止反应，实现可控/“活性”聚合。上述平衡过程是通过可逆的（卤）原子转移而完成的，因此，称为原子转移自由基聚合。

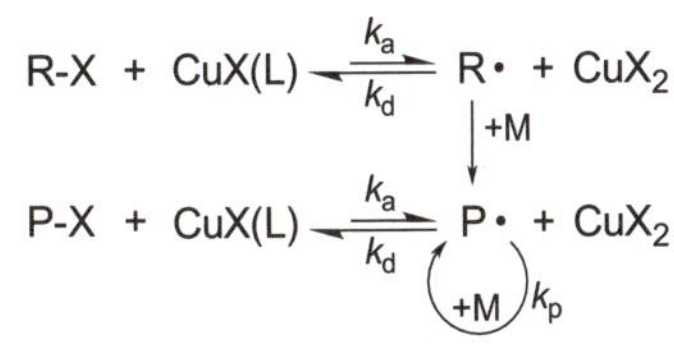

图 3-42 ATRP 聚合机理

根据 ATRP 的聚合过程，聚合中的增长自由基浓度为

$$[R\cdot]=\frac{K[I][Cu^{+}]}{[Cu^{2+}]} \tag{3-76}$$

聚合速率、单体浓度随聚合时间的变化、数均聚合度分别可表示为

$$R_p=\frac{k_pK[M][I][Cu^{+}]}{[Cu^{2+}]} \tag{3-77}$$

$$\ln\frac{[M]_0}{[M]}=\frac{k_pK[I][Cu^{+}]}{[Cu^{2+}]}t \tag{3-78}$$

$$\bar{X}_n=\frac{[M]_0-[M]}{[I]_0}=\frac{C[M]_0}{[I]_0} \tag{3-79}$$

其中，$K=k_a/k_d$，为引发反应的平衡常数；$[M]_0$ 和 $[M]$ 为初始和任一时刻的单体浓度；$[I]_0$ 和 $[I]$ 为初始和任一时刻引发剂 RX 的浓度；C 为单体的转化率。

实验观察到 ATRP 中，$\ln([M]_0/[M])$ 与反应时间、数均聚合度与单体转化率均呈线性关系，这表明聚合过程中，增长自由基的浓度是恒定的。在低引发剂浓度、高转化率、较大 k_d 和较小 k_p 的条件下，可以获得非常窄分子量分布（$Đ$ 约为 1.05）的聚合物。

采用 ATRP，St、二烯烃、（甲基）丙烯酸酯类等单体都可聚合成结构明确、分子质量可控（10^4～10^5 Da）、分子量分布窄（$Đ$＝1.05～1.5）的聚合物。

ATRP 最大的优点是适用单体范围广，聚合条件温和，分子设计能力强，可以合成无规共聚物、嵌段共聚物、接枝共聚物、星形和梯度共聚物、无规和超支化共聚物、端基功能化聚合物等多种类型（共）聚合物。主要缺点是体系中的过渡金属化合物需要去除。因此，ATRP 是比较有发展前途的方法。尚待深入研究的有提高聚合速率、降低聚合温度、进行溶液或水溶液聚合、过渡金属的脱除和非金属催化剂的开发等。

3.15.4 可逆加成-断裂链转移聚合（Reversible Addition Fragmentation Chain Transfer Polymerization，RAFT）

在传统自由基聚合体系中，链转移反应不可逆，导致聚合度降低，无法控制。如果选择特别的链转移剂，如双硫代酯，实现可逆的链转移，以此调控链增长反应，这就是可逆加成-断裂链转移聚合（RAFT）。

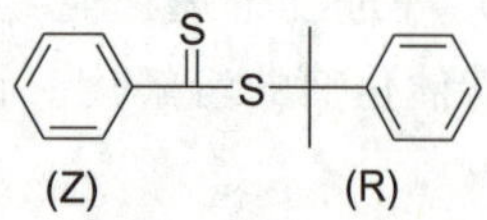

图 3-43　RAFT 聚合涉及的二硫酯型链转移剂

RAFT 聚合可控的关键是 RAFT 转移剂的选择，一般采用双硫代酯作链转移剂。如图 3-43 所示，双硫酯中的 Z 基团是能活化C=S键与自由基加成反应的基团，如烷基、苯基等；R 基是容易离去并形成活泼自由基的基团，如异丙苯基、腈异丙苯基等。

在 RAFT 链转移剂存在下，用常规引发剂，如 BPO 或 AIBN 引发聚合，增长自由基 P·加成到 C═S 键上后形成中间体自由基。中间体自由基所含的两个 C—S 键具有相近的稳定性，可随机断裂，生成增长自由基 P·或 P′·，都可以继续引发单体聚合，如图 3-44 所示。上述过程是一系列可逆加成与断裂过程，类似增长自由基向双硫代酯转移。总的结果是链转移反应产生了活性相同的增长自由基 P·/P′·，均可引发聚合。由于向二硫酯的链转移常数很大，因此增长自由基的浓度大大降低，其双基终止速率也大大降低，从而实现可控/“活性”聚合。

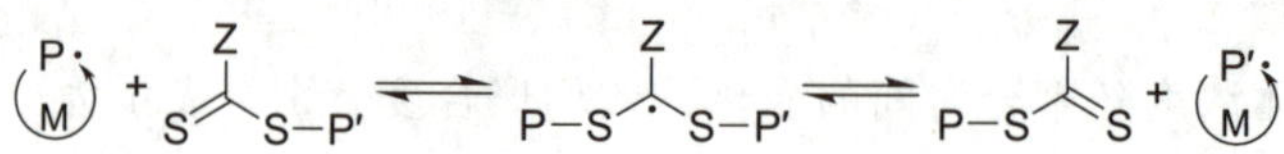

图 3-44　RAFT 聚合机理

RAFT 法的优点是单体范围广，包括 St 类、丙烯酸酯类和其它乙烯基单体；分子设计的能力强，可用来制备嵌段、接枝、星形共聚物。缺点是二硫酯的制备过程比较复杂，生产的聚合物因为含有二硫代酯基团而具有一些气味和颜色。

比较以上三种方法，氮氧稳定自由基和可逆加成-断裂链转移中的休眠种是依靠热能或光能实现均裂，而原子转移自由基聚合则需要过渡金属的卤化物作催化剂，通过氧化-还原反应建立可逆平衡。

与传统的自由基聚合相比，可控自由基聚合可以比较好地控制聚合物的聚合度和聚合度分布，并可以保留具有功能化的端基，具有再次引发聚合的能力。这大大拓展了自由基聚合方法在大分子结构设计方面的应用。自由基可聚合的单体种类广、条件温和、易工业化，因此可控自由基聚合具有比较好的商业化应用前景。

3.16　扩展阅读：重要的乙烯基加成聚合物

3.16.1　聚乙烯（PE）

乙烯的聚合物按催化体系一般分为两大类。在高压（120～300MPa）和高于聚乙烯熔点的温度下，通过自由基聚合生产的聚乙烯称为低密度聚乙烯（LDPE）或高压聚乙烯。使用配位催化剂在中低压下合成的聚乙烯称为高密度聚乙烯（HDPE）或低压聚乙烯。低密度聚乙烯比高密度聚乙烯具有更高的支化度（短链和长链），因此，其结晶度（40%～60%）和密度（0.91～0.93g/cm^3）相对较低。

LDPE具有多种性能。其非常低的玻璃化转变温度（约－120℃）和中等的结晶度以及熔点（105～115℃）使其在较宽的温度范围内具有不同的用途。它具有强度、柔韧性、抗冲击性和熔体流动性能的良好组合。聚乙烯即使在高温下也具有很强的耐水和耐多种水溶液的能力。它具有良好的耐溶剂性、耐化学性和抗氧化性，但在室温下它会缓慢地被氧化剂侵蚀并被氯代烃溶胀。聚乙烯还是非常好的电绝缘体。

薄膜应用占聚乙烯消费量的60%以上，其中大多数是用于包装和家庭用途以及农业和建筑业的吹塑薄膜。玩具、家庭用品、油漆罐盖和容器的注模占了另外的10%到15%。此外，约有5%用于电线和电缆的绝缘层，保障了电力传输和通信。

低密度和高密度聚乙烯，聚丙烯以及其他烯烃单体的聚合物构成了聚烯烃系列。除LDPE外，所有其他聚烯烃均由配位聚合方法生产。配位聚合也可用于生产线形低密度聚乙烯（LLDPE），其在结构、性能和应用方面基本与LDPE相近。

3.16.2 聚苯乙烯（PS）

连续溶液聚合和本体聚合是商业生产聚苯乙烯的最重要方法，也可使用悬浮聚合。乳液聚合主要用于制造丙烯腈-丁二烯-苯乙烯共聚物（ABS）。

虽然PS是完全无定形的（T_g约为85℃），但其链的刚性（由于苯基-苯基相互作用）使其具有较高的强度和良好的尺寸稳定性，是一种典型的硬质塑料。PS是非常好的电绝缘体，具有出色的光学透明度，对酸和碱水溶液具有良好的抵抗力。由于其T_g不高，易制成产品。但是，PS易受到烃类溶剂的侵蚀，不稳定的苄基氢导致其耐候性较差，刚性的聚合物链导致其冲击强度较差。由于低结晶度和低T_g，PS的使用温度上限较低。尽管存在这些问题，但PS还是被广泛使用。通过添加适当的稳定剂（紫外线吸收剂和/或抗氧化剂），苯乙烯产品的耐候性可得到显著改善。通过与玻璃纤维和其他增强剂共混可以提高其耐溶剂性，增加产品的实用性。所有的弹性苯乙烯产品都是共聚物或共混物。

聚苯乙烯通过注塑成型可以形成多种产品，包括餐具、玩具、化妆品容器、相机零件、办公设备、培养皿和药品容器等。挤塑板用于照明和装饰应用。聚苯乙烯和其共聚物还可以用来制造可膨胀的各种泡沫产品。这些产品可用于一次性水杯、缓冲包装和隔热材料。通过热成型将挤出的泡沫片材转变为蛋箱、肉类和家禽托盘以及用于快餐外卖的包装。

3.16.3 乙烯基聚合物

乙烯基系列聚合物由聚氯乙烯、聚偏二氯乙烯、聚醋酸乙烯酯及其共聚物和衍生的聚合物组成。

3.16.3.1 聚氯乙烯（PVC）

大多数PVC是通过悬浮聚合生产的。较少采用本体和乳液聚合，很少采用溶液聚合。

PVC的结晶度非常低，但由于聚合物链庞大（每两个碳原子上都有大的氯基团）而具有一定的强度。PVC可释放出氯化氢，对于光和热的稳定性不好。与其有接触的物体和人体会受到有害影响。只有添加适当的添加剂，如金属氧化物和碳酸盐以及脂肪酸盐，改善这种不稳定性，PVC才能进行商业应用。添加剂的作用是减慢脱氯化氢反应和吸收释放出的氯化氢来稳定 PVC。

PVC 是一种非常坚韧的刚性材料，具有广泛的用途。塑化可将硬质 PVC 转变为软质 PVC，极大地扩展了其应用范围。增塑是将 PVC 与增塑剂（例如邻苯二甲酸二异辛酯、磷酸三甲苯酯、环氧化油脂）共混。增塑剂可有效地充当 PVC 链之间的内部润滑剂来增加其柔韧性。PVC 与橡胶类聚合物共混可改善冲击性能。其主要应用包括家用和其他建筑用刚性管、壁板、窗框、落水管、地板、包装电线和电缆绝缘，手术和其他防护手套以及涂层产品。

3.16.3.2 其他乙烯基聚合物

聚醋酸乙烯酯（PVAc）主要通过乳液聚合生成，所得胶乳可以直接使用。聚醋酸乙烯酯是非晶态的，其 T_g 仅为 28℃。聚醋酸乙烯酯及其共聚物可用作水性涂料，纸张、纺织品和木材的黏合剂（白胶），以及纸张和纺织品的上浆剂或涂料。PVAc 还用于生产聚乙烯醇（PVA）及其乙缩醛。PVA 一般用作增稠剂、涂料、黏合剂，以及用于沐浴盐、漂白剂、洗涤剂和其他材料的水溶性包装。PVA 的缩醛和缩丁醛衍生物分别用作耐热漆包线绝缘体和安全玻璃层压板的中间层。

聚偏二氯乙烯及其与氯乙烯、丙烯腈和丙烯酸酯的共聚物，通常通过悬浮聚合或乳液聚合工艺生产，可用作油、脂肪、氧气的防潮包装膜，容器、帷幔织物和工业滤布中的涂料，罐衬和单丝。

3.16.4 丙烯酸类聚合物

丙烯酸类聚合物包括丙烯酸和甲基丙烯酸酯、丙烯腈和丙烯酰胺的聚合物和共聚物。

3.16.4.1 丙烯酸酯和甲基丙烯酸酯的聚合物

聚甲基丙烯酸甲酯（PMMA）可通过溶液聚合、悬浮聚合和乳液聚合工艺进行制造。PMMA 是完全无定形的，但聚合物链比较刚性（T_g约为 105℃）而具有高强度和出色的尺寸稳定性。它具有出色的光学透明度、非常好的耐候性和抗冲击性，可耐受多种化学物质。聚丙烯酸酯与聚甲基丙烯酸酯明显不同，因为其聚合物链上不存在甲基，聚合物链柔软得多，刚性不强。聚甲基丙烯酸酯主要用于制造固形物，而聚丙烯酸酯用作柔韧性和可延展性的材料。

硬质甲基丙烯酸甲酯聚合物产品的应用包括安全玻璃和玻璃替代品，室内和室外照明产品，镜片，扩散器和百叶窗，浴缸和卫生洁具，光纤，镜片，假牙和牙科填充材料以及隐形眼镜。溶液聚合和乳液聚合生产的丙烯酸酯和甲基丙烯酸酯聚合物产品可用作涂料、纺织品、发动机油和流体的添加剂以及填缝料和密封剂。

3.16.4.2 聚丙烯腈（PAN）

聚丙烯腈的最重要的商业生产方法是溶液聚合和悬浮聚合。几乎所有含有丙烯腈的产品都是共聚物。苯乙烯-丙烯腈（SAN）共聚物可用作塑料。

PAN 的强度并不高，耐磨性和抗疲劳性也较差。PAN 纤维的优点是耐候性和耐化学试剂，特别是耐无机酸、漂白粉、过氧化氢及一般有机试剂，但对碱不稳定。

PAN 主要用于制造合成纤维（如腈纶），广泛用来代替羊毛，或与羊毛混纺制成毛织物等，可代替部分羊毛制作毛毯和地毯等织物，还可作为室外织物，如滑雪外衣、船帆、军用帆布、帐篷等。聚丙烯腈中空纤维膜具有透析、超滤、反渗透和微过滤等功能，可用于医用器具、人工器官、超纯水制造、污水处理和回用等。

含少量共聚单体的聚丙烯腈纤维，经预氧化和碳化处理，可获得含碳量 93%左右的耐高温的碳纤维。

3.16.4.3 丙烯酸系列聚合物

丙烯酸系列聚合物产量少，但属于有特殊用途的产品。聚丙烯酰胺、聚丙烯酸和聚甲基丙烯酸及其部分共聚物可溶于水。聚丙烯酸和聚甲基丙烯酸可用作增稠剂、黏合剂、油漆中无机颜料的分散剂、水处理用的絮凝剂。

3.16.5 含氟聚合物

含氟聚合物（图 3-45）家族由氟代烯烃制得的聚合物组成，其中单体的一个或多个氢被氟取代。该家族中最重要的成员是聚四氟乙烯（PTFE）、聚三氟氯乙烯（PCTFE）、聚氟乙烯（PVF）、聚偏氟乙烯（PVDF）、四氟乙烯与乙烯的共聚物、全氟丙基乙烯基醚和全氟丙烯的共聚物以及乙烯和三氟氯乙烯的共聚物。含氟聚合物主要是通过悬浮聚合获得的，也可以进行乳液聚合和超临界二氧化碳聚合。聚合物的分子量很高，聚四氟乙烯的分子量高达 10^5～10^6 Da，这是无链转移反应和自由基的沉淀所致。

$$\left[CF_2CF_2\right]_n \qquad \left[CF_2CFCl\right]_n \qquad \left[CH_2CHF\right]_n \qquad \left[CH_2CF_2\right]_n$$

PTFE　　PCTFE　　PVF　　PVDF

图 3-45　含氟聚合物

含氟聚合物有许多重要的特殊应用，PTFE 是最常用的含氟聚合物。含氟聚合物中包括可耐受多种化学环境的聚合物，可在 200～260℃的温度下使用。大多数含氟聚合物完全不溶于普通有机溶剂，并且不受热浓酸和碱的影响。它们具有出色的电阻和低摩擦系数（自润滑和不黏部件），并且不助燃。聚四氟乙烯的高结晶度、高熔点和极高的熔体黏度，使其无法通过塑料的常规工艺进行加工，主要采用烧结和压延技术进行加工。

含氟聚合物的应用范围包括电器、机械、塑料、油墨、润滑剂和粉末涂料。

3.16.6 二烯烃聚合物

二烯可以按其化学结构以多种方式进行。根据两个双键是否共轭，将二烯分为共轭二烯或非共轭二烯。共轭二烯的聚合特别受关注。1,3-二烯可发生两种不同类型的聚合反应。一种以常规方式聚合一个或多个双键，另一种是两个双键协调作用，转化为一个双键。两种聚合方式分别称为 1,2-聚合和 1,4-聚合，所得聚合物分别命名为 1,2-聚丁二烯和 1,4-聚丁二烯。两种聚合物都是不饱和的。1,2-加成聚合物的侧链含不饱和键，而 1,4-加成聚合物的主链含不饱和键。1,3-二烯的聚合在配位聚合一章中有更详细的介绍。1,3-二烯的均聚和共聚主要用于制造弹性体和塑料，具有重要的商业应用。

3.16.7 杂类聚合物

3.16.7.1 聚对二甲苯

对二甲苯的热解产生了聚对二甲苯（PPX）。聚对二甲苯在商业上可用于在物体上形成薄涂层，可保持物体表面的细微形状。聚对二甲苯和衍生自 2-氯对二甲苯和 2,5-二氯对二甲苯的相应聚合物在电子行业中用于涂覆和封装精密微电路以保护其免受恶劣环境影响。

3.16.7.2 聚（N-乙烯基咔唑）

聚(*N*-乙烯基咔唑）（PVK）是通过 N-乙烯基咔唑的聚合反应制得的。PVK 已被用作电容器电介质，因为它在一定温度和频率范围内具有良好的电阻。其他应用包括电气开关部件、同轴电缆分隔器和电致发光器件。由于其光电导性，它还用于静电复印机。

3.16.7.3 聚（N-乙烯基吡咯烷酮）

聚(*N*-乙烯基吡咯烷酮)（PVP）是通过 N-乙烯基吡咯烷酮的聚合而获得的。最大的用途是制造发胶和定型剂，因为它具有成膜剂的性能，对头发具有良好的附着力，漆膜光泽，并且易于水洗。PVP 还用于护手霜和液体化妆品。PVP 与碘复合的水溶液（碘伏）可用于伤口的处理，以防止感染。由于 PVP 对许多染料具有亲和力，在纺织工业中可用于脱色染料以及上浆和上光剂的配制。

PPX、PVK、PVP 如图 3-46 所示。

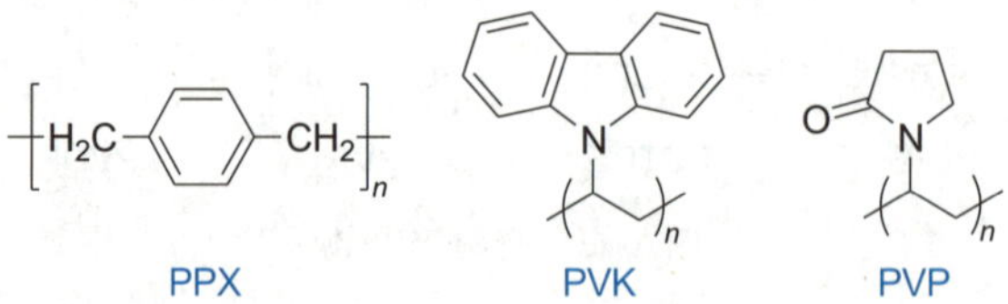

图 3-46　几种杂类聚合物

习题

1. 指出下列烯类单体适用于何种聚合机理（自由基，阴离子或阳离子）并说明原因。

a）乙烯，b）异丁烯，c）苯乙烯，d）异戊二烯，e）丙烯腈，f）氯乙烯，g）偏氯乙烯，h）四氟乙烯，i）丙烯酸丁酯，j）甲基丙烯酸甲酯，k）1,1-二氰基乙烯，l）醋酸乙烯酯

2. 以过氧苯甲酰（BPO）为引发剂，写出氯乙烯自由基聚合的各基元反应：链引发、链增长、链终止、向单体和大分子链转移。

3. 请给出三种不同类型的自由基聚合引发方式，各举一例并说明其特点。

4. 在自由基聚合反应中如何选择合适的引发剂？与热分解引发剂引发聚合相比，光引发聚合有何优缺点。

5. 在大多数自由基聚合反应中，引发效率均低于 1。请说明原因。

6. 在推导自由基聚合速率时，采用了哪些基本假定？这些假定应用于自由基聚合反应是否合理？

7. 在自由基聚合中发生自动加速现象的原因是什么？其对聚合产物有何影响？如何避免发生该现象？

8. 简述动力学链长与平均聚合度之间的区别与联系。

9. 请写出自由基聚合中向正己烷、苯、异丙苯、碘丁烷、四溴化碳、丁硫醇和二丁硫醚的链转移反应方程。依据链转移常数讨论这些化合物在醋酸乙烯酯聚合中的影响。

10. 乙烯高压自由基聚合会产生短支链和长支链，请说明其成因。

11. 氯乙烯是容易发生链转移的单体，本体聚合得到的聚合物分子量比较低。是否可以采取降低单体浓度的方法，抑制该链转移反应，获得分子量较高的聚合物？

12. 在一般的聚合反应中，聚合物的聚合度分布主要受哪些基元反应的影响？能否从聚合度分布指数判定聚合反应的终止方式？

13. 对于一个完全通过偶合终止的聚合体系，在低转化率下获得的聚合物的聚合度分布指数（$Đ$）是多少？讨论以下情况对$Đ$ 值的影响。

a）向硫醇链转移；b）发生自动加速；c）向聚合物链转移；d）高转化率

14. 简述缓聚和阻聚的异同。按照机理，举例介绍不同类型的阻聚剂。

15. 可控自由基聚合的基本原理是什么？通过反应方程式，列举几种常见的可控自由基聚合。

16. 从热力学角度出发，为什么单体能否进行聚合主要决定于聚合热？在什么情况下，聚合熵也会影响聚合能否进行？

17. 测量得到偶氮二异丁腈在甲苯中的分解速率常数如下所示。请计算分解活化能。计算 40℃和 80℃下的半衰期，讨论在这两个温度下引发聚合是否合适。

温度/℃	50	61	70
分解速率常数/s^{-1}	2.68×10^{-6}	1.15×10^{-5}	3.79×10^{-5}

18. 对于引发剂热分解引发的某自由基聚合反应，假设各基元反应的速率常数及引发剂分解效率保持不变。请给出合理的方案，实现以下目标。

a）将反应速率提高 1 倍；

b）将平均聚合度提高 1 倍；

c）将转化率由 10%（0.8h）提高到 20%；

d）在不改变聚合速率的前提下，如何在高转化率下避免自动加速现象。

19. 已知聚合的条件为：单体浓度为 0.2M，引发剂的浓度为 4.0×10^{-3}M，引发剂的半衰期为 44h，引发效率为 0.9，聚合温度为 60℃，k_p 为 145L · mol^{-1} · s^{-1}，k_t 为 7.0×10^7L · mol^{-1} · s^{-1}。计算转化率达到 50%需要的时间。

20. 已知一种乙烯基单体的自由基聚合反应中：①引发反应为两分子单体反应生成两个单体自由基，反应速率常数为 k_i；②增长反应为自由基与双键的加成反应，反应速率常数为 k_p；③终止反应为自由基的双基终止反应，反应速率常数为 k_t；④无其他反应。

a）请写出引发、增长和终止反应的速率表达式；

b）在稳态假定的前提下，推导出聚合反应速率；

c）提出一个可验证推导得到的聚合反应速率与单体浓度间关系的简单实验方案。

21. 对于某自由基聚合反应，令 $\delta=k_{td}/(k_{tc}+k_{td})$。假设链转移反应可以忽略，获得的每个大分子平均含有 1.2 个引发剂片段。请计算 δ 值并讨论引发剂的引发效率对大分子中引发剂片段含量的影响。

22. 根据教材提供的 $\Delta H^{\ominus}$ 和 $\Delta S^{\ominus}$ 数据，计算丁二烯在 27℃、77℃和 127℃下的平衡单体浓度（$[M]_e$）。

第 4 章

自由基共聚合

4.1 引言

在连锁聚合中，将只有一种单体参与的连锁聚合称作均聚，产物是由单一结构单元组成的均聚物。由两种或更多种单体参与的聚合，则称作二元共聚或多元共聚，产物为含多种结构单元的共聚物。

本章重点讨论自由基共聚。离子共聚和配位共聚则在相关章节做介绍。

4.1.1 共聚物的类型和命名

以二元共聚物为例，根据大分子链中结构单元的排列情况，共聚物可分为四种类型，如表 4-1 所示。

表 4-1 二元共聚物的类型及其结构特点

类型	结构示意图	特点	举例
无规共聚物	ⒶⒷⒷⒶⒶⒷⒶⒷⒷⒶⒷⒷ	两种结构单元 A 和 B 按概率无规排列，连续的 A 或 B 单元数不多	乙烯-醋酸乙烯酯共聚物
交替共聚物	ⒶⒷⒶⒷⒶⒷⒶⒷⒶⒷⒶⒷ	两种结构单元 A 和 B 严格交替排列，可视为无规共聚物的特例	苯乙烯-马来酸酐共聚物
嵌段共聚物	ⒶⒶⒶⒶⒶⒶⒷⒷⒷⒷⒷⒷ	由较长的 A 链段和 B 链段相连构成的大分子，每一链段可长达几百至几千结构单元，称作 AB 型嵌段共聚物，也有 ABA 型	苯乙烯-丁二烯-苯乙烯三嵌段共聚物 SBS
接枝共聚物	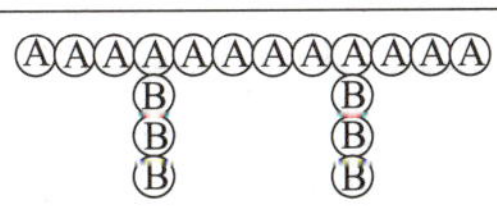	主链由 A 单元组成，支链则由 B 单元组成	抗冲聚苯乙烯（聚丁二烯接枝苯乙烯）

无规共聚物和交替共聚物呈均相，由相同的聚合机理形成，将在本章作详细讨论。嵌段共聚物和接枝共聚物往往呈非均相，可由不同聚合机理合成，详见第 8 章。

共聚物的命名原则：在两单体名之间插入短横线，前面冠以“聚”字，如聚（丁二烯-苯乙烯），或称作丁二烯-苯乙烯共聚物。国际命名中常在两单体名之间插入-*r*-、-*a*-、-*b*-或-*g*-，分别表示无规、交替、嵌段或接枝。无规共聚物名称中前一单体为主单体，后者为第二单体。嵌段共聚物名称中的单体次序代表其加入聚合的次序。接枝共聚物中前一单体为主链，后者为支链。

4.1.2 研究共聚合反应的意义

均聚物的种类取决于单体的种类，一种单体只能形成一种均聚物。虽然可以生产不同聚合度的多种牌号，但品种仍然有限。通过与其它单体共聚，可以改善聚合物的结构性能，增加品种，扩大应用范围。可改变的性能有：力学性能、弹性、塑性、柔软性、熔点、玻璃化温度、塑化温度、溶解性能、染色性能、表面性能等。性能改变的效果与共单体的种类、数量及排列方式有关。无规和交替共聚物一般都由共聚反应制备，聚合物的性能多介于两种均聚物之间。嵌段和接枝共聚物由其他方法制备，兼具两种聚合物的性能的优点。典型共聚物改性实例见表 4-2。

表 4-2 典型共聚物

主单体	第二单体	共聚物	改进的性能和主要用途	聚合机理
乙烯	15%醋酸乙烯酯	EVA	增加透明度和亲水性；农用大棚膜	自由基
乙烯	5%～10%（质量分数）1-丁烯	线形低密度聚乙烯	降低结晶度，提高透明性；包装膜，农膜	配位
乙烯	30%～40%（摩尔分数）丙烯	乙丙橡胶	破坏结晶性，增加弹性；合成橡胶	配位
异丁烯	3%异戊二烯	丁基橡胶	引入双键，供交联用；气密性橡胶	阳离子
丁二烯	25%苯乙烯	丁苯橡胶	增加强度；通用合成橡胶	自由基
丁二烯	26%丙烯腈	丁腈橡胶	增加极性；耐油合成橡胶	自由基
苯乙烯	40%丙烯腈	SAN 树脂	提高抗冲强度；工程塑料	自由基
偏氯乙烯	15%氯乙烯	偏-氯共聚物	破坏结晶性，增加塑性；阻透塑料	自由基
四氟乙烯	全氟丙烯	F-46 树脂	破坏结晶性，增加柔性；特种橡胶	自由基
甲基丙烯酸甲酯	10%苯乙烯	MMA-S 共聚物	改善流动性和加工性能；塑料	自由基
丙烯腈	7%丙烯酸甲酯	腈纶树脂	改善柔软性，易染色；合成纤维	自由基
醋酸乙烯酯	50%（摩尔分数）马来酸酐		交替共聚物；分散剂	自由基

通过共聚，除了可以扩大聚合物品种外，可使一些难以均聚的单体进行共聚。例如，马来酸酐是难均聚的单体，但可以与苯乙烯共聚，制备苯乙烯-马来酸酐无规共聚物（SMA），用作工程塑料；或改变条件，制备交替共聚物，用作悬浮聚合的分散剂。

在理论上，通过共聚合研究，可以评价单体和活性中心（自由基、碳阴离子、碳阳离子）的活性，进一步关联单体活性与其分子结构的关系。

在均聚中，聚合速率、平均聚合度和聚合度分布是需要重点关注的定量指标。在共聚反应的研究中，各个单体进入共聚物链的相对能力和共聚物瞬时组成、平均组成、序列分布等则是更需要关注的重要问题。

4.2 二元共聚物的组成

两种单体共聚时，会出现多种情况。例如：共聚物组成随单体组成而变化；共聚不同时段生成的共聚物组成不一致，共聚物组成随转化率变化，存在组成分布和平均组成问题；有些易均聚的单体难以共聚，少数难均聚的单体却能共聚。因此，建立共聚物组成与单体组成的定量关系是共聚反应中需要解决的首要问题。

4.2.1 共聚物组成微分方程

在二元共聚的微观场景下，两种单体分子与同一个活性中心的反应是相互排斥的竞争过程，其结果取决于每种单体的活性和浓度。共聚产物的组成取决于许多次两种分子竞争增长的统计平均结果。因此，经合理的简化，共聚物组成与单体组成之间的定量关系可以由共聚动力学或链增长概率推导出来。20 世纪 40 年代，Mayo 等就着手研究共聚理论，建立了共聚物组成方程。

通过动力学分析推导单体 A 和单体 B 的二元共聚物组成方程时，需要采用以下假定。

① 等活性假定，即自由基活性与链长无关；

② 聚合物的聚合度足够大，链引发和链终止对共聚物组成的影响可以忽略；

③ 稳态假定，即自由基总浓度及分别以 A 和 B 为最末单元的两种自由基的浓度都不变；

④ 末端基效应，即链自由基的活性只受最末端单元结构的影响；

⑤ 无解聚反应，即聚合反应不可逆。

以上假定中前三个沿用自由基聚合中的等活性、聚合度很大和稳态基本假定，后两个假定是新增的。

以 A 和 B 代表两种单体，以～A· 和～B· 代表两种链自由基。在二元共聚中，存在 2 种链引发、4 种链增长和 3 种链终止，如图 4-1 所示。

链引发

$$\mathrm{I\cdot + A \xrightarrow{k_{i,A}} {\sim}A\cdot}$$

$$\mathrm{I\cdot + B \xrightarrow{k_{i,B}} {\sim}B\cdot}$$

链增长

$$\mathrm{{\sim}A\cdot + A \xrightarrow{k_{AA}} {\sim}A\cdot}$$

$$\mathrm{{\sim}A\cdot + B \xrightarrow{k_{AB}} {\sim}B\cdot}$$

$$\mathrm{{\sim}B\cdot + A \xrightarrow{k_{BA}} {\sim}A\cdot}$$

$$\mathrm{{\sim}B\cdot + B \xrightarrow{k_{BB}} {\sim}B\cdot}$$

链终止

$$\mathrm{{\sim}A\cdot + \cdot A{\sim} \xrightarrow{k_{t,AA}} {\sim}AA{\sim}}$$

$$\mathrm{{\sim}A\cdot + \cdot B{\sim} \xrightarrow{k_{t,AB}} {\sim}AB{\sim}}$$

$$\mathrm{{\sim}B\cdot + \cdot B{\sim} \xrightarrow{k_{t,BB}} {\sim}BB{\sim}}$$

图 4-1　自由基共聚中的相关反应

图 4-1 中 $k_{i,A}$ 和 $k_{i,B}$ 分别代表初级自由基引发单体 A 和 B 的速率常数；k_{AA} 代表自由基~A· 和单体 A 反应的链增长速率常数，$k_{t,AA}$ 代表~A· 与~A· 的终止速率常数，以此类推。

根据假定②，共聚物的聚合度很大，链引发和链终止对共聚物组成的影响可以忽略不计。A 和 B 的消耗速率或进入共聚物的速率仅决定于链增长速率。

$$-\frac{d[A]}{dt}=R_{AA}+R_{BA}=k_{AA}[A\cdot][A]+k_{BA}[B\cdot][A] \tag{4-1}$$

$$-\frac{d[B]}{dt}=R_{AB}+R_{BB}=k_{AB}[A\cdot][B]+k_{BB}[B\cdot][B] \tag{4-2}$$

上式中 R_{AA} 表示~A· 和单体 A 反应的链增长反应速率，以此类推。

共聚物的瞬时组成可用两种单体进入共聚物的摩尔比表示，等于两种单体消耗速率之比，即

$$\frac{d[A]}{d[B]}=\frac{k_{AA}[A\cdot][A]+k_{BA}[B\cdot][A]}{k_{AB}[A\cdot][B]+k_{BB}[B\cdot][B]} \tag{4-3}$$

对 A· 和 B· 分别做稳态处理，得到

$$-\frac{d[A\cdot]}{dt}=R_{i,A}+k_{BA}[B\cdot][A]-k_{AB}[A\cdot][B]-R_{t,AB}-R_{t,AA}=0 \tag{4-4a}$$

$$-\frac{d[B\cdot]}{dt}=R_{i,B}+k_{AB}[A\cdot][B]-k_{BA}[B\cdot][A]-R_{t,BA}-R_{t,BB}=0 \tag{4-4b}$$

要满足上述稳态假定的要求，需具备两个条件：一是~A· 和~B· 的链引发速率分别等于各自的链终止速率，相当于自由基均聚中采用的稳态假定，由此得出式（4-5）；二是两种链自由基的浓度各自保持不变或~A· 转变为~B· 的速率与~B· 转变成~A· 的速率相等，由此得出式（4-6）。

$$R_{i,A}=R_{t,AB}+R_{t,AA} \tag{4-5a}$$

$$R_{i,B}=R_{t,BA}+R_{t,BB} \tag{4-5b}$$

$$k_{AB}[A\cdot][B]=k_{BA}[B\cdot][A] \tag{4-6}$$

由式（4-6）解出两种自由基浓度之比为

$$\frac{[A\cdot]}{[B\cdot]}=\frac{k_{BA}[A]}{k_{AB}[B]} \tag{4-7}$$

将均聚和共聚链增长速率常数之比定义为竞聚率 r，以表示两种单体的相对活性。即

$$r_A=\frac{k_{AA}}{k_{AB}} \quad 和 \quad r_B=\frac{k_{BB}}{k_{BA}} \tag{4-8}$$

将式（4-7）和式（4-8）代入式（4-3）可得到共聚物组成微分方程式（4-9），用于描述共聚物瞬时组成与单体组成的定量关系。

$$\frac{d[A]}{d[B]}=\frac{[A]}{[B]}\ \frac{r_A[A]+[B]}{r_B[B]+[A]} \tag{4-9}$$

根据统计法，也可以由链增长概率得到同样的结果，参见式（4-28）。

令 f_A 和 F_A 分别为某时刻单体 A 在单体混合物和共聚物中的摩尔分数，即

$$f_A=1-f_B=\frac{[A]}{[A]+[B]} \quad 和 \quad F_A=1-F_B=\frac{d[A]}{d[A]+d[B]} \tag{4-10}$$

式（4-9）就可以转换成以摩尔分数表示的共聚物瞬时组成微分方程：

$$F_A=\frac{r_A f_A^2+f_A f_B}{r_A f_A^2+2f_A f_B+r_B f_B^2} \quad 和 \quad \frac{F_A}{F_B}=\frac{f_A(r_A f_A+f_B)}{f_B(r_B f_B+f_A)} \tag{4-11}$$

4.2.2 共聚行为-共聚物组成曲线

式（4-11）表明共聚物瞬时组成 F_A 是单体组成 f_A 的函数，竞聚率 r_A 和 r_B 是影响两者关系的主要参数。根据定义，竞聚率是自增长速率常数（k_{AA}，k_{BB}）与交叉增长速率常数（k_{AB}，k_{BA}）的比值。表 4-3 总结了竞聚率典型数值及其意义。

表 4-3 竞聚率典型数值及其意义

r_A 值	意义	
0	$k_{AA}=0$	A·不能与同种单体 A 均聚，只能与 B 共聚
1	$k_{AA}=k_{AB}$	A·加上两种单体的难易程度或概率相同
<1	$k_{AA}<k_{AB}$	有利于 A·与异种单体 B 共聚
>1	$k_{AA}>k_{AB}$	有利于 A·和同种单体 A 均聚

竞聚率可以在很大的范围内变动，因此，共聚物组成曲线也相应地有多种类型，差异很大。

（1）理想共聚（$r_A=r_B=1$）

$r_A=r_B=1$ 是极端的理想情况，表示两种自由基的自增长和交叉增长的速率均相等。根据式（4-11）可得 $F_A=f_A$，表明不论单体组成和转化率如何，共聚物组成与单体组成完全相等。共聚物组成曲线是位于对角线的直线，可称为理想恒比共聚，如图 4-2 所示。乙烯-醋酸乙烯酯、甲基丙烯酸甲酯-偏二氯乙烯、四氟乙烯-三氟氯乙烯的共聚都接近这一情况。这类共聚物的组成可由单体配比来控制。

当 $r_A \cdot r_B=1$ 或 $r_A=1/r_B$ 时，式（4-11）可简化为

$$\frac{F_A}{F_B}=r_A\frac{f_A}{f_B} \tag{4-12a}$$

$$F_A=\frac{r_A f_A}{r_A f_A+f_B} \tag{4-12b}$$

式（4-12a）表明，共聚物中两种单元摩尔比是原料中两单体摩尔比的 r_A 倍，称为一般理想共聚。组成曲线处于恒比对角线两侧，与另一对角线对称，如图 4-2 所示。60℃下的丁二烯（$r_A=1.39$）-苯乙烯（$r_B=0.78$）共聚及偏氯乙烯（$r_A=3.2$）-氯乙烯（$r_B=0.3$）共聚接近这种情况。离子共聚多为理想共聚。

（2）交替共聚（$r_A=r_B=0$）

竞聚率对交替共聚物瞬时组成曲线的影响如图 4-3 所示。$r_A=r_B=0$ 表明两种自由基都不能与同种单体均聚，只能与异种单体共聚，因此共聚物中两种单元严格交替增长。不论单体配比如何，共聚物组成均恒定为

$$\frac{F_A}{F_B}=1 \tag{4-13}$$

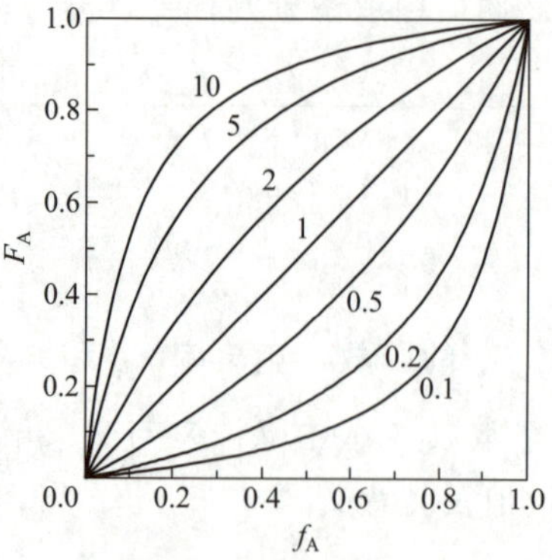

图 4-2　理想共聚曲线（$r_A \cdot r_B=1$）
曲线上数字为 r_A 值

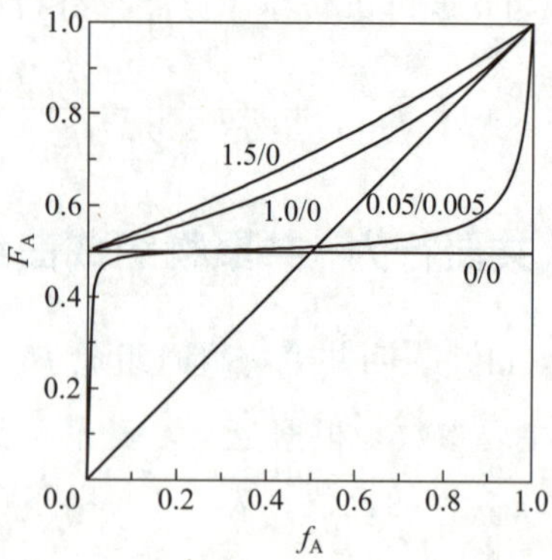

图 4-3　交替共聚曲线（$r_A \sim 0$，$r_B \sim 0$）
曲线上数字为 r_A/r_B 值

上式在图 4-3 上是一条 $F_A=0.5$ 的水平线，与 f_A 的值无关。共聚投料时，若两种单体不等量，量少的单体先消耗完毕，聚合停止，留下过量的另一单体。易形成电荷转移配合物的两种单体，如马来酸酐与醋酸-2-氯烯丙基酯共聚就属此情况。

如果 $r_B=0$ 且 $r_A>0$，式（4-11）可以简化为

$$\frac{F_A}{F_B}=1+r_A\frac{[A]}{[B]} \tag{4-14}$$

当单体 B 过量很多且 $r_A[A]/[B] \ll 1$ 时，才能形成组成为 $F_A=F_B=0.5$ 的交替共聚物。单体 A 耗尽后，聚合也就停止。如［A］和［B］接近，则共聚物中 $F_A>0.5$。60℃时苯乙烯（$r_A=0.05$）和马来酸酐（$r_B=0.005$）的共聚属此情况。

（3）$r_A \cdot r_B<1$ 且 $r_A>1$、$r_B<1$ 的非理想共聚

这类共聚曲线与理想共聚相似，也处于恒比对角线的上方，但与另一对角线并不对称，如图 4-4 所示。这类例子很多，如氯乙烯（$r_A=1.8$）-醋酸乙烯酯（$r_B=0.24$）、甲基丙烯酸甲酯（$r_A=2.2$）-丙烯酸甲酯（$r_B=0.4$）。苯乙烯（$r_A=42$）与醋酸乙烯酯（$r_B=0.0$）共聚体系的特征是 $r_A \gg 1$，$r_B \ll 1$，其共聚行为表面上看来也应属于这一类，但实际上，聚合前期产物是含有微量醋酸乙烯酯单元的聚苯乙烯，待苯乙烯消耗完毕，后期产物变为纯醋酸乙烯酯均聚物，最终产物几乎是两种均聚物的混合物。

$r_A<1$、$r_B>1$ 时，则共聚物组成曲线处在恒比对角线的下方。

（4）$r_A \cdot r_B<1$ 且 $r_A<1$、$r_B<1$ 的非理想共聚

这类共聚曲线与恒比对角线有一交点，该点的共聚物组成与单体组成相等，称作恒比点，类似于气液平衡中的恒沸点，如图 4-5 所示。根据 $F_A/F_B=f_A/f_B$ 的条件，由式（4-11）可以得出恒比点的组成与竞聚率的关系为

$$\frac{f_A}{f_B}=\frac{1-r_B}{1-r_A} \tag{4-15a}$$

$$F_A=f_A=\frac{1-r_B}{2-r_A-r_B} \tag{4-15b}$$

当 $r_A=r_B<1$ 时，恒比点处于 $F_A=f_A$，共聚物组成曲线以恒比点为中心呈点对称。这一情况只有很少例子，如丙烯腈（$r_A=0.86$）-丙烯酰胺（$r_B=0.81$）共聚。

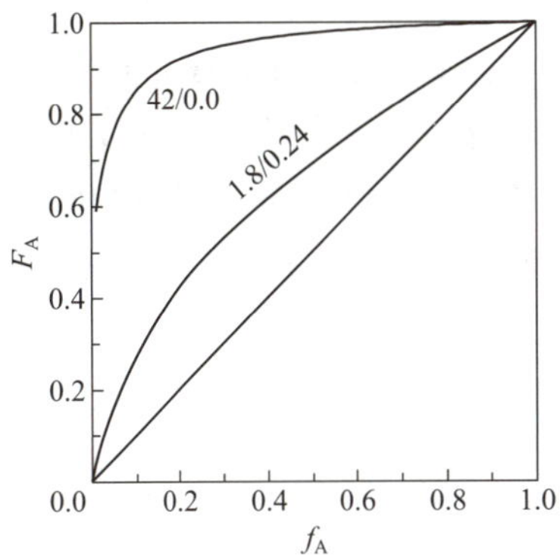

图 4-4　非理想共聚曲线

($r_A>1$，$r_B<1$)

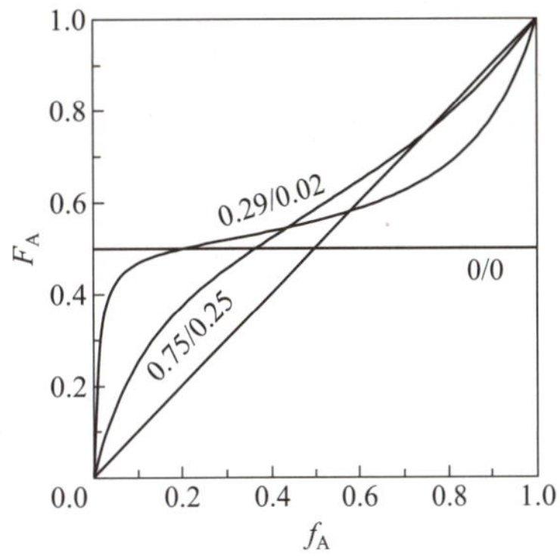

图 4-5　非理想恒比共聚曲线

($r_A<1$，$r_B<1$)

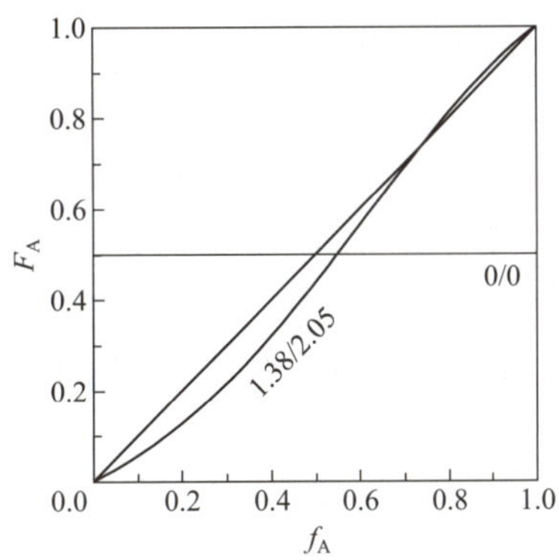

图 4-6　非理想恒比共聚曲线

($r_A>1$，$r_B>1$)

$r_A<1$、$r_B<1$ 且 $r_A \neq r_B$ 时，共聚物组成曲线对恒比点不再呈点对称，如图 4-5 所示。这类例子很多，如苯乙烯（$r_A=0.29$)-丙烯腈（$r_B=0.02$)、丁二烯（$r_A=0.75$)-甲基丙烯酸甲酯（$r_B=0.25$）等体系。

$r_A \cdot r_B$ 接近于零，则趋向于交替共聚；$r_A \cdot r_B$ 接近于 1，则接近理想共聚。$0<r_A \cdot r_B<1$ 的共聚曲线介于交替共聚（$F_A=0.5$）和恒比对角线（$F_A=f_A$）之间。

(5)“嵌段”共聚（$r_A>1$ 且 $r_B>1$）

$r_A>1$ 且 $r_B>1$ 的共聚曲线也有恒比点，但曲线形状和位置与 $r_A<1$ 且 $r_B<1$ 时相反，如图 4-6 所示。$r_A>1$ 且 $r_B>1$ 只有少数例子，如苯乙烯（$r_A=1.38$)-异戊二烯（$r_B=2.05$)。这种情况下，两种链自由基都更倾向于加上同种单体，形成“嵌段”共聚物，链段长短取决于 r_A 与 r_B 的大小。这种共聚物链内的 A 和 B 的链段都不长，不会表现出两种长链段共存于同一条链所带来的特性（如：有两个明显分立的玻璃化转变温度），并非真正的嵌段共聚物。

4.2.3　共聚物组成与转化率的关系

(1) 定性描述

在实验室制备少量共聚物，或进行共聚物的小规模生产时，常采用间歇法这种装置及操作都较简便、经济的工艺。其特征是使用一个容积固定的反应器，共单体、引发剂和溶剂等按配方一次性投入，在恒定温度下进行共聚反应，达到预定产量时终止反应。在这种模式下，反应器内每种单体的浓度各自随时间而降低，转化率则不断增高。二元共聚时，由于两种单体的活性或竞聚率不同，除了在恒比点投料的情况外，反应各个时段的瞬时共聚物组成与单体组成不一致，两者都随转化率而变。变化的趋势与 r_A 和 r_B 的相对大小相关。

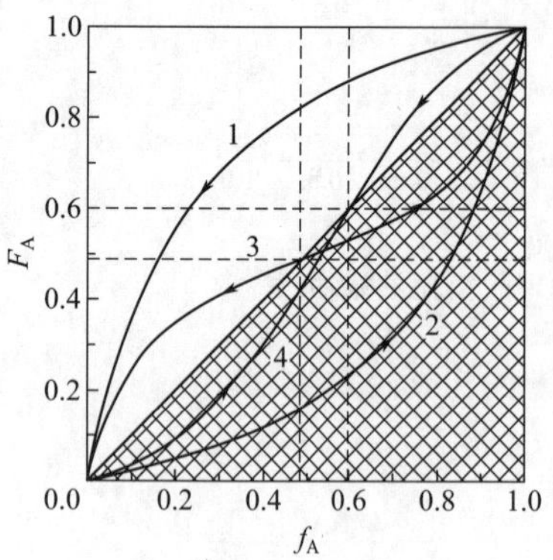

图 4-7　单体与共聚物瞬时组成变化趋势

对于没有恒比点的共聚体系，如 $r_A>1$ 且 $r_B<1$ 的体系，瞬时共聚物组成曲线位于恒比对角线上方时（图 4-7 中曲线 1 所示），表明共聚物瞬时组成始终大于单体组成，即 $F_A>f_A$。这意味着相对于单体 B，有更多的 A 进入共聚物中，未反应的单体中 A 的含量降低，即 f_A 减小，因而后续时间段生成的共聚物的 F_A 也相应减小。可以预计，无论初始单体组成（f_A^0）为何值，F_A 均会随着聚合反应的进行按曲线 1 上的箭头方向变化。到达原点（$f_A=0$，$F_A=0$）后，单体 A 先耗尽，此后剩余的 B 进行均聚并产生均聚物 B。当瞬时共聚物组成曲线位于恒比对角线下方时（图 4-7 中曲线 2），F_A 会随着 f_A 的递增而变大，与前述的情况正好相反。

对于有恒比点的共聚体系，瞬时共聚物组成曲线被恒比点分为两个区域。一部分位于恒比对角线上方，另一部分位于下方，如图 4-7 中曲线 3 和 4 所示。F_A 随 f_A 的变化规律与初始的 f_A 的取值有关。当 f_A^0 对应的曲线位于恒比对角线上方时，其变化趋势与曲线 1 对应的情况相同，即 F_A 会随着 f_A 的递减而变小。当 f_A^0 对应的曲线位于恒比对角线下方时，F_A 和 f_A 的变化趋势与曲线 2 相同，即 F_A 会随着 f_A 的递增而变大。当 f_A^0 等于或变化到恒比点时，F_A 和 f_A 都不会发生变化，保持恒定。对于图 4-7 中曲线 4 的情况，f_A 会随着反应的进行逐渐靠近并达到恒比点。一旦 f_A 等于恒比点，此后生成的共聚物组成将保持恒定。

(2) 共聚物平均组成-转化率关系式

以上分析表明，一般情况下，当一种单体优先进入共聚物时，F_A 和 f_A 都随着共聚进行不断变化，先生成的共聚物链与后生成的链组成不同，造成最终产物的分子间组成分布增宽。从共聚开始到结束各阶段的共聚产物构成一种混合物，其平均组成 $\overline{F}_A$ 与转化率 C 相关，可以借助共聚物组成方程的积分形式计算得到。

考虑最初含有共 M（mol）的两种单体的体系，其中形成的共聚物富含单体 A，即 $F_A>f_A$。当 $\mathrm{d}M$ 的单体发生了共聚，聚合物将含有 $F_A\mathrm{d}M$ 摩尔的单体 A，而单体中将包含 $(M-\mathrm{d}M)(f_A-\mathrm{d}f_A)$ 摩尔的单体 A。对单体 A 在共聚前后进行物料衡算，即

$$Mf_A-(M-\mathrm{d}M)(f_A-\mathrm{d}f_A)=F_A\mathrm{d}M \tag{4-16}$$

将式（4-16）中的 $\mathrm{d}M\mathrm{d}f_A$ 略去（很小）后，重排并积分可得到式（4-17），其中上标“0”表示初始值。

$$\int_{M^0}^{M}\frac{\mathrm{d}M}{M}=\ln\frac{M}{M^0}=\int_{f_A^0}^{f_A}\frac{\mathrm{d}f_A}{F_A-f_A} \tag{4-17}$$

将 F_A-f_A 的关系式代入式（4-17）积分可得

$$C=1-\left(\frac{f_A}{f_A^0}\right)^{\alpha}\left(\frac{f_B}{f_B^0}\right)^{\beta}\left(\frac{f_A^0-\delta}{f_A-\delta}\right)^{\gamma} \tag{4-18}$$

式中的参数定义为：

$$C=1-\frac{M}{M^0}\ ;\ \alpha=\frac{r_B}{1-r_B}\ ;\ \beta=\frac{r_A}{1-r_A}\ ;\ \gamma=\frac{1-r_Ar_B}{(1-r_A)(1-r_B)}\ ;\ \delta=\frac{1-r_B}{2-r_A-r_B} \tag{4-19}$$

由式（4-18）算出 f_A-C 关系，按式（4-11）的 F_A-f_A 的关系，就可进一步求得 F_A-C 的关系。

共聚产物需用平均组成 $\bar{F}_A$ 表示。设两种单体起始总数 $M^0=1\text{mol}$，则 $f_A^0=M_A^0/M^0=M_A^0$。利用式（4-18），共聚物的平均组成可由下式计算：

$$\bar{F}_A=\frac{M_A^0-M_A}{M^0-M}=\frac{f_A^0-(1-C)f_A}{C} \tag{4-20}$$

联立式（4-20）和式（4-18），消去 f_A，由起始单体组成 f_A^0 和转化率 C 求出共聚物平均组成 $\bar{F}_A$。

根据式（4-18）、式（4-11）和式（4-20），就可作出 f_A、F_A、$\bar{F}_A$ 和 C 间的关系曲线。有恒比点的苯乙烯（A）-甲基丙烯酸甲酯（B）体系的组成转化率曲线如图 4-8 所示。

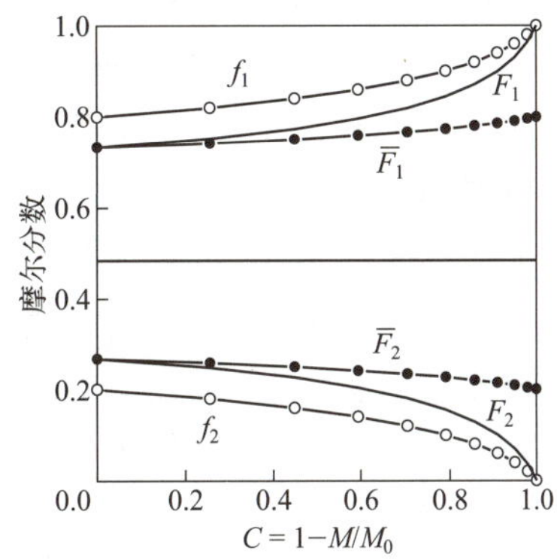

图 4-8　苯乙烯-甲基丙烯酸甲酯共聚体系的组成-转化率曲线
$f_A^0=0.8$，$f_B^0=0.2$，$r_A=0.53$，$r_B=0.56$，水平线为恒比组成 $f_A=F_A=\bar{F}_A=0.484$

（3）共聚物平均组成的控制

对于理想恒比共聚和在恒比点的共聚，共聚物组成与单体组成相同，不随转化率而变，组成无需控制。除此之外，间歇法共聚的单体组成和共聚物组成均随转化率变化，造成共聚物组成分布增宽或组成不均一。严重的组成分布不均会损害共聚物的应用性能，应予避免。欲获得组成比较均一的共聚物则需适当控制共聚条件和工艺。例如，乙烯-丙烯共聚物中如含有乙烯含量过高的链则会产生结晶相，影响其弹性体性能。控制共聚物组成主要有以下两种方法。

① 控制转化率的一次投料法。当 $r_A>1$ 且 $r_B<1$，以 A 为主时，可采用此法。例如，合成醋酸乙烯酯含量为 3%～15% 的氯乙烯（$r_A=1.68$）-醋酸乙烯酯（$r_B=0.23$）共聚物时，按适当单体配比一次投料，并控制氯乙烯转化率低于 80%，可以获得组成分布不太宽的共聚物。由图 4-7 和图 4-8 可见，对于常见的 $r_A>1$，$r_B<1$ 或 $r_A<1$，$r_B<1$ 共聚体系，转化率越高则反应后期产物 F_A 值与初期的 F_A 值偏差越多，共聚物组成分布越宽。因此，控制转化率是抑制组成分布增宽的有效途径。

② 补加活泼单体法。当 $r_A>1$ 且 $r_B<1$，以 B 为主时，可采用此法。例如，合成含 60% 氯乙烯的丙烯腈（$r_A=2.7$）-氯乙烯（$r_B=0.04$）共聚物时，由于 $r_A\gg r_B$，只有当 f_B 为 0.92 时，才能获得含 60% 氯乙烯的共聚物。在共聚过程中，丙烯腈消耗得更快，导致 f_B 随时间快速增大，需及时补加丙烯腈才能保持单体组成恒定，获得组成比较均一的共聚物。

对于两种气态单体的共聚反应（如乙烯与丙烯共聚），可以通过将两种恒定分压的单体连续通入反应器来保持单体组成恒定，得到组成均一的共聚物。对于连续法工艺（两种单体、引发剂和溶剂连续投入反应器，含共聚物的溶液连续流出反应器）的共聚合，可参照上述第一种方法，通过控制物料在反应器内的平均停留时间来控制转化率，抑制产物的组成分布增宽。

4.3 二元共聚物微结构和链段序列分布

要全面描述共聚物的链结构，除了组成参数外，还需要掌握大分子链中不同单元的排列规律，也就是链段序列分布问题。一个极端的例子是，$(AB)_n$ 交替共聚物与由聚合度相同的两种链段构成的 A_n-B_n 型嵌段共聚物具有相同的组成（$F_A=0.5$），但二者的链结构却完全不同，导致其物理性质也明显不同。由于共聚物的链段序列分布受单体组成的影响，在聚合不同时段产生的大分子之间的链段分布也有差别。表征和调控共聚物的链段序列分布是共聚反应研究的主要任务之一。

以 $r_A=4$、$r_B=0.25$ 的理想共聚体系为例，$f_A=0.5$ 时，按式（4-12）计算，可得 $F_A/F_B=4$。这并不表示每条聚合物链都由-A_4-和-B_1-链段相间而成，只是出现概率最大的一种情况而已。实际上，-A_1-，-A_2-，…，-A_i-段都可能存在，按一定概率分布，如下所示。

$$\sim B\text{-}\underline{AAA}\text{-}B\text{-}\underline{AAAA}\text{-}BB\text{-}\underline{AA}\text{-}B\text{-}\underline{A}\text{-}BB\sim$$

与聚合度分布类似，链段分布也可用概率法推导出分布函数。

自由基 A· 可与单体 A 和 B 加成，形成 AA· 和 AB· 两种二元组，是一对竞争反应。假设形成 AA· 和 AB· 的概率分别为 p_{AA} 和 p_{AB}，则

$$p_{AA}=1-p_{AB}=\frac{k_{AA}[A\cdot][A]}{k_{AA}[A\cdot][A]+k_{AB}[A\cdot][B]}=\frac{r_A[A]}{r_A[A]+[B]} \tag{4-21}$$

同理，形成 BB· 和 BA· 的概率分别为 p_{BB} 和 p_{BA}，则

$$p_{BB}=1-p_{BA}=\frac{r_B[B]}{r_B[B]+[A]} \tag{4-22}$$

-A_x-段是由 BA· 连续加上（$x-1$）个 A 单元和 1 个 B 单元后形成的。因此，形成-A_x-链段的概率 p_{A_x} 为

$$p_{A_x}=p_{AA}^{x-1}p_{AB}=p_{AA}^{x-1}(1-p_{AA}) \tag{4-23}$$

同理，形成-B_x-段的概率 p_{B_x} 为

$$p_{B_x}=p_{BB}^{x-1}p_{BA}=p_{BB}^{x-1}(1-p_{BB}) \tag{4-24}$$

式（4-23）、式（4-24）称作链段序列数量分布函数，表示-A_x-（或-B_x-）段的数量占所有由 A 组成的链段（或由 B 组成的链段）数量的比例，类似自由基聚合中 x-聚体数量分布函数式（3-40）。

式（4-23）和式（4-24）表明，形成-A_x-段的概率 p_{A_x} 是 f_A 和 r_A 的函数，与 r_B 无关；p_{B_x} 则是 r_B 的函数，与 r_A 无关。以上两式可用来计算某一单体组成下的共聚物链段

分布。

$-A_x-$段的数均长度（$\overline{N}_A$）和$-B_x-$段的数均长度（$\overline{N}_B$）可以分别由各自的分布函数［式(4-23)和式(4-24)］统计求得。

$$\overline{N}_A=\sum_{x=1}^{x} x p_{A_x}=\sum_{x=1}^{x} x p_{AA}^{x-1}(1-p_{AA})=\frac{1}{1-p_{AA}} \tag{4-25}$$

$$\overline{N}_B=\sum_{x=1}^{x} x p_{B_x}=\sum_{x=1}^{x} x p_{BB}^{x-1}(1-p_{BB})=\frac{1}{1-p_{BB}} \tag{4-26}$$

以 $r_A=4$、$r_B=0.25$、$f_A=0.5$ 的共聚为例，按式（4-21）计算得 $p_{AA}=4/5$。再按式(4-23)计算出$-A_1-$、$-A_2-$、$-A_3-$链段的概率或摩尔分数分别为 20%、16%、12.8%等。由此可见，$-A_x-$段的概率随链段长度增加而递减，如图 4-10（a）所示。按式（4-25）计算得$-A_x-$段的数均长度 $\overline{N}_A$ 为 5。

根据式（4-23），$-A_x-$链段中的 A 单元的数量占 A 单元的总数的比例可由下式表示：

$$\frac{W_{A_x}}{W}=\frac{x p_{A_x}}{\sum_{x=1}^{x} x p_{A_x}}=x p_{AA}^{x-1}(1-p_{AA})^2 \tag{4-27}$$

式（4-27）可称为链段序列质量分布函数，如图 4-9（b）所示。同样地，也可求出$-B_x-$链段序列质量分布函数。

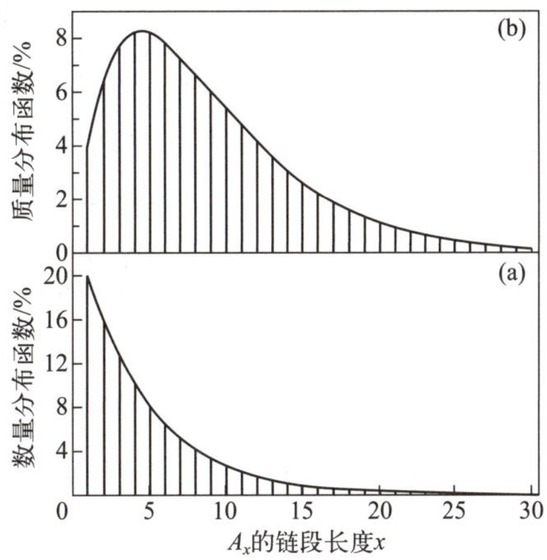

图 4-9　二元共聚物链段序列数量分布（a）和质量分布（b）

可进一步计算$-A_x-$链段所含的 A 单元数。以 100 个链段计，$\overline{N}_A=5$，因此 A 单元总数为 500。$-A_1-$段含有单元数 100×20%=20 个，占 A 单元总数 500 的 4%；$-A_2-$段含有单元数为 2×100×16%=32 个，占 6.4%；其余类推。$-A_4-$段中 A 单元的数量占 100 个链段所含单元总数的百分比最大，约 7.9%，对应于图 4-9（b）中曲线的最大值。

如聚合度不够大（<1000），二元共聚物中不同大分子链的链段分布并不完全相同。聚合度超过 5000 后，大分子之间链段序列分布才较接近。

另外，根据概率法求得的链段数均长度可以推导出二元共聚物组成微分方程。因为共聚物中两单元数比 n_A/n_B 等于两种链段的数均长度比 $\overline{N}_A/\overline{N}_B$，将式（4-21）、式（4-22）、式（4-25）和式（4-26）的关系代入，就可以得到与式（4-11）相同的共聚物瞬时组成方程。

$$\frac{F_A}{F_B}=\frac{n_A}{n_B}=\frac{\overline{N}_A}{\overline{N}_B}=\frac{1/(1-p_{AA})}{1/(1-p_{BB})}=\frac{[A]}{[B]}\times\frac{r_A[A]+[B]}{r_B[B]+[A]}=\frac{f_A(r_Af_A+f_B)}{f_B(r_Bf_B+f_A)} \tag{4-28}$$

4.4　前末端效应

推导共聚物组成方程时，除了均聚时的三个假定外，另有两个重要假定：一是自由基活性只受末端单元影响，这属于动力学问题；二是链增长反应不可逆，这属于热力学问题。如果有些共聚体系的链增长规律不符合这两个假定，共聚物的实际组成及链段序列分布将偏离方程式（4-11）和式（4-23）的预测结果，需作出修正。

在实际的共聚反应中，常见的偏离式（4-11）的现象多可以归结为前末端效应。带有较大位阻或强极性基团的烯类单体进行自由基共聚合时，前末端单元对末端自由基的活性将产生影响，例如苯乙烯（A）-反丁烯二腈（B）的自由基共聚。前末端单元为反丁烯二腈的苯乙烯自由基～BA・与单体B反应的活性将显著降低，主要原因是～BA・中的前末端单元B与参加链增长反应的B单体之间有位阻和极性斥力。此外，还有许多类似例子，如苯乙烯-丙烯腈、α-甲基苯乙烯-丙烯腈、甲基丙烯酸甲酯-4-乙烯基吡啶、丁二烯-丙烯酸甲酯等。

处理前末端效应时，需考虑～AA・和～BA・、～BB・和～AB・这四种自由基的活性各不相同，故有8个链增长反应（见图4-10）和4个竞聚率，即

$$r_{\mathrm{A}}=\frac{k_{\mathrm{AAA}}}{k_{\mathrm{AAB}}},r'_{\mathrm{A}}=\frac{k_{\mathrm{BAA}}}{k_{\mathrm{BAB}}},r_{\mathrm{B}}=\frac{k_{\mathrm{BBB}}}{k_{\mathrm{BBA}}},r'_{\mathrm{B}}=\frac{k_{\mathrm{ABB}}}{k_{\mathrm{ABA}}} \tag{4-29}$$

$$\sim\mathrm{AA}\cdot+\mathrm{A}\xrightarrow{k_{\mathrm{AAA}}}\sim\mathrm{AAA}\cdot \qquad \sim\mathrm{AA}\cdot+\mathrm{B}\xrightarrow{k_{\mathrm{AAB}}}\sim\mathrm{AAB}\cdot$$

$$\sim\mathrm{BA}\cdot+\mathrm{A}\xrightarrow{k_{\mathrm{BAA}}}\sim\mathrm{BAA}\cdot \qquad \sim\mathrm{BA}\cdot+\mathrm{B}\xrightarrow{k_{\mathrm{BAB}}}\sim\mathrm{BAB}\cdot$$

$$\sim\mathrm{BB}\cdot+\mathrm{B}\xrightarrow{k_{\mathrm{BBB}}}\sim\mathrm{BBB}\cdot \qquad \sim\mathrm{BB}\cdot+\mathrm{A}\xrightarrow{k_{\mathrm{BBA}}}\sim\mathrm{BBA}\cdot$$

$$\sim\mathrm{AB}\cdot+\mathrm{B}\xrightarrow{k_{\mathrm{ABB}}}\sim\mathrm{ABB}\cdot \qquad \sim\mathrm{AB}\cdot+\mathrm{A}\xrightarrow{k_{\mathrm{ABA}}}\sim\mathrm{ABA}\cdot$$

图4-10 前末端效应中的链增长反应

在这样的情况下，两种单体的消耗速率之比为

$$\frac{\mathrm{d}[\mathrm{A}]}{\mathrm{d}[\mathrm{B}]}=\frac{R_{AAA}+R_{BBA}+R_{ABA}+R_{BAA}}{R_{AAB}+R_{BBB}+R_{ABB}+R_{BAB}} \tag{4-30}$$

对［AA・］、［BB・］和［BA・］三种自由基做稳态处理。

$$k_{\mathrm{AAB}}[\mathrm{AA}\cdot][\mathrm{B}]=k_{\mathrm{BAA}}[\mathrm{BA}\cdot][\mathrm{A}] \tag{4-31a}$$

$$k_{\mathrm{BBA}}[\mathrm{BB}\cdot][\mathrm{A}]=k_{\mathrm{ABB}}[\mathrm{AB}\cdot][\mathrm{B}] \tag{4-31b}$$

$$k_{\mathrm{BAA}}[\mathrm{BA}\cdot][\mathrm{A}]+k_{\mathrm{BAB}}[\mathrm{BA}\cdot][\mathrm{B}]=k_{\mathrm{ABA}}[\mathrm{AB}\cdot][\mathrm{A}]+k_{\mathrm{ABB}}[\mathrm{AB}\cdot][\mathrm{B}] \tag{4-31c}$$

［AB・］的稳态方程不是独立方程，不必写出。

将以上三式代入式（4-30）并令 $X=[\mathrm{A}]/[\mathrm{B}]$，则得

$$\frac{\mathrm{d}[\mathrm{A}]}{\mathrm{d}[\mathrm{B}]}=\frac{1+\dfrac{r'_{\mathrm{A}}X(r_{\mathrm{A}}X+1)}{r'_{\mathrm{A}}X+1}}{1+\dfrac{r'_{\mathrm{B}}(r_{\mathrm{B}}+X)}{X(r'_{\mathrm{B}}+X)}} \tag{4-32}$$

对于苯乙烯（A）-反丁烯二腈（B）体系，反丁烯二腈不能自聚（$r_{\mathrm{B}}=r'_{\mathrm{B}}=0$），则上式简化为

$$\frac{\mathrm{d}[\mathrm{A}]}{\mathrm{d}[\mathrm{B}]}=1+\frac{r'_{\mathrm{A}}X(r_{\mathrm{A}}X+1)}{r'_{\mathrm{A}}X+1} \tag{4-33}$$

将 $r_{\mathrm{A}}=0.072$ 和 $r'_{\mathrm{A}}=1.0$ 代入式（4-33）计算得到共聚物组成，与实验结果比较吻合。如果存在前末端效应，共聚物瞬时组成方程将更加复杂，但形式相似。

4.5 多元共聚

当二元共聚物的性能不能满足应用需要时，常通过加入第三甚至第四单体、进行三元或四元共聚来达到目标。这方面已有不少应用实例。

常见的三元共聚物多以两种主要单体体现基本性能，再加少量第三单体作特殊改性。例如，氯乙烯-醋酸乙烯酯（15%）共聚物添加 1%～2%马来酸酐可提高粘接性能；丙烯腈-丙烯酸甲酯（7%～8%）共聚物中加入 1%～2%衣康酸，可改善聚丙烯腈的染色性能；乙烯-丙烯共聚体系中加入 2%～3%的非共轭二烯烃（其中的一个双键不参与共聚），可在乙丙橡胶链中引入少量双键作为后续硫化交联的反应位点。

三元共聚物组成方程可以参照二元共聚方程进行推导。三元共聚时，有 3 种链引发、9 种链增长和 6 种链终止。9 种链增长反应式如图 4-11 所示。

$$
\begin{array}{lll}
\sim A\cdot + A \xrightarrow{k_{AA}} \sim A\cdot & \sim B\cdot + A \xrightarrow{k_{BA}} \sim A\cdot & \sim C\cdot + A \xrightarrow{k_{CA}} \sim A\cdot \\
\sim A\cdot + B \xrightarrow{k_{AB}} \sim B\cdot & \sim B\cdot + B \xrightarrow{k_{BB}} \sim B\cdot & \sim C\cdot + B \xrightarrow{k_{CB}} \sim B\cdot \\
\sim A\cdot + C \xrightarrow{k_{AC}} \sim C\cdot & \sim B\cdot + C \xrightarrow{k_{BC}} \sim C\cdot & \sim C\cdot + C \xrightarrow{k_{CC}} \sim C\cdot
\end{array}
$$

图 4-11　三元共聚中的链增长反应

6 个竞聚率为

$$
\begin{array}{ccc}
\text{A-B} & \text{B-C} & \text{A-C}
\end{array}
$$

$$
r_{AB}=\frac{k_{AA}}{k_{AB}} \quad r_{BC}=\frac{k_{BB}}{k_{BC}} \quad r_{AC}=\frac{k_{AA}}{k_{AC}} \tag{4-34a}
$$

$$
r_{BA}=\frac{k_{BB}}{k_{BA}} \quad r_{CB}=\frac{k_{CC}}{k_{CB}} \quad r_{CA}=\frac{k_{CC}}{k_{CA}} \tag{4-34b}
$$

3 种单体的消耗速率为

$$
-\frac{d[A]}{dt}=R_{AA}+R_{BA}+R_{CA} \tag{4-35a}
$$

$$
-\frac{d[B]}{dt}=R_{AB}+R_{BB}+R_{CB} \tag{4-35b}
$$

$$
-\frac{d[C]}{dt}=R_{AC}+R_{BC}+R_{CC} \tag{4-35c}
$$

对［A·］、［B·］和［C·］三种自由基做稳态处理，可以推导出三元共聚物组成方程。有 2 种稳态处理方式，分别得到不同的组成方程。

① Alfrey-Goldfinger 作如下稳态假定：

$$
R_{AB}+R_{AC}=R_{BA}+R_{CA} \tag{4-36a}
$$

$$
R_{BA}+R_{BC}=R_{AB}+R_{CB} \tag{4-36b}
$$

$$
R_{CA}+R_{CB}=R_{AC}+R_{BC} \tag{4-36c}
$$

最后得到三元共聚物组成比为

$$d[A]:d[B]:d[C]=[A]\left\{\frac{[A]}{r_{CA}r_{BA}}+\frac{[B]}{r_{BA}r_{CB}}+\frac{[C]}{r_{CA}r_{BC}}\right\}\left\{[A]+\frac{[B]}{r_{AB}}+\frac{[C]}{r_{AC}}\right\}:$$
$$[B]\left\{\frac{[A]}{r_{AB}r_{CA}}+\frac{[B]}{r_{AB}r_{CB}}+\frac{[C]}{r_{CB}r_{AC}}\right\}\left\{[B]+\frac{[A]}{r_{AB}}+\frac{[C]}{r_{BC}}\right\}:$$
$$[C]\left\{\frac{[A]}{r_{AC}r_{BA}}+\frac{[B]}{r_{BC}r_{AB}}+\frac{[C]}{r_{AC}r_{BC}}\right\}\left\{[C]+\frac{[A]}{r_{CA}}+\frac{[B]}{r_{CB}}\right\} \tag{4-37}$$

② Valvassori-Sartori 另作比较简单的稳态处理：

$$R_{AB}=R_{BA};\ R_{BC}=R_{CB};\ R_{AC}=R_{CA} \tag{4-38}$$

得到另一种形式的组成方程：

$$d[A]:d[B]:d[C]=[A]\left\{[A]+\frac{[B]}{r_{AB}}+\frac{[C]}{r_{AC}}\right\}:$$
$$[B]\frac{r_{BA}}{r_{AB}}\left\{\frac{[A]}{r_{BA}}+[B]+\frac{[C]}{r_{BC}}\right\}:$$
$$[C]\frac{r_{CA}}{r_{AC}}\left\{\frac{[A]}{r_{CA}}+\frac{[B]}{r_{CB}}+[C]\right\} \tag{4-39}$$

如果已知三种单体的两两竞聚率，就可以用式（4-37）或式（4-39）算出三元共聚物组成。这两个方程还可以延伸用于四元共聚。

三元或四元共聚时，如某一单体不能均聚，其竞聚率为零，就不能应用式（4-35）和式（4-37）了，需另作推导。

4.6 竞聚率

竞聚率是共聚物组成方程中的重要参数，可用于从单体组成计算共聚物组成，也可用于估算共聚物的链段序列分布，判断共聚行为。从文献手册中摘取的部分二元共聚竞聚率数据见表 4-4。

表 4-4 常用自由基共聚单体对的竞聚率

单体 A	单体 B	温度/℃	r_A	r_B
丁二烯	异戊二烯	5	0.75	0.85
	苯乙烯	50	1.40	0.58
	苯乙烯	60	1.39	0.78
	丙烯酸	40	0.3	0.02
	甲基丙烯酸甲酯	90	0.75	0.25
	丙烯酸甲酯	5	1.1	0.07
	氯乙烯	50	8.8	0.04
苯乙烯	异戊二烯	50	0.80	1.68
	丙烯腈	60	0.29	0.02
	甲基丙烯酸甲酯	60	0.52	0.46

续表

单体A	单体B	温度/℃	r_A	r_B
苯乙烯	丙烯酸甲酯	60	0.19	0.80
	偏二氯乙烯	60	1.8	0.13
	氯乙烯	60	15	0.01
	醋酸乙烯酯	60	42	0
	乙烯基乙醚	80	90	0
丙烯腈	甲基丙烯酸甲酯	70	0.14	1.3
	丙烯酸甲酯	50	1.5	0.84
	偏二氯乙烯	60	0.92	0.32
	氯乙烯	50	3.6	0.04
	异丁烯	50	0.98	0.02
	醋酸乙烯酯	50	5.5	0.06
甲基丙烯酸甲酯	丙烯酸甲酯	50	2.2	0.4
	偏二氯乙烯	60	2.4	0.36
	氯乙烯	68	9.0	0.07
	醋酸乙烯酯	70	20	0.015
丙烯酸甲酯	氯乙烯	50	4.4	0.093
	醋酸乙烯酯	60	6.4	0.03
氯乙烯	醋酸乙烯酯	60	1.68	0.23
	偏二氯乙烯	68	0.1	6
醋酸乙烯酯	乙烯	130	1.04	0.79
马来酸酐	苯乙烯	50	0.005	0.005
	α-甲基苯乙烯	60	0.08	0.04
	反二苯基乙烯	60	0.03	0.03
	顺二苯基乙烯	60	0.08	0.07
	丙烯腈	60	0	6
	甲基丙烯酸甲酯	75	0.01	3.4
	丙烯酸甲酯	75	0.012	2.8
	醋酸乙烯酯	75	0.0	0.019
四氟乙烯	三氟氯乙烯	60	1.0	1.0
	乙烯	80	0.85	0.15
	异丁烯	80	0.3	0.0

4.6.1 竞聚率的测定

求取竞聚率时，需在单体转化率低于5%的条件下分别进行多个单体配比不同的共聚反应，测定每个反应的共聚物组成或/和残留单体组成，得到一组单体组成-共聚物组成的实验数据。共聚物组成可以采用元素分析、红外/紫外光谱或核磁共振波谱来分析，残留单体组成则多用气相或液相色谱法测定。控制单体转化率低于5%是为了减少共聚物组成随转化率提高而变动带来的误差。

获得单体组成—共聚物组成的系列实验数据后，可选用下列方法求取竞聚率。

(1) 直线交叉法

这是比较早期的方法。将式（4-10）重排成下式

$$r_B=\frac{f_A}{f_B}\left[\frac{F_B}{F_A}\left(1+r_A\frac{f_A}{f_B}\right)-1\right] \tag{4-40}$$

在5%～10%低转化率条件下，将几组 f_A、f_B 与所对应的 F_A、F_B 代入式（4-40），就可画出几条 r_A-r_B 直线。交点或交叉区域的中心坐标就是 r_A、r_B 值，如图4-12所示。交叉区域的大小与实验的准确程度有关。

也可将式（4-10）转变成积分式，用试差法来求较高转化率（>10%～20%）下的竞聚率。但较烦琐，很少采用。

(2) 截距斜率法

令 $\rho=F_A/F_B$ 和 $R=f_A/f_B$，可将式（4-11）重排为式（4-41a）或式（4-41b）。

$$\frac{\rho-1}{R}=r_A-r_B\frac{\rho}{R^2} \tag{4-41a}$$

$$\frac{R(\rho-1)}{\rho}=-r_B+r_A\frac{R^2}{\rho} \tag{4-41b}$$

按式（4-41a），由一组 $(\rho-1)/R$ 对 ρ/R^2 作图，拟合得一直线，如图4-13所示，截距为 r_A，斜率为 $-r_B$。按式（4-41b），由一组 $R(\rho-1)/\rho$ 对 R^2/ρ 作图并线性拟合，如图4-14所示，则截距为 $-r_B$，斜率为 r_A。由于实验误差，这两种方法求得的 r_A、r_B 值之间可能有些差异。

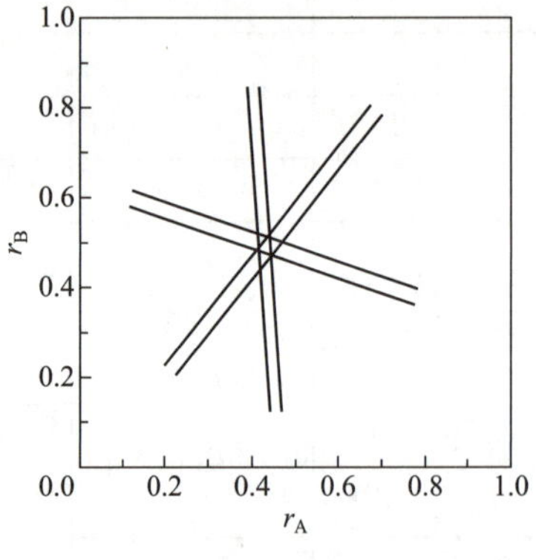

图4-12 直线交叉法求竞聚率

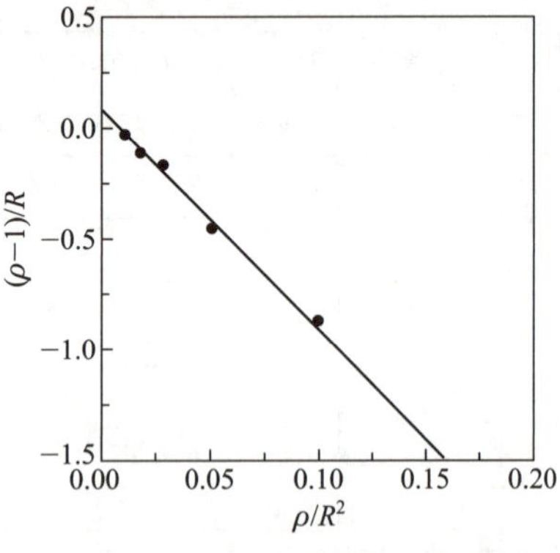

图4-13 共聚竞聚率截距斜率图
N-乙烯基琥珀亚胺（A）-甲基丙烯酸甲酯（B），$r_A=0.07$，$r_B=0.7$

(3) 曲线拟合法

根据式（4-11），基于不同的 F_A-f_A 数值，采用非线性拟合方法，可以通过程序直接拟合得到 r_A 和 r_B 值。

近年来曾用共聚物组成-转化率数据来求取 r_A、r_B 值。例如采用式（4-18），作 f_A-C 图，由计算机确定 r_A、r_B 最佳值。将求得的 r_A、r_B 代入式（4-18），会得到相同的曲线。

各种方法求出的竞聚率会有差别，使用时应留意。

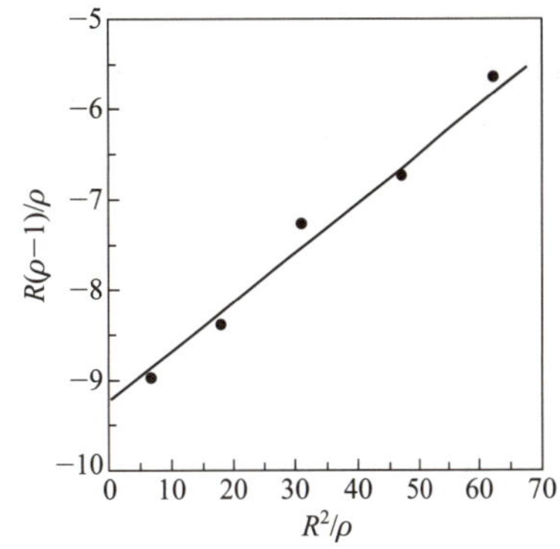

图 4-14　竞聚率截距斜率图
（条件同图 4-13）

4.6.2 影响竞聚率的因素

竞聚率是两种链增长速率常数之比，影响链增长速率常数的因素，如温度、压力、溶剂等，都将影响竞聚率。

（1）温度

根据竞聚率的定义，$r_A = k_{AA}/k_{AB}$，可以得到

$$\frac{d(\ln r_A)}{dT} = \frac{E_{AA} - E_{AB}}{RT^2} \tag{4-42}$$

式中，E_{AA} 和 E_{AB} 分别是自增长和交叉增长的活化能。链增长活化能较小（$21\sim34kJ \cdot mol^{-1}$），两者的差值就更小，因此，温度对竞聚率的影响并不大，见表 4-5。共聚中的自增长和交叉增长反应相似，频率因子值也相近，因此两者的速率常数仅决定于活化能。若 $r_A<1$，表明 $k_{AA}<k_{AB}$，或 $E_{AA}>E_{AB}$。温度升高时，活化能较大的速率常数 k_{AA} 增加得较快，k_{AB} 增加较慢。结果，r_A 值逐渐上升，趋近于 1。如果 $r_A>1$，r_A 随温度升高而降低，最后也趋近于 1。总之，温度升高，将向理想共聚方向发展。

表 4-5　温度对竞聚率的影响（单体 A 为苯乙烯）

单体 B	T/℃	r_A	r_B
甲基丙烯酸甲酯	35	0.52	0.44
	60	0.52	0.46
	131	0.59	0.54
丙烯腈	60	0.40	0.04
	75	0.41	0.03
	99	0.39	0.06
丁二烯	5	0.44	1.40
	50	0.58	1.35
	60	0.78	1.39

（2）压力

竞聚率随压力的变化与温度的影响类似。升高压力也使共聚趋向理想共聚。例如在 0.001MPa、0.1MPa、10MPa 下，甲基丙烯酸甲酯-丙烯腈共聚的 $r_A \cdot r_B$ 分别为 0.16、0.54 和 0.91。

（3）溶剂

溶剂的极性对竞聚率有一定影响，参见表 4-6。对于离子共聚合，由于溶剂极性显著影响离子对的性质，其对链增长速率和竞聚率的影响都较大。

（4）其他因素

反应介质的 pH 值和盐类的加入将引起竞聚率的变化。酸类单体，如甲基丙烯酸（A）和 N-二乙氨基乙酯（B）共聚时，pH＝1 时，甲基丙烯酸以酸的形式存在，氢键易缔合，

活性高，故 $r_A=0.98$，$r_B=0.90$，两竞聚率相近。pH=7.2 时，甲基丙烯酸转变成盐，氢键消失，活性低，故 $r_A=0.08$，$r_B=0.65$，两者相差很大。实际上，甲基丙烯酸与甲基丙烯酸盐已是两种不同的单体。

表 4-6　苯乙烯 (A)-甲基丙烯酸甲酯 (B) 在不同溶剂中的竞聚率

溶剂	r_A	r_B
苯	0.57	0.46
苯甲腈	0.48	0.49
苯甲醇	0.44	0.39
苯酚	0.35	0.35

某些盐类将增加交替共聚倾向。例如苯乙烯-甲基丙烯酸甲酯用偶氮二异丁腈引发共聚，50℃下 $r_A \cdot r_B$ 值为 0.212，存在不同浓度的氯化锌时，$r_A \cdot r_B$ 值逐步降为 0.014，趋近交替共聚。此外，聚合方法不同，共聚物组成可能会有差异。这可能是聚合场所局部浓度与总体浓度不同所引起的，并非竞聚率本身变化引起的。例如，含丙烯腈体系的悬浮共聚或乳液共聚中，丙烯腈在水相中的溶解度不同。

4.7　单体活性和自由基活性

自由基聚合的每一次链增长都是自由基与单体间的双分子反应，其链增长速率常数取决于单体和自由基的特性。比较不同单体的活性时，应基于其与同种自由基的反应。同样地，比较不同自由基的活性时，应基于其与同种单体的反应。因此，仅用均聚反应中的链增长速率常数 (k_p) 无法判断自由基或单体的相对活性。竞聚率包含了多种单体与多种自由基之间的链增长速率信息，因而对判断两类物种的活性具有关键作用。

4.7.1　单体活性

根据定义，竞聚率的倒数，如 $1/r_A=k_{AB}/k_{AA}$，表示同一自由基分别与不同单体反应的增长速率常数之比，可用来定量比较单体的相对活性。表 4-7 中，纵列数值代表不同单体对同一自由基反应的相对活性，例如第二列代表苯乙烯自由基与不同单体反应的相对活性。

表 4-7　乙烯基单体对同一自由基的相对活性 ($1/r_A$)[①]

单体[②]	链自由基						
	B·	St·	VAc·	VC·	MMA·	MA·	AN·
B	—	1.7	—	29	4	20	50
St	0.7	—	100	50	2.2	5.0	25
MMA	1.3	1.9	67	10	—	2	6.7
AN	3.3	2.5	20	25	0.82	1.2	—

续表

单体[②]	链自由基						
	B·	St·	VAc·	VC·	MMA·	MA·	AN·
MA	1.3	1.3	10	17	0.52	—	0.67
VC	0.11	0.059	4.4	—	0.10	0.25	0.37
VAc	—	0.019	—	0.59	0.05	0.11	0.24

① 部分数据根据表 4-4 中的数据计算得到；

② B代表丁二烯，St代表苯乙烯，VAc代表醋酸乙烯酯，VC代表氯乙烯，MMA代表甲基丙烯酸甲酯，MA代表丙烯酸甲酯，AN代表丙烯腈。

从表 4-7 可看出，大部分单体的活性由上而下依次减弱。表 4-7 的横行数据没有比较意义。不同取代基对乙烯基单体活性的影响可见如下排列顺序。

$$-\mathrm{Ph},-\mathrm{CH_2{=}CH}>-\mathrm{CN},-\mathrm{COR}>-\mathrm{COOH},$$
$$-\mathrm{COOR}>-\mathrm{Cl}>-\mathrm{OCOR},-\mathrm{R}>-\mathrm{OR},-\mathrm{H}$$

4.7.2 自由基活性

考虑不同自由基与同一单体的增长反应，可以比较同一种单体与不同自由基反应的速率常数，即

$$\frac{k_{AA}}{k_{BA}}=r_B\frac{k_{AA}}{k_{BB}} \tag{4-43}$$

已知 k_{AA}、k_{BB} 和 r_B，就可以由式（4-43）定量比较～A·和～B·分别与单体 A 反应时的相对活性。一些典型数据见表 4-8。

表 4-8　同一单体与不同自由基反应的 k_{AB}[①]　单位：$L\cdot mol^{-1}\cdot s^{-1}$

单体[②]	链自由基						
	B·	St·	MMA·	AN·	MA·	VAc·	VC·
B	1.00×10^3	2.80×10^2	2.06×10^3	9.80×10^4	4.18×10^4	—	3.19×10^5
St	70	1.65×10^2	1.13×10^3	4.90×10^4	1.00×10^4	2.30×10^5	5.50×10^5
MMA	1.30×10^2	3.14×10^2	5.15×10^2	1.31×10^4	4.18×10^3	1.54×10^5	1.10×10^5
AN	3.30×10^2	4.13×10^2	4.22×10^2	1.96×10^3	2.51×10^3	4.60×10^4	2.25×10^5
MA	1.30×10^2	2.15×10^2	2.68×10^2	1.31×10^3	2.09×10^3	2.30×10^4	1.87×10^5
VC	11	9.7	52	7.20×10^2	5.20×10^2	1.01×10^4	1.10×10^4
VAc	—	3.4	26	2.30×10^2	2.30×10^2	2.30×10^3	6.49×10^3

注：① 根据表 3-21 和表 4-4 中的数据计算得到。

② BD代表丁二烯，St代表苯乙烯，MMA代表甲基丙烯酸甲酯，AN代表丙烯腈，MA代表丙烯酸甲酯，VC代表氯乙烯，VAc代表醋酸乙烯酯。

由表 4-8 中的横行数据可以比较不同自由基的相对活性，从左到右依次增大。由表中的纵列数据则可比较单体活性，从上而下依次减弱。从取代基的影响看来，单体活性次序与自由基活性次序恰好相反，但变化的倍数并不相同。例如苯乙烯单体的活性是醋酸乙烯酯单体的 50～100 倍，但醋酸乙烯酯自由基的活性却是苯乙烯自由基的 100～1000 倍。可见，取代

基对自由基活性的影响比对单体活性的影响要大得多，因此，醋酸乙烯酯均聚速率常数反而比苯乙烯的大。

4.7.3 取代基对单体活性和自由基活性的影响

与影响烯类单体的聚合机理选择性一样，取代基的电子效应（共轭效应、极性效应）和位阻效应对自由基活性和单体活性均有影响，但影响程度不一。

（1）共轭效应

按表 4-8 所列的自由基活性次序，可见共轭效应对自由基活性的影响很大。苯乙烯自由基的单电子因与相邻苯环的 π-电子产生电子离域化效应或共轭效应而变得稳定，反应活性降低，成为烯类自由基中活性较低的一员。腈基、羧基和酯基等基团对自由基均有共轭效应，这类自由基的活性也不很高。相反，卤素、酰氧基和烷氧基等基团只有卤原子、氧原子上的未成键电子对与相邻的自由基稍有作用，这类自由基与未成键电子对的共轭作用不能分散单电子的电荷，因此氯乙烯、醋酸乙烯酯、乙烯基醚等自由基就很活泼。共轭效应带来的另一重要现象是单体活性与自由基活性次序正好相反，即苯乙烯单体活泼，而醋酸乙烯酯单体并不活泼。以下用单体和自由基活性处于两个极端的苯乙烯（A)-醋酸乙烯酯（B）为例，来说明其 4 种链增长反应速率常数的变化规律，体现共轭效应对单体活性和自由基活性影响的程度。

$$\text{S}\cdot + \text{VAc} \longrightarrow \text{VAc}\cdot \qquad k_{AB}=3.9\text{L}\cdot\text{mol}^{-1}\cdot\text{s}^{-1}$$

$$\text{S}\cdot + \text{S} \longrightarrow \text{S}\cdot \qquad k_{AA}=k_{p,A}=165\text{L}\cdot\text{mol}^{-1}\cdot\text{s}^{-1},\ r_A=42$$

$$\text{VAc}\cdot + \text{VAc} \longrightarrow \text{VAc}\cdot \qquad k_{BB}=k_{p,B}=2.3\times10^3\text{L}\cdot\text{mol}^{-1}\cdot\text{s}^{-1},\ r_B=0.01$$

$$\text{VAc}\cdot + \text{S} \longrightarrow \text{S}\cdot \qquad k_{BA}=2.3\times10^5\text{L}\cdot\text{mol}^{-1}\cdot\text{s}^{-1}$$

低活性的苯乙烯自由基很难与低活性的醋酸乙烯酯单体交叉增长（$k_{AB}=3.9\text{L}\cdot\text{mol}^{-1}\cdot\text{s}^{-1}$），而特高活性的醋酸乙烯酯自由基与高活性的苯乙烯单体将迅速交叉增长（$k_{BA}=2.3\times10^5\text{L}\cdot\text{mol}^{-1}\cdot\text{s}^{-1}$）。一旦形成苯乙烯自由基，将难以与醋酸乙烯酯单体进行加成增长。实验结果也证实，苯乙烯很难与醋酸乙烯酯共聚，只能先后形成两种均聚物。苯乙烯单体可以看作醋酸乙烯酯聚合的阻聚剂，在苯乙烯的均聚结束之后，醋酸乙烯酯才开始均聚。两种单体的均聚速率介于两种交叉增长之间。苯乙烯单体的活性虽高，但其自由基活性过低，其均聚速率较小（$k_{p,A}=165\text{L}\cdot\text{mol}^{-1}\cdot\text{s}^{-1}$），聚合时间往往需要十几小时；而醋酸乙烯酯的自由基活性很高，足以弥补较低的单体活性，能以较高的速率（$k_{p,B}=2.3\times10^3\text{L}\cdot\text{mol}^{-1}\cdot\text{s}^{-1}$）进行聚合，聚合时间只需要几小时。

自由基与单体活性次序相反的情况还可以用基于化学反应碰撞理论的两者作用的势能图来说明。图 4-15 有两组势能曲线：一组是四条势能斥力线，代表自由基与单体靠近时势能随距离缩短而增加的情况；另一组是两条 Morse 曲线，代表加成后新形成键的稳定性。两组曲线的交点代表单体与自由基反应的过渡态，交点处键合和未键合状态的势能相同。带箭头垂直实线代表活化能，虚线代表反应热。有共轭效应取代基的自由基 $R_s\cdot$ 的势能远低于无共轭效应的自由基 R·，而共轭效应导致单体势能降低的幅度则要小得多，因此 $R_s\cdot$ 与 R· 的 Morse 曲线间的距离比含 M_s 及含 M 的斥力曲线间的距离要大。

这一规律对四种链增长反应的活化能（过渡态能量与单体-自由基成键前的基态能量之

差）产生了不同的影响。由图 4-15 活化能的大小（即实线的长短）可见，四种加成反应的速率常数的次序为

$$R_s\cdot + M < R_s\cdot + M_s < R\cdot + M < R\cdot + M_s$$

下标 s 代表含共轭基团。上述次序解释了苯乙烯—醋酸乙烯酯共聚体系中 4 种链增长反应速率常数大小的显著差异。

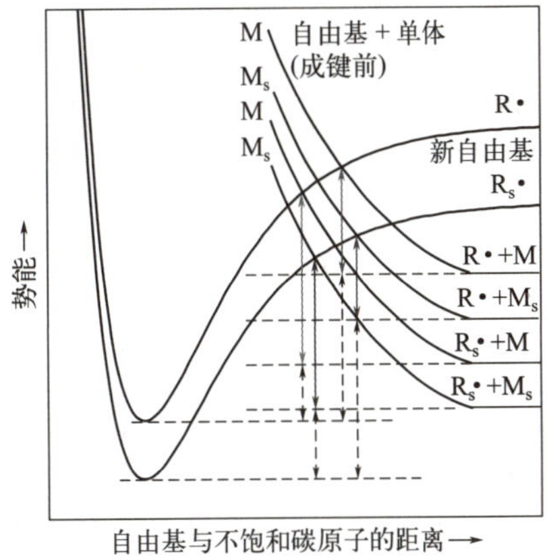

图 4-15　自由基与单体作用的势能-距离曲线

（2）极性效应

一些带有强极性取代基的单体（如丙烯腈）在单体和自由基活性次序中出现反常现象。供电子基团使烯类单体双键带负电，吸电子基团则使其带正电。这两类单体间的共聚倾向会有额外的增强，并有交替共聚的倾向。这称为极性效应。

表 4-9　自由基共聚中的 $r_A \cdot r_B$ 值

单体（e 值）	丁基乙烯基醚（−1.5）	丁二烯（−0.5）	苯乙烯（−0.80）	醋酸乙烯酯（−0.88）	氯乙烯（0.16）	甲基丙烯酸甲酯（0.4）	偏二氯乙烯（0.34）	甲基乙烯基酮（1.06）	丙烯腈（1.23）	反-丁烯二酸二乙酯（2.26）
丁二烯（−0.5）										
苯乙烯（−0.80）		0.78								
醋酸乙烯酯（−0.88）			0.55							
氯乙烯（0.16）		0.31	0.34	0.39						
甲基丙烯酸甲酯（0.4）		0.19	0.24	0.3	1.0					
偏二氯乙烯（0.34）		<0.1	0.16	0.6	0.96	0.61				
甲基乙烯基酮（1.06）			0.10	0.35	0.83		0.99			
丙烯腈（1.23）	0.004	0.006	0.016	0.21	0.11	0.18	0.34	1.1		
反-丁烯二酸二乙酯（2.26）	～0		0.021	0.0049	0.056		0.56			
马来酸酐（3.69）	～0.002		0.006	0.00017	0.0024	0.13				

注：1. $r_A r_B$ 值计算自表 4-4。
2. 括号内为单体的 e 值。

表 4-9 将一系列单体按极性大小进行排列，并显示了不同单体间二元共聚的竞聚率乘积。带供电子基团的单体处于左上方，带吸电子基团的单体处于右下方。两单体在表中的位置距离愈远，极性相差愈大，则 $r_A \cdot r_B$ 乘积愈接近于 0，交替倾向愈大。一些难均聚的单体，如顺丁烯二酸酐（马来酸酐）、反丁烯二酸二乙酯，却能与极性相反的单体，如苯乙烯、乙烯基醚等共聚。反式-1,2-二苯基乙烯（电子给体）和马来酸酐（电子受体）两单体虽然各自都不能均聚，却可形成电荷转移配合物而进行交替共聚。原因是，配合物过渡态的形成使活化能降低，从而使共聚速率增加。

马来酸酐自由基与苯乙烯单体间的电荷转移如下所示：

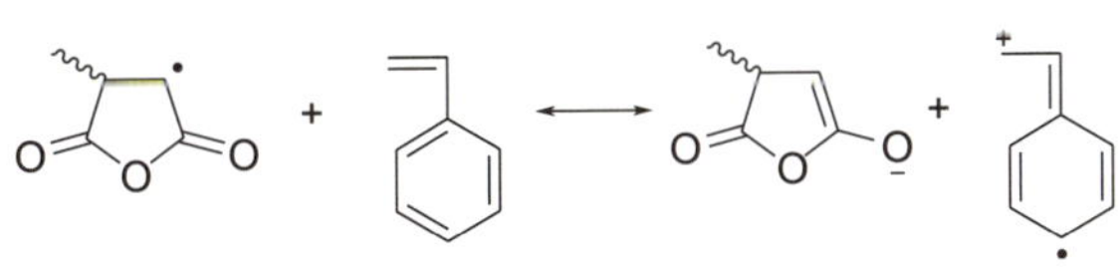

苯乙烯自由基与马来酸酐单体间的电荷转移也相似。

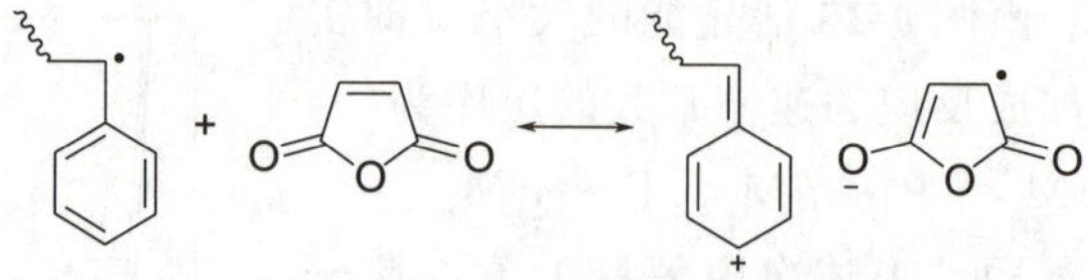

极性并非决定交替倾向的唯一因素，还需考虑位阻的影响。

(3) 位阻效应

共聚速率还与位阻效应有关。表 4-10 为多种氯代乙烯与不同自由基反应的 k_{AB} 值。

1,1-双取代烯类单体的位阻效应并不显著，2 个取代基电子效应的叠加反而使单体活性增加。如果两个取代基处在不同的碳原子上，则因位阻效应使活性减弱。例如，与氯乙烯相比，偏二氯乙烯和多种自由基反应的活性要增加 2～10 倍，而1,2-二氯乙烯的活性则降低至原来的$\frac{1}{2}$～$\frac{1}{20}$倍。由于位阻影响，1,2-双取代乙烯不能均聚，却能与苯乙烯、丙烯腈、醋酸乙烯酯等单取代乙烯共聚，但其共聚速率比 1,1-双取代乙烯要低。

表 4-10 自由基一单体共聚速率常数 k_{AB} 单位：$L \cdot mol^{-1} \cdot s^{-1}$

单体	链自由基		
	VAc·	St	AN·
偏二氯乙烯	2.30×10^4	89	2.15×10^2
氯乙烯	1.00×10^4	9.7	725
顺-1,2-二氯乙烯	3.65×10^2	0.79	—
反-1,2-二氯乙烯	2.32×10^3	4.5	—
三氯乙烯	3.48×10^3	10.3	29
四氯乙烯	3.38×10^2	0.83	4.2

注：根据表 3-21 和表 4-3 中的数据计算。

比较顺-1,2-氯乙烯和反-1,2-二氯乙烯，可以看出反式异构体的活性高 6 倍，这是普遍现象。主要原因是顺式异构体不易成平面型构象，因而活性较低。氟原子体积小，位阻效应小，因此四氟乙烯和三氟氯乙烯既易均聚，又易共聚。

4.8 扩展阅读 1：Q-e 概念

竞聚率是共聚物组成方程中的主要参数。二元共聚的每一对单体就存在一对竞聚率，100 种单体的二元组合将构成 4950 对竞聚率。全面测定这些 r_A、r_B 值是非常繁琐的工作。因此，研究者希望建立单体结构与活性间的定量关联式用于估算竞聚率。最通用的关联方法是 Alfrey-Price 提出的 Q-e 式。该方法将自由基与单体间的反应速率常数与共轭效应和极性效应关联起来，如式（4-44）所示。

$$k_{AB}=P_A Q_B e^{(-e_A e_B)} \tag{4-44}$$

式中，P_A、Q_B 分别为体现自由基和单体活性的共轭效应的参数，e_A、e_B 分别为体现自由基和单体活性的极性效应的参数。

假定单体及其自由基的极性 e 值相同，以 e_A 代表单体 A 和自由基 A· 的极性，e_B 代表单体 B 和自由基 B· 的极性，则可写出与式（4-44）相似的 k_{AA}、k_{AB} 和 k_{BB} 的表达式。最后可得到

$$r_A=\frac{Q_A}{Q_B}e^{[-e_A(e_A-e_B)]} \tag{4-45a}$$

$$r_B=\frac{Q_B}{Q_A}e^{[-e_B(e_B-e_A)]} \tag{4-45b}$$

将上述两式相乘，得

$$\ln(r_A r_B)=-(e_A-e_B)^2 \tag{4-46}$$

由实验可测得 r_A、r_B，但无法应用式（4-46）解出 e_A、e_B 两个未知数。因此人为规定苯乙烯的 $Q=1.0$、$e=-0.8$ 作基准。代入式（4-46），就可根据实测的 r_A、r_B 值求出另一单体的 Q、e 值。常用 Q、e 值见表 4-11。在没有竞聚率实验数据的情况下，可以由 Q、e 值来估算。Q-e 方程中未考虑位阻效应的影响，从实验和理论基础两方面来看，由 Q、e 来计算竞聚率会有偏差，但 Q-e 方程仍不失为有价值的关联式。

表 4-11　常见单体的 Q、e 值

单体	Q	e	单体	Q	e
乙基乙烯基醚	0.018	−1.8	丙烯酰胺	0.23	0.54
丙烯	0.009	−1.69	甲基丙烯酸	0.98	0.62
N-乙烯基吡咯烷酮	0.088	−1.62	丙烯酸甲酯	0.45	0.64
正丁基乙烯基醚	0.038	−1.5	甲基丙烯腈	0.86	0.68
对甲氧基苯乙烯	1.53	−1.4	氟乙烯	0.008	0.72
异丁烯	0.023	−1.2	4-乙烯基吡啶	2.47	0.84
醋酸乙烯酯	0.026	−0.88	丙烯酸	0.83	0.88
α-甲基苯乙烯	0.97	−0.81	甲基乙烯基酮	0.66	1.05
苯乙烯	1	−0.8	马来酸二乙酯	0.053	1.08
异戊二烯	1.99	−0.55	丙烯腈	0.48	1.23
丁二烯	1.7	−0.5	四氟乙烯	0.032	1.63
乙烯	0.016	0.05	富马酸二乙酯	0.25	2.26
氯乙烯	0.056	0.16	富马腈	0.29	2.73
偏氯乙烯	0.31	0.34	马来酸酐	0.86	3.69
甲基丙烯酸甲酯	0.78	0.4			

Q 值大小代表共轭效应，表示单体转变成自由基的容易程度，例如丁二烯（$Q=1.7$）和苯乙烯（$Q=1.00$）的 Q 值大，易形成自由基。e 值代表极性，吸电子基团使双键带正电，规定 e 为正值，如丙烯腈的 e 值为 $+1.23$。带有供电子基团的烯类单体 e 为负值，如醋酸乙烯酯 $e=-0.88$。Q 值相差较大的单体对一般难以共聚。Q、e 相近的一对单体，往往接近理想共聚，如苯乙烯-丁二烯、氯乙烯-醋酸乙烯酯。e 值相差较大的一对单体，如苯乙烯-马来酸酐、苯乙烯-丙烯腈，则有较大的交替共聚倾向。

4.9 扩展阅读2：共聚速率

与共聚物组成不同，共聚速率同时受到化学过程（引发链和终止链）和物理过程（单体扩散速率）的影响。在通常情况下，两种单体均可与引发剂自由基有效结合，链引发速率与单体的投料比无关，但增长反应速率受单体的投料比的影响显著。历史上提出了许多理论来预测自由基共聚反应速率，主要依据两种不同的终止模型来得出共聚速率。一种是化学控制的终止模型，即假设终止是通过化学控制进行的，不受扩散控制。另一种是扩散控制的终止模型，即自由基聚合中的链终止受扩散控制。更多的实验证据表明，自由基共聚的终止反应确实受扩散控制。

扩散控制的链终止模型认为，扩散成为链终止全过程的主要阻力，主要取决于链的平移和链段重排，因而受到共聚物组成的影响。假设共聚反应只受端基影响，终止反应如下

$$\left.\begin{matrix}\sim A\cdot+\cdot A\sim\\ \sim A\cdot+\cdot B\sim\\ \sim B\cdot+\cdot B\sim\end{matrix}\right\}\xrightarrow{\bar{k}_t}\text{dead copolymer}$$

假设平均终止速率常数 $\bar{k}_t$ 是均聚终止速率常数（$k_{t,AA}$ 和 $k_{t,BB}$）的平均值，分别根据共聚物组合物的摩尔分数进行加权，即

$$\bar{k}_t=F_A k_{t,AA}+F_B k_{t,BB} \tag{4-47}$$

对自由基总浓度作稳态处理，得

$$R_i=2\bar{k}_t([A\cdot]+[B\cdot])^2 \tag{4-48}$$

在求得自由基浓度后，可得到扩散控制的共聚速率方程：

$$R_p=\bar{k}_p([A]+[B])(R_i/2\bar{k}_t)^{0.5} \tag{4-49}$$

其中，平均速率常数 $\bar{k}_p$ 取决于共聚单体投料比、竞聚率和均聚增长速率常数，即

$$\bar{k}_p=\frac{r_A f_A^2+2f_A f_B+r_B f_B^2}{r_A f_A/k_{AA}+r_B f_B/k_{BB}} \tag{4-50}$$

在测定共聚反应速率后，就可以依据式（4-47）计算出 $\bar{k}_t$。

图4-16为醋酸乙烯酯-甲基丙烯酸甲酯共聚的 k_t 值与醋酸乙烯酯摩尔分数的关系曲线，实线是按式（4-47）计算的结果，虚线是实验结果按式（4-50）计算所得的实验结果，两者有一定的差距。式（4-45）还不甚理想，尚限于定性描述。

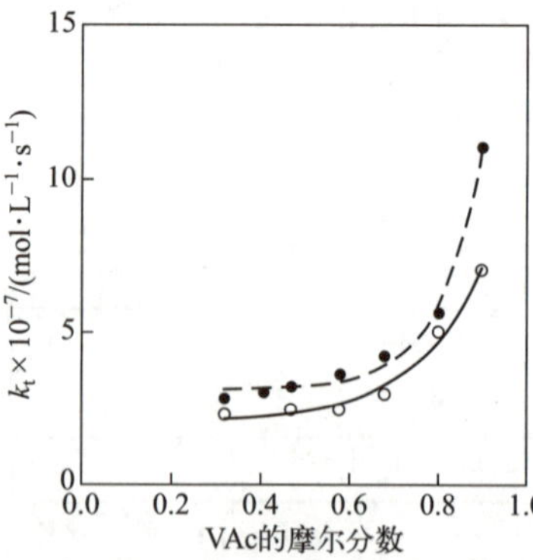

图4-16 VAc-MMA共聚的 k_t 值与VAc摩尔分数的关系［实线按式（4-45）计算；虚线按式（4-47）计算］

自由基聚合的终止属于扩散控制，从物理的角度看是比较正确的。然而，扩散控制下的交叉终止速率常数尚难以定量测定，只能按自终止速率常数的算术平均值进行估算。

习题

1. 与均聚相比，研究共聚反应可以获得哪些额外的知识与应用价值。

2. 简要说明四类共聚物的结构存在的差异。

3. 简述动力学和概率两种方法推导共聚物瞬时组成方程的基本假定。

4. 说明满足理想、交替和恒比共聚定义的竞聚率数值的范围。

5. 根据教材提供的竞聚率数据，画出丙烯酸甲酯-甲基丙烯酸甲酯和苯乙烯-马来酸酐共聚反应的共聚物瞬时组成曲线。讨论两种聚合属于哪种类型的共聚。

6. 列出下列单体与丁二烯自由基共聚的交替倾向大小，并给出判断的依据。

a）乙烯正丁基醚；b）甲基丙烯酸甲酯；c）丙烯酸甲酯；d）苯乙烯；e）马来酸酐；f）醋酸乙烯酯；g）丙烯腈

7. 如何判断不同单体和不同自由基的活性？

8. 下列单体中，哪些单体对可以较好地进行二元共聚并说明原因。

a）苯乙烯；b）甲基丙烯酸甲酯；c）醋酸乙烯酯；d）乙烯基乙醚；e）丁二烯

9. 根据下列单体-共聚物组成数据，试用截距法求竞聚率。

f_A	0.20	0.25	0.50	0.60	0.70	0.80
F_A	0.25	0.31	0.60	0.70	0.79	0.86

10. 对于丙烯腈（$r_A=0.9$）和偏二氯乙烯（$r_B=0.4$）共聚

a）当 $f_A=0.75$ 时，请计算共聚物中链段-$[A]_n$-（$n=3$，4，5）的摩尔分数。

b）如果想得到组成恒定的共聚物，初始的投料比应为多少？

11. 对于某共聚体系，其竞聚率分别为 $r_A=0.1$，$r_B=0.1$。请提出不同的方法控制该共聚反应，以获得组成均匀的共聚物，并说明理由。

12. 已知单体 A 与单体 B、C、D 和 E 共聚，竞聚率如下

体系	1	2	3	4
单体/竞聚率	A/0.1	A/0.5	A/1.8	A/10
单体/竞聚率	B/10	C/0.4	D/2.0	E/0.1

a）请画出四个体系的共聚物瞬时组成（F_A）与单体组成（f_A）之间的关系图。

b）对于共聚体系 2，如果初始的单体组成 f_A^0 为 0.2，请画出 f_A 随转化率的变化趋势图。

c）对于共聚体系 3，如果初始的单体组成 f_A^0 为 0.8，请画出 f_A 随转化率的变化趋势图。

d）A 和 B 单体与活性中心 A 的增长反应中，哪个单体的活性大？大多少？

e）试比较四种单体与活性中心 A 进行增长反应的活性次序。

第 5 章

离子聚合

5.1 引言

离子聚合（ionic polymerization）与自由基聚合的根本区别在于活性种的类型不同。自由基聚合的活性种为自由基，而烯类单体的离子聚合的活性种为碳阴离子（或碳负离子）和碳阳离子（或碳正离子）。由于离子的反应活性不仅仅取决于离子本身的性质，而且强烈依赖于外界条件的影响（如溶剂类型、温度高低、压力大小等），因而即使是同一种离子，在不同环境中也会表现出不同的特性，反应活性也会迥然不同，这也使得离子聚合的反应机理变得非常复杂。

由碳阴离子引发的聚合称为阴离子聚合，由碳阳离子引发的聚合称为阳离子聚合。阴离子聚合和阳离子聚合有诸多相似的特征。比如两种类型的聚合都依赖于离子活性种的形成和增长。两种聚合都需要特殊的溶剂通过溶剂化作用使活性种稳定。同时，为了抑制副反应的发生，两种聚合都需要在相对较低的温度下进行。而且离子聚合活性种容易被水破坏，因此多采用非水溶剂聚合。溶剂对离子聚合的影响很大，需要考虑单体、引发剂、溶剂等组分对聚合速率、聚合度、聚合物规整性的影响。虽然大部分烯类单体都能进行自由基聚合，但是离子聚合反应对单体有较大的选择性，只有少数单体符合要求。不同类型的离子聚合需要不同的引发剂。阴离子聚合一般用强碱性引发剂，阳离子聚合则采用路易斯（Lewis）酸引发剂。到目前为止，离子型聚合的机理和动力学研究远不及自由基聚合成熟，这与离子型聚合所需条件极为苛刻、通常需在低温下进行、聚合反应速率很快、介质对产物性能具有很大影响等因素有关，所以离子型聚合的实验重现性往往较差。

在自由基聚合一章已经提到了活性聚合的概念。一般地，活性聚合有四大特点：①聚合度与单体浓度和引发剂浓度的比值成正比；②分子量随转化率线性增加；③所有大分子链同时增长，增长链数不会随着反应的逐渐进行而增加；④活性中心在单体消耗完后并不会猝灭，有再引发单体聚合的能力，这也使得离子聚合容易设计成活性聚合。然而由于实验研究具有一定困难性，对于离子聚合，尤其是阳离子聚合的研究并没有自由基聚合那么深入。相比于自由基聚合，离子聚合的产品种类有限。常见的有溶聚丁苯橡胶、SBS、丁基橡胶、聚醚、凝胶渗透色谱（GPC）所用聚苯乙烯标样等。离子聚合在控制结构和设计聚合物性能方面有非常大的优势，这也使得离子聚合在高分子合成中有其特殊的地位。

5.2 阴离子聚合

早在 1877 年，阴离子聚合方法就已经出现在环氧乙烷的碱催化开环聚合中，但当时并没有明确阴离子聚合的概念。从阴离子聚合方法出现到阴离子聚合概念的确定，经历了半个多世纪，直到 1956 年，Szwarc 使用萘钠引发苯乙烯和二烯烃聚合，才明确了阴离子聚合机理。阴离子聚合是链增长活性中心为阴（负）离子的聚合反应。阴离子聚合的反应通式可表示为：由单体插入离子对 $B^- A^+$ 引发聚合反应，随后单体继续插入进行链增长。

5.2.1 阴离子聚合的特点

与自由基聚合一样，阴离子聚合属于连锁机理，可分为链引发和链增长两种基元反应。若体系中存在链终止剂（如甲醇）或链转移剂（如甲苯），则可发生链终止或链转移反应。然而，相比于自由基聚合，阴离子聚合有一些显著的特点。

① 阴离子聚合单体对引发剂具有高选择性。自由基聚合单体基本上可以被各种自由基聚合引发剂（BPO、AIBN 等）引发，而阴离子聚合单体则不同。在阴离子聚合的引发反应中，引发剂实质上是 Lewis 碱，引发剂碱性越强，则引发活性越高，而单体实质上是 Lewis 酸，单体酸性越弱，则越难被引发，反应活性越低。表 5-1 按照引发剂碱性和单体酸性顺序罗列了四组引发剂和单体，引发剂碱性顺序为 a>b>c>d，单体酸性顺序为 A<B<C<D。A 组单体的活性最低，只能由引发活性最高的 a 组引发剂才可引发聚合，而 a 组引发剂则可引发 A、B、C、D 四组单体聚合。对于 a-C 和 a-D 的引发剂/单体组合，其反应非常迅速，难以控制，需要在低温下聚合。

表 5-1 阴离子聚合引发剂与单体的匹配

引发剂			单体	结构式
SrR_2 CaR_2 Na NaR Li LiR	ⓐ	Ⓐ	α-甲基苯乙烯 苯乙烯 丁二烯	$CH_2{=}C(CH_3)C_6H_5$ $CH_2{=}CHC_6H_5$ $CH_2{=}CH{-}CH{=}CH_2$
RMgX t-ROLi	ⓑ	Ⓑ	丙烯酸甲酯 甲基丙烯酸甲酯	$CH_2{=}CHCOOCH_3$ $CH_2{=}C(CH_3)COOCH_3$
ROK ROLi 强碱	ⓒ	Ⓒ	丙烯腈 甲基丙烯腈 甲基丙烯酮	$CH_2{=}CHCN$ $CH_2{=}C(CH_3)CN$ $CH_2{=}CHCOCH_3$
吡啶 NR_3 弱碱 ROR	ⓓ	Ⓓ	硝基乙烯 亚甲基丙二酸二乙酯 α-氰基丙烯酸乙酯 α-氰基-2,4-己二烯酸乙酯	$CH_2{=}CHNO_2$ $CH_2{=}C(COOC_2H_5)_2$ $CH_2{=}C(CN)COOC_2H_5$ $CH_3CH{=}CHCHC{=}C(CN)COOC_2H_5$
H_2O			偏二氰基乙烯	$CH_2{=}C(CN)_2$

单体作为 Lewis 酸，而引发剂作为 Lewis 碱，则可以用 pK_a 值进行半定量分析，pK_a 越大，碱性越强，酸性越弱。从 pK_a 的角度分析，当引发剂的共轭酸的 pK_a 大于单体的 pK_a 时，则可以引发聚合，反之则不可以。例如，苯乙烯的 pK_a 为 40～42，酸性很弱，因此只有 pK_a 更大的引发剂（如正丁基锂）可以引发其聚合。同样地，pK_a 分析也可以运用到阴离子共聚合的单体投料顺序中。例如，要制备聚苯乙烯-聚甲基丙烯酸甲酯嵌段共聚物，必须先加入苯乙烯单体，因为苯乙烯的 pK_a 比甲基丙烯酸甲酯的 pK_a 大，先加入苯乙烯单体聚合形成聚苯乙烯阴离子后，可以继续引发甲基丙烯酸甲酯，反之则不可以。对于 pK_a 较小的化合物，如水、甲醇等，与阴离子活性中心反应后，所形成的阴离子无法继续增长，因此这类物质便可以作为阴离子聚合的终止剂或阻聚剂。

② 阴离子聚合可以实现活性聚合，即不存在链终止反应。在自由基聚合中，由于活性中心为自由基，自由基之间极易发生偶合终止或歧化终止，因此自由基聚合的链终止速率常数通常比链增长速率常数大很多，自由基寿命较短。但在阴离子聚合中，由于活性中心为带有相同电荷的阴离子，不会出现偶合终止或歧化终止。因此阴离子聚合的活性中心比较稳定，可以保持较长时间的活性。在这样的情况下，可以加入原单体或可以被引发的新单体继续进行链增长反应。然而，上述情况建立在较为苛刻的反应条件之上，因为活性中心阴离子极易与水、醇、酸等带有活泼氢的化合物发生反应，导致链终止。

5.2.2 阴离子聚合单体

因为活性中心是阴（负）离子，阴离子聚合的链引发和链增长反应从有机化学的本质上来说是亲核加成反应。目前可以进行阴离子聚合的单体种类有很多。根据单体结构，可以将阴离子聚合的单体大致分为两大类：烯类单体和杂环类单体，本章重点讲解烯类单体。

对于烯类单体，要求其双键连接的基团具有较强的吸电子能力，吸电子能力越强，则越易进行阴离子聚合。一方面，吸电子基团可以使双键上的电子云密度降低，便于亲核加成反应的进行；另一方面，由于吸电子基团的存在，亲核加成后所形成的阴离子电子云也能被其分散，因此更加稳定。

除了吸电子基团，具有 π-π 共轭结构的基团，由于共轭作用，也可以分散阴离子电子云，因此也有利于阴离子聚合的进行。但 p-π 共轭结构（如氯乙烯）则由于其具有推电子的共轭效应，不利于阴离子聚合的进行。

此外，单体空间位阻效应也会影响其阴离子聚合的能力。如 1,1-二苯基乙烯，虽然其具有 π-π 共轭结构，可以被阴离子进攻，但生成的新活性中心则由于空间位阻较大，无法继续增长。

按照阴离子聚合活性顺序，将部分烯类单体列于表 5-1 中。C、D 组单体因为含有强吸电子基团，只能进行阴离子聚合，不能进行阳离子聚合。由于这类单体活性较高，在阴离子聚合时反应过于剧烈，容易引起多种副反应，因此在实际工业应用中的意义不大。B 组单体为极性单体，在控制聚合反应条件的情况下可以实现活性聚合，如使用 b 组引发剂进行引发。A 组单体活性最低，因此最易实现阴离子活性聚合，因此这类单体在实际工业应用和理论研究中都具有重要意义。

5.2.3 阴离子聚合机理

5.2.3.1 链引发反应

在阴离子聚合中，引发反应本质上是引发剂的电子转移。适用于阴离子聚合的引发剂甚多，常见引发剂有碱金属与碱土金属、有机碱金属化合物类、碱类及亲核试剂类。其中碱金属引发属于电子转移机理，其他类型则为阴离子直接引发，下面将一一介绍。

(1) 碱金属类引发

在元素周期表的第一主族中，一般用前三周期的碱金属（Li、Na、K）做引发剂。碱金属原子最外层只有一个电子，易转移给单体，形成阴离子从而引发聚合。

20 世纪早期，德国出现了通过钠引发丁二烯聚合的方法，用于生产丁钠橡胶，属于此引发机理。钠将最外层电子直接转移给丁二烯，生成单体自由基阴离子，然后自由基通过偶合终止形成双阴离子，从而从两端引发单体聚合（下列反应式仅表示一种共振式，实际上钠引发主要是 1,2-加成）。

$$Na + H_2C{=}CH{-}CH{=}CH_2 \longrightarrow (H_2C{=}CH{-}CH{=}CH_2)^{\cdot -}Na^+$$

$$2(H_2C{=}CH{-}CH{=}CH_2)^{\cdot -}Na^+ \longrightarrow Na^+\,{}^-H_2C{-}CH{=}CH{-}CH_2{-}CH_2{-}CH{=}CH{-}CH_2^-\,Na^+$$

实际上，直接使用固体碱金属作为引发剂会出现引发速度慢等问题，从而导致聚合物分子量分布较宽。所以一般是将碱金属溶解到极性溶剂中，通过电子的间接转移引发方法来获得分子量分布较为稳定的聚合物。常见的溶剂有四氢呋喃、乙醚、二甲氧基乙烷、二甘醇二甲醚等。

用得最普遍的是苯乙烯-钠-萘体系，其反应机理如下：

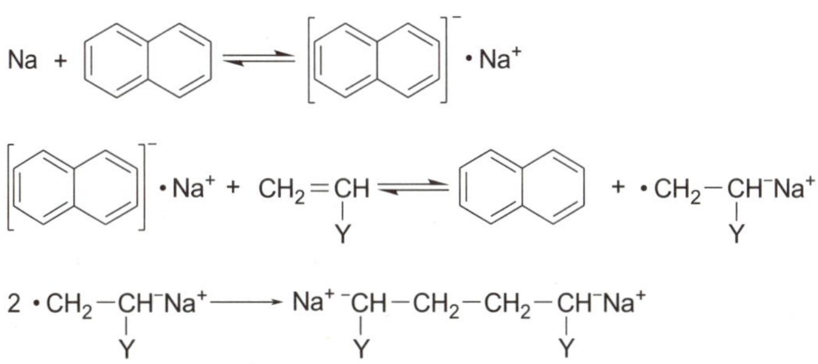

当萘和钠溶于四氢呋喃中，钠原子首先将最外层电子转移给萘。当加入乙烯基单体之后，萘钠自由基阴离子立刻将电子转移给乙烯基单体，形成乙烯基自由基阴离子，通过自由基的偶合作用形成两端为负离子的双阴离子，继而从两端引发乙烯基单体的聚合。起初溶液颜色为紫色，形成的萘钠自由基阴离子为绿色，加入乙烯基单体后则变为红色。

上述反应主要取决于以下三个因素：

① 芳烃（萘）的吸电子能力，②溶剂（四氢呋喃）的溶剂化效应；③金属的电负性、阴离子半径等。

(2) 金属有机类引发

这一类引发剂与碱金属类引发剂的引发机理不同。有机金属的引发属于亲核进攻机理。

由于每一个引发剂分子只引发一条聚合物链，因此这一类引发剂引发的聚合能更好地控制产物的分子量分布。阴离子聚合中最常用的引发剂是有机锂引发剂，其中正丁基锂（*n*-BuLi）和异丁基锂（*i*-BuLi）使用最多。这是因为丁基锂有良好的引发活性和溶解性。丁基锂可以溶解在多种极性溶剂和非极性溶剂中，在极性溶剂中有较好的引发活性，而在非极性溶剂中丁基锂会出现缔合现象（见表 5-2）。缔合的丁基锂不具有引发活性，需要加入极性溶剂使之解缔合后才具有引发活性。

表 5-2　丁基锂在烃类溶剂中的缔合

化合物	溶剂	浓度范围/mol·L^{-1}	缔合数（*n*）
正丁基锂	苯	0.002～0.6	6.0±0.12
	环己烷	0.4～3.3	6.17±0.12
异丁基锂	苯	0.17～0.5	4.13±0.05
	环己烷	0.11～0.4	4.12±0.09
叔丁基锂	苯	0.26～0.66	4.0±0.04
	环己烷	0.0005～0.3	4.0±0.05

丁基锂以单阴离子活性种形式引发单体聚合的反应式为：

$$C_4H_9Li + H_2C{=}\underset{\displaystyle Y}{\underset{|}{C}H} \longrightarrow C_4H_9{-}CH_2{-}\underset{\displaystyle Y}{\underset{|}{C}H^-}\ Li^+$$

(3) 碱类引发

这类引发剂包括 KNH_2、MOH、R_3N 等。其特点是容易电离成负离子，从而使单体引发。这类引发剂的聚合活性很弱，一般只引发活泼类单体。

$$MOH + H_2C{=}\underset{\displaystyle Y}{\underset{|}{C}H} \longrightarrow HO{-}CH_2{-}\underset{\displaystyle Y}{\underset{|}{C}H^-}\ M^+$$

5.2.3.2　链增长反应

相比于自由基聚合，阴离子聚合的基元反应比较简单，一般包括链引发反应和链增长反应。在阴离子聚合中，单体一旦被引发，链增长反应马上开始。随着单体不断地插入离子对，高分子链不断变长，直到单体完全消耗。理论上，阴离子转化率可以达到 100%，且活性种不会消失，当重新加入单体之后，反应仍可以继续进行。理论上，反应可以一直进行下去。这一反应称为活性阴离子聚合。

5.2.3.3　链转移和链终止反应

之前提到阴离子聚合无终止反应。实际上，阴离子聚合活性种在长期保存过程中，也可能自发终止。含有活泼氢的物质、空气中的二氧化碳和氧气均能够使活性阴离子失活而终止。反应实例如下：

$$RM^-A^+ + H_2O \longrightarrow RMH + AOH$$

$$RM^-A^+ + CO_2 \longrightarrow RMCOO^-A^+$$

$$RM^-A^+ + O_2 \longrightarrow RMOO^-A^+$$

活性聚合结束时，需人为加入终止剂使聚合终止。一般来说，pK_a 值小于单体的化合物都能终止阴离子聚合。

5.2.4 活性阴离子聚合动力学

与自由基聚合的特征不同，活性阴离子聚合具有快引发、慢增长、无终止以及无转移的特点。要注意的是，阴离子聚合的链增长速率远比自由基聚合要大，且受溶剂影响也较大。

根据上述阴离子聚合特点，须注意以下两点：

① 在自由基聚合章节中，描述其特征为慢引发、快增长、速终止。然而，自由基聚合和阴离子聚合在机理特征上并没有横向可比性。阴离子聚合的慢增长仅是相对其引发反应而言。实际上阴离子聚合的链增长速率要高于自由基聚合，且深受溶剂极性的影响。

② 对于阴离子聚合，无终止仅限于在非常纯净且不含任何终止剂的体系中。

(1) 聚合速率

链引发：$R^-A^+ + M \longrightarrow RM^-A^+$

链增长：$RM^-A^+ + nM \longrightarrow RM^-_{(n+1)}A^+$

根据上述反应机理，可以写出无终止体系的聚合速率方程：

$$R_p = -\frac{d[M]}{dt} = k_p[R^-][M] \tag{5-1}$$

上式表明聚合反应为对单体的一级动力学反应。在整个反应过程中，活性种浓度保持不变，等于引发剂浓度［I］。对式（5-1）积分即可得出转化率或单体浓度随时间的关系：

$$\ln\frac{[M]_0}{[M]} = k_p[I]t \tag{5-2}$$

只需要测得不同时间 t 所对应的单体浓度，即可算得链增长反应速率常数 k_p。一般地，阴离子聚合的活性中心浓度为 $10^{-3} \sim 10^{-2}\,mol \cdot L^{-1}$，相比自由基聚合（$10^{-9} \sim 10^{-7}\,mol \cdot L^{-1}$）要大几个数量级，而阴离子聚合无链终止反应，所以阴离子聚合的绝对速率要比自由基聚合快很多。

(2) 聚合度和聚合度分布

根据阴离子聚合特点，所消耗的单体平均分配到每个活性端基上，活性聚合物的平均聚合度就等于反应消耗的单体量与活性端基浓度之比，因此也将活性聚合称作化学计量聚合。

$$\overline{X}_n = \frac{[M]_0 - [M]}{[M^-]/n} = \frac{n([M]_0 - [M])}{[I]} \tag{5-3}$$

式中，［I］为引发剂浓度；n 为每条链的活性端基数。双离子引发时，如萘钠，$n=2$；单离子引发时，如丁基锂，$n=1$。如果聚合结束时，单体全部耗尽，则［M］$=0$。

聚合度分布服从 Flory 分布或泊松分布，即 y 聚体的摩尔分数为：

$$n_y = \frac{N_y}{N} = \frac{e^{-y} \cdot \nu^{y-1}}{(y-1)!} \tag{5-4}$$

其中，ν 是每个引发剂引发的单体数，即为动力学链长。如果引发反应包含一个单体时，聚合度等于 $\nu+1$。因此，可进一步推导出聚合度分布指数，即重均聚合度和数均聚合度之比：

$$\frac{\overline{X}_w}{\overline{X}_n}=1+\frac{\overline{X}_n}{(\overline{X}_n+1)^2}\approx\frac{1}{\overline{X}_n}+1 \tag{5-5}$$

当数均聚合度很大时，聚合度分布（分子量分布）指数接近1。例如，在萘钠-四氢呋喃体系中制备聚苯乙烯时，聚合度分布指数为1.06～1.12，接近单分散分布。根据阴离子聚合机理，每一个活性种均分体系内的反应单体，而阴离子聚合又无链终止，则聚合度的计算比自由基聚合简单很多。平均聚合度就是参与反应的单体数比活性种浓度。阴离子聚合的聚合度分布很窄，接近于1，且无终止反应，所以被称为活性阴离子聚合。

根据阴离子聚合的机理，可总结出以下特征作为活性聚合的判据：

① 每条分子链末端带有活性中心，具有再引发单体聚合的能力；

② 聚合度与单体浓度/起始引发剂浓度比值成正比；

③ 分子量随单体转化率升高线性增长；

④ 引发剂迅速且全部形成活性中心，所有分子链同时增长且活性链数不变；

⑤ 若反应体系内单体浓度及温度分布均匀，则所有增长链的增长速率相同。

需要注意的是，以上动力学方程推导均建立在引发剂全部转变为活性种且无终止和无链转移的前提下，否则须额外考虑其他因素。

实际上，阴离子聚合的反应速率与活性种的性质有关。与自由基聚合相比，影响阴离子聚合速率常数的因素就复杂得多。除了单体本身的性质外，溶剂和活性种反离子的影响也不容忽视。

(1) 溶剂的影响 无论是非极性溶剂还是极性溶剂，阴离子活性种和反离子对之间都可以形成多种平衡，如图5-1所示。

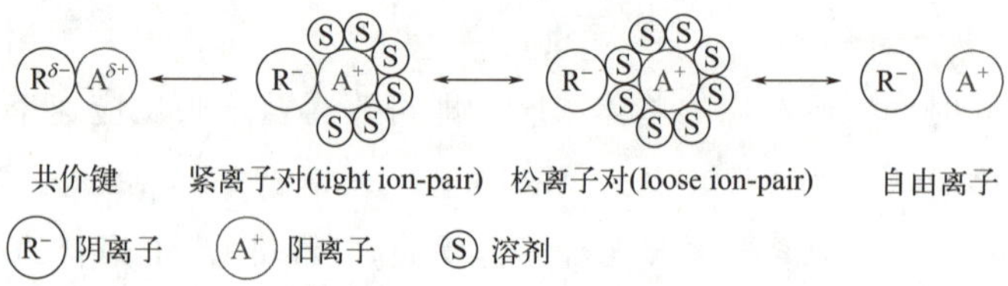

图5-1 阴离子聚合体系的溶剂化作用示意图

在R^-A^+这对离子对中，R^-与A^+互称反离子（counter ions）。当离子对R^-A^+完全解离之后，所形成的阳离子（或正离子）A^+与阴离子（或负离子）R^-称为自由离子（free ions）。在阴离子聚合中，自由离子对及轻离子对与紧离子对是不同的活性种，所得到的聚合物差异很大。如紧离子对（tight ion-pair）有利于聚合单体定向插入从而形成立构规整聚合物，但聚合速率很低。反之，松离子对（loose ion-pair）或自由离子活性种引发聚合反应速率高，但聚合物却失去了立构规整性。

显然，离子对的存在形式与溶剂的溶剂化能力密切相关。而溶剂的溶剂化能力又取决于溶剂本身的给电子能力。溶剂的极性常用介电常数来评价，电子给予常数也是表征溶剂化能力的辅助参数（表5-3）。例如在苯乙烯-萘钠体系中，在弱极性溶剂二氧六环中，速率常数（k_p）约为$5L\cdot mol^{-1}\cdot s^{-1}$，活性种可能以紧对出现，而在极性溶剂四氢呋喃中，$k_p$为$550L\cdot mol^{-1}\cdot s^{-1}$，速率提高了100倍。这说明活性种可能以松对或者自由离子对的形式存在。

表 5-3　常见溶剂的介电常数与电子给予指数

溶剂	介电常数（ε）	电子给予指数
四氢呋喃	7.6	20.0
N,*N*-二甲基甲酰胺	35.0	30.9
乙醚	4.3	19.2
二氧六环	2.2	5
六甲基磷酰胺	30	38.8

通常测得的链增长速率常数 k_p 是离子对各种状态的综合值。例如，当体系中存在离子对 R^-A^+ 和自由离子 R^- 两种活性种时，其增长速率常数分别以 k_+ 和 k_- 表示，二者的相互关系可以下式表示：

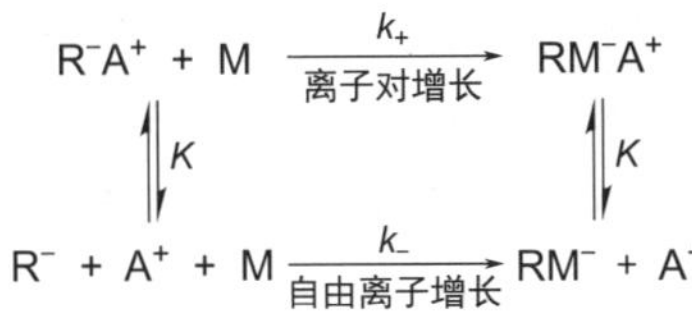

总聚合速率是离子对 R^-A^+ 和自由离子 R^- 的总和，即：

$$R_p = k_+[R^-A^+][M] + k_-[R^-][M] \tag{5-6}$$

联立上式和和链增长动力学方程，得到表观速率常数 k_p：

$$k_p = \frac{k_+[R^-A^+] + k_-[R^-]}{[M^-]} \tag{5-7}$$

其中，活性种总浓度 $[M^-]$ 为离子对和自由离子之和，且处于平衡状态，则平衡常数 K 为：

$$K = \frac{[R^-][A^+]}{[R^-A^+]} \tag{5-8}$$

一般地，$[R^-]$ 与 $[A^+]$ 相等，联立上式可得：

$$\frac{R_p}{[M][R^-A^+]} = k_+ + \frac{K^{1/2}k_-}{[R^-A^+]} \tag{5-9}$$

通常，离子对解离常数较小，一般为 10^{-7} 数量级，离子对、活性种和引发剂的浓度相近，进一步可以将上式化简为：

$$k_p = k_+ + \frac{K^{1/2}k_-}{[I]^{1/2}} \tag{5-10}$$

（2）反离子的影响　原子半径增大，可以增大离子对之间的距离，使离子对变得疏松，从而影响聚合反应（表 5-4）。在非极性溶剂中，除了引发剂本身的缔合外，反离子也会影响缔合，如当聚苯乙烯增长活性种的反离子为锂离子或钠离子时，增长的活性聚合物链末端与引发剂之间会有交叉缔合（cross association）。缔合现象是由静电吸引造成的，当反离子体积变得较大时，正反离子之间吸引能力减弱，无法紧密靠近，缔合现象也会变弱。需要补充的是，缔合体不具有引发活性，必须解缔合之后才会有引发活性。与此不同的是，在极性溶剂中，溶剂化作用对活性中心离子形态起着决定性作用。一方面，溶剂分子与反离子之间的溶剂化作用随反离子半径的增加而减小，即较大尺寸的反离子需要更多的溶剂分子才能将其与活性种分开。因此，离子对变为紧密离子对，单体插入变得困难，聚合速率降低，同时聚合物的立构规整度增大。

表 5-4　苯乙烯阴离子聚合的链增长速率常数

反离子	Li^+	Na^+	K^+	Rb^+	Cs^+
四氢呋喃	160	80	60～80	50～60	22
二氧六环	0.94	3.4	19.8	21.5	24.5

(3) 温度的影响　多数文献报道的活化能都是表观活化能。温度对阴离子聚合反应的影响比较复杂，因为温度不仅影响自由离子与离子对的平衡浓度，也影响不同离子对的引发增长速率。温度升高，所有增长速率常数都增大，然而温度对离子对和自由离子对二者相对浓度的影响却恰好相反，即升高温度使离子对解离平衡常数降低，自由离子对的浓度相应降低。离子对和自由离子对浓度减小又会使增长速率常数减小，所以有关温度对聚合的影响，需要对不同体系进行具体分析。例如，一般烯类单体阴离子聚合的活化能与自由基聚合的活化能处于相同的数量级，且都为正值，因此温度对阴离子聚合和自由基聚合动力学影响相同。除此之外，由于阴离子活性种容易与一些活泼的质子性物质发生链转移而终止，而链转移反应的活化能又高于链增长的活化能。因此，链转移反应会随着温度升高而加剧。一般地，阴离子聚合温度低于自由基聚合所采用的温度。

5.2.5　阴离子共聚合

阴离子共聚与自由基共聚虽有差异，但共聚物组成方程仍可参照使用。烯类单体阴离子共聚的竞聚率数据不多，表 5-5 是以苯乙烯为 M_1 的共聚数据。

表 5-5　苯乙烯（M_1）阴离子共聚的竞聚率

M_2	引发剂	溶剂	温度/℃	r_1	r_2	r_1r_2
丙烯腈	C_6H_5MgBr/甲苯	环己烷	−45	0.05	15.0	0.75
甲基丙烯酸甲酯	C_6H_5MgBr/醚	甲苯	−30	0.01	25.0	0.25
甲基丙烯酸甲酯	C_6H_5MgBr/醚	乙醚	−30	0.05	14.0	0.7
α-甲基苯乙烯	Na-K 合金	四氢呋喃	25	35	0.003	0.105
p-甲基苯乙烯	Na-K 合金	四氢呋喃	25	5.3	0.18	0.95

由于阴离子聚合可以实现活性聚合，通过顺序加料即可很方便地实现嵌段共聚物的制备，因此阴离子顺序加料共聚合一直是制备嵌段共聚物的有效方法。典型的顺序加料方法如下所示：

$$R^-A^+ \xrightarrow{+n\,M_1} RM_1\sim M_1^-A^+ \xrightarrow{+m\,M_2} RM_1\sim M_1-M_2\sim M_2^-A^+$$

阴离子聚合制备嵌段共聚物的经典工业产品是热塑性弹性体苯乙烯-丁二烯-苯乙烯(SBS)，其制备方法有如下三种：

(1) 单官能团引发剂引发的三步加料法　使用单官能团引发剂（如丁基锂），先加入苯乙烯进行聚合，反应完全后再加入丁二烯进行聚合，待丁二烯消耗完全后再最后加入苯乙烯进行聚合，即可制得 SBS。聚合过程如下所示：

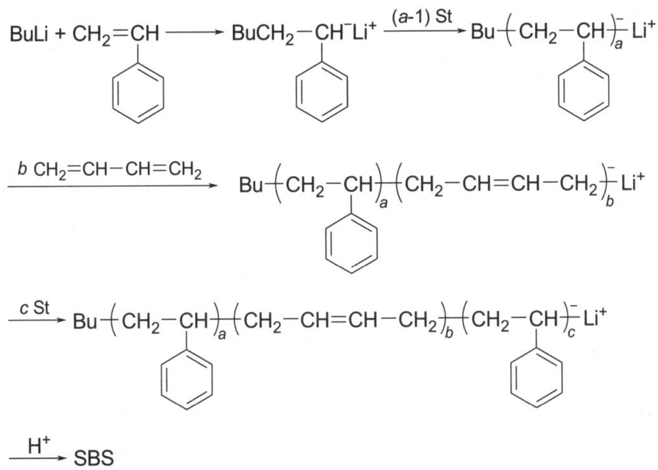

(2) 单官能团引发剂引发的两步加料偶联法 由单官能团引发剂引发聚合得到两嵌段活性共聚物 SB^- 后，再加入双官能团偶联剂（如二甲基二氯硅烷）进行偶联反应，也可得到 SBS。聚合过程如下所示：

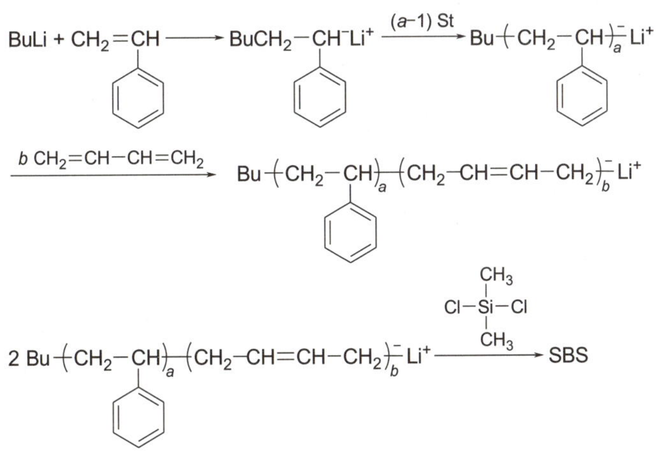

(3) 双官能团引发剂引发的两步加料法

使用双官能团引发剂（如萘钠），先加入丁二烯进行聚合，反应完全后再加入苯乙烯进行聚合，只需两步加料即可制得 SBS。聚合过程如下所示：

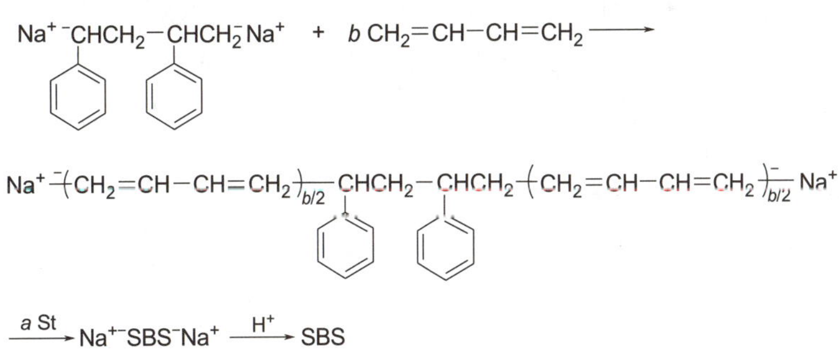

需要注意的是，在合成嵌段共聚物时，补加第二单体应满足以下条件：碱性强即 pK_a 大的单体生成的活性阴离子中心只能引发碱性弱即 pK_a 小的单体，反之不能发生聚合。因此，应按照这个规则确定加料次序。

5.2.6 阴离子聚合的应用

（1）制备嵌段共聚物

阴离子聚合最典型的应用是合成嵌段共聚物。嵌段共聚物由于独特的分子链结构导致其表现出独特的性质，从而具有广泛的应用，如热塑弹性体、共混相容剂、界面改性剂等。第 8 章 8.4.2 节介绍了阴离子聚合制备 SBS 的工业生产方法。

（2）制备无规共聚物

阴离子聚合也被应用于合成无规共聚物，最具代表性的应用是溶液法制备丁苯橡胶。该方法以烷基锂化合物（如丁基锂）为引发剂，在无水无氧的非极性溶剂（如环己烷）中进行。由于两种单体在非极性溶剂中的竞聚率相差很大，需添加少量极性溶剂（如四氢呋喃）以改变两种单体的竞聚率，进而达到无规共聚的目的。聚合终点通过加入质子源（醇或水）终止活性链，避免支化结构的产生。所得产物的分子量分布极窄（$Đ\approx1.05$），数均分子量可通过引发剂与单体的摩尔比精确计算。与传统乳液自由基聚合法相比，溶液阴离子聚合法生产的丁苯橡胶纯度高（无乳化剂残留）、顺式结构占比高，赋予材料优异的回弹性与低温性能，广泛用于高性能轮胎、工业传送带等领域，但聚合工艺对杂质敏感且设备成本较高，需严格把控反应条件。

（3）制备星形聚合物

如果选用多官能团偶联剂对聚合物活性链进行偶联反应，则可得到多臂星形聚合物。例如，使用四官能团偶联剂四氯硅烷对聚苯乙烯-聚丁二烯两嵌段活性共聚物 SB^- 进行偶联反应，即可得到四臂星形聚合物。聚合过程如下所示：

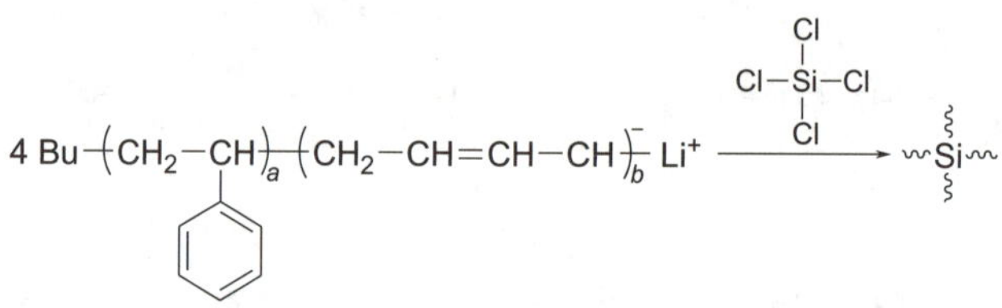

（4）制备窄分子量分布聚合物

动力学研究表明，活性阴离子聚合的产物分子量分布 $\overline{X}_w/\overline{X}_n\approx1+1/\overline{X}_n$。当 $\overline{X}_n$ 很大时，$\overline{X}_w/\overline{X}_n$ 接近于 1，几乎达到单分散。因此阴离子聚合是制备单分散聚合物的重要聚合方法。单分散聚合物的经典应用是用作 GPC 的标样，例如由萘钠-四氢呋喃引发体系引发聚合所制备的聚苯乙烯，其 $\overline{X}_w/\overline{X}_n=1.06\sim1.12$，接近单分散，可以满足 GPC 标样的分子量分布要求。

（5）制备端基带有官能团的聚合物

阴离子聚合的活性端基为阴离子，可以方便地转化为各种官能团，因此阴离子聚合是制备带有官能团端基聚合物的有力方法。例如，通过与二氧化碳、环氧乙烷、二异氰酸酯和氧气等进行反应，端基阴离子可以被羧基化、羟基化、氨基化和过氧化，反应过程如下所示：

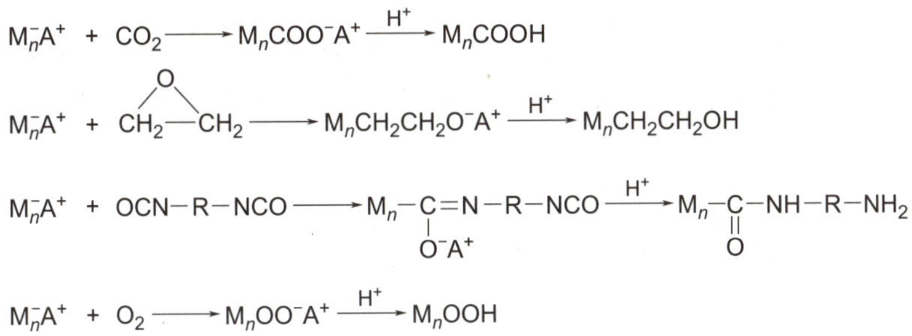

5.3 阳离子聚合

同阴离子聚合一样，阳离子聚合方法在 1839 年就已经应用在四氯化锡催化的苯乙烯聚合中，但当时还没有建立阳离子聚合概念。直到近一个世纪之后的 1934 年，F. C. Whitmore 首次提出了阳离子聚合的概念与机理，并以此解释了异丁烯在强酸催化时的聚合反应。1938 年，G. Williams 对苯乙烯-四氯化锡聚合体系进行深入研究，首次探索了阳离子聚合体系的规律性。阳离子聚合是链增长活性中心为阳（正）离子的聚合反应类型。阳离子聚合的反应可表述为：由单体插入离子对 A^+B^- 引发聚合反应，随后单体继续插入进行链增长。

5.3.1 阳离子聚合的特点

与自由基聚合和阴离子聚合一样，阳离子聚合同样属于连锁机理，包括链引发、链增长、链终止和链转移等基元反应。然而，研究人员对阳离子聚合的研究与理解却没有自由基聚合和阴离子聚合那么深入，这与阳离子聚合自身的特点有关。

首先，阳离子聚合的单体种类比较有限，主要是异丁烯。其次，阳离子聚合活性中心具有很高的活性，容易发生分子内重排、转移、异构化等各种副反应，同时也容易向单体或溶剂发生链转移。相比于链终止，在阳离子聚合中链转移才是影响分子量的主要因素。因此为了更好地调控阳离子聚合，减少链转移反应，提高分子量，阳离子聚合通常在溶剂中以及较低的温度（如−100℃）下进行。此外，阳离子聚合的引发剂种类繁多，引发反应过程也较为复杂。

5.3.2 阳离子聚合单体

因为活性中心是阳（正）离子，阳离子聚合的链引发和链增长反应从有机化学的本质上来说是亲电加成反应。阳离子聚合单体也可以根据单体结构大致分为烯类单体和杂环类单体，但单体种类远远少于阴离子聚合，主要包括含有较强供电子能力基团的异丁烯、乙烯基醚类、具有 π-π 共轭结构的苯乙烯类、丁二烯、异戊二烯以及杂环化合物等其他类单体：

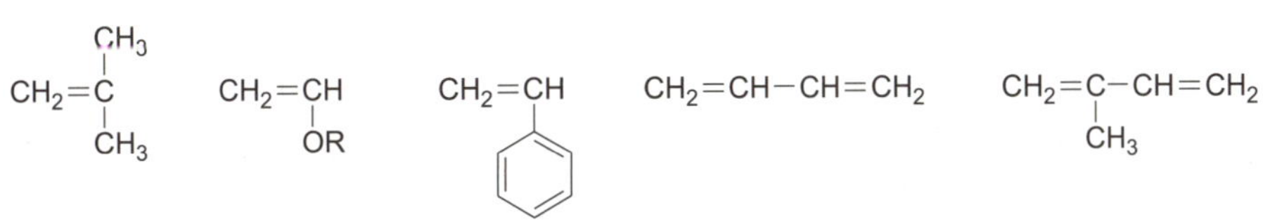

对于烯类单体，要求与其双键碳相连的基团具有较强的供电子能力，供电子能力越强，则越易进行阳离子聚合。一方面，供电子基团可以使双键上的电子云密度增加，便于亲电加成反应的进行；另一方面，由于供电子基团的存在，亲电加成后所形成的阳离子电子云也能被其分散，因此更加稳定。

除了供电子基团，具有 π-π 共轭结构的基团，由于共轭作用，也可以分散阳离子电子云，因此也有利于阳离子聚合的进行。同时，对于 p-π 共轭结构（如乙烯基醚类），由于其推电子的共轭效应比其吸电子的诱导效应更强，有利于阳离子活性种进攻，同时也可以分散碳阳离子电子云使其更加稳定，减少副反应。

此外，与阴离子聚合一样，空间位阻效应也会影响单体阳离子聚合的能力。如 1，1-二苯基乙烯，与阴离子聚合同理，虽然其与异丁烯结构相似，并且具有 π-π 共轭结构，但被阳离子进攻后形成的新活性中心空间位阻较大，无法进行链增长。

5.3.3 阳离子聚合机理

5.3.3.1 链引发反应

(1) 引发剂类型

① Lewis 酸类　在阳离子聚合中，Lewis 酸是非常重要的引发剂。种类多，活性高。常见的有金属卤化物和金属有机化合物。金属卤化物包括 BF_3、$TiCl_4$、$SnCl_4$、$SbCl_5$、$ZnCl_2$。金属有机化合物包括 $RAlCl_2$、R_3Al、R_2AlCl 等。纯的 Lewis 酸类引发剂活性低，需要加入共引发剂才能具有很好的聚合活性。共引发剂一般分为两种，分别是质子供体和碳阳离子供体。

如用水、RCOOH、ROH 等作质子供体的引发反应为：

$$BF_3 + H_2O \rightleftharpoons H_2O \cdot BF_3$$

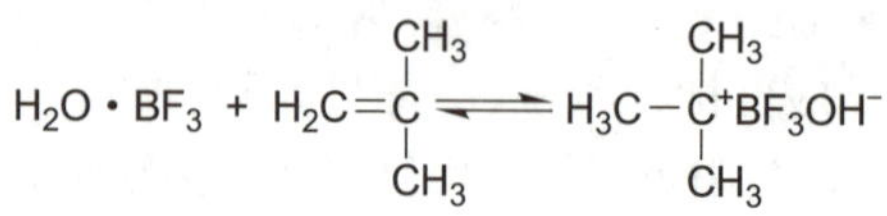

用 RX、$(RCO)_2O$ 等做碳阳离子供体的引发反应为：

$$AlCl_3 + (CH_3)_3CCl \rightleftharpoons (CH_3)_3C^+(AlCl_4)^-$$

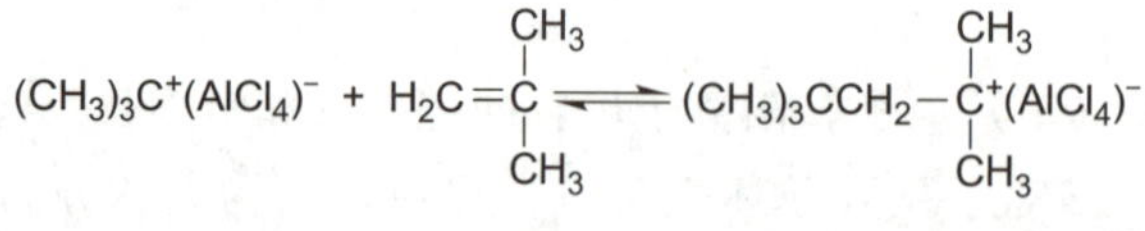

上式表明，氯代烃应该是主引发剂，而 Lewis 酸应该是共引发剂。在 1990 年前的文献大部分都是采用相反的命名，部分教材也是采用相反的命名。本书以最新文献为准，将 Lewis 酸称为共引发剂。

引发剂与共引发剂的引发活性，取决于向单体提供碳阳离子或质子的能力。这种能力受到引发剂、共引发剂、溶剂以及单体类型的影响。一般引发剂与共引发剂有最佳的浓度比，只有两者比例达到最优值时才可以达到最高聚合速率。

② 质子酸类 质子酸可以使烯烃双键质子化，但其需要有足够的酸性才能使双键质子化并产生阳离子活性种。同时要求质子酸阴离子的亲核性不能太强，以免其和活性种结合而使聚合终止。

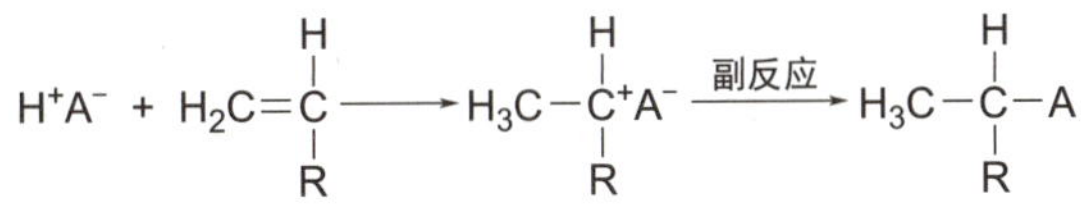

由于受到阴离子亲核性的干扰，很多质子酸都无法作为引发剂引发阳离子聚合。比如氢卤酸，由于卤素阴离子亲核性强，所以其引发效率非常低。浓硫酸、氯磺酸、三氟甲磺酸、全氟磺酸、磷酸具有引发活性，但其引发反应生成的聚合物分子量不高，一般最高只有几千。

一般地，采用质子酸类引发剂引发阳离子聚合合成高分子量聚合物，需要从结构和反应条件两方面来考虑以下的措施：

a. 采用活性较大的单体，如 *N*-乙烯基咔唑，使用甲苯溶剂可以得到高分子量产物。

b. 采用极性溶剂，因为极性越强的溶剂越容易稳定离子对，从而阻碍正负离子间的成键作用。

c. 降低聚合温度，以有利于活性中心的稳定。

③ 其他引发类型 除了上述引发方式外，也可以通过光引发、电引发以及电离引发方式引发阳离子聚合。这里不再一一介绍。

(2) 引发机理

一般情况下，对于阳离子引发剂，共引发剂（I）先与引发剂（RA）形成离子对，然后引发单体 M 聚合：

$$\mathrm{I + RA \overset{k}{\rightleftharpoons} A^+(IR)^-}$$

$$\mathrm{A^+(IR)^- + M \xrightarrow{k_i} AM^+(IR)^-}$$

则引发动力学应为：

$$R_i = kk_i[\mathrm{I}][\mathrm{RA}][\mathrm{M}] \tag{5-11}$$

5.3.3.2 链增长反应

链增长反应是聚合过程中的主要基元反应。链引发生成的阳离子活性中心与反离子形成离子对，单体不断地插入实现链增长：

$$\mathrm{HM}_n^+\mathrm{(IR)^- + M \xrightarrow{k_p} HM}_n\mathrm{M^+(IR)^-}$$

链增长是否容易进行，取决于正离子活性种的稳定性以及单体的亲核性，正离子活性种的亲核性越强，越容易加成，链增长反应速率常数就越大。实际上，阳离子聚合链增长反应中容易发生分子内重排。发生重排的聚合称为异构化聚合。重排反应取决于增长碳阳离子和重排阳离子的相对稳定性以及增长与重排的相对速率。以丙烯的阳离子聚合为例，聚合产物会比较复杂，聚合物链上会带有甲基、乙基、正丁基等侧基。链增长反应活化能低，速率非常快，几乎和链引发同时发生，一般需要在非常低的温度下进行，否则会发生较多的副反应。

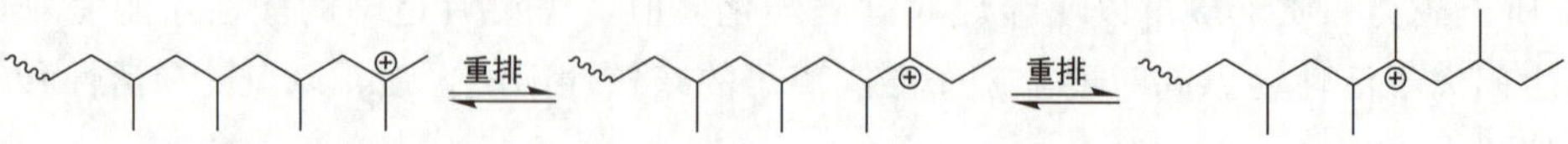

5.3.3.3 链转移和链终止反应

阳离子聚合分子量不高是限制其在工业中应用的主要原因。而链转移反应和链终止反应又是阳离子聚合产物分子量不高的主要原因。因此，掌握链转移反应和链终止反应对阳离子聚合体系的实际应用非常重要。

(1) 链转移反应

由于阳离子活性种非常活泼，所以容易向单体、引发剂、溶剂链转移，形成仍有引发能力的活性种，动力学链没有终止。其通式如下：

$$HM_n^+(IR)^- + M \xrightarrow{k_{t1}} HM^+(IR)^- + M_n$$

(2) 链终止反应

理论上，由于阳离子聚合活性种都带有正电荷，同种电荷相互排斥，所以不会发生类似自由基聚合体系的双基偶合终止。一般地，阳离子聚合的链终止反应主要有以下几种。

① 电荷中和而终止　活性种与反离子结合，生成了中性物质而失去活性。如苯乙烯用三氟乙酸引发时，会发生自发电荷中和反应，终止后的分子链端基为酯类结构。

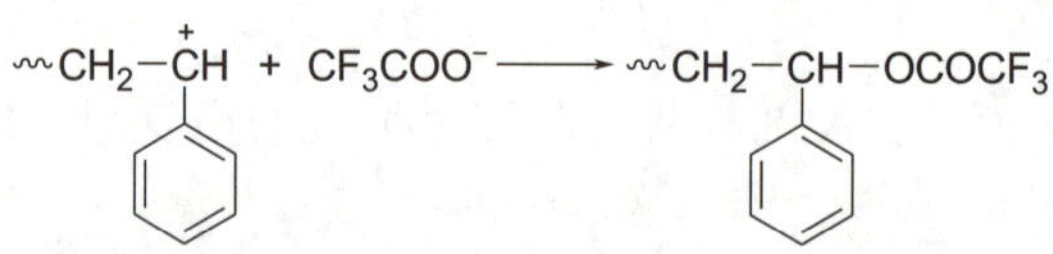

② 转移至低活性碳阳离子而终止　这一类链转移剂主要为烯丙基化合物。由于生成了稳定的烯丙基碳阳离子，导致活性链发生终止。

实际上，阳离子的终止反应一般很难发生，一般也需要人为添加强亲核试剂来进行终止，比如加入水、醇、酸、胺或铵等。

5.3.4 阳离子聚合动力学和动力学参数

5.3.4.1 动力学

阳离子聚合反应要比自由基聚合复杂得多，主要因为阳离子聚合体系伴有共引发剂，同时由于带正电荷基团的不稳定性，副反应增多，且存在溶剂对聚合反应的影响，以至于动力学数据很难精确重现。在特定体系下，阳离子聚合动力学取决于链终止的方式。为了建立速率方程，采用低活性引发剂来进行研究，同时以链转移反应作为终止方式，引发剂浓度自始至终不发生变化，则速率方程可写为：

$$R_i = Kk_i[I][RA][M] \tag{5-12}$$

$$R_p = k_p[HM^+(IR)^-][M] \tag{5-13}$$

$$R_t = k_t[HM^+(IR)^-] \tag{5-14}$$

其中 K 代表引发剂与共引发剂络合的平衡常数；k_i、k_p、k_t 分别为链引发、链增长以及链自终止速率常数。在自终止条件下，联立上述三个方程，可以推导出聚合速率表达式：

$$R_p=\frac{Kk_ik_p[\mathrm{I}][\mathrm{RA}][\mathrm{M}]^2}{k_t} \tag{5-15}$$

通过链增长速率常数除以链终止速率常数还可得到数均聚合度：

$$\overline{X}_n=\frac{R_p}{R_t}=\frac{k_p[\mathrm{M}]}{k_t} \tag{5-16}$$

实际上，常见的链转移反应包括向单体转移以及向溶剂转移，则应加入另外两种链转移方程式：

向单体转移：

$$R_{tr,M}=k_{tr,M}[\mathrm{HM^+(IR)^-}][\mathrm{M}] \tag{5-17}$$

向溶剂转移：

$$R_{tr,s}=k_{tr,s}[\mathrm{HM^+(IR)^-}][\mathrm{S}] \tag{5-18}$$

联立上式：

$$\frac{1}{\overline{X}_n}=\frac{k_t}{k_p[\mathrm{M}]}+C_M+C_s\frac{[\mathrm{S}]}{[\mathrm{M}]} \tag{5-19}$$

其中，$C_M=k_{tr,M}/k_p$；$C_S=k_{tr,s}/k_p$。同第三章的表述，将 C_M、C_S 分别定义为向单体和溶剂的链转移常数。

上述推导是建立在稳态的假设下。实际上，大多数阳离子聚合并不符合稳态的假设。这也进一步说明了阳离子聚合动力学的复杂性，以及上述方程较难在实验上复现的现实。

5.3.4.2 阳离子聚合动力学参数的测定

在上节推导的方程（5-18）具有局限性，因为推导方程式是按照一种活性种进行推导的。实际上，大多数离子聚合体系都存在离子对与自由离子的平衡，所以聚合速率常数测定值是离子对与自由离子的综合贡献值。对于阳离子聚合速率常数的测定，通常采用电离辐射或利用稳定碳阳离子（如 $\mathrm{PhCH_2^+SbCl_6^-}$、$\mathrm{Ph_3C^+SbCl_6^-}$）来引发聚合反应。电离辐射可以直接生成自由离子而不存在离子对，同时为了消除反离子的影响，其浓度可以通过电导率测定。从表 5-6 可以看出阳离子聚合要比自由基聚合快得多。以苯乙烯为例，即使在 15℃下，辐射引发的聚合速率常数 k_p 仍高达 $3.5\times10^6\mathrm{L\cdot mol^{-1}\cdot s^{-1}}$，远比 60℃下自由基聚合的 k_p（176）大。可见阳离子聚合速率极快，接近于瞬时发生。

表 5-6 阳离子聚合表观增长速率常数

单体	温度/℃	引发剂	溶剂	$k_p/10^4\mathrm{L\cdot mol^{-1}\cdot s^{-1}}$
苯乙烯	15	辐射	无	350
苯乙烯	60	BPO	无	0.0176
异丁烯	0	辐射	无	1.5
α-甲基苯乙烯	0	辐射	无	0.04
甲氧基苯乙烯	0	辐射	无	0.03
甲基乙烯基醚	0	$\mathrm{PhCH_2^+SbCl_6^-}$	二氯甲烷	1.4×10^{-6}
乙烯基咔唑	20	$\mathrm{Ph_3C^+SbCl_6^-}$	二氯甲烷	0.006

(1) 溶剂的影响

在离子聚合体系中，一般会出现多种活性种共存的情况，如离子对与自由离子的平衡，离子对又有紧对与松对的区别。当溶剂极性增大时，增长活性种可能由共价键方式向离子对与自由离子转化，此时聚合速率和分子量都会提高。如在碘引发甲氧基苯乙烯的阳离子聚合反应中，溶剂对速率常数的影响见表 5-7。从该表可见，当溶剂从四氯化碳变为二氯甲烷时，表观速率常数提高了将近 150 倍。实际上，阳离子聚合多选有低极性的卤代烷烃做溶剂，这是因为非极性烃类溶剂中离子对过于紧密而使反应速率过低。含氧类极性溶剂又可能使阳离子聚合终止。

表 5-7　30℃ 下溶剂对甲氧基苯乙烯阳离子聚合的影响

溶剂	k_p/L · mol^{-1} · s^{-1}
二氯甲烷（ε=9.1）	17
二氯甲烷/四氯甲烷（90∶30）	1.8
二氯甲烷/四氯甲烷（50∶50）	0.31
四氯甲烷（ε=2.2）	0.12

(2) 反离子的影响

反离子若亲核性过强，可能会使阳离子聚合发生链终止。如用三氟乙酸引发苯乙烯聚合时，增长活性种会和反离子发生共价结合而导致链终止。同时，反离子体积大，离子对疏松，则会加快聚合速率。

(3) 温度的影响

温度对阳离子聚合的引发速率影响较小，对链增长反应以及链终止反应的影响取决于活化能的大小。一般地，链引发与链增长的活化能都很小，链终止与链转移的活化能较大，所以链终止和链转移反应受到温度的影响很大，因此阳离子聚合常在低温下进行以提高产物的分子量。

5.3.5　阳离子共聚合

能够进行阳离子均聚的单体种类本来就不多，共聚的单体对数更为有限。异丁烯是阳离子聚合的主要单体，苯乙烯也能进行阳离子聚合，这两种单体与有关单体进行阳离子共聚合的竞聚率见表 5-8。

表 5-8　少数单体阳离子共聚的竞聚率

M_1	M_2	引发剂	溶剂	温度/℃	r_1	r_2
异丁烯	异戊二烯	$AlCl_3$	CH_3Cl	−100	2.5±0.5	0.4±0.1
异丁烯	丁二烯	$AlCl_3$	CH_3Cl	−100	115	0.01
异丁烯	苯乙烯	$TiCl_3$	正己烷	−20	0.54±0.34	1.20±0.11
苯乙烯	α-甲基苯乙烯	$BF_3 \cdot O(C_2H_5)_2$	CH_2Cl_2	−20	0.2～0.5	12
苯乙烯	异戊二烯	$SnCl_4$	CH_2Cl_2	−20～0	0.8	0.1

按一般规律，烯类单体中基团的供电性越强，则其阳离子聚合活性越高，竞聚率也越大。考察间位、对位取代苯乙烯系列的阳离子聚合活性与取代基团的供（吸）电性的大小，发现有如下关系：

	p-OCH_3	>	p-CH_3	>	p-H	>	p-Cl	>	m-Cl	>	m-NO_2
δ：	−0.27		−0.17		0		+0.23		+0.37		+0.71

阳离子聚合活性还可用 Hammett 方程 [$\lg(1/r_1)=\rho\delta$] 中的 δ 值作半定量的判断。δ 为极性取代常数，用于表征基团的电子效应，供电子基团的 δ 值为负，吸电子基团的 δ 值为正。从中可以看出，甲氧基是强供电子基团（$\delta=-0.27$），表明 *p*-甲氧基苯乙烯的阳离子聚合活性很高；相反，硝基是强吸电子基团（$\delta=+0.71$），致使 *m*-硝基苯乙烯阳离子聚合的活性很低。

同系单体的位阻效应，以及溶剂、反离子、温度对阳离子共聚的竞聚率均有影响。

5.3.6 阳离子聚合的应用

阳离子聚合的典型工业应用是与异丁烯紧密相关的聚异丁烯和丁基橡胶。

(1) 聚异丁烯

聚异丁烯是异丁烯的均聚物。以 $AlCl_3$ 为引发剂，在 $-40\sim0$℃ 的温度下进行异丁烯的均聚反应，可制得低分子量聚异丁烯。而在 $-110\sim-95$℃ 的温度下进行异丁烯均聚时，可制得高分子量聚异丁烯。聚异丁烯的应用与其分子量有关。低分子量聚异丁烯可用作胶黏剂、密封剂、涂料等，高分子量聚异丁烯可用作塑料、橡胶等制品的抗冲击改性添加剂。

(2) 丁基橡胶

丁基橡胶是异丁烯和异戊二烯的共聚物，以异丁烯为主要单体。加入异戊二烯（1%～6%）进行共聚合的目的是向分子链中引入双键，便于进行硫化交联，形成橡胶。丁基橡胶的工业制备采用低温阳离子溶液聚合。以 $AlCl_3$ 和少量水为引发剂，氯甲烷为溶剂，在 $-100\sim-96$℃ 的温度下进行异丁烯和异戊二烯的共聚反应，制备得到丁基橡胶产品。丁基橡胶的气密性好，耐热，耐臭氧，耐老化，主要用于制作轮胎的内胎。

5.4 离子聚合与自由基聚合的区别

离子聚合与自由基聚合同属于连锁聚合，但聚合机理却有差异：自由基聚合的机理特征可以概括为慢引发、快增长、速终止；阴离子聚合则是快引发、慢增长、无终止、无转移，可实现活性聚合；阳离子聚合为快引发、快增长、易转移、难终止，主要是向单体溶剂转移，也可能单分子自发终止。这些差异是单体种类、引发剂、溶剂、温度等因素综合影响的结果，归纳如表 5-9 所示：

① 单体　大多数乙烯基单体都能自由基聚合，带吸电子基团的共轭烯类单体容易阴离子聚合，带供电子基团的烯类单体容易阳离子聚合，共轭烯烃能以三种机理聚合。

② 引发剂和活性种　自由基聚合的活性种是自由基，常选用过氧类、偶氮类化合物作引发剂，引发剂的影响仅局限于引发反应。阴离子聚合的活性种是碳阴离子，选用碱金属及其烷基化合物等亲核试剂做引发剂。阳离子聚合的活性种是碳阳离子，选用 Lewis 酸等亲电试剂做引发剂。离子聚合的活性种常以离子对的形式存在，离子对影响着聚合反应的全过程。

表 5-9　自由基聚合和离子聚合的特点比较

聚合反应	自由基聚合	离子聚合	
		阴离子聚合	阳离子聚合
引发剂	过氧和偶氮类化合物。本体、溶液、悬浮聚合选用油溶性引发剂；乳液聚合选用水溶性引发剂	Lewis 碱、碱金属、金属有机化合物、碳阴离子、亲核试剂	Lewis 酸、质子酸、碳阳离子、亲电试剂
单体聚合活性	带弱吸电子基团的烯类单体、共轭单体	带吸电子基团的共轭烯类单体、易极化为正电性的单体	带供电子基团的烯类单体、易极化为负电性的单体
活性中心	自由基	碳阴离子等	碳阳离子等
主要终止方式	双基终止	难终止、活性聚合	向单体和溶剂转移
阻聚剂	生成稳定自由基和化合物的试剂，如对苯二酚、DPPH	亲电试剂。水、醇、酸等，氧、CO_2 等	亲核试剂。水、醇、酸、胺类
水和溶剂	可用水作介质帮助散热	烷烃、四氢呋喃等	氯代烃，如氯代甲烷等
		溶剂的极性影响到离子对的紧密程度，从而影响到聚合速率和立构规整性	
聚合速率	$[M][I]^{1/2}$	$k[M]^2[C]$	
聚合度	$k'[M][I]^{-1/2}$	$K'[M]$	
聚合活化能	较大，84～105kJ·mol^{-1}	小，0～21kJ·mol^{-1}	
聚合温度	一般 50～80℃	低温，0℃以下	室温或低温，－100℃
聚合方法	本体、溶液、悬浮、乳液	本体、溶液	

③ 溶剂　自由基聚合中，溶剂的影响限于引发剂的诱导分解和链转移反应。离子聚合中，溶剂首先影响到活性种的形态和离子对的紧密程度，进而影响到聚合速率和定向能力。阴离子聚合可选用非极性或中极性的溶剂，如烷烃、四氢呋喃等；而阳离子聚合则选用弱极性溶剂，如卤代烃等。

④ 温度　自由基聚合的引发剂分解活化能较大，需在较高的温度（50～80℃）下聚合，温度对聚合速率和分子量的影响较大。而离子聚合中的引发反应活化能较低，为了减弱链转移反应，通常在较低的温度下聚合，温度对聚合速率的影响较小。

⑤ 阻聚剂　自由基聚合的阻聚剂一般为氧、苯醌、DPPH 等能与自由基结合而终止的化合物。水、醇等极性化合物是离子聚合的阻聚剂，亲电试剂对阴离子聚合有阻聚作用，亲核试剂对阳离子聚合有阻聚作用；苯醌也是阳离子聚合的终止剂。

5.5 扩展阅读：基团转移聚合（Group Transfer Polymerization，GTP）

1979 年，Webster 等人在研究中意外发现氟化物对甲基丙烯酸甲酯有很强的催化能力，这个意外发现也促使了基团转移聚合的诞生。目前基团转移聚合仅限于 α,β-不饱和酯、酮、腈以及二取代酰胺类单体，其中研究最多的为甲基丙烯酸甲酯。基团转移聚合在分子量分布、端基改性以及反应特性等方面具有相比传统聚合方法更多的优越性。基团转移聚合所用的催化剂一般为亲核性催化剂或亲电性催化剂，所对应的反应机理有所差别。亲核性催化剂包括 $[(CH_3)_2N]_3SHF_2$、$(n\text{-}C_4H_9)_4NF$、乙酸酯类、间硝基苯酚盐类，其中 $[(CH_3)_2N]_3SHF_2$、$(n\text{-}C_4H_9)_4NF$ 是最有效的亲核性催化剂，因为可以提供 HF_2^- 和氟离子。亲电性催化剂包括卤代锌、二烷基氯化铝等。GTP 与离子聚合相比最大的优点是反应条件不是特别苛刻，体系对水和氧气不敏感，而且在常温下就能顺利进行。与其相比，离子聚合的副反应比较多，特别是阳离子聚合，一般需要在低温下进行。与离子聚合相比，能用于 GTP 的溶剂种类更多，如四氢呋喃、甲苯、*N*,*N*-二甲基甲酰胺、乙腈等。亲电性 GTP 反应机理按照协同机理，体系没有阴离子增长中心，亲核性 GTP 则通过催化剂亲核取代反应生成了阴离子活性种，机理与阴离子聚合相似。目前通过 GTP 成功合成了液晶聚合物、嵌段聚合物、汽车面漆等产品。

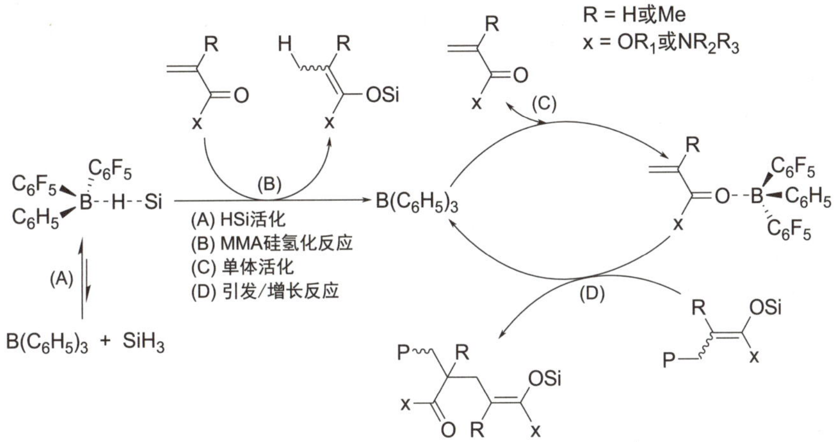

习题

1. 下列单体分别适合哪种聚合类型？写出其适用的引发剂。

a）苯乙烯　b）丙烯腈　c）丙烯酸甲酯　d）异丁烯　e）烷基乙烯基醚

2. 为什么阴离子聚合没有链终止反应？哪些方法可以停止正在进行的阴离子聚合？

3. 活性聚合有哪些特点？试说明活性自由基聚合与活性阴离子聚合有哪些异同点？

4. 一般地，实验中测得的阴离子聚合动力学常数 k 为体系中不同离子对（活性种）的综合值。如果体系中存在离子对（忽略离子对存在形式）和自由离子两种活性中心，其分别对应链增长动力学常数 k_1 和 k_2，试推导 k、k_1、k_2 三者之间的关系。

5. 以丁基锂为引发剂，分别在苯和四氢呋喃中引发苯乙烯聚合。哪种溶剂的聚合速率最高？讨论溶剂对不同类型增长引发剂相对浓度的影响。

6. 如何判断一个正在进行的聚合反应是自由基聚合还是离子聚合？

7. 为什么离子聚合的单体种类少而自由基聚合单体种类多？

8. 在自由基聚合后期会出现加速现象，请问离子聚合是否也有这种现象？

9. 在活性阴离子聚合中，用正丁基锂引发150g苯乙烯聚合，正丁基锂的量为2g，则聚合进行至苯乙烯和引发剂全部耗尽时所得聚苯乙烯的分子量为多少？

第 6 章

配位聚合

6.1 引言

20 世纪 50 年代以前，苯乙烯、氯乙烯、丁二烯等常见烯类单体的自由基聚合均已实现工业化。1939 年实现了乙烯在高温、高压条件下的自由基聚合。如前所述，高压自由基聚合所得聚乙烯因含有大量的长、短支链，导致结晶度较低，耐热性能较差，应用范围受到很大的局限。另外，用自由基聚合或离子聚合引发剂合成高分子量丙烯聚合物的努力未获成功。因此，乙烯和丙烯这两种资源丰富、价格低廉的单烯烃长期未能成为主要的合成聚合物单体。

1953 年，德国化学家卡尔·齐格勒（K. Ziegler）发现乙烯在温和条件（50～70℃，0.1～1.0MPa）和催化量的四氯化钛及三乙基铝［$TiCl_4+Al(C_2H_5)_3$］存在下可以快速聚合成无支链的聚乙烯。这种线形聚乙烯的结晶度、密度、熔点、拉伸强度等物性指标均高于自由基机理合成的低密度聚乙烯，因而迅速实现了工业化生产，现已发展成产量第一的合成树脂品种。1954 年，意大利化学家朱利奥·纳塔（G. Natta）用三氯化钛-三乙基铝为催化剂实现了丙烯的聚合，从产物中分离得到了高含量的等规聚丙烯，其熔点高达 165℃，并测定了结晶态等规聚丙烯的链构象及其在结晶相内的空间排列方式，确定了等规聚丙烯的侧基空间排列符合全同立构的链构型。纳塔实验室还发现了同类催化剂可使丁二烯等共轭二烯烃发生连锁聚合，生成多种立构规整聚合物。这是由烯类单体合成立构规整聚合物的开端。等规聚丙烯也在 20 世纪 50 年代实现了工业化生产，现已发展成产量第二的合成树脂品种。在此后的研究中，明确了齐格勒和纳塔各自采用的催化剂具有相同的催化机理，进而在早期催化剂的基础上发展出一系列效率更高的单烯烃及双烯烃聚合催化剂，统称为齐格勒-纳塔催化剂（Ziegler Natta catalyst）。齐格勒和纳塔因其对烯烃聚合催化剂和立体定向聚合研究的巨大贡献而共同获得 1963 年度诺贝尔化学奖。

20 世纪 50 年代以来，先后发现了多种类型的过渡金属和稀土金属盐类或金属有机配合物对单烯烃、双烯烃、环烯烃、炔烃、环氧类单体、环酯或环酸酐类单体、异腈酸酯乃至

CO 和 CO_2 等一碳单体的均聚/共聚合反应具有强烈的催化作用。齐格勒-纳塔催化聚合与其后发现的各类催化聚合反应的共同特征是，单体须先与催化活性中心发生配位络合作用，然后才能完成链增长，其链增长过程符合连锁聚合机理。由此形成了“配位聚合”这一高分子合成反应的重要类型。需要说明的是，虽然配位聚合催化剂的部分基团（如烷基、烷氧基等）会通过聚合反应连接到聚合物链端，类似于自由基引发剂残基连接到聚合物链端的情形，但催化剂的中心金属及其配体在聚合过程中并不发生改变。这一特性与自由基聚合及离子聚合引发剂有明显的区别，而更符合催化反应的特征。因此，虽然早期文献曾将配位聚合的催化剂称为“引发剂”，较近的文献已普遍采用“催化剂”这一更准确的名称。

配位聚合概念与立体定向聚合及聚合物立构规整度概念存在密切的联系，因为立构规整度最高的合成高分子通常只能通过配位聚合得到。在配位聚合体系里，进行链增长的单体配位到催化剂的中心金属上时，金属及其配体构成的特定立体化学环境对单体分子的空间取向产生强烈的限域作用（或称作立体定向作用），从而生成立构规整度很高的聚合物链。部分阴离子聚合体系也存在类似的立体定向作用，但所得聚合物的立构规整度仍低于配位聚合得到的同类产物。

配位聚合的单体种类繁多，催化剂结构类型及其催化机理也复杂多变。近年来，科学家还发现了不含金属的元素有机化合物（如：有机硼化合物）能有效催化聚合反应。采用配位聚合生产的聚合物涵盖塑料、合成纤维、合成橡胶及大量功能高分子和高性能聚合物品种，且新的品种还在不断涌现。由于烯类单体的配位聚合在高分子工业中占据主导地位（占全部合成高分子产量的约 40%），其反应机理也有相当大的代表性，因而本章仅介绍单烯烃和共轭二烯烃的配位聚合。环状单体的配位开环聚合将在第 7 章作简要介绍。

6.2 聚合物的立构规整性

大量存在于有机小分子化合物中的立体异构和几何异构现象同样存在于聚合物中，但后者的复杂程度远大于前者，因为一条聚合物链就可以有成百上千个手性中心（手性碳）或双键、环等决定整条链分子构型（configuration）的结构单元。一条有数百个结构单元的聚合物链理论上可以有无数种立体构型。因此，科学家们最初认为不太可能人工合成出堪与天然高分子相比的高度立构规整的聚合物。配位聚合的发展才使立构规整聚合物的高效制备得以实现。

6.2.1 立构规整结构及其表达方式

α-烯烃（丙烯、1-丁烯、1-己烯、苯乙烯等）、环烯烃（非开环聚合）、环氧化合物（开环聚合）、共轭二烯烃等单体经聚合均有可能生成立构规整聚合物。

6.2.1.1 聚（*α*-烯烃）

α-烯烃聚合后，聚合物链的每个重复单元均含有一个手性中心原子（C^*），其手性符号可能是 *R*（右旋）或 *S*（左旋）：

$$n\,CH_2=\underset{\displaystyle R}{\underset{|}{CH}} \longrightarrow \sim CH_2-\underset{\displaystyle R}{\underset{|}{\overset{*}{C}H}}-CH_2-\underset{\displaystyle R}{\underset{|}{\overset{*}{C}H}}-CH_2-\underset{\displaystyle R}{\underset{|}{\overset{*}{C}H}}\sim \tag{6-1}$$

由于每个手性碳原子左右两边的长链十分相似，接近镜面对称，单个手性碳并不具有旋光性，因而将这类手性中心称为假手性中心。如果整条链上的 C^* 均有相同的构型，如～*RRRRR*～或～*SSSSS*～，则称其为全同立构聚合物，也称作等规（isotactic）聚合物。这是一种立构规整结构。另一种可能的立构规整聚合物是间同立构（间规，syndiotactic）聚合物，其链内的每个手性碳原子的手性符号都与其相邻两个单元的手性碳相反，两种手性符号的手性碳交替出现，如～*RSRSRSRSRS*～。如果整条链上手性碳的构型呈现无明显规律的无序排列，例如～*RRSRSSSRRSSRRRS*～，则称其为无规（atactic）聚合物。如果在同一条链中存在不同构型的立构规整长链段，如～*RRRRRRRRSSSSSSSS*～，则称为立构嵌段聚合物（stereoblock polymer），可视为一类特殊的立构规整聚合物。在一些 α-烯烃的聚合产物中还发现了同一条链的部分链段具有立构规整性的现象，如～*RRRRRRRR-SSR-RRSRRSSSRS*～，也可归入立构嵌段聚合物。

采用手性符号 *R*、*S* 表示立构规整聚合物的方式不够直观，因而在学术文献中常采用平面锯齿链图式（图 6-1）或 Fischer 投影式（图 6-2）表示一小段链的立体构型，以此局部结构反映整个聚合物链的立体结构。Fischer 投影式相当于从三维的平面锯齿链正上方看到的投影图式，更容易作图。

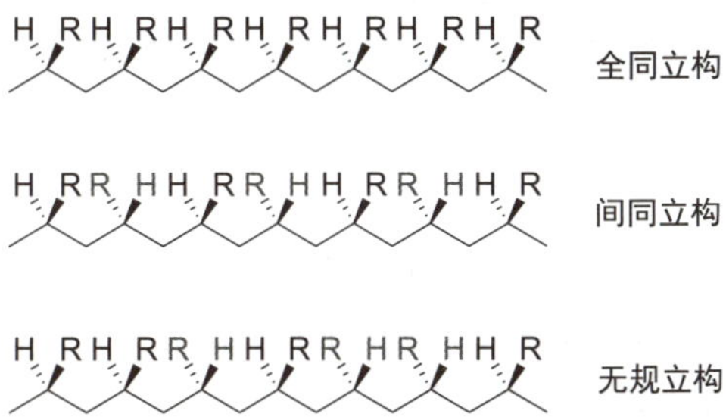

图 6-1　聚 α-烯烃的平面锯齿链立体示意图（省略了亚甲基碳上的氢原子）

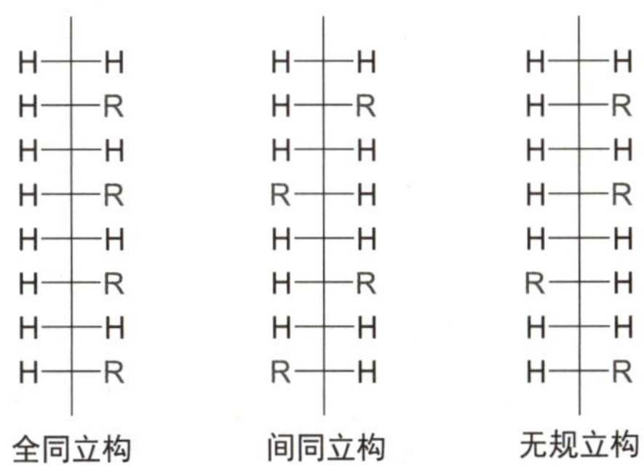

图 6-2　聚 α-烯烃立体构型的 Fischer 投影式

由于聚丙烯是研究和实际使用得最多的立构规整聚合物品种，许多文献还采用一种由多个“┌”或“└”图形连成的长串符号来表示聚丙烯的立体构型，如用“┌┌┌┌┌┌”表示等规聚丙烯链段，用“┌└┌└┌└”表示间规聚丙烯链段。这种表示方式同样十分简便直观，且能节省纸面空间。

6.2.1.2 聚环氧丙烷

环氧丙烷及环硫丙烷分子本身已含有手性碳。如果以含相等量左旋和右旋异构体的环氧丙烷（环氧丙烷外消旋混合物）为单体进行聚合，当所用的催化体系具有立构选择性（stereoselectivity）时，其活性中心将只让其中的一种对映异构体参与链增长，生成手性中心规整排列的聚合物链。和聚 α-烯烃相比，这种聚合物链中每个手性中心的近邻环境差别显著，是真正的手性中心。因此，经立构选择性聚合生成的只由一种对映异构体单体单元构成的聚合物将显示出旋光活性。用 $ZnCl_2$-CH_3OH 催化外消旋环氧丙烷开环聚合时，手性为 *R* 和 *S* 的单体只能各自插入末端单元的手性分别为 *R* 和 *S* 的链增长活性中心，从而生成只含有 *R* 单元和 *S* 单元的两种光学活性链。当两种链所含的单体量相等时，含 *R* 单元的链与含 *S* 单元的链的旋光作用相互抵消，整个聚合产物将没有光学活性，是一种外消旋混合物。

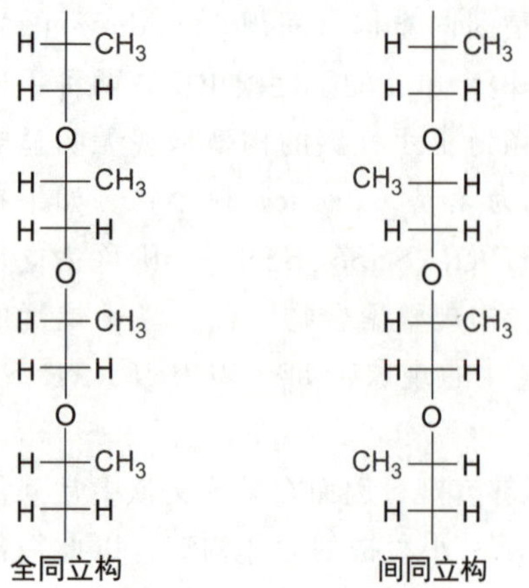

图 6-3　聚环氧丙烷立体构型的 Fischer 投影式

全同和间同立构聚环氧丙烷的 Fischer 投影式如图 6-3 所示。由图可见，纯的全同立构聚合物具有旋光活性，而间规聚环氧丙烷链中 *R* 和 *S* 单元各占一半，相邻手性中心的旋光性相互抵消，导致整条链没有旋光活性。这属于聚合物的内消旋现象。

6.2.1.3 聚二烯烃

1,3-丁二烯、1,3-异戊二烯等共轭二烯烃的配位聚合可以按多种加成方式进行，既可以 1,4-加成，也可以 1,2-加成（丁二烯）或 3,4-加成（异戊二烯），理论上可以生成六种立构规整聚合物。以丁二烯为例，其通过配位聚合实际得到的有顺式 1,4-、反式 1,4-、全同 1,2-和间同 1,2-四种立构规整聚丁二烯。

共轭二烯烃 1,2-或 3,4-加成聚合的立体化学与 α-烯烃的加成聚合相同，区别在于前者的聚合物链带有含双键的侧基：

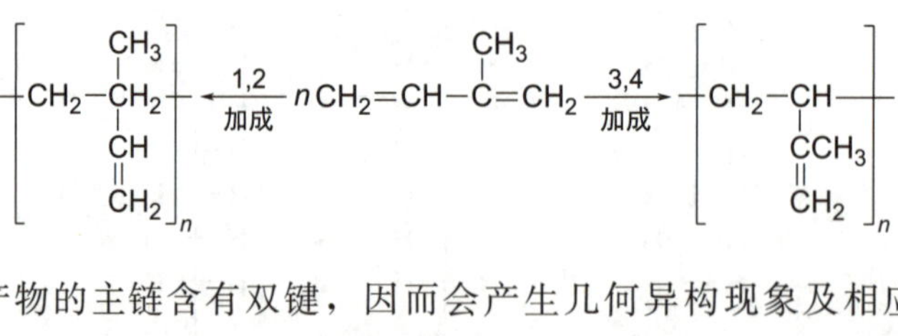

(6-2)

1,4-加成聚合产物的主链含有双键，因而会产生几何异构现象及相应的立构规整结构，即主链双键全部为顺式构型（*cis*）的链和全部为反式构型（*trans*）的链：

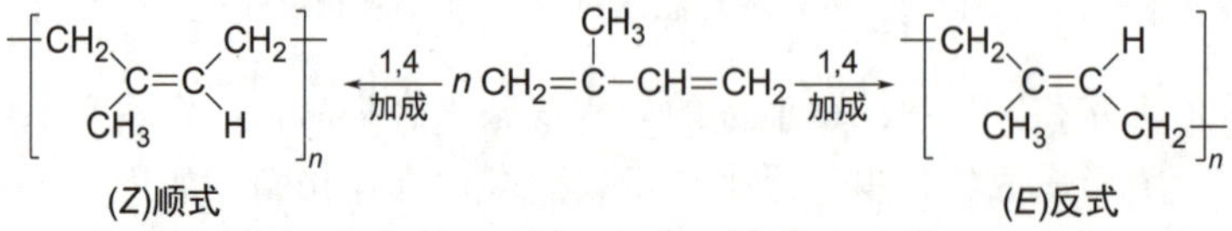

(6-3)

顺式 1,4-和反式 1,4-聚异戊二烯的平面锯齿链图式如图 6-4 所示。

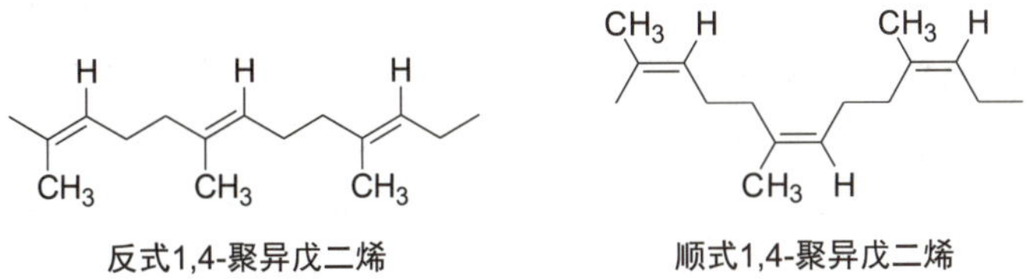

图 6-4 顺式 1,4-和反式 1,4-聚异戊二烯的平面锯齿链图式

6.2.2 立构规整聚合物的性质

聚合物链的立构规整性会影响其链构象，后者决定链之间的空间堆积方式、结晶能力及结晶相结构，进而影响密度、熔点、溶解特性、力学强度等一系列物理力学性能。由于侧基的立体位阻效应，无规立构聚 α-烯烃很难像聚乙烯链那样采取平面锯齿链构象，只能采取无规线团构象，因而不能形成结晶相。等规聚丙烯链则很容易形成规整的 3/1 螺旋链构象（每三个丙烯单元构成一个螺旋周期），整条螺旋链呈直线形状，因而可以通过许多螺旋链（或链段）的紧密堆砌形成结晶相。最常见的 α-晶型等规聚丙烯的熔点高达 165℃，在 0～100℃下具有很高的力学强度，并有良好的耐溶剂性，是一种用途广泛的塑料和合成纤维原料。间规聚丙烯也能形成螺旋链构象，其结晶相的熔点低于等规聚丙烯（见表 6-1），也是一种重要的塑料原料。聚 1-丁烯、聚 4-甲基-1-戊烯和聚苯乙烯等 α-烯烃的立构规整聚合物均能形成结晶相，且熔点足够高（见表 6-1），因而均已用作塑料原料。

表 6-1 聚 α-烯烃和聚二烯烃的物理性质

聚烯烃	相对密度	熔点/℃	聚二烯烃	相对密度	熔点/℃
高密度聚乙烯	0.95～0.96	120～130	顺式 1,4-聚丁二烯	1.01	2
无规聚丙烯	0.85		反式 1,4-聚丁二烯	0.97	146
等规聚丙烯	0.92	165～175	等规聚 1,2-丁二烯	0.96	126
间规聚丙烯	0.88～0.89	130～150	间规聚 1,2-丁二烯	0.96	156
等规聚 1-丁烯	0.91	136	顺式 1,4-聚异戊二烯	0.90	
等规聚 4-甲基-1-戊烯	0.83	250	反式 1,4-聚异戊二烯	0.94～0.96	57～63
间规聚苯乙烯	1.01	270			

立构规整性不同的共轭二烯烃聚合物在结晶性、熔点、力学性能等方面表现出更显著的差异。对于丁二烯的聚合物，全同和间同聚 1,2-丁二烯具有较高的结晶性，与聚 α-烯烃类似，但是顺式 1,4-聚丁二烯的熔点只有 2℃，玻璃化温度则低至－106℃，因而在室温下呈高弹态，是一种重要的合成橡胶原料。反式 1,4-聚丁二烯则具有较高的结晶熔点，在常温下呈现塑料的特性。异戊二烯的聚合物与丁二烯聚合物类似，也是顺式 1,4-聚异戊二烯呈弹性体特性，而反式 1,4-和 3,4-聚合物呈现塑料特性。

6.2.3 立构规整度的测定

立构规整聚合物链或立构规整链段占聚合产物的质量分数称作立构规整度。对于等规聚合物，则称作等规度。许多配位聚合催化剂（特别是非均相齐格勒-纳塔催化剂）催化 α-烯烃或共轭二烯烃聚合时，有几种立体定向能力不同的活性中心同时进行链增长，导致聚合产物中同时含有高立构规整性链和低规整性链。对于同一个活性中心生成的立构规整性链，也会在链增长中偶然发生空间取向错误的单体插入，导致整条立构规整性聚合物链中含有少量立体化学缺陷。这两种现象均会降低聚合物的立构规整度，进而影响聚合物的物理性质和力学性能。测定聚合物的立构规整度一方面有助于准确掌握聚合物性能与其链结构之间的关系，另一方面也为研究催化活性中心和聚合反应机理提供实验证据，是配位聚合的重要研究内容。

测定立构规整度的方法主要有两类：一类是利用立构规整度不同的聚合物链之间在溶解性上的差别，通过溶剂萃取或分步结晶等方法将具有不同规整度的链进行物理分离，进而测得立构规整性链在全部聚合物中所占的质量分数或百分比；另一类是用波谱或光谱学方法直接测定聚合物链段的立体构型，得到不同立体构型的链段所含单元占聚合物全部单体单元的摩尔分数。实际得到的立体定向聚合产物往往同时存在分子间及分子内的立构规整度分布，前者指产物中存在立构规整度不同的聚合物链，后者指同一条链的不同链段具有不同的立体构型。因此，完整地表征聚合物的立构规整结构是一件十分复杂、耗时的工作。例如，一些研究者把等规聚丙烯样品先用升温淋洗分级法按等规度高低分离成若干个级分，然后用核磁共振波谱仪分别测定每个级分的等规链段含量，从而得到分子内和分子间的立构规整度分布信息。这些信息有助于了解聚合反应的活性中心及其催化聚合机理。

就立构规整聚合物工业生产的日常质量控制而言，由于产品分子结构的变化范围相对较窄，采用简化的溶剂萃取分级或溶解-结晶分级粗略测定立构规整度的分子间分布已能满足产品质量控制要求。在早期的等规聚丙烯研究和产品质量控制中，常采用沸腾正庚烷萃取法来测定等规度，即将一定量的聚丙烯样品用沸腾正庚烷抽提 6 小时以上，以未被溶解到溶剂中的样品所占质量分数作为该样品的等规度，称为全同指数（isotacticity index，Ⅱ）。近二十多年来，工业界更多地采用二甲苯可溶物含量作为聚丙烯产物的等规度指标，具体方法是将一定量聚丙烯完全溶解于沸腾的二甲苯，然后将溶液冷却到室温以使等规聚丙烯链结晶析出，过滤分离出沉淀部分后，经称重计算得到二甲苯可溶物含量（XS，单位：%）。显然，高的二甲苯可溶物含量对应低的基于庚烷萃取法的等规度。需要指出的是，由于一部分可溶于沸腾正庚烷的聚丙烯链在室温下会从二甲苯溶液中结晶析出，因而同一聚丙烯样品的（100 -XS）值一般大于Ⅱ值。

核磁共振（NMR）波谱分析，尤其是^{13}C NMR 分析是测定聚 α-烯烃立构规整度的更具普适性的方法，它利用聚合物中不同立体构型链段中碳原子的化学位移值不同而分别测定其相对含量，得到立构规整性链段在样品中所占的比例。例如，在聚丙烯的^{13}C NMR 谱图中可以区分开┘┘┘┘┘、┘┘┘┘┐、┘┘┐┐┘、┐┘┐┘┐等各种含五个丙烯单元但立体构型不同的短链段（称为五元组）中心单元上甲基产生的谱峰，进而由各谱峰的强度积分值得到样品的全同五元组（┘┘┘┘┘）相对含量（用符号［mmmm］表示）。这种立构规整度参数源自聚合物链结构的表征，因而称为微观立构规整度（microtacticity）。聚 1-丁烯、聚苯乙烯、聚丙烯酸酯等烯类聚合物的微观立构规整度也可以用^{13}C NMR 分析测定。由于^{13}C NMR 分析可以测定各种不同规整性链段的含量，提供的链结构信息更加全面，因而广泛应用于配位聚合的基础研究。

对于二烯烃的立构规整聚合物，常通过^{1}H NMR 和^{13}C NMR 分析直接测定得到样品中顺式 1,4-、反式 1,4-、全同 1,2-、间同 1,2-等立构规整链段的含量。对于顺式 1,4-聚丁二烯和顺式 1,4-聚异戊二烯，由于典型样品的顺式 1,4-含量高于 95%，通常只用一个顺式 1,4-含量指标即可反映其立构规整度。聚丙烯和聚二烯烃的立构规整度也可以用红外光谱测定，但由于该方法只是一种相对定量法，需要用核磁共振法、萃取分级法等绝对法测定的样品做出工作曲线。

6.3 单烯烃的配位聚合

6.3.1 Ziegler-Natta 催化剂

自 1953 年齐格勒发现 $TiCl_4$-Al$(C_2H_5)_3$ 组合能在较温和的条件下（单体压力低于 3MPa，聚合温度低于 100℃）催化乙烯聚合以后，以意大利纳塔研究组为代表的多个实验室随即探索了各种 Ⅳ－Ⅷ副族过渡金属化合物与Ⅰ-Ⅲ主族金属烷基（芳基、氢）化合物构成的双组分催化剂使乙烯、丙烯、共轭二烯烃或环烯烃等单体聚合成高分子量聚合物的能力，确定了大量这类双组分体系具有使某些烯类单体聚合的催化活性。因此，学术界及产业界把符合上述定义的双组分体系统称为 Ziegler-Natta 催化剂（简称 Z-N 催化剂），相应的烯烃聚合反应称为 Z-N 聚合。随着对其催化机理的认识不断加深，现已明确，Z-N 催化剂中的过渡金属化合物是必不可少的组分，而主族金属化合物在某些情况下并非必要的组分。因此，把过渡金属化合物称为主催化剂，把主族金属化合物称为助催化剂（cocatalyst）。

虽然符合上述定义的能催化聚合反应的双组分催化体系种类繁多，催化活性达到商业化应用要求的体系却相对有限，实现工业应用的体系则数量更少。表 6-2 列出了 20 世纪 80 年代以前发现并已实现工业化应用的几种代表性 Z-N 催化剂的成分及其适用单体。

表 6-2　20 世纪 80 年代以前发现并开发应用的代表性 Z-N 催化剂

主催化剂	助催化剂	适用的主要单体类型	工业化聚合物
$TiCl_4$	$AlEt_3$	乙烯，丙烯，共轭二烯烃	聚乙烯
$TiCl_3$	$AlEt_2Cl$	丙烯，乙烯	等规聚丙烯
δ-$TiCl_3 \cdot OR_2$	$AlEt_2Cl$	丙烯，乙烯	等规聚丙烯，聚乙烯
$VOCl_3$	$AlEt_{1.5}Cl_{1.5}$ 1)	乙烯，丙烯，共轭二烯烃，环烯烃	乙烯-丙烯无规共聚物 乙烯-丙烯-ENB 三元共聚物（EPDM）2)
$Co(acac)_3$ 3)	$AlEt_3$	共轭二烯烃	顺式-1,4-聚丁二烯
$Ni(OCOR)_2$	$Al(i\text{-}Bu)_3$-$BF_3 \cdot OEt_2$	共轭二烯烃	顺式-1,4-聚丁二烯
$Nd(OCOR)_3$	$AlEt_2Cl$-$Al(i\text{-}Bu)_3$	共轭二烯烃	顺式-1,4-聚丁二烯 顺式-1,4-聚异戊二烯

注：1）倍半乙基氯化铝，是 $AlEt_2Cl$ 和 $AlEtCl_2$ 的 1∶1 混合物；2）ENB 是乙叉降冰片烯的英文缩写，EPDM 是三元乙丙橡胶的英文缩写；3）acac 是乙酰丙酮基的缩写。

早期的Z-N催化剂通常采用有溶剂的聚合反应工艺，常以饱和烷烃类作为反应体系的溶剂或介质。根据催化剂在聚合体系中的物理状态，可以分成均相催化剂（如表6-2的后四种体系）和非均匀催化剂（如表6-2的前三种体系）两类。虽然$TiCl_4$是一种能溶于烷烃的液态物质，但其在聚合体系中与助催化剂相遇后即迅速被还原成$TiCl_3$［见反应式（6-4）、式（6-5）］，成为细小颗粒悬浮分散于烷烃中，因而最早发现的$TiCl_4$-$AlEt_3$催化剂体系与稍晚发现的$TiCl_3$-$AlEt_3$或$TiCl_3$-$AlEt_2Cl$体系没有本质区别。与其他过渡金属化合物相比，$TiCl_3$类主催化剂表现出较高的催化单烯烃聚合活性，其成本也较低，故在20世纪50年代至80年代广泛应用于聚乙烯和聚丙烯的工业生产。助催化剂的选择上，烷基铝（或氯化烷基铝）相对于其他主族金属有机化合物（例如烷基锂、烷基镁）在性能和价格方面均有显著优势，成为聚烯烃（聚乙烯、聚丙烯和其他单烯烃聚合物的统称）工业化生产实际使用的首选助催化剂。

$$TiCl_4 + AlR_3 \longrightarrow TiRCl_3 + AlR_2Cl \tag{6-4}$$

$$TiRCl_3 \longrightarrow \frac{1}{x}(TiCl_3)_x + R\cdot \tag{6-5}$$

[$(TiCl_3)_x$代表若干个$TiCl_3$分子聚集而成的结晶微粒]

Z-N催化剂的发现在20世纪50年代开启了高分子合成工业的新时代，其应用规模在70多年里迅速扩大。21世纪以来，按配位聚合机理合成的聚合物年产量已占到全部合成聚合物产量的将近一半。与此同时，Z-N催化剂的相关研究也成为高分子化学的一个重要学术领域。经过持续的基础研究，对早期类型Z-N催化剂催化单烯烃聚合的微观机理形成了较为准确的认识，其中由荷兰科学家Cossee和Arlman提出的机理模型得到学术界广泛认可，称为Cossee-Arlman机理。图6-5是根据该机理描述的$TiCl_3$-$AlEt_3$催化乙烯聚合反应，包含催化活性中心的形成（相当于引发步骤）及链增长反应。

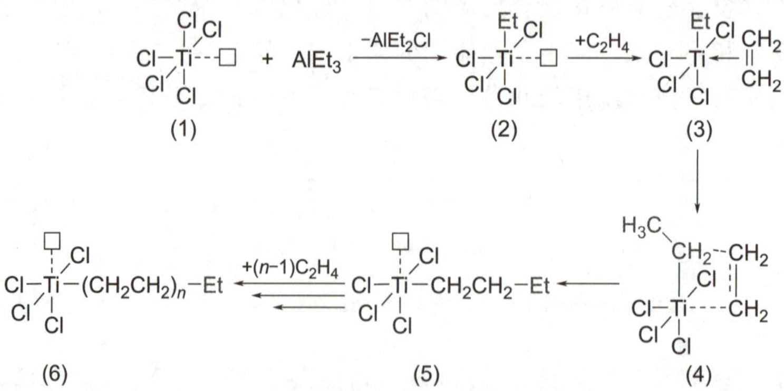

图6-5 Cossee-Arlman机理描述的$TiCl_3$-$AlEt_3$催化乙烯聚合反应（与Ti短线相连的Cl表示其处于Ti的第一配位层，不代表共价键。与钛原子虚线相连的小方框代表空配位点）

图6-5中（1）是潜在的氯化钛活性位点。α、β、γ、δ等各种晶型的$TiCl_3$晶体中钛离子均采取正八面体构型，每个钛离子最多能与6个氯离子紧密接触，这些Cl是Ti的第一配位层配体。因此，结构式（1）可以代表各种氯化钛类催化剂的活性位点。必须注意，并非$TiCl_3$晶体中所有的Ti都能成为活性中心，只有配位不饱和的Ti（其第一配位层内Cl少于6个）才有可能成为活性中心，因为缺失氯离子的空配位点正是催化烯烃聚合时单体

配位的位点。由于晶体内部的 Ti 都是配位饱和的，潜在活性位点只存在于 $TiCl_3$ 晶体的表面。(1) 通过与烷基铝反应，烷基化成为带有一个烷基的钛物种 (2)。位于 $TiCl_3$ 表面的多数 Cl 仍与晶体内的其他 Ti 共有，其化学性质不够活泼，并不容易被烷基化。只有不与晶体内其他 Ti 共享，因而空间位阻相对较小的氯离子［如 (1) 中正上方的 Cl］才能够被烷基化。下一步是乙烯双键的 π-电子在烷基化钛物种 (2) 的空配位点上配位形成 (3)，随后经过四元环过渡态 (4)，使乙烯插入钛-乙基键，得到含有一个单体单元的初始增长链 (5)，同时重新释放出空配位点。(5) 与 (2) 在化学结构上相似，可以继续接受乙烯的配位和插入增长，从而生成与活性中心钛原子相连的聚乙烯链。(6) 即是该机理的链增长活性中心。

Cossee-Arlman 机理的要点有：(1) 增长链通过共价键与活性中心的过渡金属连接；(2) 活性中心的过渡金属有至少一个空配位点；(3) 通过单体插入过渡金属－碳 σ 键实现链增长。这些特点也存在于大多数配位聚合催化体系。烯烃双键的 π-电子在活性中心的钛上配位的动力主要来自于钛的 Lewis 酸性。烯烃插入活性中心的驱动力有：单体配位到钛的 $d_{x^2-y^2}$ 空轨道后其双键成键轨道被削弱，同时其反键轨道能级因受到钛的 d_{yz} 轨道反馈作用而降低。单体配位到 $TiCl_xR$ 也使得 Ti—R 键被削弱。

虽然有少数 Z-N 催化烯烃聚合体系在低温等特殊反应条件下几乎不发生链转移和链终止，可以实现烯烃的活性聚合，但常规反应条件下（温度高于 50℃）多数 Z-N 催化剂催化单烯烃聚合均存在多种链转移反应，包括活性链向单体、烷基铝转移及活性链的自发 β-氢迁移。此外，聚烯烃生产中通常加入氢气作为高效的链转移剂，以实现对聚合物分子量的可控调节。单烯烃 Z-N 聚合体系中常见链转移的反应式如图 6-6 所示。

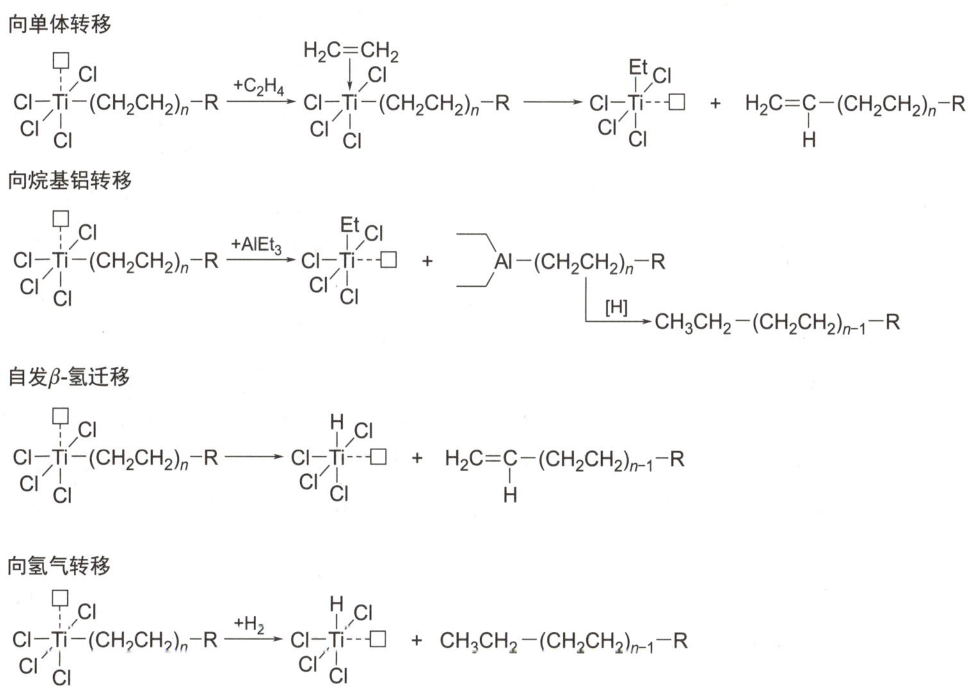

图 6-6　单烯烃 Z-N 聚合体系的链转移反应（以乙烯聚合为例）

6.3.2 负载型 Ziegler-Natta 催化剂

由于 $TiCl_3$ 类 Z-N 催化剂的烯烃聚合反应催化效率偏低（<5000g 聚合物/g 催化剂），聚合产物中残留催化剂带来的无机物灰分过多，影响了最终产品的性能。因此，早期的聚乙烯和聚丙烯生产流程均包含了树脂脱灰工序，导致生产成本增大和废液难处理问题。自 20 世纪 60 年代起，基于这类催化剂的活性中心只存在于 $TiCl_3$ 晶体表面、晶粒内部的钛不能被活化的认识，许多研究者尝试将氯化钛负载到无机载体上，制备了负载化的 Z-N 催化剂（负载型 Z-N 催化剂），希望其有较高的钛元素利用率和更高的催化活性。经过筛选，发现用 $MgCl_2$、Mg(OH)Cl、$Mg(OR)_2$ 等含镁载体制备的负载型 Z-N 催化剂表现出极高的催化效率，催化乙烯聚合的效率达到 10000g 聚合物/g 催化剂以上，而催化剂的钛含量仅有 3%～7%（相比之下，$TiCl_3$ 的钛含量为 31%），实现了聚合物灰分的大幅度降低。由于高效负载型催化剂的应用，70 年代以来的聚乙烯生产普遍采用没有树脂脱灰工序的简短流程，显著降低了生产成本，实现了聚烯烃工业的革命性变革。2020 年以来，全球每年用负载型 Z-N 催化剂生产 4000 万吨以上聚乙烯树脂。

70 年代早期研制的负载型 Z-N 催化剂基本只有 $TiCl_4$ 和 $MgCl_2$ 两个组分，表示为 $TiCl_4/MgCl_2$。这种催化剂虽然对丙烯聚合也有很高的催化活性，但所得产物的等规聚丙烯含量仅有 40%～70%，没有实用价值。经过试验改进，研发出了含有有机给电子体（主要是酯类和醚类）的负载型 Z-N 催化剂，表示为 $TiCl_4/ID/MgCl_2$（ID 是英文内给电子体 internal donor 的缩写）。以 $TiCl_4/ID/MgCl_2$ 为主催化剂、烷基铝为助催化剂、$RR'Si(OMe)_2$ 为立体定向性调节剂（也称为外给电子体 ED）的三组分催化体系可以合成等规度大于 95% 的聚丙烯，催化效率达到 30000g 聚合物/g 催化剂以上。1980 年代以后的等规聚丙烯生产普遍使用这类催化剂，采用无需脱灰、无需脱除无规物的简短流程，生产效率大幅度提高。目前，95%以上的聚丙烯生产采用这种催化剂，2020 年以来的全球年产量超过 7000 万吨。

氯化镁为载体的负载型 Z-N 催化剂通常采用反应法和浸渍法制备。以较常用的氯化镁醇合物路线为例，催化剂的制备步骤包括：(1) 将无水氯化镁与醇（乙醇、正丁醇等）按摩尔比约 1∶3 的比例在 100～120℃的烃类介质中搅拌溶解，形成 $MgCl_2 \cdot nROH$（氯化镁醇合物，$n=3\sim4$）小液滴分散于烃类介质的悬浮液；(2) 将醇合物悬浮液在搅拌状态下快速冷却到低温，使醇合物由液滴转变为固态微粒；(3) 醇合物微粒与过量的 $TiCl_4$ 搅拌反应（制备聚丙烯催化剂时，还需加入内给电子体，并多次载钛），经过滤、洗涤除去 $TiCl_4$ 与 ROH 反应的可溶性产物及未反应的 $TiCl_4$，干燥后得到细粉状的 $TiCl_4/ID/MgCl_2$ 催化剂。

用于气相法乙烯聚合工艺的负载型催化剂对于颗粒形貌的要求较为严格，为此研制了以硅胶为惰性载体的 $TiCl_4/MgCl_2/SiO_2$ 双负载型催化剂，其主要制备步骤为：(1) 将无水氯化镁和 $TiCl_4$ 共溶于热的四氢呋喃；(2) 经灼烧处理的 SiO_2 颗粒浸入 $TiCl_4 \cdot MgCl_2 \cdot THF$ 溶液；(3) 过滤出的固体颗粒与 $AlEt_3$ 或 $AlEt_2Cl$ 反应，然后经洗涤、干燥得到细粉状的 $TiCl_4/MgCl_2/SiO_2$ 催化剂。在这类催化剂中，少量直接吸附在硅胶表面的 $TiCl_4$ 并不具有催化烯烃聚合的活性，只有吸附于 $MgCl_2$ 表面的氯化钛能成为活性中心，因此其催化烯烃聚合特性与不含硅胶的 $TiCl_4/MgCl_2$ 型催化剂相似。双负载型催化剂除了有利于控制颗粒形貌、降低装置内聚合物结块的风险，还能显著降低聚烯烃树脂的氯离子含量，提高产品质量。

负载型 Z-N 催化剂在聚烯烃生产中起着主导作用，对其微观结构和催化机理的基础研究也持续了 40 多年，形成了许多科学认识。首先认识到，$MgCl_2$ 成为这类催化剂的理想载体的原因之一是其晶体结构与 δ-$TiCl_3$ 晶体十分接近。二者晶体中的氯离子都采取六方紧密堆积，相应的晶胞参数仅相差不到 3%，Ti^{4+}、Mg^{2+} 的配位构型均为正八面体。δ-$TiCl_3$ 晶体的 Ti—Cl 键长为 1.25Å，δ-$MgCl_2$ 晶体的 Mg—Cl 键长为 1.23Å。这种相似性使得 $TiCl_4$ 能够与 $MgCl_2$ 表面配位不饱和的镁离子通过共享氯离子而牢固连接，不会在聚合体系的环境下从载体上脱落下来。图 6-7 显示的两种 $TiCl_4$ 吸附于 $MgCl_2$ 表面的结构经量子化学计算确定有较高的稳定性。图中模型的每个吸附 $TiCl_4$ 均各提供两个 Cl 与载体表面的 Mg 共享，使得后者连接的氯离子由 4 或 5 个增加到 5 至 6 个，配位不饱和程度降低，载体的表面能也相应降低。

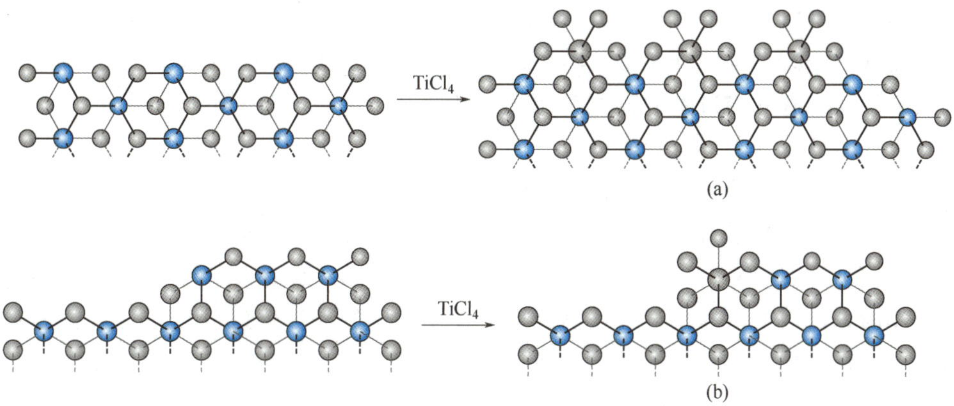

图 6-7　两种 $TiCl_4$ 吸附于 $MgCl_2$ 表面的结构模型（蓝色小球代表 Mg，浅灰色小球代表 Cl，灰色大球代表 Ti。球之间的连线用于显示空间位置关系，不代表共价键。每个模型图的氯化镁晶体仅显示了靠近上方边界（晶体侧边）的几排镁离子及其周围的氯离子）

这种吸附在 $MgCl_2$ 表面的 $TiCl_4$ 与烷基铝反应时，并不会像早期的 Z-N 催化剂那样生成 $TiCl_3$ 晶体，而是形成负载于 $MgCl_2$ 表面的 $TiCl_3$ 甚至 $TiCl_2$。后者继续与烷基铝反应则成为带一个烷基的 Ti(Ⅲ)或 Ti(Ⅱ)物种（见图 6-8）。根据现有的研究结果，这些吸附于 $MgCl_2$ 表面的烷基氯化钛即是催化烯烃聚合的活性中心。

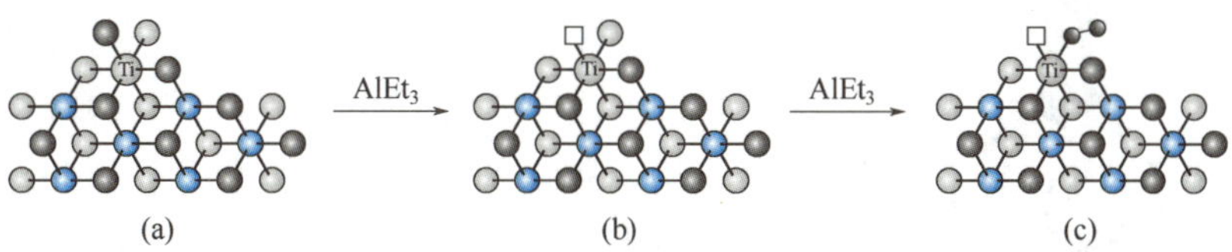

图 6-8　负载型 Z-N 催化剂上一种 Ti（Ⅲ）活性中心的活化过程模型【(a) 是吸附于 $MgCl_2$（110）晶面的 $TiCl_4$，(b) 和 (c) 中与 Ti 以短线相连的小方框代表空配位点。图中蓝色球代表 Mg，灰色球代表 Cl，黑色小球代表 C】

对于图 6-8（c）这种位于 $MgCl_2$ 表面的 Ti(Ⅲ)活性中心，如果只看距离 Ti 最近的四个 Cl、一个乙基和一个空配位点，可以发现其与 Cossee-Arlman 机理（图 6-5）描述的活性中心完全相同。实际上，把图 6-8（c）结构模型中部分 Mg 替换成 Ti，并把其余 Mg 移去，得

到的就是一种 $TiCl_3$ 晶体表面的 Ti(Ⅲ)活性中心模型。大量研究结果也证实了负载型 Z-N 催化剂的乙烯及丙烯聚合机理与早期的 $TiCl_3$ 类 Z-N 催化剂没有本质的区别，其活性中心的活化、单体在活性中心上的配位和插入增长均可以用 Cossee-Arlman 机理来描述。活性中心上的主要链转移反应也可总结为图 6-6 所示的几种反应式。因此，可以说 $TiCl_3$ 类 Z-N 催化剂也是一种负载型催化剂，$TiCl_3$ 晶体就是其载体。对于为什么把载体换成 $MgCl_2$ 能大幅度提高催化活性这个问题，一种解释认为 Mg 的电负性小于 Ti，导致负载在 $MgCl_2$ 上的钛中心具有相对较低的缺电子性，从而有利于配位到钛上的双键完成插入增长。

6.3.3 α-烯烃立体定向聚合的活性中心及催化机理

Cossee-Arlman 机理虽然很好地解释了 Z-N 催化剂的活性中心基本结构及其催化烯烃聚合的链增长机理，却并不能解释其催化丙烯聚合时为何能生成等规聚丙烯。通过对 Z-N 催化剂合成的等规聚丙烯进行 ^{13}C 核磁共振分析，发现其全同立构链段的单体单元最多只能占到全部单元数的 99.8%，余下 0.2%单元的甲基取向与多数单元的取向相反，构成聚丙烯链的立构缺陷。这些有立构缺陷的链段都可表示为┘┘┘┐┘┘┘或 mmrrmm，相当于在等规链段中嵌入了孤立的立构不规整单元。根据连锁聚合由链的一端向另一端增长的特点，认为出现这种类型的立构缺陷说明聚合的立构选择性来源于活性中心对单体配位时取代基空间取向的控制。这种控制能力不随增长链与中心金属相连的那个单体单元（链末端）的侧基取向而改变，因而当偶然发生一次“错误”的丙烯配位增长导致链末端的侧基取向与其余单元的取向相反时，其后的丙烯配位增长仍会在活性中心的控制下恢复到“正常”的侧基取向。这种特点的立体定向聚合机理称为“对映中心控制”（enantiomorphous center control）机理。与之相对的另一类定向聚合属“链末端控制”（chain end control）机理，其立构缺陷的特征是┘┘┘┐┐┐┐（mmrmmm）。在这种机理下，每当发生一次“错误”的丙烯配位增长，随后的每个单体配位时其侧基取向都与前一个单元（链末端）的取向相同，均指向另一个方向，直到出现下一次“错误”的丙烯配位增长后再次改变侧基取向。

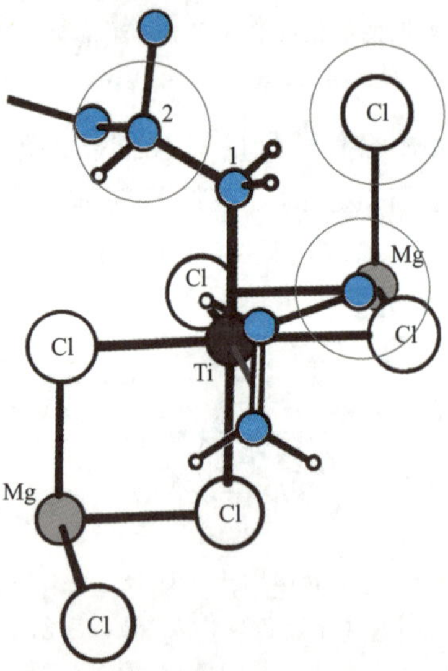

图 6-9 负载型 Z-N 催化剂的丙烯全同定向聚合模型（未标记元素名的蓝色球代表 C，白色小球代表 H。已省略部分碳上连接的氢。部分 C 和 Cl 外的细圈代表其非键作用力的大致范围）

确定了 Z-N 催化剂合成等规聚丙烯符合对映中心控制机理后，20 世纪 70～80 年代在实验和分子模拟计算两个方向的基础研究均获得了关键证据，从而基本阐明了这种实际应用规模最大的立体定向聚合反应的微观机理。图 6-9 显示了负载型 Z-N 催化剂的一种丙烯全同定向聚合活性中心模型。该模型对应图 6-7（a）的模型中居于中间的氯化钛，其在助催化剂作用下经还原、烷基化成为 Ti（Ⅲ）活性中心。图 6-9 中右上角和左下角的氯均由吸附在同一 $MgCl_2$ 晶面的相邻 $TiCl_4$ 提供。由于氯的范德华半径仅略小于甲基，该氯离子对增长链末端倒数第二个C（标记2的次甲基）产生空间排斥作用，迫使其只能落位于图中偏左的位置。当丙烯的双键配位到活性中心的空配位点时，其甲基有两种可能的取向：位于Ti的左边，或位于其右边。甲基位于左边时将受到左上方增长链次甲基的空间排斥，因而更倾向位于右侧。每当丙烯配位到这个空配位点时都将采取同样的空间取向，则重复这样的丙烯配位插入即生成等规聚丙烯链段。如果图6-9的丙烯配位点与增长链末端互换位置，则连接增长链的Ti—C键垂直于纸面，这时位于左下角的Cl对链末端第二个碳产生空间排斥，后者则限定配位的丙烯上甲基的空间取向，同样导致等规聚丙烯链的生长。可以看到，这种活性中心可能具有的两种空配位点（分别位于图中纸面上方及纸面内）有相同的立体化学环境，因而是等价的。因此，无论在丙烯插入增长链后新的Ti—C键是留在原来的位点还是迁移到另一位点，下一个配位的丙烯其甲基相对于增长链的空间取向均保持不变，从而能持续进行全同立构选择性的链增长。在实际的链增长过程中，上述空间限域效应引起的活化能差值并未大到能绝对避免相反取向的丙烯配位，因而合成得到的等规聚丙烯链会带有少量立构缺陷。如上所述，活性中心的特定立体化学结构可确保当发生一个“错误”的丙烯配位插入后，其后配位的丙烯有很大概率能恢复符合立构选择性的甲基取向。这正是这类等规聚丙烯具有mmrrmm型立构缺陷的原因。

图6-9的活性中心模型同样可以解释早期的$TiCl_3$类催化剂生成等规聚丙烯的机理，只需把其中两个Mg都换成Ti即可。还需注意的是，图6-9的模型是手性结构，其对映体（镜像）与其有完全一样的立构选择性（也称为立体定向性），二者将以相同的原理生成等规聚丙烯链。在常规的Z-N催化剂里，两种互成镜像的活性中心数量相等、催化特性相同，其分别生成的～RRRRRRR～链与～SSSSSSS～链的数量和链长也相等，因而其聚丙烯产物是外消旋体。

用不含给电子体的负载型Z-N催化剂合成的聚丙烯含有高达30％以上的无规聚丙烯和低立构规整度聚丙烯成分。即使采用$TiCl_4/ID/MgCl_2$类催化剂并在聚合体系中添加外给电子体，所得聚丙烯产物仍含有1％～10％的低立构规整度聚丙烯链。这些低规整度聚丙烯的形成机理仍可以用相同的对映中心控制机理来解释。如图6-8所示的单个$TiCl_4$孤立地吸附在$MgCl_2$（110）晶面时，相应的活性中心缺少图6-9中起定位作用的右上角Cl及左下角Cl。图6-7（b）的结构活化得到的活性中心则缺少了一个起定位作用的Cl。这些类型的活性中心均不能严格控制配位丙烯的甲基取向，只能生成无规聚丙烯或立构规整度较低的聚丙烯。因此，与中心Ti相邻的Mg（或Ti）上是否存在起定位作用的Cl成了决定该活性中心立体定向能力强弱的关键。在聚丙烯生产常用的$TiCl_4/ID/MgCl_2$-$AlEt_3$·ED类催化剂中，外给电子体（ED）正是通过为原本不含定位Cl的活性中心提供稳定的定位基团，将低立体定向性的活性中心转变成高定向性中心，从而显著提高其丙烯聚合产物中等规聚丙烯的含量。分子模拟研究显示，常用的甲氧基硅烷类给电子体［$R_2Si(OMe)_2$］或1,3-二甲氧基丙烷类给电子体可以通过其两个甲氧基螯合配位在中心钛附近的载体表面，利用其大尺寸取代基的屏蔽作用使络合在中心钛旁的$AlEt_2Cl$（$AlEt_3$与主催化剂反应的产物）不易解吸附下来，从而使原来没有全同定向能力的活性中心变成高定向性中心（见图6-10）。

丙烯聚合产物同时含有等规聚丙烯与无规聚丙烯或低立构规整度聚丙烯的事实被视为催化剂表面有多种活性中心共存的证据。$TiCl_3$类和$TiCl_4/MgCl_2$类Z-N催化剂的这种多活性

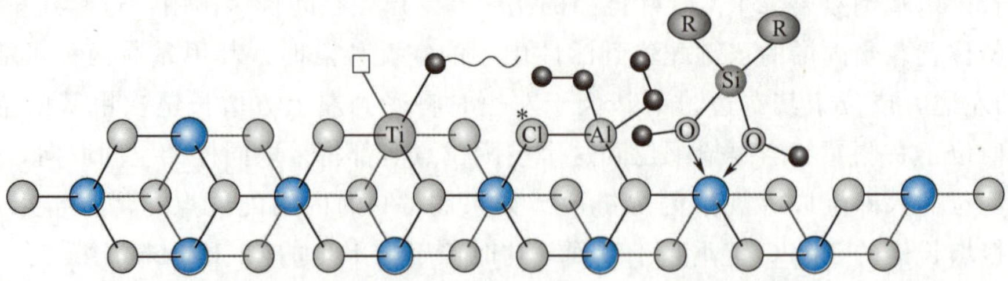

图 6-10 外给电子体提高活性中心立体定向能力的模型（浅灰色球代表 Cl，蓝色球代表 Mg，黑色小球代表 C，波浪线代表聚丙烯增长链。带 * 的 Cl 起定位作用，由 $AlEt_2Cl$ 提供）

中心共存特性不仅反映在丙烯聚合产物含有多种立构规整度显著不同的聚丙烯链，也反映在其合成的聚乙烯和聚丙烯均有较宽的分子量分布（常见的分子量分布指数为 4～10），因为微观化学结构稍有差异的几种活性中心除了立体定向能力不同，链转移常数也有显著差别。此外，非均相 Z-N 催化剂合成的烯烃共聚物（如乙烯-丙烯共聚物、乙烯-1-丁烯共聚物）有很宽的组成分布，因为其多种活性中心的共聚特性各不相同。图 6-7 和图 6-8 列举的三种活性中心只是 $TiCl_4/MgCl_2$ 类催化剂中可能存在的一部分表面钛结构。由聚烯烃产物的分子量分布和组成分布特征判断，实际存在的活性中心种类数量应远多于三种。由于研究方法的局限，目前尚无法确定全部类型活性中心的结构。了解 Z-N 催化剂中多种活性中心的微观结构、数量及催化特性是烯烃催化聚合研究领域的重要任务之一。

$TiCl_3$ 类和 $TiCl_4/MgCl_2$ 类 Z-N 催化剂的丙烯配位插入步骤有很高的区域选择性（regioselectivity）。如图 6-9 所示，丙烯插入 Ti—C 键时其双键带甲基的碳与增长链末端连接，不带甲基的一头连接到钛上，称为 1,2-插入。若进行双键方向相反的丙烯配位和插入（2,1-插入），则需克服较大的能垒，且 2,1-插入后的活性中心呈现极低的催化活性，进入休眠态。因此，这类催化剂合成的聚丙烯链内的头-头和尾-尾连接结构仅占全部单元数的不到 1%。

6.3.4 烯烃配位聚合动力学

烯烃配位聚合的链增长反应符合 Cossee-Arlman 机理，是单体与催化活性中心参与的双分子反应，因此其链增长速率方程与阴离子聚合相似，可以用下式表示：

$$R_p = k_p[M][C^*] \tag{6-6}$$

其中，$[C^*]$ 是催化活性中心的浓度。

根据这一动力学方程，如果活性中心浓度在聚合过程中保持稳定，则链增长速率与单体浓度的一次方呈正比关系，当单体浓度也恒定不变时，链增长速率将在聚合过程中保持恒定。对于一些绝对反应速率较慢、聚合产物溶解于反应介质的烯烃聚合体系（如 1-辛烯在烷烃中的溶液聚合），聚合速率～时间曲线呈现增长-恒速型，且恒速阶段的 $[C^*]$ 和按式 (6-6) 计算的 k_p 基本不随时间改变，符合上述动力学规律。然而，对于非均相 Z-N 催化剂催化的乙烯、丙烯均聚及其与少量共单体的共聚反应，实际的宏观动力学行为随催化剂结构、聚合反应条件和聚合物结构的不同而呈现出复杂的变化。比较常见的宏观动力学曲线为增长-衰减型和增长-恒速型两类（见图 6-11），其中增长-衰减型速率曲线更为常见。

造成非均相 Z-N 催化剂的烯烃聚合动力学行为复杂化的主要因素有：

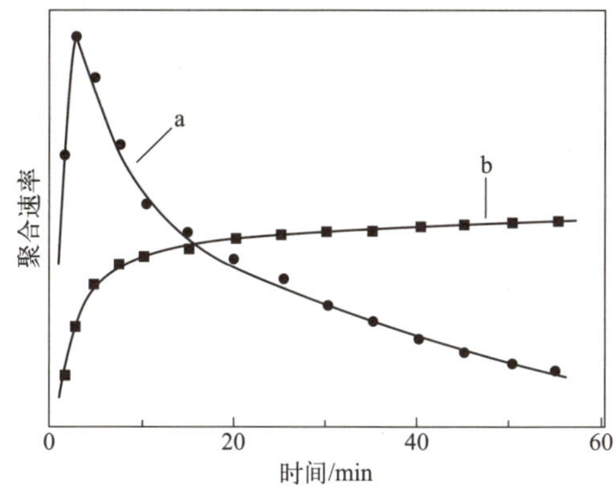

图 6-11 非均相 Z-N 催化剂催化烯烃聚合的典型动力学曲线
（a. 增长-衰减型；b. 增长-恒速型）

（1）聚乙烯、聚丙烯等聚合产物不溶于反应介质，因而聚合物链在增长的同时即形成半结晶固相，一方面撑开催化剂颗粒内的微细裂缝，同时包裹住构成催化剂颗粒的载体微粒，形成内部分散着催化剂微粒的聚合物颗粒（见图 6-12）。单体由颗粒外表面到其内部活性位点的移动会受到聚合物相的阻碍。当理论聚合速率大于单体扩散速率时，实际能达到的反应速率取决于扩散速率。这种聚合物相造成的传质限制将显著影响聚合反应的动力学行为。随着聚合反应的进行，单体由颗粒外到达活性中心处的平均传质距离随颗粒尺寸增大而增大，导致聚合速率不断降低。这是多数烯烃聚合体系呈现衰减型动力学曲线的主要原因；

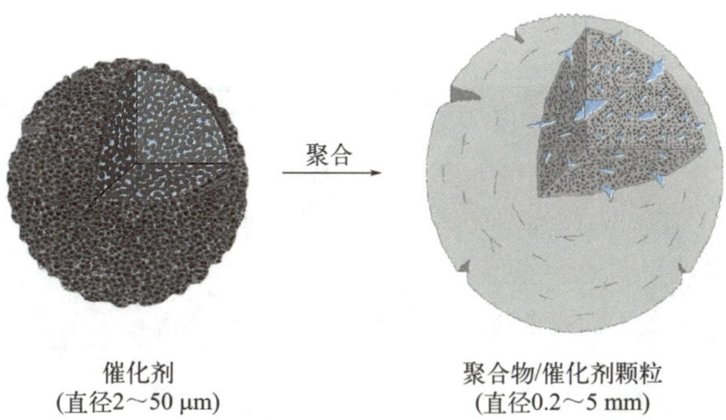

图 6-12 非均相 Z-N 催化剂的聚合物颗粒生成机理简化模型（催化剂及聚合物颗粒剖面上的深色点代表构成催化剂颗粒的次级微粒，浅色部分代表空隙。聚合物颗粒的浅色部分代表聚合物相）

（2）催化剂中的部分活性位点（活性中心前体）由于被包埋在颗粒内部而不能在反应开始时立即被活化，需要靠聚合产物将催化剂颗粒内的微细裂缝撑开后才能暴露出来，表现为［C^*］随反应的进行先增大然后趋于稳定。这一因素主要影响聚合反应初期（0～30min）的动力学行为；

（3）催化体系的部分活性中心稳定性较低，会随着聚合的进行而逐渐失活，导致反应速率降低及聚合物链结构变化。这种情况随聚合温度升高（温度＞70℃）而变得更加明显。这一因素构成了聚合速率随时间衰减的部分原因。对于一些均相 Z-N 催化剂合成可溶性聚烯烃的反应（如 $VOCl_3$-$AlEt_{1.5}Cl_{1.5}$ 催化乙烯-丙烯溶液共聚合成乙丙橡胶），活性中心失活是聚合速率随时间衰减的主要原因。

图 6-12 的模型中，聚合反应生成的聚烯烃颗粒完美复现了催化剂颗粒的几何外形。这种颗粒复形现象在聚乙烯和聚丙烯工业生产中十分常见。复形现象对应的聚合速率随时间波动较为平缓，有利于生产的平稳运行。然而，并非用任何一种 Z-N 催化剂都能实现这一目标。要实现对聚合物颗粒形貌的精准控制，催化剂颗粒应有适当的孔隙率、孔径及力学强度。如果孔隙率和孔径太小、力学强度过高，催化剂的比表面积很小，链增长速率低到不足以将催化剂内的细微孔隙撑开，则聚合活性严重偏低，达不到实际使用要求。这种情况下颗粒内的扩散限制十分严重，虽出现复形现象，但是聚合物颗粒内部却形成空腔，导致产品物料的堆密度偏低。反之，如果催化剂颗粒的孔隙率过大、力学强度过低，会使得聚合时单体扩散不受限制或仅有轻度的扩散限制。这种情况下，每个颗粒近中心部位的聚合速率大于近表面处，原因是颗粒内部的固相传热距离大于颗粒表面（聚烯烃颗粒的粒径为 0.2～5mm），传热阻力的差别导致颗粒内部温度高于近表面部位。这种状态下持续进行聚合反应会造成产物颗粒爆裂和解体，产生大量形状不规则的聚合物粒子及细粉（粒径小于 100μm），复形现象消失。高表面能的聚合物细粉很容易黏附在反应釜和输运管道内壁，或聚集成大块［如图 6-13（a）］，造成装置停车事故。这种状态下的聚合动力学极不稳定，反应速率大幅度波动、难以控制。只有当催化剂的粒径、孔隙率、孔径及力学强度均处于适当范围时，才能在两种极端状态之间取得平衡，实现聚合活性、动力学平稳性、聚合物颗粒形貌和产物粉料堆密度等指标的综合优化。图 6-13（b）为使用球形负载型 Z-N 催化剂（平均粒径约 30μm）合成的聚丙烯颗粒照片。在 Z-N 催化剂的研发中，优化颗粒结构与形貌的重要性不亚于提高催化剂的活性和立构选择性等指标。

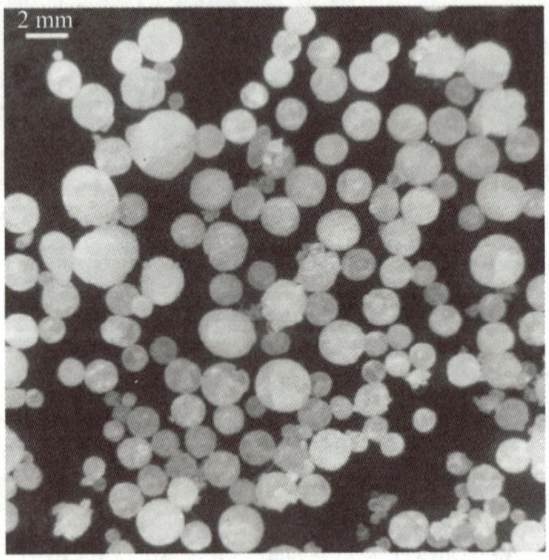

图 6-13　聚乙烯细粉聚集成的块状物（a）及球形 Z-N 催化剂合成的聚丙烯颗粒（b）照片

常用的负载型 Z-N 催化剂通常有很高的活性稳定性，在最佳的聚合温度范围内（60～90℃），只有一小部分活性中心在聚合过程中逐渐失活，多数中心十分稳定。聚合反应进行 4 小时甚至更长时间后，聚合速率仍能达到 1 小时处速率的一半左右。然而，Z-N 催化剂的烯烃聚合很难避免链转移反应的发生，不能实现活性聚合。由于在聚合过程中失活的活性中心仅占全部活性中心的很小部分，失活引起的链终止对聚合产物平均分子量的影响可以忽略不计，因此，聚合物的平均分子量取决于各类链转移与链增长的速率之比。由于链增长与链转移反应在活性中心生成后即刻同步进行，理论上聚合产物的平均分子量应在聚合过程中保持恒定。实际观察到的分子量随聚合时间变化规律略显复杂，通常在反应的最初几分钟内平均分子量从较低水平迅速增大至较高值，继续延长反应后则可能转为逐步降低，也可能继续缓慢增大，取决于活性中心失活和扩散限制这两个因素影响分子量的相对权重。易失活的低稳定性中心生成分子量较低的聚烯烃，其逐渐失活使得反应后期聚合产物的分子量增大。扩散限制程度随聚合进行而逐渐加深，其结果是链增长速率降低，而单体不参与的向烷基铝及向氢气链转移的速率受扩散限制影响较小，使得反应后期产物的分子量降低。

非均相 Z-N 催化剂的乙烯及丙烯聚合动力学行为总体上符合连锁聚合动力学的一般规律，但是催化剂颗粒的多孔、多层级结构导致其活化过程（活性中心生成）需要在聚合反应进行一定时间后才能完成，影响了聚合初期的动力学行为，而聚合产物对单体扩散的限制则使整个聚合过程的动力学行为更加复杂化。建立微观动力学规律及其与宏观动力学间关系的研究工作仍在进行中。

6.3.5 茂金属催化剂

茂金属（metallocene）是含有至少一个环戊二烯基（简称茂基，缩写为 Cp）或取代的环戊二烯基配体的一大类金属有机配合物。20 世纪 50 年代就有人研究了二氯二茂钛（Cp_2TiCl_2）经烷基铝活化后催化乙烯聚合，发现其活性很低，没有应用价值。80 年代 W. Kaminsky 等人发现用甲基铝氧烷（MAO）活化的茂金属有极高的乙烯聚合活性，开启了茂金属催化剂的研究热潮。90 年代，多家企业实现了茂金属催化剂合成聚烯烃的产业化。发展至今，基于茂金属催化剂的聚烯烃年产量已达到约 1500 万吨，其占全部聚烯烃生产的份额还在逐年增长。

图 6-14 列举了四类典型茂金属催化剂的分子结构，其中无桥二茂基二氯化锆（a 类）常用于合成聚乙烯树脂，其茂基通常带有烷基取代基。外消旋的桥联二茂金属（b 类）主要用于合成等规聚丙烯。单茂钛类（c）催化剂能合成间规聚苯乙烯（sPS）。桥联胺基单茂钛类（d）催化剂（也称作限定几何构型催化剂）具有优异的烯烃共聚性能和热稳定性，用于合成乙烯-α-烯烃共聚物类聚烯烃弹性体。至今已研究过一千多种催化烯烃聚合的茂金属配合物，但仅有少数投入了实际应用。

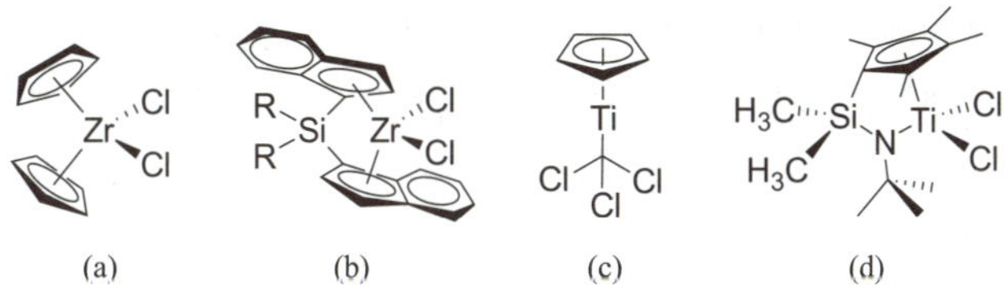

图 6-14　四类典型的茂金属催化剂

茂金属催化剂的特点可归纳为以下几点：

(1) 茂金属催化剂通常只产生一种催化活性中心，属于单中心催化剂。单中心催化剂合成的聚合物具有相对较窄的分子量分布，所得共聚物具有较均匀的组成分布及更可控的单体序列分布，因而其许多性能优于非均相 Z-N 合成的聚烯烃。这一特点是茂金属聚烯烃发展速度较快的主要原因。

(2) 茂金属催化剂具有极高的催化活性。在优化的条件下，茂金属催化乙烯聚合的催化效率高达 1000kg（聚乙烯）/g（催化剂），远高于非均相 Z-N 催化剂［10～100kg（聚乙烯）/g（催化剂）］。高催化活性有利于降低聚合产物的灰分含量，但也带来控制产物颗粒形貌等方面的新问题。

(3) 茂金属催化剂的催化特性与其中心金属种类、配体结构、茂金属配合物的构型及构象有直接的关系。通过人为设计改变这些结构参数就能大幅度改变其催化特性，研制出合成新型聚烯烃材料的各种专用催化剂。这一特点也极大促进了配位聚合的基础研究。通过系统研究单中心催化剂的构效关系和聚合机理，深化了对配位聚合反应重要科学问题的认识。

茂金属催化剂的活性中心是一种带正电荷的阳离子配合物，如图 6-15 所示。这种活性中心的形成有赖于助催化剂 MAO 的特殊作用，其使得 R^- 或 Cl^- 从电中性的茂金属上解离下来并不再与茂金属阳离子重新结合。五氟代苯基硼酸盐类化合物有类似的作用，也可以与普通烷基铝（如三异丁基铝）配合后用于活化茂金属。

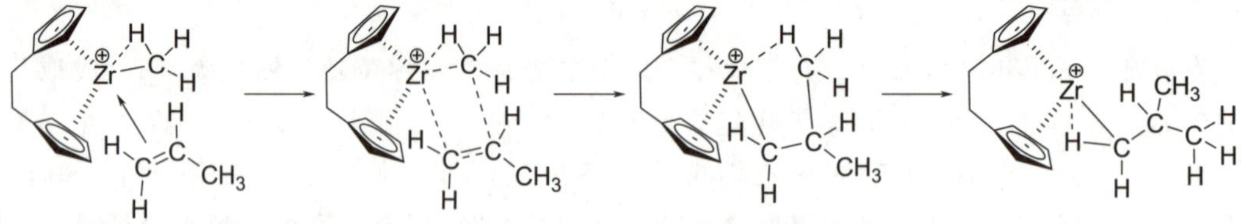

图 6-15　茂金属催化活性中心及其烯烃聚合链增长机理

如图 6-15 所示，茂金属催化剂的烯烃聚合链增长机理符合 Cossee-Arlman 模型，聚合动力学规律也与 Z-N 催化剂相似，可以包括在广义的 Z-N 催化剂内。与非均相 Z-N 催化剂不同，茂金属催化剂能溶解于芳烃及卤代烃类溶剂，属于均相催化剂。其在溶液中呈单分子分散，也属于分子催化剂。在部分茂金属催化乙烯聚合体系中，每个茂金属分子均活化成一个活性中心，十分有利于精确研究烯烃聚合的微观机理。早在 20 世纪 90 年代就已实现用核磁共振谱直接观察茂金属在溶液中的活化及烯烃配位插入过程。非均相 Z-N 催化剂的同类实验因受困于固体核磁共振谱的低分辨率而未能获得精细的信息。研究茂金属催化体系获得的烯烃催化聚合机理知识显著促进了配位聚合理论的发展和完善。

均相茂金属催化剂可以直接用于非结晶性聚烯烃（如乙烯-丙烯共聚物）的溶液法合成。这类聚合体系的主催化剂、助催化剂和聚合产物均溶解于反应介质（烷烃或芳烃），不存在产物颗粒形貌问题。然而，均相茂金属催化剂却不能用于聚乙烯、等规聚丙烯等结晶性树脂的工业规模合成，因为其产物呈细粉形态，极易聚集成不规则大块，造成黏釜、堵塞等问题。解决的办法是将茂金属分子负载到 SiO_2（硅胶）颗粒的内外表面，制成类似于负载型 Z-N 催化剂的含有细微孔隙、比表面积很大的颗粒状催化剂。这种负载化茂金属催化剂已成功应用于针对负载型 Z-N 催化剂特点设计的聚乙烯和聚丙烯生产装置，极大地加快了新催化剂的工业化。

6.4 配位聚合的工业应用

6.4.1 聚乙烯及乙烯共聚物

聚乙烯是产量和用量最大的合成高分子。合成树脂类的聚乙烯细分为低密度聚乙烯（LDPE）、线形低密度聚乙烯（LLDPE）和高密度聚乙烯（HDPE）等三大亚类，其合计产量占到了合成树脂总量的约 1/3。低密度聚乙烯以乙烯为原料、采用自由基聚合方法合成，在第 3 章已有详细介绍。线形低密度聚乙烯是一种乙烯为主单体、1-丁烯或 1-己烯为共单体的线形共聚物，采用配位聚合合成，主要用负载型 Z-N 催化剂或负载化茂金属催化剂。高密度聚乙烯也是乙烯与 1-丁烯或 1-己烯的线形共聚物，采用负载型 Z-N 催化剂、CrO_3/SiO_2 催化剂（Phillips 催化剂）或负载化茂金属催化剂合成。其与 LLDPE 的差别在于前者的 α-烯烃含量大于 3%（摩尔分数），而 HDPE 仅含不到 1%（摩尔分数）的共单体。

高温、高压下的乙烯自由基聚合易发生分子内和分子间的大分子链转移，导致 LDPE 含有许多长、短支链。LLDPE 含有较多仅由共单体带入的短支链。例如，1-丁烯为共单体的 LLDPE 含有乙基支链。HDPE 链的短支链密度极低，可以近似看作纯的线形聚乙烯（见图 6-16）。这些支链都会阻碍聚乙烯链段的结晶，降低树脂的结晶度及密度，改变其力学性能。长支链还会影响聚乙烯熔体的强度和流变特性，改变加工性能。这三类聚乙烯在链结构和性能上的差别，致使其分别适用于不同应用领域。HDPE 多用于注塑制品、容器、管材、纤维等，而 LDPE 和 LLDPE 多用于薄膜、电缆护套、涂覆等领域。

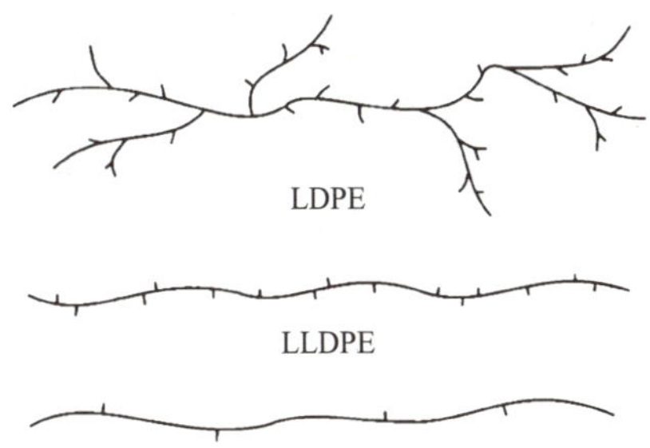

图 6-16　三类聚乙烯的链结构模型

单一乙烯原料经配位聚合合成的超高分子量聚乙烯（UHMWPE）是聚乙烯的一个小品种。因其重均分子量大于 150 万，UHMWPE 有一系列独特性能，包括超高的耐磨性、自润滑性、低温抗冲击性等，可用于制造人工关节等耐磨损部件。UHMWPE 纤维的比强度远大于钢丝，可用于制造防弹衣。UHMWPE 树脂的合成主要采用负载型 Z-N 催化剂和类似于 HDPE 生产的淤浆法聚合工艺。LLDPE 的生产则多采用气相聚合工艺。

用于橡胶或弹性体的乙烯共聚物主要有乙丙橡胶（EPM 或 EPDM）和聚烯烃弹性体（POE），用茂金属催化剂经乙烯-丙烯共聚或乙烯-α-烯烃溶液共聚合成。EPDM 是乙烯、丙烯与少量非共轭双烯烃三元共聚的产物，是一种重要的合成橡胶，20 世纪 90 年代以前采用均相钒系 Z-N 催化剂合成，之后逐步改用茂金属催化剂。POE 是 20 世纪 90 年代开发的聚烯烃品种，主要采用限定几何构型的单茂金属催化剂（CGC）合成。CGC 催化剂具有突出的乙烯-α-烯烃共聚能力，耐热性也远高于其他茂金属，因而用其催化高温（140～160℃）下的乙烯-α-烯烃共聚（常用的 α-烯烃是 1-辛烯或 1-丁烯），得到 1-辛烯含量为 15%～40%

（质量）的共聚物。这种乙烯共聚物具有良好的弹性，同时其链内的少量结晶聚乙烯链段形成物理交联点，因而表现出热塑性弹性体的特性。POE 在许多应用特性上优于乙丙橡胶，因此被大量用于聚丙烯增韧改性、鞋材及软质塑料制品等领域，发展速度快于传统聚烯烃材料，全球年消费量已接近 200 万吨。

乙烯与降冰片烯（norbornene，一种碳七桥环烯烃）的无规共聚物（商品名 COC）是一种玻璃化温度很高的非结晶性树脂，具有类似于 PMMA 的透明性，但在耐热性、水汽阻隔性、尺寸稳定性等方面优于 PMMA 和聚碳酸酯，用于高档光学部件和医药包装材料等领域。20 世纪 90 年代采用桥联茂金属催化剂实现了 COC 的工业化生产，其市场规模在 2010 年后逐渐加快，年消费量已达到约 10 万吨。

6.4.2 聚丙烯及丙烯共聚物

聚丙烯是仅次于聚乙烯的第二大合成高分子，其年产量约占合成树脂总量的 1/4。聚丙烯树脂分为均聚物、无规共聚物和抗冲共聚物等三个主要品类。均聚等规聚丙烯以单一丙烯为原料合成，广泛应用于包装材料、薄膜、硬质塑料制品、纤维制品等领域，占聚丙烯总量的 60%左右。无规共聚聚丙烯是丙烯与少量乙烯的共聚物，丙烯-乙烯-1-丁烯三元共聚产品也有少量生产。这类聚丙烯的熔点略低于均聚聚丙烯，但有较高的韧性，主要用于制造建筑管材和包装用薄膜，约占聚丙烯总量的 10%。

抗冲共聚聚丙烯（英文缩写 IPC）的合成工艺较为复杂，需采用两釜串联的聚合装置，其中第一个反应釜进行丙烯均聚，生成的聚丙烯初生颗粒进入第二个反应釜，并将单体切换成乙烯-丙烯混合物，进行乙丙二元共聚。这一阶段生成的乙丙共聚物填充在聚丙烯颗粒内部的孔隙中，形成一种弹性共聚物微粒（占树脂质量的 10%～40%）分散于半结晶态聚丙烯基体的多相聚合物。为了避免可溶于烃类的乙丙共聚物迁移到颗粒外表面进而引起颗粒结块，共聚反应段须采用气相法工艺。与熔融混合制备的聚丙烯/乙丙橡胶共混物相比，两段聚合合成的聚丙烯/乙丙共聚物多相材料具有高得多的抗冲击性能。抗冲共聚聚丙烯克服了均聚聚丙烯韧性偏低的弱点，仍保留了其大部分优越性能，因而广泛用于制造高韧性的制品，例如汽车保险杠、家电部件、塑料周转箱等。

上述三类聚丙烯主要采用负载型 Z-N 催化剂合成，约占聚丙烯总量的 98%。20 世纪 90 年代开发了茂金属催化剂合成等规聚丙烯，其分子量分布窄、平均分子量较低的特点使其成为制造高档聚丙烯纤维的原料，产量已占到聚丙烯的 1%～2%。

6.4.3 共轭二烯烃的聚合物

顺式-1,4-聚丁二烯简称为顺丁橡胶，是仅次于丁苯橡胶的第二大合成橡胶品种，主要用于制造轮胎、胶管、鞋材等。2015 年以来，全世界年产顺丁橡胶 300 万吨以上，其中我国的年产量约为 100 万吨。顺丁橡胶的合成均采用配位聚合，主要的工业催化剂有镍系、钴系和稀土三类，其中以 $Ni(OCOR)_2$（环烷酸镍）-Al（i-Bu）$_3$-$BF_3\cdot OEt_2$ 为代表的镍系催化剂由我国科技人员在 20 世纪 70 年代研发成功，在国际上率先实现了年产万吨级的工业化生产。用稀土催化剂［如 $Nd(OCOR)_3$-$AlEt_2Cl$-Al(i-Bu)$_3$］可以合成顺式含量极高的顺丁橡胶，其性能优于镍系顺丁橡胶。稀土催化剂合成共轭二烯烃聚合物的优异特性最早由我国科学家发现并报道，其工业化稍晚于镍系催化剂。顺丁橡胶的合成采用溶液聚合工艺，催化剂、单体和聚合产物均溶解在烃类溶剂中，需要解决撤除聚合热、聚合物与溶剂分离、溶剂回收循环及聚合物的纯化等一系列工程问题。单体丁二烯的来源主要是石油馏分裂解制乙烯产物的碳四馏分。

用稀土催化剂合成的顺式-1,4-聚异戊二烯（异戊橡胶）是一种性能优异的合成橡胶，因其链结构十分接近天然橡胶。稀土异戊橡胶的工业化晚于顺丁橡胶，生产规模也较小，但仍是一个重要的合成橡胶品种。用负载型 Z-N 催化剂进行聚异戊二烯与少量丁二烯共聚合可得到反式异戊橡胶，其与其他种类的橡胶配合后用于制造高性能轮胎，是一种近年来开发成功的新型合成橡胶。

需要注意的是，由于配位聚合的主催化剂和助催化剂均能被水分、氧气、含有活泼氢的物质以及有机给电子体通过化学分解或络合而失活，工业生产中用到的单体、溶剂、助剂和氮气等均须经过严格纯化，使其主要杂质含量低于控制指标。在正常条件下，聚乙烯、聚丙烯和聚烯烃橡胶工业生产的催化剂效率一般能达到 10～100kg 聚合物/g 催化剂的水平，产品的催化剂残留量低至不需要经过脱灰工序，使得生产过程的能耗和三废排放均保持在极低水平，符合可持续发展的理念。

6.5 扩展阅读：共轭二烯烃定向聚合机理

1,3-丁二烯及异戊二烯经配位聚合合成顺式-1,4-聚丁二烯及顺式-1,4-聚异戊二烯的反应实现了大规模工业应用，异戊二烯经配位聚合合成反式-1,4-聚异戊二烯也进入了工业化初期。对共轭二烯烃催化聚合机理的基础研究因而一直受到高度重视。在大量实验和分子模拟计算结果的基础上，形成了获得学术界普遍认可的一系列机理模型。

早在 20 世纪 60 年代，研究者即已发现烯丙基卤化镍（π-C_3H_5NiX，X＝Cl，Br，I，$OCOCF_3$）不需要烷基铝等金属有机化合物的活化就能催化丁二烯的定向聚合，其中 π-C_3H_5NiCl 合成的聚丁二烯含有 92％的顺式 1,4-结构，π-C_3H_5NiI 则得到反式 1,4-结构含量为 93％的聚丁二烯。这类催化剂能溶于烃类溶剂，方便用谱学方法研究催化活性中心，成为研究双烯烃催化聚合机理的首选模型体系。通过核磁共振波谱分析非氘代丁二烯与氘代的烯丙基卤化镍反应的产物，确定了丁二烯以两个双键同时配位到金属中心（称为双座配位），然后经 1,4-加成插入催化中心的镍-π-烯丙基键，完成一个链增长步骤。新的增长链末端在没有单体配位时仍以三原子 π-烯丙基键（η^3-π 键）与金属配位，构成下一个催化循环（配位-插入增长）的起点。进一步研究发现，这种带有金属-η^3-共轭 π 键的活性中心具有两种可能的构型，分别称为对式（*anti*）和同式（*syn*）(图 6-17)。在主要生成顺式 1,4-聚丁二烯的催化体系里，增长链末端主要采取对式构型，当丁二烯配位结合到中心金属时，金属-η^3-共轭键转变为金属一碳 σ-键，释放出的配位点作为丁二烯双座配位的一个位点（图 6-18）。因此，实现顺式-1,4 选择性插入增长的必要条件是中心金属上除了连接增长链末端的 σ-键之外，还须有两个空配位点以供单体与金属进行双座配位。

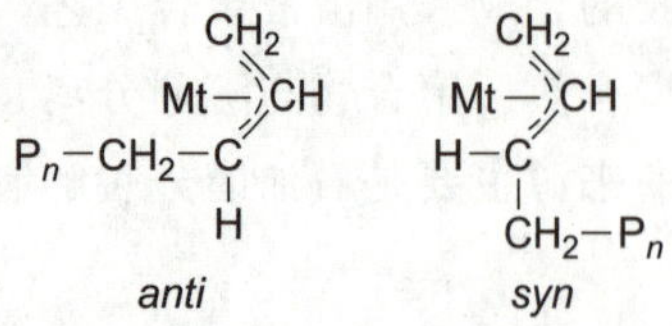

图 6-17 丁二烯 1,4 加成所得活性中心的增长链末端结构（*anti*：对式，*syn*：同式）

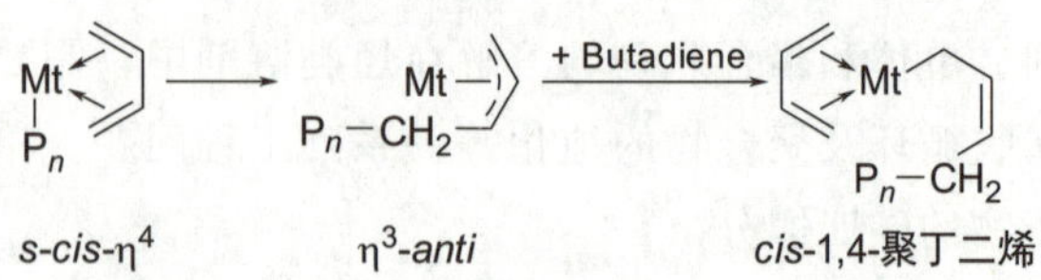

图 6-18 丁二烯顺式-1,4 插入增长模型

对于共轭二烯烃聚合中生成反式-1,4 单元或链段的机理，认为其活性中心的增长链端基仍为金属-η^3-共轭键，但其采取同式构型。共轭二烯烃用其中一个双键配位到金属中心（单点配位），或者采取反式双座配位，然后以 1,4 加成方式进行插入增长，重新生成同式构型的链端（见图 6-19）。支持这一机理的一个间接证据是，将给电子体（Lewis 碱）加入一些高顺式-1,4 选择性的催化剂后，其产物变成以反式-1,4 结构为主，因为给电子体配位到金属上占去了一个位点，迫使双烯烃只能以一个双键配位到活性中心上，继而进行反式-1,4 插入增长。

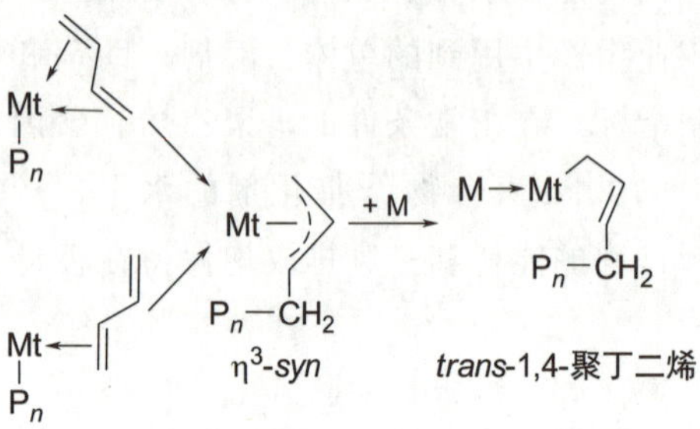

图 6-19 丁二烯反式-1,4 插入增长模型

许多证据表明，共轭二烯烃聚合体系的增长链末端构型可以在对式和同式之间可逆转换。从热力学稳定性来看，同式构型较为稳定，因此，降低单体配位插入速率的因素导致同式构型的活性中心增多，聚合物的反式-1,4 单元含量增大。一些钛、钴或镍系催化剂的共轭双烯烃聚合实验确实显示，降低单体浓度导致产物的反式-1,4 结构含量增大。

上述机理模型不仅适用于烯丙基卤化镍催化剂，也适用于生产顺丁橡胶和顺式-1,4 聚异戊二烯（异戊橡胶）的工业催化剂，如 $Ni(OCOR)_2$-$Al(i\text{-}Bu)_3$-$BF_3 \cdot OEt_2$、$Nd(OCOR)_3$-$AlEt_2Cl$-$Al(i\text{-}Bu)_3$，并在新催化剂的研发中发挥着理论指导作用。

在主要生成顺式（或反式）1,4-结构的共轭二烯烃聚合产物中，总是出现少量的 1,2-结构单元（丁二烯）或 3,4-结构单元（异戊二烯），说明单体双键加成的化学选择性（chemoselectivity）未达到 100%。丁二烯聚合时形成 1,2-结构的机理可以用图 6-20 来解释：单体配位到中心金属上、同时金属—η^3-键转变成金属—碳 σ-键时，既可以按路线（a）形成链内双键（1,4-结构），也可以按路线（b）形成链外的悬挂双键（1,2-结构）。对于具有高的 1,4-加成选择性的催化体系，路线（b）的能垒较高，出现概率很低。然而，确有一些催化剂显示出很高的 1,2-加成选择性，如 $V(acac)_3$-AlR_3、$Co(acac)_2$-AlR_3-胺等催化剂。

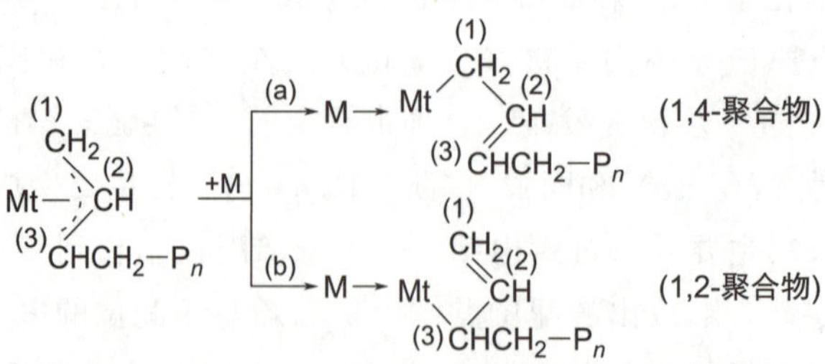

图 6-20 共轭双烯烃链增长步骤的化学选择性

共轭二烯烃聚合物的立构规整结构比单烯烃聚合更加多样化，各种共轭二烯烃的1,2-或3,4-加成聚合可以产生等规或间规结构，取代的共轭二烯烃的1,4-加成聚合也可以产生等规或间规结构。多数这些共轭二烯烃配位聚合反应的立构规整性控制机理已得到较明确的解释。

习题

1. 在下列单体中，哪些单体能合成得到立构规整的聚合物？

(1) $CH_2=C(CH_3)_2$　　(2) $CH_2=C(CH_3)(C_4H_9)$　　(3) $CH_2=C(CH_3)COOCH_3$

(4) 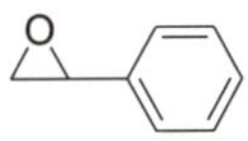　　(5) 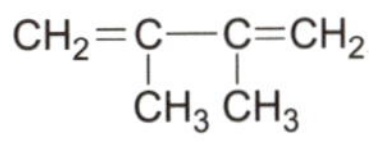　　(6) $CH_2=CCl_2$

2. 环戊烯（）可在特定的过渡金属催化剂催化下经双键加成聚合分别生成全顺式聚环戊烯和全反式聚环戊烯。试画出这两种立构规整聚环戊烯的平面锯齿链结构示意图或Fischer投影式。

3. Ziegler-Natta催化剂催化烯烃聚合时，聚合物链的两个端基是如何产生的？试给出简要说明。

4. 将四氯化钛负载到氯化镁微晶体表面得到的负载型Ziegler-Natta催化剂具有很高的烯烃催化聚合活性，催化剂的热稳定性也较高，可在60～100℃范围内保持高活性。试解释其主要原因。

5. 用^{13}C-核磁共振波谱仪分析催化聚合得到的聚丙烯，可以分别得到由五个丙烯单元构成的含立构缺陷短链段┘┘┘┘┐和┘┘┘┐┘在样品中的含量（[mmmr]和[mmrr]），并根据[mmmr]/[mmrr]比值来推断活性中心的立构选择聚合机理属于对映中心控制机理还是链末端控制机理。试分析这一判断立构选择性机理方法的原理。

6. 石化企业常采用沸腾正庚烷抽提法测定Z-N催化剂合成的等规聚丙烯的等规度，将样品分成含有大量立构缺陷的无规聚丙烯级分（溶于沸腾庚烷）和立构缺陷含量很低的等规聚丙烯级分（不溶于沸腾庚烷）。为什么会在聚丙烯产物中同时存在两种链结构显著不同的级分？简要说明其主要原因。

7. 非均相Z-N催化剂的丙烯聚合或乙烯聚合反应常表现为反应速率随时间衰减的动力学行为，但是其催化剂的活性中心并未随时间延长而逐渐失活。试说明这类聚合体系呈现衰减型聚合动力学的原因。

第7章

开环聚合

7.1 引言

开环聚合不是一种聚合机理的名称，而是根据单体结构来定义的聚合类型。其特点是单体带有至少一个环状结构，在聚合时该环中某个化学键断裂进入聚合链，成为聚合物中一个单元链节。图 7-1 列出了几个典型的开环聚合例子。开环聚合在工业应用上有重要的价值，例如环氧乙烷-环氧丙烷嵌段共聚物、聚丙交酯、聚己内酯、聚甲醛、聚-ε-己内酰胺和聚硅氧烷等都是通过相应的单体开环聚合来生产的。

形成环的原子种类可以全是碳原子（环烷烃和环烯烃等）或含有氧（环氧烷烃、内酯等）、硫（环硫醚等）、氮（环胺、内酰胺等）、硅（环硅氧烷等）、磷（环磷酸酯、环磷腈等）及金属原子（桥联二茂铁等）等。环状单体中具有反应活性的 X—Y 键可以是碳碳双键、碳氧键、碳硫键、硫硫键、碳氮键、硅氧键等。根据 X—Y 键不同的断裂方式可以形成相应种类的链增长活性中心，通过离子型、配位插入型、自由基型等不同聚合机理实现开环聚合。

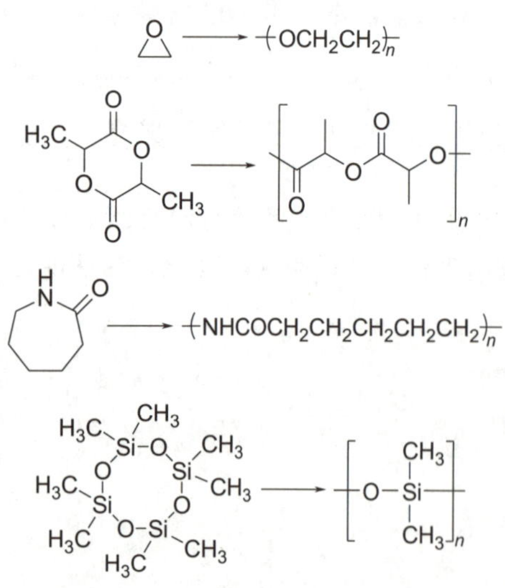

图 7-1　开环聚合的典型的例子

大多数开环聚合反应的单体和聚合物中化学键的种类和数量都没有变化，开环聚合反应的热力学驱动力来自于单体中的环张力，环状单体的开环过程就是释放环张力的过程。某些稳定的环状分子在热力学上是不能实现开环的，一个典型的例子就是苯分子不可能进行开环聚合。单体到聚合物的焓变、熵变和自由能变等热力学参数，是判断开环聚合反应难易和聚合上限温度的定量参数。表 7-1 对比了环状烷烃开环形成对应线形聚合物的半经验数据。除了六元环的环己烷以外，其他环烷烃开环反应在热力学上都是有利的，吉布斯自由能变 ΔG 值为负数，其绝对值越大，则发生反应的热力学倾向越大。由此可知三元环和四元环具有最大的环张力，最易发生开环反应，八元环次之，而五元环和七元环则较为困难。值得注意的是此类开环聚合反应熵变 ΔS 都是负值，升高温度，ΔG 可能变成正值。所以反应存在上限温度，可以通过 $T_{ceiling}=\Delta H/\Delta S$ 求得。

表 7-1　25℃下环烷烃开环聚合的热力学数据

$\left(CH_2\right)_n$ n	ΔH $/kJ\cdot mol^{-1}$	ΔS $/J\cdot mol^{-1}\cdot K^{-1}$	ΔG $/kJ\cdot mol^{-1}$
3	−113.0	−69.1	−92.5
4	−105.1	−55.3	−90.0
5	−21.2	−42.7	−9.2
6	+2.9	−10.5	+5.9
7	−21.8	−15.9[a]	−16.3
8	−34.8	−3.3[a]	−34.4

注：[a] Cubbon，R. C. P.，*Makromol. Chem.*，80，44（1964）；其它数据来自 Dainton，F. S. and K. J. Ivin，*Quart. Rev.*（London），12，61（1958）和 Finke，H. L.，D. W. Scott，M. E. Gross，G. Waddington，*J. Am. Chem. Soc.* 78，5469（1956）。

尽管除了环己烷以外，其他环烷烃开环聚合在热力学上都是有利的，但事实上除了少数环丙烷齐聚的例子以外，还没有其他环烷烃开环聚合的报道。除了热力学因素，聚合反应能否发生还要考虑动力学因素。环状烷烃中各个碳碳单键较为惰性且完全相同，缺乏一个易于被引发剂进攻的弱键。相比之下，环氧烷烃、内酯、内酰胺等带有杂原子的环状单体中包含有易于被亲核或亲电进攻的反应位点，易于发生开环聚合。一般来说，三、四、七～十一元环单体容易聚合，五元环和六元环因张力小而不易聚合。十二元环以上的单体环张力都较小，且较难制备，其聚合研究也不多。

常见的用于开环聚合的环状单体如表 7-2 所示。

表 7-2　开环聚合的重要单体及其对应的聚合机理

单体	结构	环大小	聚合机理[a]
环烯烃		4，5，8	ROMP
环醚		3，4，5，7	C，A，cnp
环硫醚		3，4	C，A，cnp
环胺		3，4，7	C，cnp
内酯	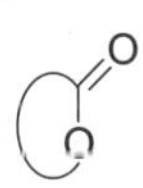	4～8	A，C，cnp
硫代内酯	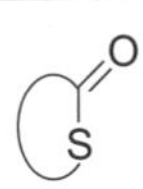	4～8	A，C，cnp

续表

单体	结构	环大小	聚合机理[a]
交酯	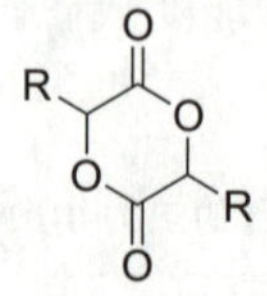	6	A，C，cnp
环碳酸酯	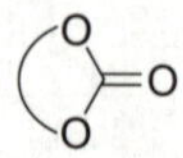	6，7，8，大环	A，C，cnp
内酰胺	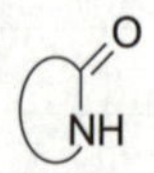	4～8，大环	A，C
环酸酐	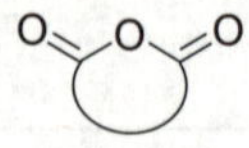	5，7，8，大环	A
环二硫醚		4～8，大环	R
环缩醛	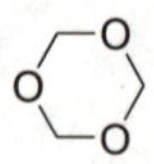	5～8，大环	C
氨基酸-*N*-羧基内酸	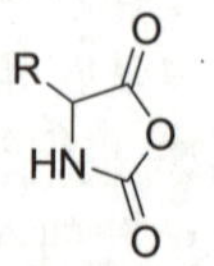	5	A，cnp
噁唑啉	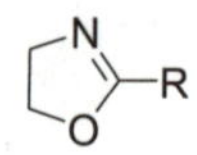	5	C
环膦腈	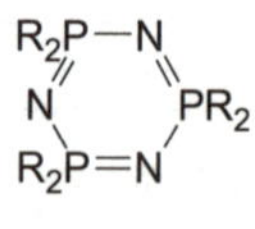	6	C
环硅氧烷	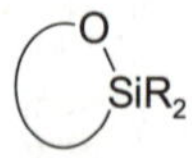	6，8，10，大环	A，C

注：[a] 聚合机理：开环易位聚合（ROMP）；阳离子聚合（C）；阴离子聚合（含配位插入聚合）（A）；自由基聚合（R）；共价亲核聚合（cnp）。

大多数开环聚合属于链式反应，因此动力学上与连锁聚合反应一样，环状单体总是在聚合活性链端进行增长，经历链引发、链增长、链转移和链终止等反应步骤，不像逐步聚合那样在聚合时存在单体与单体或齐聚物与齐聚物之间的反应。因此，很多开环聚合体系能够实现活性聚合，聚合时分子量随单体转化率升高而线性增加，并取决于单体与引发剂的投料比，聚合产物分子量分布很窄，能够用分步投料的方法制备嵌段聚合物。开环聚合的链增长反应速率比双键加成反应要低几个数量级，而与缩聚反应的速率接近。

值得注意的是，由于在带有杂原子单体的开环聚合中经常伴随着聚合活性链末端的回咬副反应，造成聚合活性链的降解，所以在这些体系的开环聚合动力学中存在“环链平衡”过程。对于四氢呋喃等单体来说，环链平衡非常严重，存在平衡反应现象，即聚合反应在达到一定的单体转化率（四氢呋喃的平衡转化率约为 75%）后反应不再进行。

很多开环聚合产物也可以通过缩合聚合制备得到，例如聚酯既可以通过内酯开环聚合制备，也可以通过相应的羟基羧酸缩聚制备。所以在设计聚合方法时有必要考虑两者的优缺点。一般来说，当要求聚合产物分子量高、分子量符合预设计、分子量分布窄、聚合物具有明确的嵌段等结构时，适合通过开环聚合方法来合成。开环聚合需要预合成单体，对单体的纯度和聚合条件的要求较高。

7.2 阴离子开环聚合

由于环状单体上常有杂原子形成的弱键，在断裂时往往异裂形成阴、阳离子，所以离子型开环聚合最为常见。

阴离子聚合机理中活性聚合链末端为负离子，对环状单体上缺电子性的原子亲核进攻，使单体开环，如图 7-2 所示。阴离子链端由于反应活性强，而聚合链上的单体单元结构与环状单体中结构相近，因此负离子活性链端也可以进攻其他聚合物链（分子间链转移）或自己（分子内链转移，也称为“回咬”反应），造成聚合产物分子量减小和分子量分布变宽。

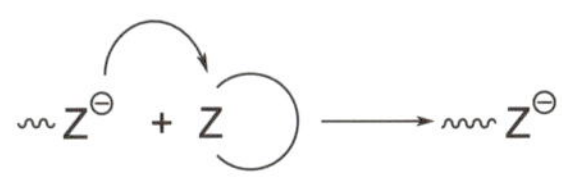

图 7-2 阴离子开环聚合机理

7.2.1 环氧烷烃的阴离子开环聚合

环烷烃中一个或一个以上的碳原子被氧原子取代后称为环醚，也称为环氧烷烃或氧杂环烷烃。环缩醛可以看作一种特殊的环醚，它包含两个氧原子连接在同一个碳上的缩醛结构。表 7-3 列出了一系列环醚单体的聚合反应焓变和熵变，以及作为对比的甲醛（formaldehyde）和三氯乙醛（chloral）聚合热力学数据。三元和四元环醚的 ΔH 绝对值由于其较大的环张力，与烯类单体相当，而且均比羰基单体（甲醛和三氯甲醛）要大。可见羰基的 π 键转变为 σ 键的放热比烯烃双键要小。五、六元及更大的环醚 ΔH 绝对值则显著减小，大大低于烯类单体。环醚的 ΔS 绝对值比烯类单体和羰基单体则要小很多，这是由于环状分子的自由度本身就要比非环状单体小，所以聚合导致的无序性减少也更小。

ΔH 值随环大小的变化与不同环大小的单体的稳定性相符合，三、四元环聚合反应放热最多，随着环增大，放热减小。三氧六环作为唯一一个可以聚合的六元环，其 ΔH 值接近于 0。环上的取代基使聚合更加困难，例如取代后的 1,3-二氧环戊烷、1,3-二氧环庚烷在甲基取代后 ΔH 绝对值都比未取代的单体明显减小。

表 7-3　各种环醚与环缩醛单体聚合的热力学数据

单体	环大小	ΔH /kJ・mol^{-1}	ΔS /J・mol^{-1}・K^{-1}	ΔG /kJ・mol^{-1}
Ethylene oxide 环氧乙烷 	3	−94.5	−174	−42.6
Oxetane 氧杂环丁烷 	4	−81		
3,3-Bis (chloromethyl) oxetane 3,3-二氯甲基氧杂环丁烷 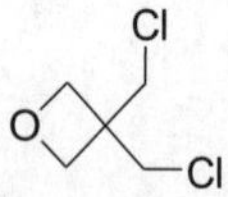	4	−84.5	−83	−59.8
Tetrahydrofuran 四氢呋喃 	5	−23.4	−82.4	1.15
1,3-Dioxolane 1,3-二氧戊环 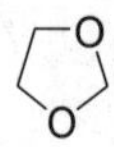	5	−17.6	−47.4	−3.47
4-methyl-1,3-dioxolane 4-甲基-1,3-二氧戊环 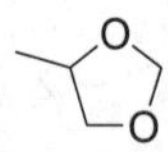	5	−13.4	−53.1	2.42
Trioxane 三聚甲醛 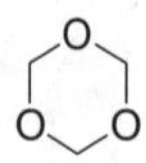	6	−4.5	−18	0.864
1,3-Dioxepane 1,3-二氧杂环庚烷 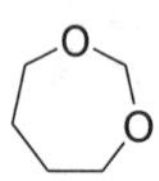	7	−15.1	−48.1	−0.766
2-Methyl-1,3-dioxepane 2-甲基-1,3-二氧杂环庚烷 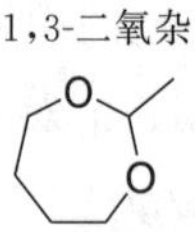	7	−8.8	−37.2	2.28
4-Methyl-1,3-dioxepane 4-甲基-1,3-二氧杂环庚烷 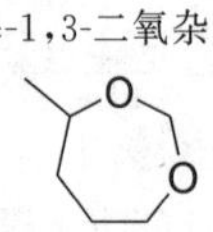	7	−9.2	−38.9	2.39
1,3-Dioxocane 1,3-二氧杂环辛烷 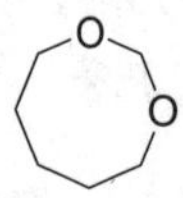	8	−18.3		

续表

单体	环大小	ΔH /kJ·mol^{-1}	ΔS /J·mol^{-1}·K^{-1}	ΔG /kJ·mol^{-1}
1,3,6-Trioxocane 1,3,6-三氧杂环辛烷 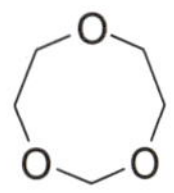	8	−13.0	−21.3	−6.65
Formaldehyde 甲醛 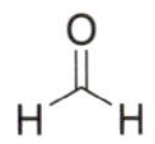		−31.1	−79.2	
Chloral 三氯乙醛 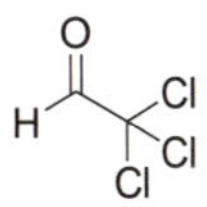		−20	−95	

环氧烷烃可以通过阴离子、阳离子和配位插入等机理实现开环聚合。

环氧乙烷（EO）是最简单的环氧烷烃。早在 1940 年 Flory 就发现了 EO 可以进行阴离子开环聚合，以烷氧基碱金属化合物为引发剂（以甲醇钾为例），聚合中不存在不可逆的链转移和链终止。链增长反应为 S_N2 机理，即在 EO 的碳上进行双分子的亲核取代反应，如图 7-3 所示。可以通过消耗的单体与引发剂摩尔比控制聚合物分子量，并且聚合物 PEO 的分子量分布服从泊松分布，聚合特征与烯类单体的阴离子聚合基本相同。

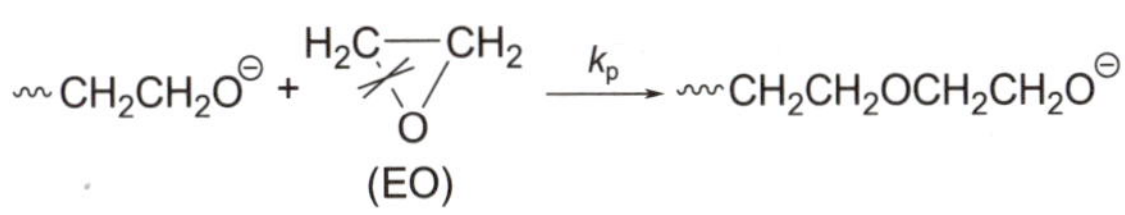

图 7-3　环氧乙烷阴离子聚合中的链增长反应

离子型活性中心在聚合反应中可能以离子缔合物、紧密离子对、疏松离子对和自由离子等形式存在，它们各自引发聚合的速率是不同的，而且各种形式的活性中心之间存在平衡反应，可以互相转变（图 7-4）。

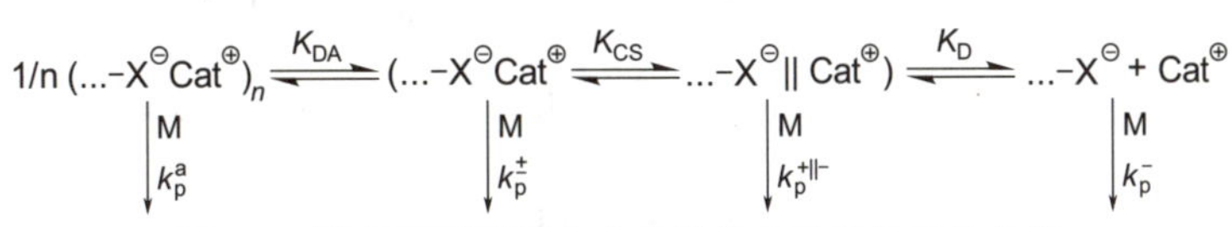

图 7-4　阴离子开环聚合中各活性物种间的平衡反应

Cat—反离子；M—单体分子；K_{DA}—解缔合平衡常数，K_{CS}—紧密离子对/松散离子对之间的平衡常数，K_D—解离平衡常数；k_p^a、$k_p^{\pm}$、$k_p^{+\|-}$、k_p^-—各物种的链增长速率常数

自由离子引发 EO 聚合的速度比离子对要快得多。EO 在四氢呋喃（THF）中阴离子开环聚合动力学研究表明，低活性种浓度时（低于 10^{-4} mol·L^{-1}）聚合反应呈一级反应动力学特征，而在更高浓度下则为分数级数，由此可知活性中心存在缔合现象。在以 K^+ 作为反离子时，聚合存在自加速效应，这是由于聚合物链在增长过程中可以包合 K^+，促进离子对解离程度增加，聚合增长速率常数增大，表现出自加速现象（图 7-5）。

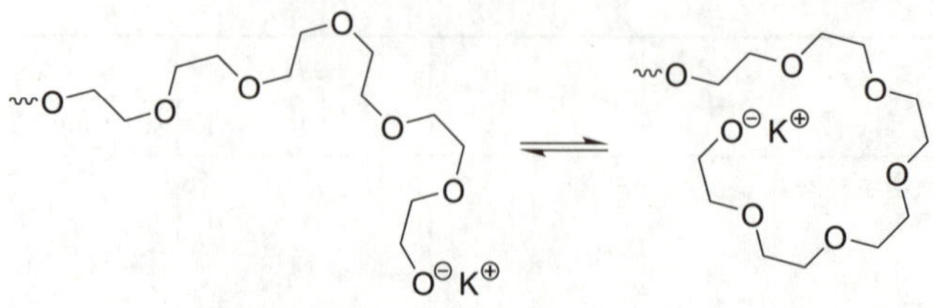

图 7-5　EO 阴离子聚合中钾离子作为反离子的自加速原理

聚合引发、增长、转移的反应速率相对大小对聚合物分子量和分子量分布有很重要的影响。当不存在链转移反应且引发速率远远大于增长速率时，在链增长之前引发反应已经完成，所有的聚合物链同时开始增长，最后所得到的聚合物分布很窄，即理想情况下的活性聚合。另一种不同的情形是引发反应速率较慢，一些活性种已经开始增长，而还有一部分引发剂未引发，需等一些时间后才能引发链增长，因此相同聚合时间内这些聚合链实际增长时间不同，分子量分布变宽。以上情况在很多阴离子聚合和配位聚合中都存在，原因是阴离子引发剂很容易形成聚集体，而且存在不同活性的引发位点。

当 EO 聚合体系中存在能够提供质子的物质（如水和醇）时，聚合活性链端阴离子物种能与这些物质发生质子交换反应，如图 7-6 所示。质子交换反应是一种可逆的活性链转移反应，并不等同于一般的链转移反应。通过交换反应形成的羟基端基聚合物并不是死链，而是一种休眠种，可以通过下一次交换反应重新变成活性中心。因此每条链都在具有聚合活性的烷氧负离子和休眠的醇两种存在形式间变换。当质子交换反应速率高于链增长速率时，每个带有活泼质子的反应物都因为质子交换反应而具有相同的引发聚合的能力，实现活性聚合，能够控制聚合物分子量，其理论数均聚合度 $\overline{X}_n$ 可由式（7-1）计算，其中 p 是反应进度，$[\mathrm{M}]_0$、$[\mathrm{I}]_0$ 和 $[\mathrm{ROH}]_0$ 分别是单体、引发剂和醇的起始浓度。交换反应的效果和提供质子的物质与聚合物端基醇羟基的酸性相对强弱有关。如果这二者酸性相当，交换反应在整个聚合过程中一直发生，每条链发生交换反应的概率均相同，则加入小分子的醇或其他可以提供质子的物质对聚合速率及分子量分布无影响，仅降低聚合物分子量。

$$\mathrm{R{+}OCH_2CH_2{+}_nO^{\ominus}Na^{\oplus}} + \mathrm{ROH} \rightleftharpoons \mathrm{R{+}OCH_2CH_2{+}_nOH} + \mathrm{RO^{\ominus}Na^{\oplus}}$$

$$\mathrm{R{+}OCH_2CH_2{+}_nOH} + \mathrm{R{+}OCH_2CH_2{+}_mO^{\ominus}Na^{\oplus}} \rightleftharpoons \mathrm{R{+}OCH_2CH_2{+}_nO^{\ominus}Na^{\oplus}} + \mathrm{R{+}OCH_2CH_2{+}_mOH}$$

图 7-6　在质子供体存在时的 EO 开环聚合中可逆链转移反应

$$\overline{X}_n = \frac{p[\mathrm{M}]_0}{[\mathrm{I}]_0 + [\mathrm{ROH}]_0} \tag{7-1}$$

1,2-环氧丙烷简称环氧丙烷（PO），是不对称的三元环氧化物，它的阴离子聚合有两种开环方式，即进攻三元环上的两个不同的碳，如图 7-7 所示。由于是 $\mathrm{S_N2}$ 亲核进攻，所以进攻位阻较小的碳更加有利（β-开环），头-尾结构是占主导地位的。由于取代基的位阻效应，相同条件下 PO 的聚合速率比 EO 要小。

PO 的阴离子开环聚合在工业上用于合成低分子量的嵌段聚合物 PPO-*b*-PEO，用作非离子型表面活性剂，其中 PEO 易溶于水，是亲水链段，PPO 不溶于水，是憎水链段。与 EO 不同，PO 的阴离子开环聚合过程中存在严重的向单体链转移反应（图 7-8），从而难于制备高分子量的 PPO。PO 单体甲基上的一个质子被夺走，伴随三元环开环形成烯丙氧基负离子，该负离子可以继续引发聚合，导致聚合物分子量降低且分布变宽。

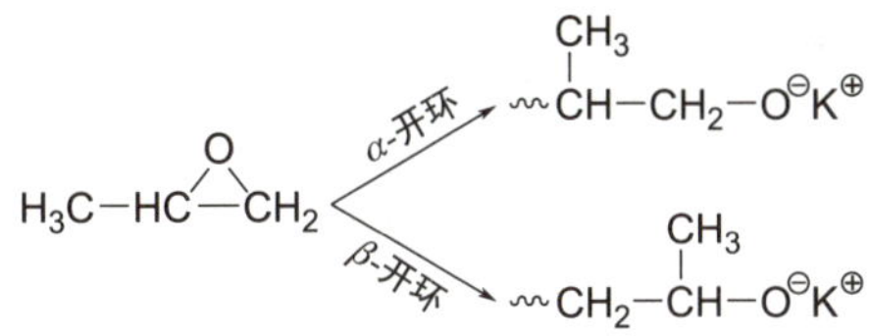

图 7-7　PO 开环聚合的两种不同开环模式

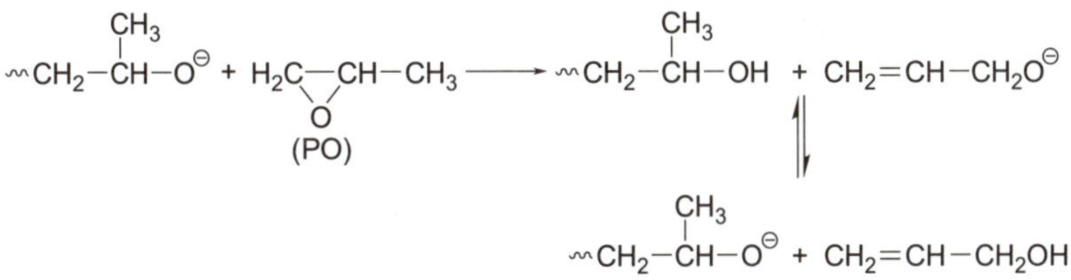

图 7-8　PO 阴离子开环聚合中的不可逆链转移反应

7.2.2　内酯的阴离子开环聚合

交酯（lactide）、内酯（lactone）和环碳酸酯（cyclic carbonate）等环酯类单体上具有类似的活性酯键结构，可以通过阴离子、阳离子、配位插入和酶催化机理实现开环聚合，合成相应的聚酯，如图 7-9 所示。交酯类单体是 α-羟基酸的两分子缩合产物，主要有乙交酯（重复单元为羟基乙酸，$R_1=H$）、丙交酯（重复单元为乳酸，即 α-羟基丙酸，$R_1=CH_3$）和乙丙酯（一分子羟基乙酸和一分子乳酸成环）。其中丙交酯中具有两个 CH 手性中心，由此丙交酯分为 L-、D-和内消旋（meso-）丙交酯，以及由 L-型和 D-型分子 1∶1 混合而得的外消旋 DL-LA。其聚合物称为聚丙交酯，在重复单元结构上与通过乳酸单体缩合制备的聚乳酸相同。

单分子 α-羟基酸自脱水形成的三元环内酯不存在，或由于太过活泼而未能分离得到。其他四至七元环的内酯都较为常见，更大的十元及以上内酯单体也有文献报道。五元环 γ-丁内酯由于环张力小，常见条件下难于进行开环聚合，只有一些低分子量的齐聚和与 ε-己内酯等单体共聚的报道。究其原因是聚合上限温度 $T_{ceiling}$ 低于室温，最近已有其在低温下均聚合的成功先例，而且聚合物在高温解聚成 γ-丁内酯单体，实现单体的回收循环利用。七元环 ε-己内酯（CL）、四元环 β-丙内酯和六元环 δ-戊内酯都是常见的聚合单体，其中乙交酯、丙交酯、ε-己内酯单体和它们的聚合物都已商品化。

环碳酸酯结构略有不同（图 7-9）。六元环和七元环都是常见的聚合单体，而五元环的环碳酸酯却由于热力学稳定性而难于开环聚合，目前仅有二亚甲基环碳酸酯（EC）与 CL 共聚的报道，其中 EC 的含量不超过 20%。三元环的环氧化物与二氧化碳交替共聚可以制备与五元环碳酸酯开环聚合的产物相同结构的聚碳酸酯，有兴趣的读者可以参阅相应文献。

环酯类单体阴离子聚合的引发剂主要是烷基或烷氧基碱金属和碱土金属，例如 BuLi、R_2Mg、BuOK、tBuOLi 等。碱金属和碱土金属的电负性很小，R—M 或 RO—M 键是典型

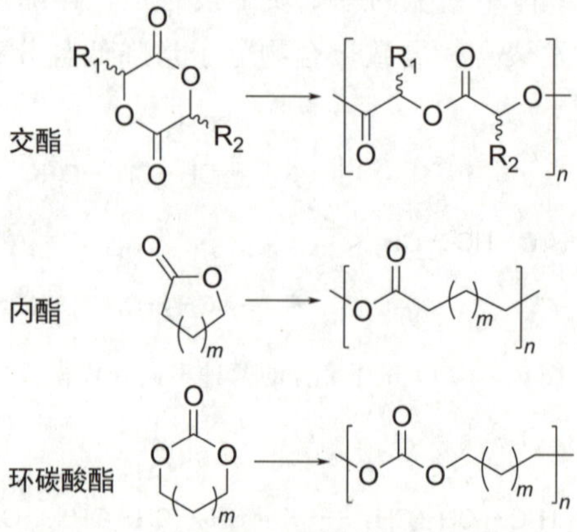

图 7-9　交酯、内酯和环碳酸酯的开环聚合

的离子键，在溶液中以松散离子对或自由离子形式存在，R^- 或 RO^- 阴离子的电荷密度大、亲核性强，进攻单体的羰基碳原子，单体通过酰氧键断裂开环，形成新的 RO^- 阴离子活性端，实现链增长，如图 7-10 所示。

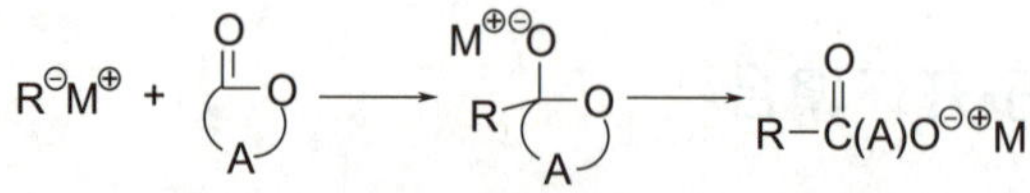

图 7-10　环酯类单体的阴离子开环聚合

环碳酸酯的阴离子聚合机理与内酯和交酯有所不同。由于环上羰基两边都与负电性的氧原子直接相连，羰基碳被包藏其中，不易受到亲核进攻，主要是与氧原子直接相连的烷碳原子接受阴离子（包括阴离子活性种）的进攻，所以阴离子体系催化环碳酸酯聚合主要是烷氧断裂开环。阴离子聚合中没有重排反应，不会发生环碳酸酯在阳离子开环聚合中常见的脱除 CO_2 反应，因此在聚合物中不存在聚醚链节。

由于 RO^- 阴离子活性中心反应性太强，对聚合物链上的羰基也有很强的进攻能力，从而引起聚合链断裂，形成分子内或分子间的酯交换反应（图 7-11），导致聚合物分子量不高且分子量分布变宽，接近于 Schulz-Flory 分布。链转移可以发生在分子链间，也可以发生在分子链内（回咬反应）。分子内的回咬反应会形成环状齐聚物。在低单体浓度下，分子内回咬副反应变得更加显著。链转移与链增长是一对竞争反应，即在反应体系中存在一种环-链平衡。

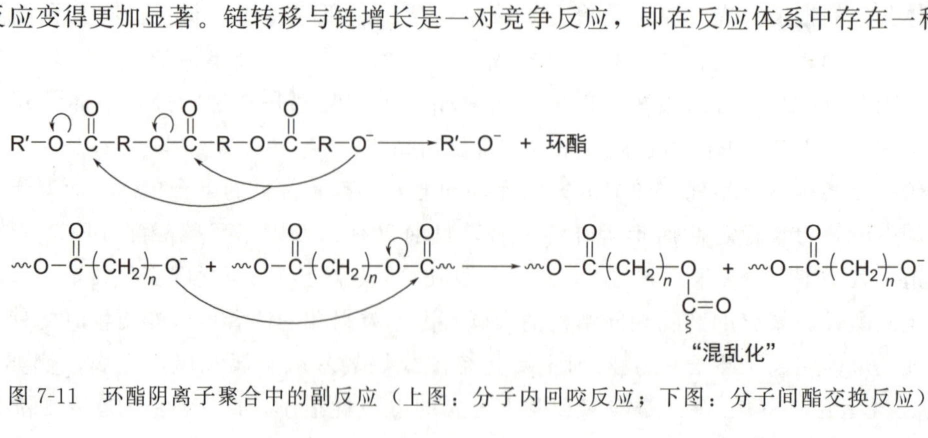

图 7-11　环酯阴离子聚合中的副反应（上图：分子内回咬反应；下图：分子间酯交换反应）

7.2.3 己内酰胺阴离子开环聚合

内酰胺结构式及其开环聚合产物如图 7-12 所示，当 $m=5$ 时，单体称为ε-己内酰胺，聚合产物为聚-ε-己内酰胺，俗名尼龙-6，是商品化聚酰胺产品，占到所有聚酰胺产品产量的三分之一。尼龙-11 和尼龙-12 具有很好的抗水解能力，是特种聚酰胺材料。

碱、酸和水都可以引发内酰胺开环聚合。工业上最常用的引发剂是水，即所谓的水解聚合（见 7.4 节阳离子开环聚合）。阴离子聚合可以用 Na、NaOH 等引发，可直接浇入模具内聚合，其产物被称为铸型尼龙。金属钠溶解在液氨中引发己内酰胺阴离子开环聚合，首先通过强碱性拔除酰胺基中 N 上的氢原子，形成己内酰胺阴离子，负离子进攻己内酰胺单体发生开环，形成伯胺阴离子。该阴离子碱性强，可以夺取己内酰胺中 N 上的氢原子，成为中性的带有一个己内酰胺环的二聚体，以及一个新的己内酰胺阴离子。己内酰胺阴离子继续进攻单体或多聚体中己内酰胺环上羰基开环，从而完成聚合，机理如图 7-13 所示。由于聚合链上的酰胺键与链端环中的酰胺键结构完全一致，己内酰胺阴离子也能够进攻聚合链上的酰胺键导致分子间的酰胺交换反应，是一种向聚合物的链转移反应，与上一节中的分子间酯交换反应类似，结果是使聚合产物的分子量分布变宽（图 7-14）。

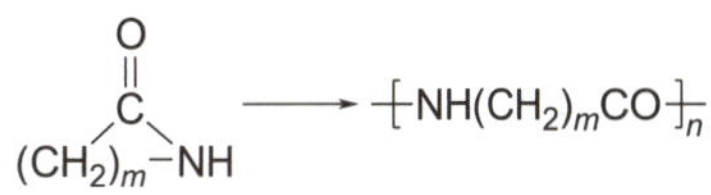

图 7-12 内酰胺的开环聚合

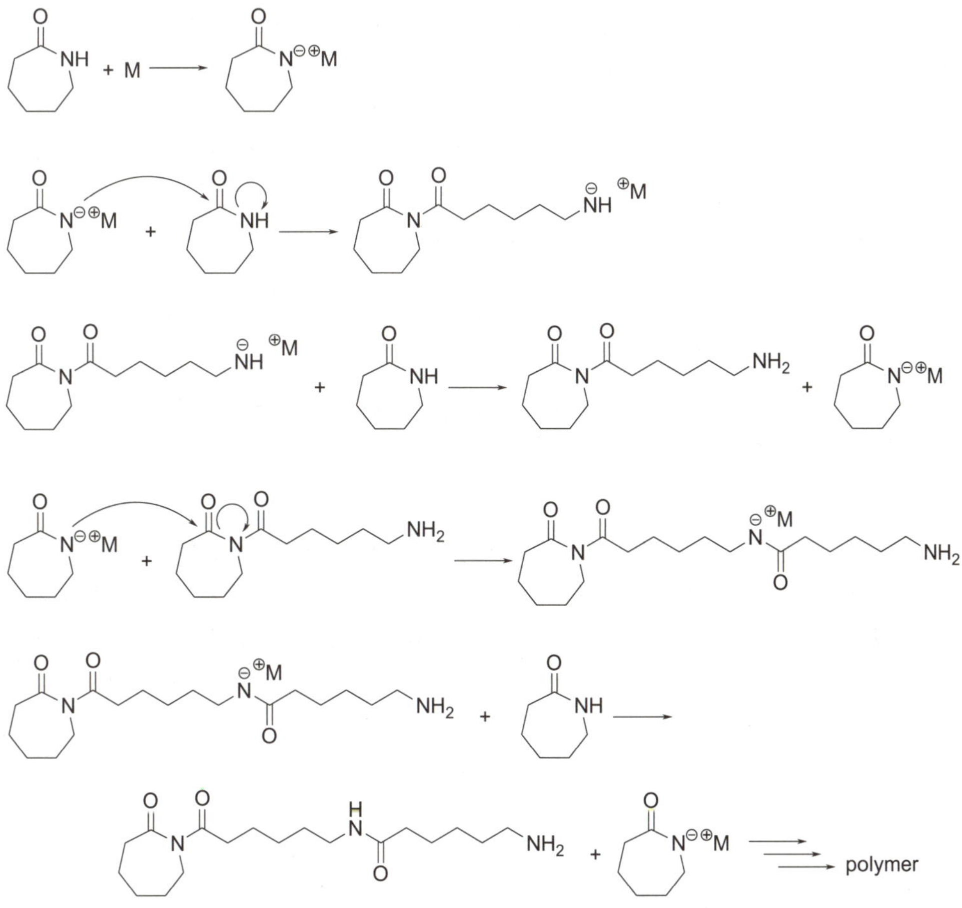

图 7-13 己内酰胺阴离子开环聚合机理

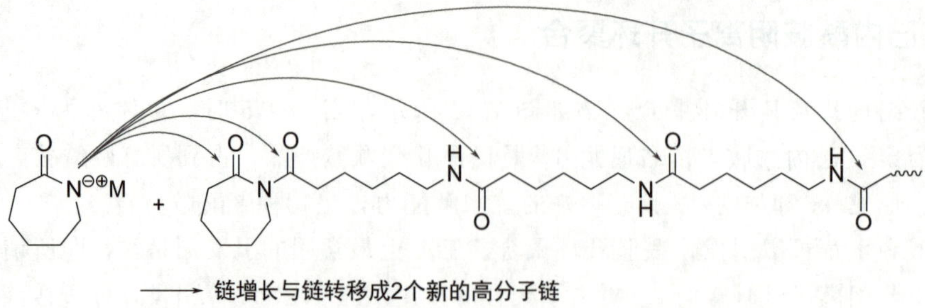

图 7-14　聚己内酰胺阴离子开环聚合中的酰胺交换反应

7.3 配位开环聚合

若聚合物链端为共价键而不是自由离子或离子对，则可以减小阴离子链端的反应性，减小甚至避免阴离子活性端的链转移反应。同时由于这种情况下带正电荷的阳离子物种多为过渡金属原子，具有易与单体配位的空轨道，能够与单体中带负电性的杂原子配位，削弱单体中弱键，使得单体开环易于进行。这样的聚合机理被称为配位插入机理，由 Ph. Teyssié 和 H. R. Kricheldorf 在 1975 年至 1985 年间提出。

1975—1991 年间 Teyssie 等研究了 $Al(O^iPr)_3$ 等催化剂，1988 年 Kricheldorf 比较了 Al、Sn、Ti、Zr、Zn 等电负性较大的金属烷氧基化合物对各类内酯的聚合活性，通过 NMR 核磁共振方法研究内酯开环方式，指出只要金属离子具有空的 p 或 d 轨道就可以通过“配位插入机理”引发内酯开环聚合，与阳离子机理和阴离子机理都不相同（图 7-15）。第一步，烷氧基金属引发剂和内酯的环外羰基氧配位；第二步，单体通过酰氧键断裂插入到金属－氧键中，实现链增长。烷氧基端基连接在聚酯的一端。由于聚合时活性中心是烷氧基金属共价键，“类似于”烷氧基阴离子，但不像阴离子那么活泼，所以酯交换等链转移反应能得到抑制。不同引发剂发生酯交换反应的速率符合如下顺序：$Al(O^iPr)_3 < Zn(O^nPr)_2 < Ti(O^nBu)_4 < Bu_3SnOMe < Bu_2Sn(OMe)_2 <$ secBuLi。通过细致的 $Al(O^iPr)_3$ 引发 LA 和 CL 聚合反应动力学研究，发现每个 $Al(O^iPr)_3$ 分子引发 3 条 LA 聚合链，反应动力学方程符合式（7.2），70℃时反应速率常数 k 为 $0.6L \cdot mol^{-1} \cdot min^{-1}$，聚合物分子量在 9 万以下时为活性聚合，超过这个范围后，由于存在酯交换等副反应，产物聚合度与理论值有所偏离。锡类引发剂中，Bu_3SnOMe 和 $Bu_2Sn(OMe)_2$ 等引发 CL 聚合时，PCL 保留有甲氧基端基，证明这类锡化合物的活性中心是 Sn—OMe 键，聚合机理与 $Al(O^iPr)_3$ 相同。

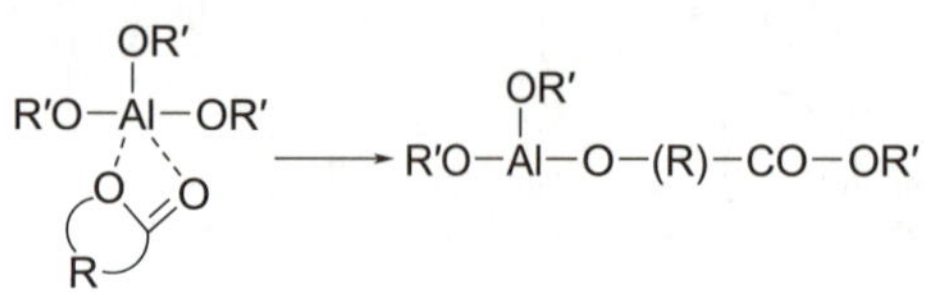

图 7-15　$Al(O^iPr)_3$ 引发内酯单体开环聚合

$$-\frac{d[LA]}{dt}=k \cdot [LA] \cdot [Al(O^iPr)_3] \tag{7-2}$$

二(2-乙基己酸)锡，简称为辛酸亚锡［$Sn(Oct)_2$］能够催化交酯和内酯类单体活性开环聚合。由于它性质稳定、操作简单、毒性小，并且通过了美国食品药品监督管理局（FDA）认可作为食品添加剂，所以得到了广泛的应用。对于这个催化剂的聚合机理研究却经历了激烈的争论，曾提出过阳离子机理、$Sn(Oct)_2$/单体络合机理、$Sn(Oct)_2$ 直接引发聚合机理等。

Kowalski 等通过动力学研究和活性聚合链的质谱与核磁等表征方法，深入研究了较低温度（50～80℃）时 $Sn(Oct)_2$ 引发 LA 和 CL 的聚合，证明其属于配位插入机理：聚合链中 $Sn(Oct)_2$、(BuO)Sn(Oct) 和 $Sn(OBu)_2$ 相互转化，聚合体系中实际的活性中心为 Sn—OR，由 Sn—Oct 和 RO—H 间的可逆平衡反应而形成。$Sn(Oct)_2$ 本身在聚合过程中并不是活性中心，聚合体系中各种主要的链引发、链增长、链转移平衡反应如图 7-16 所示。

$$\mathrm{Sn(Oct)_2 + ROH \rightleftharpoons OctSnOR + OctH}$$

$$\mathrm{OctSnOR + ROH \rightleftharpoons Sn(OR)_2 + OctH}$$

$$\sim\!\!\sim\mathrm{-SnOR} + n\,\mathrm{LA} \rightleftharpoons \sim\!\!\sim\mathrm{-SnO-(LA)}_n\mathrm{-R}$$

$$\sim\!\!\sim\mathrm{-SnO-(LA)}_n\mathrm{-R + OctH} \rightleftharpoons \sim\!\!\sim\mathrm{-SnOct + HO-(LA)}_n\mathrm{-R}$$

$$\sim\!\!\sim\mathrm{-SnO-(LA)}_n\mathrm{-R + ROH} \rightleftharpoons \sim\!\!\sim\mathrm{-SnOR + HO-(LA)}_n\mathrm{-R}$$

$$\sim\!\!\sim\mathrm{-SnO-(LA)}_n\mathrm{-R + OctH} \rightleftharpoons \sim\!\!\sim\mathrm{-SnOH + Oct-(LA)}_n\mathrm{-R}$$

$$\sim\!\!\sim\mathrm{-SnOH} + n\,\mathrm{LA} \rightleftharpoons \sim\!\!\sim\mathrm{-SnO-(LA)}_n\mathrm{-H}$$

$$\sim\!\!\sim\mathrm{-SnO-(LA)}_n\mathrm{-H + OctH} \rightleftharpoons \sim\!\!\sim\mathrm{-SnOct + HO-(LA)}_n\mathrm{-H}$$

$$\sim\!\!\sim\mathrm{-SnO-(LA)}_n\mathrm{-H + ROH} \rightleftharpoons \sim\!\!\sim\mathrm{-SnOR + HO-(LA)}_n\mathrm{-H}$$

$$\sim\!\!\sim\mathrm{-SnO-(LA)}_n\mathrm{-H + OctH} \rightleftharpoons \sim\!\!\sim\mathrm{-SnOH + Oct-(LA)}_n\mathrm{-H}$$

图 7-16　$Sn(Oct)_2$/ROH 二元体系催化 LA 开环聚合机理

配位开环聚合由于活性端基是共价键性质的过渡金属的醇盐（烷氧基化合物），活性低于阴离子聚合中的烷氧阴离子，从而抑制了活性端基对聚合链中酯基的酯交换副反应，能够实现活性聚合，聚合产物分子量可控，能高达几十万，且分子量分布窄（分布指数小于 1.2）。更重要的是，配位开环聚合能够通过加入第二、第三单体的方式，制备不同环酯类单体的嵌段聚合物，这是缩合聚合与阴离子开环聚合难于做到的。

聚-L-丙交酯（PLLA）是一种结晶性塑料，结晶熔点达 175℃左右，机械强度较高，能够作为一种通用型聚酯材料使用。PLLA 的单体来源于秸秆等原料的生物发酵产物左旋乳酸，聚合物中的酯基能够被酸、碱、酶催化水解，最终降解为左旋乳酸。左旋乳酸大量存在于生物体，能被微生物利用并分解为二氧化碳和水。PLLA 来源于生物质，生物相容性很好，使用后能被自然界完全利用和分解，是一种很有前途的环境友好的可降解高分子材料。

PLLA、聚乙交酯（PGA）、PCL、聚三亚甲基环碳酸酯（PTMC）等聚酯和聚碳酸酯材料，均具有很好的生物相容性和生物降解性，作为生物医用材料已获得了很多应用。例如在临床上用作可吸收的手术缝合线，免除了手术病人在缝合后拆线的痛苦。这类聚酯和聚碳酸酯能够通过酯键断裂而逐步分解为小分子化合物，或通过生物体内的新陈代谢而分解，降解产物对人体无害，或被生物体代谢循环吸收，因此也作为药物控制释放体系、基因传递载体、可降解型体内支架材料、生物组织工程支架材料、血管或神经导管材料等。

7.4 阳离子开环聚合

阳离子聚合机理中聚合活性链末端为正离子性质物种，可以是碳正离子也可以是杂原子形成的鎓离子，它们之间一般存在平衡反应。单体对正离子链末端亲核进攻，实现链增长，如图 7-17 所示。

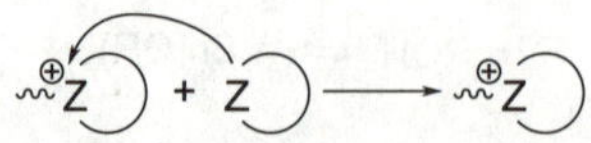

图 7-17 阳离子开环聚合机理

7.4.1 环醚的阳离子开环聚合

环醚的阳离子开环聚合一般认为是通过三级氧正离子为活性增长中心进行的，图 7-18 为 3,3-二(氯甲基)丁氧环的链增长过程。与氧相连的 α-碳上缺电子，易被单体上氧原子的孤对电子进攻而开环增长。大部分环醚的增长过程均经历这样的 S_N2 亲核进攻，而且有很好的区域选择性，形成头-尾结构。

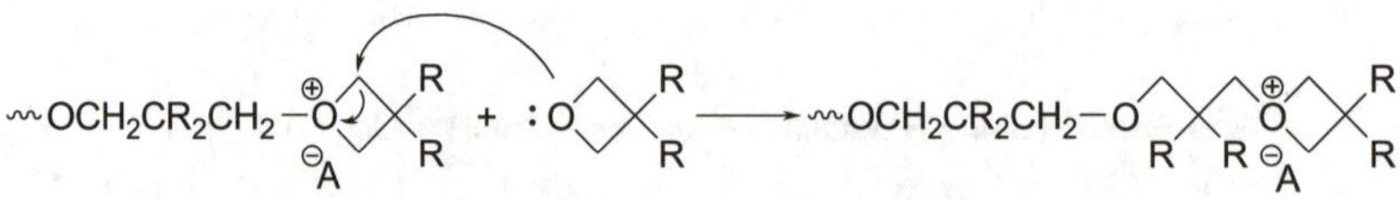

图 7-18 3,3-二(氯甲基)丁氧环的链增长反应

在某些情况中，被阳离子化的不是聚合活性链端而是环状单体，通过聚合链末端对阳离子化的单体亲核进攻实现单体开环和聚合链增长（图 7-19）。这个机理被称为活化单体机理，是阳离子聚合机理的一种特殊情况。

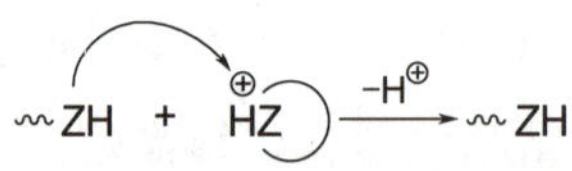

图 7-19 活化单体机理

7.4.2 四氢呋喃的阳离子开环聚合

四氢呋喃（THF）是一个五元环醚化合物，性质稳定，经常作为化学反应的溶剂。THF 已知只能通过阳离子机理开环聚合，聚合过程中活性中心存在以下三种形式：共价键连接的酯、离子对、自由离子，这三种形式之间存在着平衡，如图 7-20 所示。各物种的含量与溶剂、温度等反应条件有关。例如在高极性溶剂中离子形式含量较高，低极性溶剂中活性中心主要为共价形式。通常阳离子开环聚合中自由离子和离子对的活性差异很小，这与阴离子开环聚合有明显的不同。共价键活性中心的增长速率通常比离子活性中心要小 2～3 个

数量级。这种共价活性中心增长本质上也是离子型的，首先单体进攻共价键活性中心形成离子型活性中心，随后又通过平衡变回共价形式。在大部分极性并不是特别大的体系中，共价活性中心数量是远远大于离子活性中心的，即活性种之间的平衡明显偏向共价形式。与活性自由基聚合的原理类似，共价活性中心相当于是一种休眠种，有效地降低了链增长速率，从而有足够的时间完成引发过程，使聚合成为可控聚合。

图 7-20　THF 阳离子开环聚合中的平衡反应

许多阳离子聚合的引发剂都可以与环醚单体形成三级氧正离子活性中心并引发环醚阳离子开环聚合。强质子酸（H^+A^-），如三氟乙酸、氟磺酸、三氟甲基磺酸等可以与一个单体分子形成二级氧鎓离子，之后再与另一单体分子开环形成三级氧鎓离子，如图 7-21 所示。由于链增长是环醚单体进行亲核进攻的过程，要求 A^- 的亲核性要远小于环醚单体，所以对应的质子酸应为极强的酸。如果用弱酸用来引发，由于 A^- 阴离子亲核性增大，与环醚单体出现竞争反应，只能得到分子量非常低的聚合物。强质子酸的酯（例如三氟甲磺酸甲酯）同样也可以与单体分子反应直接形成三级氧鎓离子。三氟甲磺酸阴离子具有较强的亲核性，可以和单体竞争与阳离子活性端反应，生成具有共价键结构的三氟甲磺酸酯的休眠种，如图 7-22 所示，在此 THF 聚合中休眠反应速率常数（k_{tt}）和活化反应速率常数（k_{ii}）以及链增长反应速率常数（k_p）都是接近的。

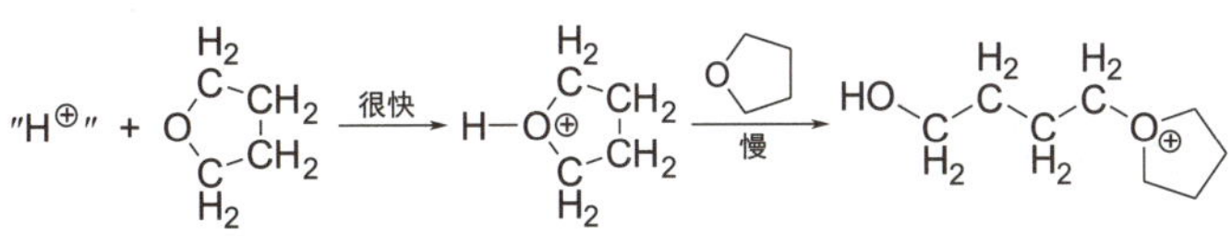

图 7-21　质子引发 THF 聚合的引发机理

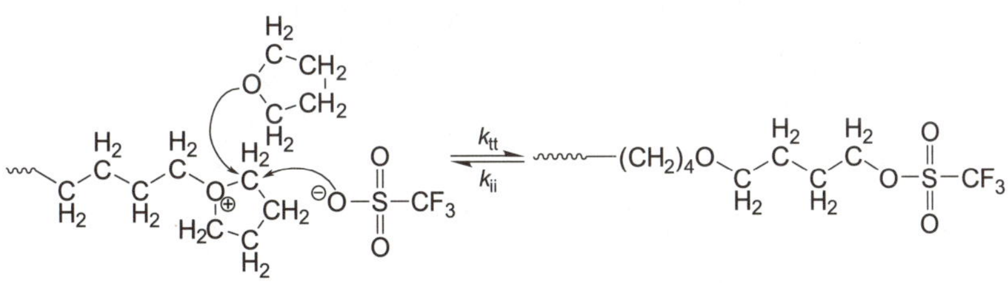

图 7-22　THF 聚合中的阳离子链末端休眠与活化平衡

Lewis 酸（如 BF_3 和 $SbCl_5$ 等）与质子源或碳正离子源（如水、酸、酰卤作为共引发剂）可以形成络合物，提供质子或碳正离子，如 $BF_3 \cdot H_2O$、$H^+(SbCl_6)^-$ 及图 7-23 所示的碳正离子，继而引发环醚开环聚合。对于像四氢呋喃这样不活泼的环醚，Lewis 酸加共引发剂并不能与 THF 形成氧正离子活性中心，还需要加入一些活泼的环醚，如环氧乙烷或丁氧环作为开环促进剂，使之容易形成氧鎓离子活性中心，进而引发 THF 聚合。

在氟磺酸、三氟甲磺酸或它们的酯引发环醚开环聚合时，能够表现出活性聚合特征。很多体系下链转移反应也是存在的，其中向聚合物的链转移最常见（图 7-24）。聚合物链上氧

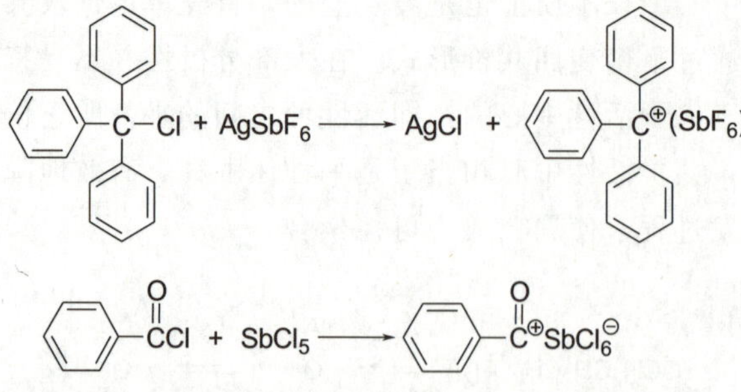

图 7-23 常见的两种阳离子开环聚合 Lewis 酸引发体系

原子的亲核性与单体中的氧原子相近，能够取代单体而形成另一个氧𬭩离子，再受到 THF 单体的进攻，形成一条没有活性的链和一个新的活性中心，其本质是两条聚合物链的片段交换，致使聚合物分子量分布变宽，一些体系的分布指数因此而接近逐步聚合的理论值（$\overline{X}_w/\overline{X}_n=2$）。

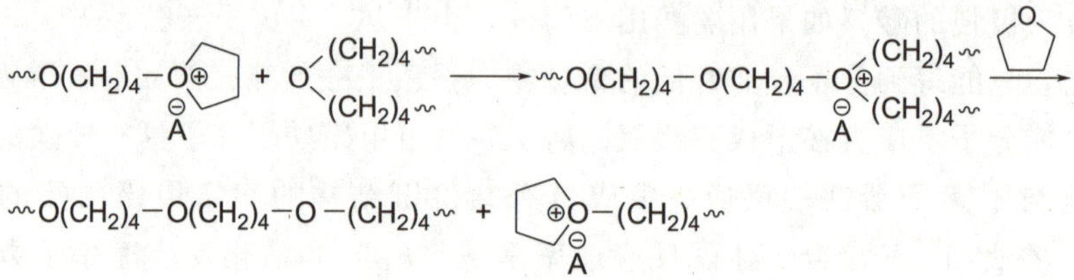

图 7-24 THF 聚合中的链转移反应

7.4.3 三聚甲醛的阳离子开环聚合

环状缩醛是指具有至少一个 1,1-二烷氧基［$(RO)_2CH_2$ 或 $(RO)_2CHR$］基团的环状化合物，其聚合反应通式如图 7-25 所示。主要单体包括 1,3-二氧杂环戊烷（简称为二氧戊环）、1,3-二氧杂环庚烷和 1,3-二氧杂环辛烷。六元环的 1,3-二氧杂环己烷由于环的稳定性而不能开环聚合。其他环缩醛单体还有三聚甲醛（又名：1,3,5-三氧杂环己烷）、1,3,5-三氧杂环庚烷、1,3,6,9-四氧杂环十一烷和 1,3,5,7-四氧杂环辛烷等。

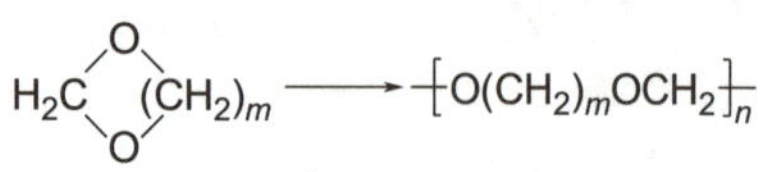

图 7-25 环缩醛的开环聚合

环缩醛聚合的活性中心有两种：氧𬭩离子（图 7-26 左侧）和烷氧基碳正离子（图 7-26 右侧上方）。虽然看起来烷氧基碳正离子可以通过共振式形成氧𬭩离子而得到一定程度的稳定，事实上，从实验和理论计算结果都指出 1,3-二氧杂环烷烃的开环聚合中 99.9%的链增长都是通过氧𬭩离子实现的。与之不同的是，在 2-烷基-1,3-二氧杂环烷烃开环聚合中，由于 2-烷基取代基能够分散烷氧基碳正离子的正电性，并且产生立体位阻效应削弱了环状氧𬭩离子开环聚合概率，因此在 2-烷基取代的 1,3-二氧杂环烷烃开环聚合中烷氧基碳正离子机理就非常显著了。

三聚甲醛开环聚合可以合成聚甲醛，与甲醛的离子聚合产物相同，是一种重要的工程塑料。工业上应用三氟化硼乙醚络合物作为催化剂来催化三聚甲醛开环聚合合成聚甲醛。由于三聚甲醛是稳定的六元环结构，环张力很小。然而，聚甲醛能够结晶，从聚合体系中沉淀出来，结晶焓成为了其开环聚合的热力学推动力。

除了常规的开环聚合环链平衡以外，三聚甲醛聚合还伴随有聚合物降解释放甲醛的平衡反应，生成甲醛的机理应该是碳正离子机理而不经过氧鎓离子中间体，如图 7-27 所示。

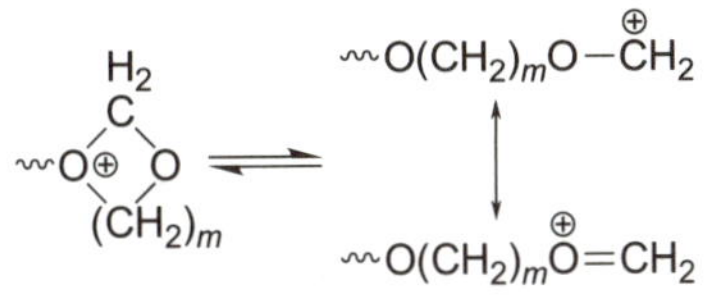

图 7-26 环缩醛聚合中的阳离子活性中心

图 7-27 聚甲醛活性端基的降解反应

上一节环醚开环聚合中提及的链转移和终止反应在环缩醛聚合中也都存在，而且在环缩醛聚合中增长链的分子间和分子内链转移反应比环醚聚合中更为容易，因为缩醛单元（$-OCH_2O-$）的存在使得链上氧原子的碱性比对应聚醚链节中的氧原子的碱性更大。因此，在环缩醛聚合中往往通过提高单体浓度或使用本体聚合的方法来抑制环状齐聚物的生成。

另外，在三聚甲醛聚合体系中，还有一种向单体链转移方式如图 7-28 所示，增长链碳正离子端基夺取单体 CH_2 上的氢而终止，同时生成的三聚甲醛正离子可以进一步引发开环聚合。

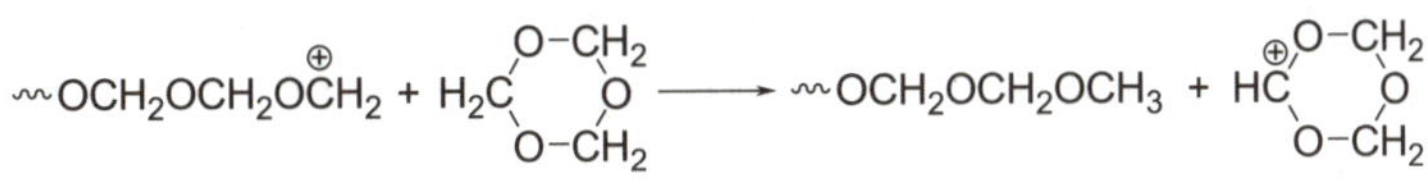

图 7-28 三聚甲醛聚合中向单体链转移反应

7.4.4 环酯的阳离子开环聚合

内酯和交酯聚合的阳离子聚合催化体系及阳离子聚合机理研究较早，但至今仍有争论。内酯和交酯开环聚合的阳离子催化体系特征是催化剂带有正电性，易与单体中氧原子发生亲电反应。内酯和交酯可以通过烷氧键或酰氧键断裂开环。Stannett 等分析了烷氧键与酰氧键强度后认为烷氧键断裂更有可能，Kricheldorf 等支持这种观点，认为不论使用何种阳离子催化剂，阳离子只进攻单体的羰基氧，发生烷氧开环。但是 Cherdron 等却在 $CH_3C(O)ClO_4$ 引发 CL 聚合中用水作终止剂，发现 PCL 链的一端为羧基，由此认为单体 CL 通过酰氧键断裂，形成酰基阳离子活性中心。Ludvig 等认为聚合过程中酰基阳离子参与可逆平衡。Penczek 等认为活性链酰基阳离子催化内酯聚合时，由于酰基阳离子太活泼，在进攻内酯的氧原子时选择性不高，既可以进攻环上氧原子继续保持酰基阳离子，也可以进攻环外羰基氧形成环状单体阳离子过渡态，随后用烷氧开环方式进行链增长，反应机理如图 7-29 所示。总的来说，环酯的阳离子开环聚合活性种结构不够明确，存在较多链转移副反应，其聚酯产物的分子量不高。

环碳酸酯的阳离子开环聚合特点是单体环外羰基氧受到亲电进攻而形成了羰基碳阳离子中间体。活性中心有两类：链状的强极性共价端基活性中心和环状的碳正离子活性中心。单体一般通过烷氧键断裂开环，且常伴随着碳阳离子重排，发生脱除 CO_2 的副反应，在聚合物中形成聚醚链节单元，产物为聚碳酸酯与聚醚的无规共聚物。

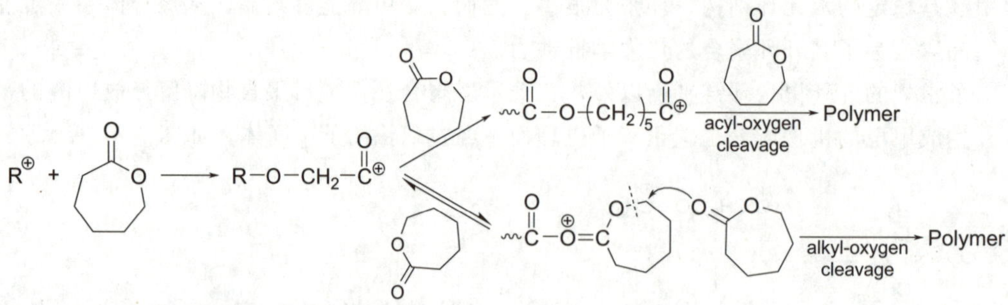

图 7-29　ε-己内酯阳离子开环聚合中可能存在的活性种

7.4.5 活化单体聚合机理

在阳离子聚合机理中，还有一种活化单体开环聚合机理（AM ROP），在以酸引发剂引发（如 BF_3 或三氟甲酸磺酸）并加入醇的情况下可以大大减少甚至消除环状齐聚物的产生。

活化单体聚合与活性链末端聚合是相互竞争的，如图 7-30 所示。活性链末端机理的阳离子开环聚合引发过程是质子化的单体与未质子化的单体之间的反应；而在活化单体开环聚合中则是质子化的单体与加入的醇或聚合物链末端的羟基之间的反应。

聚合可以以这两种方式同时进行。这两种聚合速率之比依赖于单体与加入的醇之间的物质的量浓度之比。假设两个聚合速率常数相差不是特别大，那么 AM ROP 在醇浓度［ROH］高而且单体浓度［M］低的情况下将占主导地位。所以 AM ROP 需要在低单体浓度下进行，并且为了保持链增长，随着反应进行需要不断向体系中加入新的单体。

AM ROP 的增长过程如图 7-31 所示，醇的羟基代替单体亲核进攻活化的质子化单体。由于活性中心是质子化的单体，与聚合物链无关，所以避免了回咬而产生环状齐聚物。25℃下，在二氯甲烷溶剂中以 BF_3 引发环氧丙烷开环聚合而得到的环状四聚体高达 50%，在同样条件下加入醇并缓慢补加单体，以 AM ROP 机理进行则只有不到 1%的环状齐聚物。

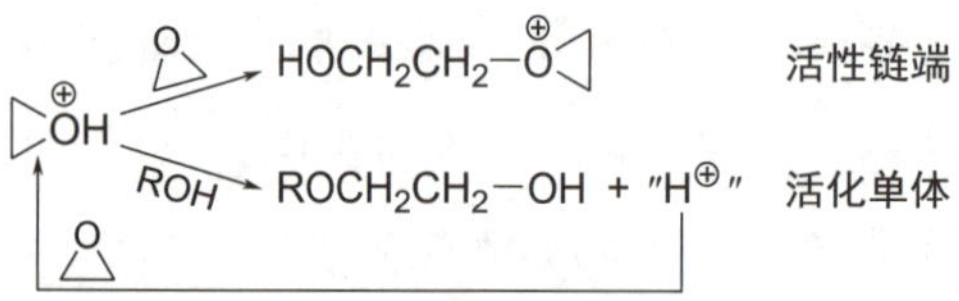

图 7-30　阳离子开环聚合中的活性链末端机理与活化单体聚合机理

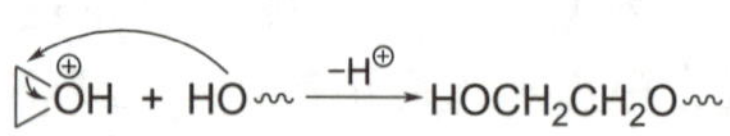

图 7-31　活化单体聚合的链增长反应

AM ROP 得到的聚合物分子量由加入的单体总量与加入的醇的摩尔比来控制。该方法已经用于合成遥爪聚合物如聚环氧丙烷和聚环氧氯丙烷。但是这种方式得到的聚合物分子量通常并不高，一般在 1000～4000。

7.4.6 己内酰胺水解聚合

工业上尼龙-6 通过水解聚合合成，单体在 5%～10%的水、250～270℃下聚合 12～24h。机理如图 7-32 所示，首先是 ε-己内酰胺单体水解开环成为 ε-氨基己酸，然后可以通过逐步聚合的平衡反应缩合成齐聚物。更重要的是水解形成的羧基端基具有酸性，能质子化ε-己内酰胺的羰基，致其被氨基亲核进攻而实现开环聚合。可以看到，水解聚合本质上是一种特殊的阳离子聚合。工业生产中为加快反应，通常会在引发体系中添加催化量的ε-氨基己酸或二酸和二胺形成的羧酸盐，使聚合开始阶段不必等单体水解才产生氨基和羧基。

聚合中ε-氨基己酸逐步聚合是次要反应，对聚合转化率贡献不大，但对产物分子量的影响很大。尼龙-6分子量主要由体系中水含量来决定，因此大部分的水在单体转化率达到80～90%时被排除出去，从而提高聚合物分子量。分子量分布符合Schulz-Flory分布。聚合产物一般包含有8%的单体和2%的环状齐聚物，在工业上通过用热水或真空的方法去除。

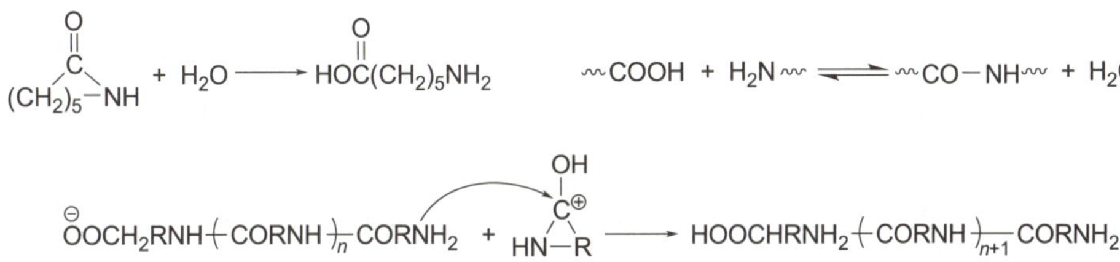

图7-32 ε-己内酰胺的水解聚合

7.5 酶催化聚合与聚酯的绿色合成

生物体内的各种代谢反应都是由酶催化完成的。自然界中的多糖、蛋白质、聚酯等天然高分子也都是在酶的催化下合成的。每年地球上酶催化合成超过10^{12}吨的纤维素和淀粉等天然高分子材料，远超过人类从石油化工中生产的合成高分子大约4至5个数量级。

酶是蛋白质，可以特异性催化化学反应。酶催化反应的特点是聚合反应条件温和，在室温左右（不高于75℃）中性的水溶液中即可进行，环境友好无污染，反应选择性高。酶是生物可再生资源，符合可持续发展的要求。大多数环酯类单体的开环聚合能用脂肪酶催化完成。脂肪酶属于水解酶大类，例如南极假丝酵母脂肪酶B（CALB）及其用多孔交联聚甲基丙烯酸甲酯物理固定后的商品化产品Novozym 435，在催化内酯开环聚合方面取得了很大的成功。

脂肪酶催化环酯单体开环聚合一般在本体或非水体系中聚合，以提高聚酯产物的溶解性。酶对空气和水汽稳定性好，在催化聚合时无需去除水和空气，操作简便，易于工业化。特别是十五元环及以上的大环内酯的环张力很小，传统的金属有机催化剂对它们的催化活性低，而用脂肪酶就特别适合催化这些大环内酯单体聚合。但是脂肪酶在有机溶剂中溶解性不佳，易失活，因而催化开环聚合反应速度较慢，一般要几天到几周的反应时间。在脂肪酶催化开环聚合时也会催化聚合物降解和酯交换，一般聚合物分子量不高（几千到上万），且分子量分布较宽（分布指数为1.5至2.0）。酶的种类多、结构复杂，催化环酯开环聚合的反应位点也较难分析证明，聚合机理大多缺乏深入理解。随着蛋白质工程、基因工程和酶工程等生物医学技术的发展，酶催化聚合必将取得长足发展。

7.6 扩展阅读1：开环易位聚合

环烯烃可以发生开环聚合生成主链上带有双键的聚合物。这种聚合方式不同于双键加成反应，也不同于一般的开环聚合，被称为开环易位聚合（Ring-opening metathesis polymerization，ROMP），图 7-33 是环戊烯 ROMP 聚合的例子。

ROMP 引发剂是过渡金属卡宾配合物。早期的引发剂是能原位生成金属卡宾的双组分体系，一个组分是前过渡金属的卤化物或氧化物（例如 W、Mo、Rh 或 Ru 等），另一个组分是烷基化试剂（路易斯酸，如 R_4Sn 或 $RAlCl_2$）。这种复合体系生成的金属卡宾浓度比较低，强路易斯酸会导致产物分子量难于控制。

稳定的金属卡宾配合物能催化可控 ROMP，这类配合物包括 W 和 Mo 系的 Schrock 催化剂和 Ru 系的 Grubbs 催化剂，结构式如图 7-34 所示。由于 Grubbs 催化剂对水和空气不敏感，对单体中的含氧官能团如羰基、羧基和羟基有较好的耐受性，对聚合条件要求不高，能够容易地实现活性 ROMP 聚合，因此 Grubbs 催化剂得到了广泛而重要的应用。特别要说明的是 Richard R. Schrock 和 Robert H. Grubbs 因为在 ROMP 催化剂上的贡献而获得了 2005 年的诺贝尔化学奖。

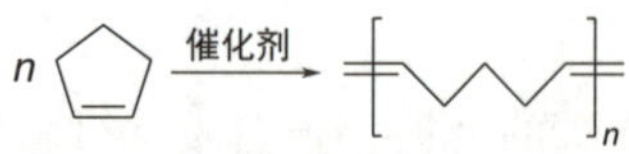

图 7-33　环戊烯的开环易位聚合

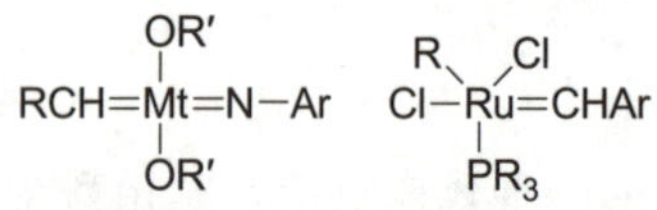

图 7-34　ROMP 的 Schrock 催化剂（左，Mt=W、Mo）和 Grubbs 催化剂（右）

7.6.1 ROMP 机理

易位聚合本质上是［2+2］环加成反应，如图 7-35 所示，与前述自由基聚合、离子聚合、配位聚合等都不相同。ROMP 聚合单体中的双键与过渡金属配位，两个 π 键断裂形成一个含过渡金属原子的四元环中间体，随后四元环电子重排重新形成双键，伴随着单体开环过程。

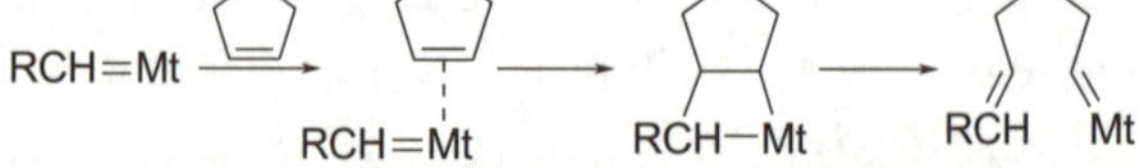

图 7-35　ROMP 聚合机理（中心金属 Mt 上的中性配体未显示）

环辛烯和 1-位上用 ^{14}C 同位素标记的环戊烯进行 ROMP 共聚合，产物进行臭氧化反应可以证明 ROMP 聚合是双键处断裂开环的。金属—卡宾双键可以与醛发生 Wittig 反应而转化为双键，因此 ROMP 反应终产物端基都可以转变为烯烃结构。

ROMP 可以用于环多烯烃和环炔烃的聚合，例如 1,3,5,7-环辛四烯和环辛炔都可以通过 ROMP 方法合成相应的聚合物，如图 7-36 所示。

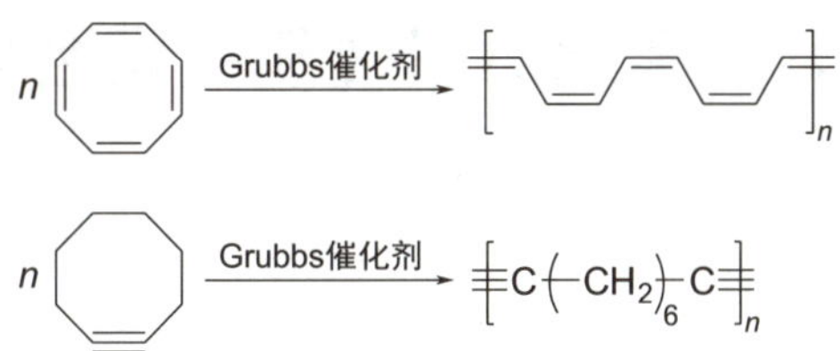

图 7-36　1,3,5,7-环辛四烯与环辛炔的 ROMP 聚合

7.6.2　ROMP 的应用

除了六元环的环己烯只能得到低分子量的齐聚物外，其他环状烯烃或双环烯烃都可以聚合成高分子量的聚合物。商品名为 Vestenamer 的聚环辛烯作为丁苯橡胶（SBR）弹性体的少量添加剂，用于橡胶垫圈、制动软管和印染辊筒等。商品名为 Norsorex 的聚降冰片烯（图 7-37）是一种特种橡胶，能够吸收高至几倍于本身重量的油而仍然保持性能。它的抗撕扯强度和动态减震性能都很好，在汽车工业的减噪和减震方面得到应用。

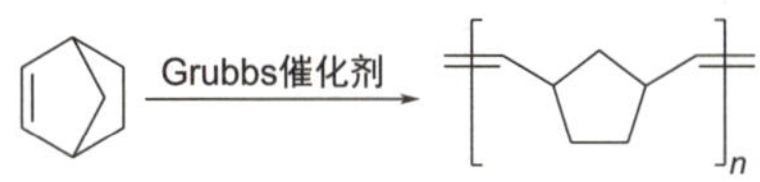

图 7-37　降冰片烯的 ROMP 聚合

图 7-38 所示的环状 Ru 化合物（**A**）可以催化环辛烯聚合成环状聚合物。该化合物 **A** 催化的 ROMP 反应是一个可逆反应，随着单体插入，带有 Ru 金属原子的环不断扩大，通过分子内可逆的回咬反应使聚合环重新形成双键而从 Ru 活性环 **B** 上掉落下来，形成带有双键的环状大分子。这样链转移形成的聚合物分子量可达到 1 万左右，并由单体和引发剂浓度的比例来有限控制（改变单体插入增长速率和转移速率比），产物分子量分布接近于 2。将环上双键还原后，可获得环状聚乙烯分子。

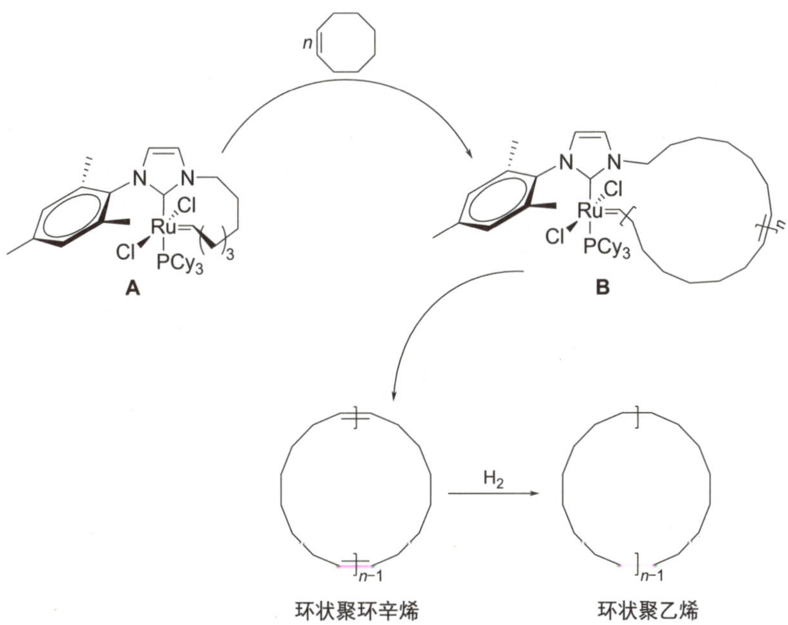

图 7-38　ROMP 方法合成环状聚乙烯

7.7 扩展阅读 2：元素高分子（无机聚合物）

主链上不含碳原子的高分子称为元素高分子，也称为无机聚合物。可以开环聚合的无机或部分无机环状单体主要有环硅氧烷、环膦腈和环磷酯等。

7.7.1 环硅氧烷

高分子量的聚硅氧烷可以通过环硅氧烷的阳离子或阴离子开环聚合合成，最常见的环状单体是六元环和八元环的环状硅氧烷三聚体（D3）和四聚体分子（D4）。图 7-39 显示的是四聚甲基环硅氧烷（简称为 D4）分子开环聚合的例子。

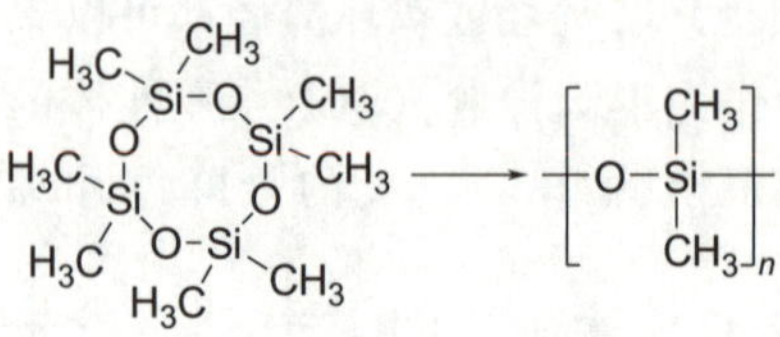

图 7-39　四聚甲基环硅氧烷的开环聚合

有趣的是，环硅氧烷 D4 开环的焓变 ΔH 约等于 0，而熵变 ΔS 有 $6.7J \cdot mol^{-1} \cdot K^{-1}$，为正值，因此熵增才是 D4 开环的驱动力。聚合过程中熵变为正值的例子很少见，一般聚合物都比单体结构规整，聚合产物混乱度比单体小。聚硅氧烷由于硅原子体积大、线形聚合物柔性大，所以自由度大，熵值比单体更大。

环硅氧烷的阴离子聚合可以由碱金属氢氧化物、烷基化物和烷氧化物引发，也可以由碱金属硅氧化物引发，例如 $(CH_3)_3SiOK$，聚合活性中心为硅氧负离子，如图 7-40 所示。该机理与环氧烷烃聚合类似。

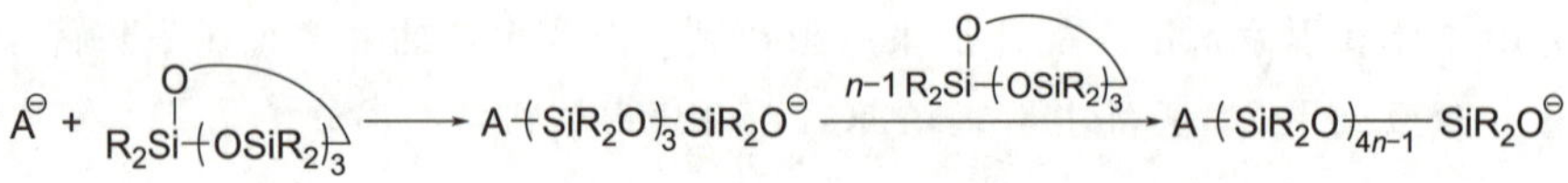

图 7-40　四聚甲基环硅氧烷的阴离子开环聚合

D4 的阳离子开环聚合可以由质子酸或路易斯酸引发，如图 7-41 所示。阳离子聚合反应机理比阴离子机理复杂得多。引发反应形成氧鎓离子后，单体以类似的方式亲核进攻该氧鎓离子，导致鎓离子链端的环打开，形成新的鎓离子活性链端。也有人提出阳离子机理的活性端可能是硅氧离子（silicenium ion）。

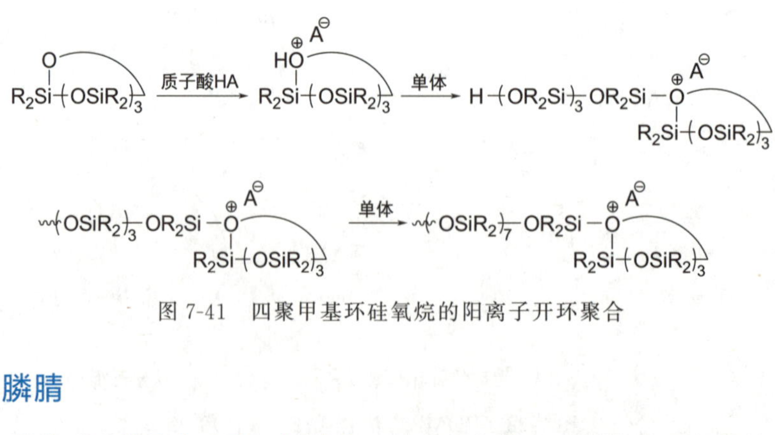

图 7-41　四聚甲基环硅氧烷的阳离子开环聚合

7.7.2 环膦腈

六氯环三膦腈可以热聚合成聚二氯膦腈，其中磷氯键反应活性高，与醇钠、酚钠、伯胺或仲胺发生亲核取代反应合成稳定的烷氧基、芳氧基、氨基聚膦腈，如图 7-42 所示。聚膦腈主链非常柔顺，玻璃化转变温度 T_g 在 $-60 \sim -100$℃，并且具有很好的光稳定性、抗氧化性以及耐溶剂性。其中氟化烷基聚膦腈是高性能弹性体，被用作航天航空工业燃料储存和运输系统中的橡胶垫圈、管线和封口塞材料。甲氨基（CH_3NH）或糖基侧基的聚膦腈有很好的水溶性。大多聚膦腈具有很好的生物相容性、生物降解性，有些还具有生物活性，因此在药物载体等方面具有重要应用。有些聚膦腈还被用于充电电池的固体电极。

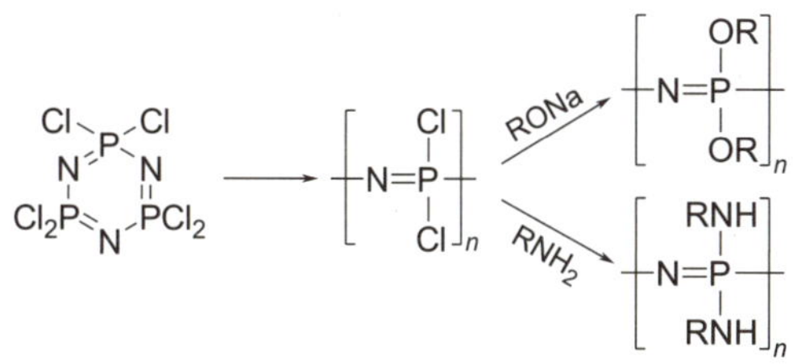

图 7-42　六氯环三膦腈的阳离子开环聚合与聚合后的侧基取代反应

六氯环三膦腈可以在 220～250℃下直接本体熔融热聚合，转化率一般控制在 70%以下，否则容易发生支化和交联，导致聚合物溶解性变差以及无法进行下一步取代反应。BCl_3 等 Lewis 酸可以高效地在 150～210℃催化六氯环三膦腈聚合，得到很高的转化率，氯代芳香烃或二硫化碳等可以用作聚合溶剂。220℃以上的熔融热聚合经历一个阳离子聚合机理，反应通过 P^+ 正离子对单体进攻实现。BCl_3 和痕量的水可以促进 P—Cl 键断裂从而加速聚合反应。不含卤原子的环三膦腈（例如六甲基环三膦腈和六甲氨基环三膦腈）不能聚合，而部分烷基取代的含氯环三膦腈尽管活性较差但仍然能够聚合，也正是这个原因。

习题

1. 环状单体的开环能力可用环张力作初步判断，进一步用聚合自由焓来量化。简述影响环张力的因素及其规律。

2. 为什么同为五元环的四氢呋喃可以聚合，而四氢噻吩不能聚合？同为六元环的三聚甲醛可以聚合，而 1,4-二氧六环不能聚合？

3. 简述羟基丙酸缩聚方法和丙交酯开环聚合方法合成的聚乳酸（PLA）的结构特点，以及两种聚合方法各自的优缺点。

4. 以甲醇钾为引发剂引发环氧乙烷聚合得到的产物分子量可以高达 3～4 万，但在同样条件下，环氧丙烷聚合产物的分子量却只有 3 千～4 千，为什么？说明两者聚合机理有何不同。

5. 聚甲醛常用什么单体和聚合方法合成？请写出单体、引发剂、温度等条件。聚甲醛热稳定性不高，易解聚成甲醛，如何提高聚甲醛的热稳定性？聚合时出现诱导期的原因是什么？如何消除该诱导期？

6. 己内酰胺阴离子开环聚合具有活性聚合的性质，但引发和增长都有其特殊性。请简述其阴离子聚合机理。己内酰胺通过该聚合机理时聚合速度取决于什么？

7. 己内酰胺阴离子聚合的引发体系中通常含有酰氯或酸酐，其作用是什么？己内酰胺也可以通过阳离子机理开环聚合，为什么工业上很少使用这种方法？

8. 请对比内酯开环聚合时阳离子聚合、阴离子聚合、配位聚合与酶催化聚合所用引发剂（或催化剂）、聚合条件、聚合机理、以及聚合产物结构方面的差异。

9. 四氢呋喃在开环聚合中存在聚合-解聚平衡，聚合平衡时存在单体平衡浓度。假设聚合中链引发反应瞬间完成，且聚合中不存在链转移和链终止反应，试推导该体系的聚合动力学曲线和产物分子量与单体转化率的关系。

10. 有人说“是降冰片烯成就了开环易位聚合”，请谈谈你对此的看法。

第 8 章

高分子的化学反应

8.1 引言

作为一大类有机物质，高分子（包括天然大分子和人工合成聚合物）自身的化学反应特性很早就受到了科学家的重视及研究，并与小分子有机物的反应性作了对比，得出的基本结论是：在相似的条件下，高分子与小分子的同种官能团具有相同的反应性。当高分子以均相溶液的形态参与化学反应且其他反应物和产物均溶于液体介质时，其反应特性与小分子最为接近。当高分子以固体形态参与反应时，无论其他反应物呈液态还是气态，反应速率会受到不同程度的扩散限制，且与固态高分子的形状（块体或颗粒尺寸、薄膜厚度、表面粗糙度等）高度相关，反应程度由材料的外表面向其内部依次递减，变得十分复杂。研究高分子的化学反应主要有两类驱动因素：一是要了解高分子材料在使用过程中逐渐老化（变黄、变脆或发黏）因而性能劣化的原因，据此找到解决途径，提升高分子材料的使用性能；其二是利用高分子的化学反应部分或完全改变其物理、机械或化学特性，从而用现有高分子开发出新的高分子品种。进入 21 世纪以来，高分子材料的大量使用和废旧高分子的不当处理导致全球陆地和海洋环境积累了大量废弃的塑料、纤维、橡胶及其碎片，引起了各方高度关切。通过高分子的化学反应使废旧高分子以改性、降解等方式实现循环利用已成为解决其环境影响问题的重要方向。由此可见，研究高分子的化学反应具有十分重要的实际意义，关系到生产和使用高分子材料的几乎所有环节（高分子的原料，高分子材料的结构设计、性能优化和专用化，高分子的使用特性，废旧高分子材料的循环利用等）。此外，一些高分子物质因难以溶解而不能用常规分析手段剖析链结构，因此发展了裂解色谱等表征方法，使高分子在高温下断裂成小分子碎片，再用色谱-质谱联机分析获得这些碎片的化学结构信息，据此拼合还原出高分子的结构信息。这一表征方法虽早已广泛应用，却也为近 20 年来研究高分子材料的化学循环打下了基础。

本章将系统介绍高分子的化学反应，包括主要的反应类型、反应机理及其实际应用。前面各章是按聚合物分子量的增长模式（连锁或逐步）以及增长链活性中心的性质（自由基、阴离子、阳离子、金属催化中心等）分章阐述由小分子原料聚合成高分子的反应。虽然高分子的化学反应也可以按照反应活性位点的性质来分类，或参照相应有机基团的反应来延伸，但会显得分散和缺乏系统性。因此，本章依然遵循潘祖仁先生主编《高分子化学》的脉络，从各类高分子化学反应产物的应用背景及结构性能关系来展开叙述。

高分子的化学反应种类很多，范围甚广，难以用较短的篇幅按反应机理分类讲清楚，故暂按结构和聚合度变化进行归类，大致归纳成基团反应、接枝、嵌段、扩链、交联、降解等几大类。基团反应时聚合度和主链结构变化较小，称为聚合度相似的转变。接枝、嵌段、扩链、交联使聚合度增大，降解使聚合度或分子量变小，都会引起聚合度和主链结构的显著变化。老化兼有降解和交联，更为复杂。此外，高分子制品的阻燃防火事关安全大事，是高分子化学反应的特殊类型，也列入高分子的降解与老化一节作简要介绍。

8.2 高分子化学反应的基本特征

小分子有机化合物可以参与许多反应，如氢化、氧化、卤化、硝化、磺化、醚化、酯化、水解、醇解、加成以及近年来越来越得到重视的碳氢键活化等。由碳、氢、氧、氮等元素组成的高分子也可以发生类似的基团反应。

多数乙烯基高分子带有侧基，如烷基、苯基、羟基、羧基、酯基等；共轭二烯烃高分子主链上留有双键。这些基团都可进行如加成、取代、消去、成环等化学反应。大多数缩聚物主链含有醚键、酯键、酰胺键等非碳—碳键，可进行水解、醇解、氨解等。此外，其链中的碳—碳键和碳—氢键也可以进行与乙烯基或二烯烃高分子类似的反应。

高分子基团反应的主要目的是利用其对天然高分子或人工合成聚合物进行改性，以制备新的聚合物、引入新功能，或提高原有高分子的某种或多种性能，从而扩大高分子材料的应用范围。例如：纤维素经乙酰化反应得到醋酸纤维素，聚醋酸乙烯酯水解成聚乙烯醇，聚丁二烯接枝到聚苯乙烯主链上合成高抗冲聚苯乙烯，两种或两种以上性质不同的聚合物链段连在一起制备嵌段共聚物以及天然或合成橡胶的交联，等等。

8.2.1 高分子中化学基团的活性

高分子和小分子同系物可以进行相似的基团反应。例如，纤维素和乙醇中的羟基都可以进行酯化反应，聚乙烯和正己烷都可以发生卤代反应等。但高分子和有机小分子中同种基团的活性却存在着显著差异，由此导致反应的转化率等也明显不同。

鉴于分子量的多分散性以及各个重复单元上的相同基团都有可能发生相同反应，高分子参与的化学反应中，不宜用分子数量而应以基团数量的变化来表述产率或转化率。例如，丙烯酸甲酯的水解，可得80%纯丙烯酸，残留20%丙烯酸甲酯，水解的转化率为80%（摩尔分数）；聚丙烯酸甲酯也可以进行类似的水解反应，可转变成含80%丙烯酸单元和20%丙烯酸甲酯单元的无规共聚物，两种单元保留在高分子链上无法分离，因此应该以“基团”的转化程度（80%）来表述。

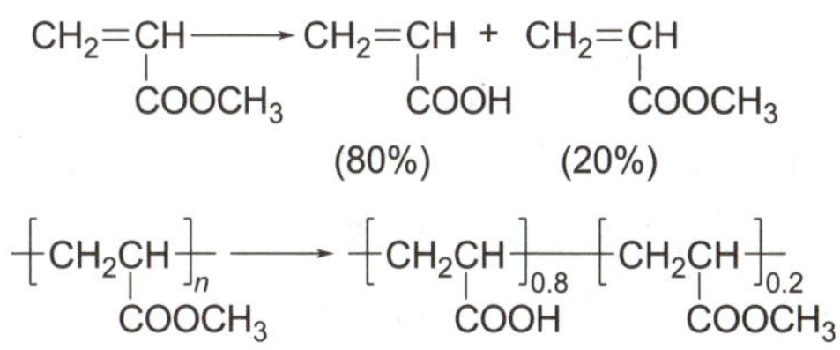

从单个基团比较，高分子的反应活性似应与同类小分子化合物相同。但在大多数实际情况下，高分子中的基团活性、反应速率以及最高转化程度一般都低于同系小分子化合物，少数也有增加的情况。主要原因是被反应基团所处的微观环境（立构规整性等化学因素）和宏观状态（结晶等物理因素）存在明显的不同。

8.2.2 物理因素对基团活性的影响

与任何化学反应一样，高分子与小分子化学试剂进行反应时须发生二者反应位点的碰撞与接触，反应时高分子的状态（结晶/非结晶、玻璃态/橡胶态、溶解/溶胀等）差异会影响反应试剂在高分子表面和内部的扩散，从而衍生出基团表观活性和反应速率的差异。

对于结晶性高分子，链段的有序堆积使得化学试剂很难渗透入晶区，反应多局限于材料表面或非晶区。玻璃态高分子的链段被冻结，也不利于小分子试剂的扩散和反应的进行。因此，实施反应前应使这些固态高分子先熔融、溶解或溶胀，并注意反应过程中产物溶解度和相态的变化。部分高分子化学反应的目标是进行材料表面改性，则该类反应体系的高分子不应处于溶解或熔融态。以固态高分子为反应物时，反应主要发生在材料的固-液或固-气界面部位。

8.2.3 化学因素对基团活性的影响

影响高分子反应的化学因素有概率效应和邻近基团效应。

(1) 概率效应

当高分子链内相邻侧基进行随机的成对反应时，产物链内往往留有未反应的孤立基团，侧基的最高转化程度达不到100%。例如聚氯乙烯与锌粉共热脱氯成环，按概率计算，环化程度只有86.5%，理论上会有13.5%的氯原子因被隔离在两环之间而无法反应。实验测定结果与理论计算值相近，是相邻基团按统计规律反应所致。但聚乙烯醇的缩醛化反应有所不同，因为已形成的缩醛环还可以与相邻基团发生重排。

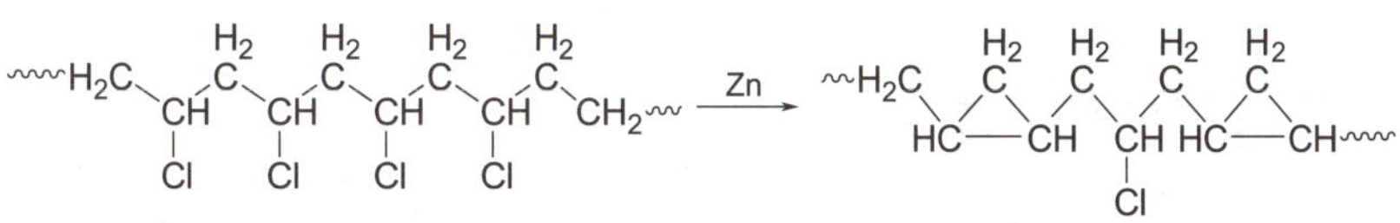

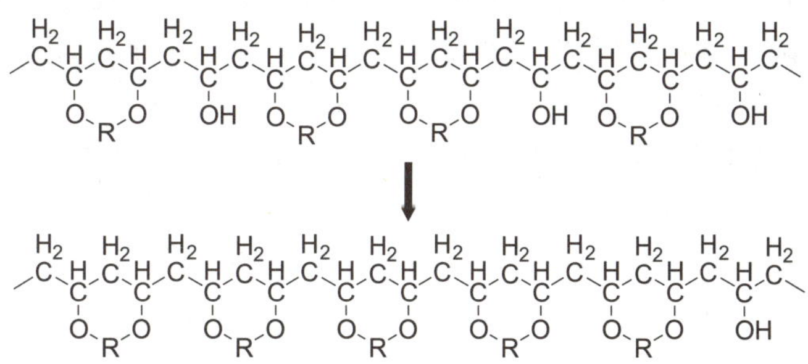

(2) 邻近基团效应

高分子中原有基团或反应生成的新基团的位阻效应和电子效应，以及反应物的静电作用，均可能影响到邻近基团的反应活性及其转化程度，称为邻近基团效应。体积较大基团的位阻效应将使高分子化学反应的活性降低，基团转化率相应受限。不带电荷的基团转变成带电荷基团时，反应速率往往随转化程度提高而降低。带电荷的高分子与电荷相反的试剂反应时，电荷相互作用可使反应加速；与电荷相同的试剂反应时，同种电荷排斥效应则会减慢反应，降低转化率。

例如，以酸作催化剂使聚丙烯酰胺水解成聚丙烯酸，其初期水解速率与丙烯酰胺的水解速率相同。但反应进行到一定程度之后，水解速率会自动加速几千倍。因为水解所形成的羧基—COOH 与邻近酰胺基中的羰基静电相吸，形成六元环过渡态，有利于酰胺基中氨基—NH_2的脱除而迅速水解。

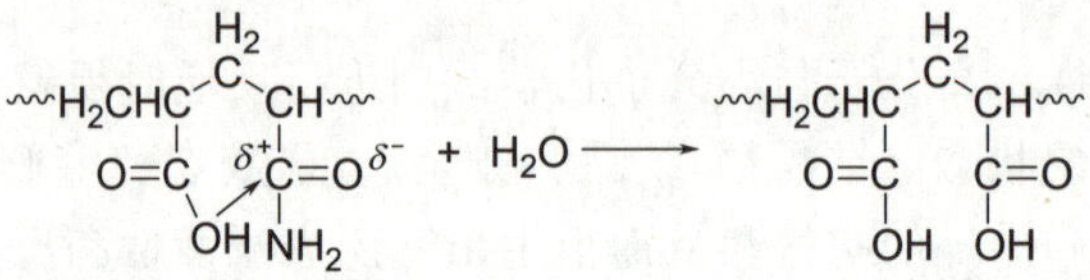

又如聚甲基丙烯酸甲酯用弱碱或稀碱液水解（俗称皂化），也表现出自动催化效应。因为羧基阴离子形成后，倾向与相邻酯基形成六元环酸酐，再开环成羧基，而并非由氢氧根离子来直接水解。凡有利于形成五元环或六元环中间体的反应，邻近基团都有加速作用。

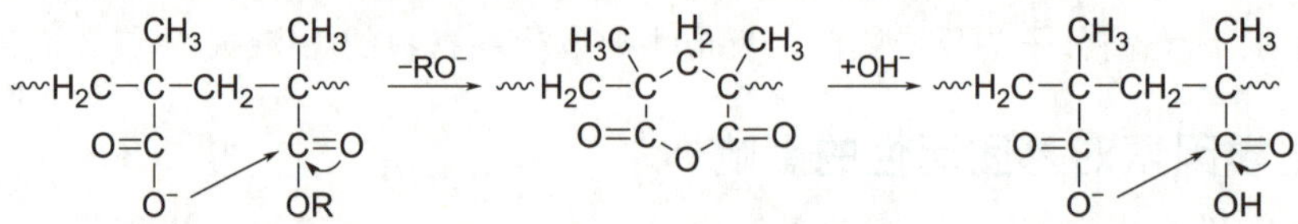

深入研究高分子的基团反应时，必须注意上述凝聚态物理因素和化学因素的综合影响。对于固态高分子材料的表面改性，则需要关注反应试剂对高分子的润湿性等因素。

8.3 高分子的基团反应

8.3.1 天然高分子的化学改性

通过化学反应对以纤维素为代表的天然高分子进行改性，是高分子化学反应研究的起点。纤维素广泛分布在木材（约含 50%纤维素）和棉花（约含 96%纤维素）等天然植物物质中，然而只有麻类和棉类等少部分品种被人用来制作纤维，这是因为作为天然纤维素可以有非常多的形态，不同植物其体内纤维素的形态不同，要作为纤维使用，需要纤维素分子呈现长纤维状态。天然纤维素的重均聚合度可达 10000～18000，其重复单元由两个 D-葡萄糖结构单元［$C_6H_7O_2(OH)_3$］按 β-1,4-键接而成。每一葡萄糖结构单元有 3 个羟基，都可参与酯化、醚化和硝化等反应，形成一系列衍生物，如酯化的黏胶纤维、铜氨纤维、硝化纤维素和醋酸纤维素以及醚化的甲基纤维素和羟丙基纤维素等。

纤维素分子间有强的氢键，结晶度高达 60%～80%，升高温度只分解而不熔融，也不溶于水、醇、甲苯、二甲亚砜等常规溶剂中，却可被适当浓度的氢氧化钠溶液（约 18%）、硫酸、醋酸所溶胀。因此纤维素在参与化学反应前，需预先溶胀，以便于化学药剂的渗透。我国科学家张俐娜院士突破了高分子加热溶解的传统方法，利用 NaOH/尿素水溶液在 −12℃溶解纤维素和甲壳素，开创了高分子低温溶解的技术及新机理。在此基础上进行一系列的纤维素化学改性，创建出众多基于纤维素和甲壳素的新材料，并阐明了材料结构与性能之间的构效关系，由此开辟了构筑天然高分子材料的新途径。

(1) 纤维素的酯化反应

纤维素的酯化产物包括硝酸酯、醋酸酯、丙酸酯、丁酸酯以及混合酯等。

① 硝化纤维素　对于纤维素的第一个重大改进是硝化纤维。硝化纤维的制备在化学本质上是酯化反应，纤维素中游离的羟基与硝酸反应生成纤维素的硝酸酯。1832 年法国人布拉孔诺用浓硝酸浸泡木材和棉花首次制备出了硝化纤维素，1846 年舍恩拜因采用了混酸（浓硝酸与浓硫酸）硝化工艺在 25～40℃对其进行了制备。这个反应会产生一分子水，随着水的产生以及硝酸的消耗，硝酸溶液的浓度降低，最后会导致硝化不完全，纤维素的硝化度不足。这时候如果用混酸进行硝化，由于浓硫酸具有吸水性，可以大大提升硝化程度。浓硫酸起着使纤维素溶胀和吸水的双重作用，硝酸则参与硝化反应。

每个 D-葡萄糖结构单元中被硝基取代的羟基数定义为取代度（DS，degree of substitution），工业上则以含氮量（质量分数）来表示硝化度。理论上硝化纤维素的最高硝化度为 14.4%（DS=3），实际上则低于此值。硝化纤维素的取代度或硝化度可以由硝酸的浓度来调节。混合酸的最高比例为 $H_2SO_4:HNO_3:H_2O=6:2:1$。

不同取代度的硝化纤维素可应用于不同场合。随着硝化程度的提高，硝化纤维的易燃性与易爆性都会显著提高。硝基化合物本身就不稳定，受热分解后可以生成氧气。而有机物分子内的碳又提供了燃料，因此硝基化合物的燃烧是可以自发进行的，不需要外界提供氧气。燃烧过程中又会放出热量进一步正反馈硝基化合物的分解，使得整体反应速度瞬间扩大。硝基化合物的燃烧产物除了二氧化碳和水外还有氮气，反应过程中的气体产物也比通常有机物多，因此硝基化合物大部分都是易燃易爆物质。因此，低氮（10.0%～12.5%）的硝化纤维素可用作塑料、片基薄膜和涂料，高氮（12.5%～13.6%）硝化纤维素用作火药（俗称火棉），见表 8-1。

表 8-1　硝化纤维的取代度和用途

氮含量	取代度	用途
14.4	3	（理论）
12.6～13.4	2.7～2.9	火药
11.8～12.4	2.5～2.6	胶卷
10.6～12.4	2.25～2.6	硝化漆
10.6～11.2	2.25～2.4	塑料（赛璐珞）

硝化纤维的出现除了对于炸药开发有重大意义之外，还间接促进了另外两个发明，分别是人造塑料赛璐珞和人造丝。作为赛璐珞用的硝化纤维素，在硝化之后含有 40%～50%水分，用酒精排水，经离心或压榨挤出水分，仍含有 30%～45%“湿度”，但其中 80%是酒

精，20%是水，再与20%～30%樟脑（增塑剂）混合，经辊炼或捏合，将酒精降至12%～18%，在80～90℃和50～300 N·cm^{-2}下压成块，切割成棒、管、板等半成品，再加工成塑料制品。由于这种塑料来源于纤维素，纤维素的英文是cellulose，因此音译为赛璐珞。2016年以前的乒乓球是用赛璐珞制造的，之后才改用其他高分子材料。但是硝化纤维素最主要的用途还是涂料，其聚合度约200，取代度约2.25～2.6。

② 醋酸纤维素　醋酸纤维素是以硫酸为催化剂使纤维素经冰醋酸或醋酐酯化（乙酰化）而成，其中的硫酸和醋酐还有溶胀和脱水作用。

$$P-(OH)_3\left\{\begin{array}{l}+CH_3COOH\\+(CH_3CO)_2O\end{array}\right\}\xrightarrow{H_2SO_4}P-(OOCCH_3)_3\left\{\begin{array}{l}+H_2O\\+CH_3COOH\end{array}\right\}$$

经上述反应，纤维素直接酯化成三醋酸纤维素（实际上DS=2.8）。部分乙酰化纤维素只能由三醋酸纤维素经部分皂化（水解）而成。

$$P-(OOCCH_3)_3 + NaOH \longrightarrow P-(OOCCH_3)_2(OH) + CH_3COONa$$

醋酸纤维素在1869年首次被合成，但直到1924年才投入商业化生产。三醋酸纤维素能溶于丙酮、氯仿或二氯甲烷和乙醇的混合物中，可直接纺丝或制成薄膜与模塑制品。使用得更多的醋酸纤维素是2.2～2.8取代度的品种，可用作塑料、纤维、薄膜、涂料、分离膜以及烟草过滤嘴等。因其强度和透明性，也可用来制作录音带、胶卷、片基、玩具、眼镜架、电器零部件等。

纤维素的醋酸-丙酸混合酯和醋酸-丁酸混合酯具有更好的溶解性能、抗冲性能和尺寸稳定性，耐水，容易加工，可用作模塑粉、动画片基、涂料和包装材料。

(2) 纤维素的醚化反应

纤维素的醚化产品按照醚化基团的不同，可衍生出一系列品种，如甲基纤维素、乙基纤维素、羧甲基纤维素、羟乙基纤维素、羟丙基纤维素、羟丙基甲基纤维素乃至更多碳原子数的烷基纤维素等。其中乙基纤维素为油溶性高分子，可用作织物浆料、涂料和注塑料，其它羧甲基纤维素等为水溶性。甲基纤维素可用作食品增稠剂，以及胶黏剂、墨水、织物处理剂的组分。羧甲基纤维素、羟乙基纤维素、羟丙基纤维索可用作胶黏剂、织物处理剂和乳化剂。羟丙基甲基纤维素用作悬浮聚合的分散剂。

制备醚化纤维素时，首先需用碱液使纤维素溶胀，然后与氯甲烷、氯乙烷等氯代烷（RCl）反应，就形成甲基纤维素或乙基纤维素。所引入的烷氧基减弱了纤维素分子间的氢键，增强了可溶性。取代度增加过多或烷基R太大时，疏水作用又会使其在水中的溶解度降低。

$$P-ONa + RCl \longrightarrow P-OR + NaCl$$

羧甲基纤维素由碱溶胀纤维素与氯代醋酸（$ClCH_2COOH$）反应而成，取代度为0.5～0.8的品种主要用作织物处理剂和洗涤剂，高取代度品种则用作增稠剂和钻井泥浆添加剂。

$$P-ONa + ClCH_2COOH \longrightarrow P-OCH_2COOH + NaCl$$

羟乙基纤维素或羟丙基纤维素则由纤维素与环氧乙烷或环氧丙烷反应而成。羟乙基纤维素可用作水溶性整理剂和锅炉水的去垢剂。羟丙基甲基纤维素需用环氧丙烷和氯甲烷来醚化。

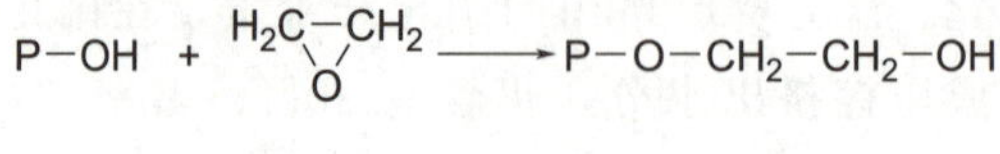

(3) 再生纤维素——黏胶纤维和铜氨纤维

可逆的化学反应还可以被用来进行天然高分子的加工、再生与充分利用，其中黏胶纤维和铜氨纤维是制备再生纤维素的经典例子。制备再生纤维素一般使用价廉的木浆或棉短绒为原料，经溶胀和化学反应，再水解沉析凝固而成。与原始纤维素相比，再生纤维素的结构发生了变化：一是因纤维素溶胀过程中的降解，聚合度有所降低；二是结晶度显著降低。纤维素经碱溶胀，进而用二硫化碳处理而成的再生纤维素称作黏胶纤维；用氧化铜的氨溶液溶胀，进而用酸或碱处理而成的再生纤维素则称作铜氨纤维。

① 黏胶纤维　从纤维素制备黏胶纤维的原理和过程大致如下：

$$\text{P—OH} \xrightarrow{\text{NaOH}} \text{P—ONa} \xrightarrow{+\text{CS}_2} \text{P—O—CSSNa} \xrightarrow{\text{H}^+} \text{P—O—CSSH}$$

首先用18%～20%氢氧化钠溶液处理纤维素（P—OH），使其溶胀并部分转变成碱纤维素（P—ONa）；室温下放置几天熟化，氧化降解，使聚合度适当降低。继而在20～30℃下，用二硫化碳对碱纤维素进行黄原酸化处理，形成纤维素黄原酸钠（P—O—CSSNa）胶液。每3个羟基只要平均有0.4～0.5个变为黄原酸，就足以使纤维素溶解。黄原酸（RCSSH）及其钠盐的分子结构类似羧酸（RCOOH）和羧酸钠，但其性能则更不稳定，容易水解，经脱去CS_2而转变成羟基。

黄原酸钠不稳定，在室温下熟化过程中，部分水解成羟基，以增加黏度，成为易凝固的纺前黏胶液。胶液经纺丝拉伸凝固成丝或成膜，进一步入酸浴，与酸反应，水解成纤维素黄原酸（P—O—CSSH），同时脱除二硫化碳，再生出纤维素。

$$\text{P—O—CSSNa} + H_2SO_4 \longrightarrow \text{P—OH} + Na_2SO_4 + CS_2$$

需要特别注意的是，CS_2可通过呼吸道及皮肤侵害人体机能，释放出来的CS_2必须回收循环使用，并解决尾气对大气的污染问题。

② 铜氨纤维　利用纤维素能在铜氨溶液$[Cu(NH_3)_4]^{2+}[OH]_2^{2-}$中溶解以及在酸中凝固的性质，也可以制备再生纤维素。将纤维素溶于铜氨溶液（25%氨水、40%硫酸铜、8%NaOH）中，搅拌，利用空气中的氧气使该纺丝清液适当降解，降低聚合度，再经纺丝拉伸，在7%硫酸浴中凝固，洗去残留铜和氨，即得铜氨人造丝。玻璃纸的制法与之相似，只是浆液浓度较大而已。

铜氨法比较简单，但铜和氨的成本较高，虽然95%的铜和80%的氨可以回收。

8.3.2　聚烯烃的取代反应

聚乙烯、聚丙烯和聚氯乙烯等均含有大量的碳氢键，键长约为1.09Å（$1Å=10^{-10}m$），键能约为$413kJ\cdot mol^{-1}$，通常只参与自由基取代反应。其中聚烯烃的氯化就是自由基历程的取代反应，属于比较简单的高分子基团反应。

(1) 聚乙烯的马来酸酐化

聚乙烯与小分子烷烃相似，耐酸耐碱，化学惰性，但易燃。通过自由基取代反应在聚乙烯分子链上连接一定含量的马来酸酐分子，使产品既具有聚乙烯的良好加工性和其它优异性能，又具有马来酸酐极性分子的可再反应性和强极性，通常被称作“马来酸酐接枝聚乙烯”。

由于马来酸酐本身并不能进行自由基聚合反应，形成不了聚马来酸酐接枝链，实际上只是马来酸酐在碳氢键上的取代反应，并没有真正形成接枝共聚物。反应过程在聚乙烯熔融状态下进行，总反应式可简示如下：

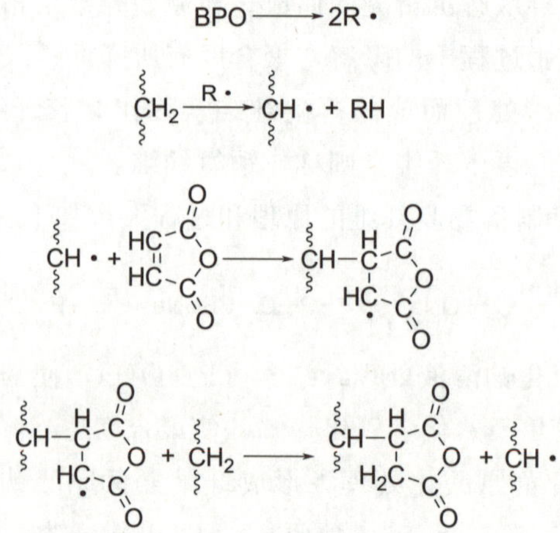

由于马来酸酐自由基的低活性，上述反应很难按自由基连锁机理不断进行，因此也很难提高马来酸酐的取代率。即使是不到百分之一的取代率，“马来酸酐接枝聚乙烯”也十分利于作为偶联剂和再反应改性剂使用，在塑料领域具有广泛的用途，可以用于色母粒的载体树脂、工程塑料的增韧改性剂、塑料共混物的增容剂、防雾地膜的延长防雾改性剂以及玻纤增强复合材料的偶联剂等，其中马来酸酐的取代率是一个关键的影响因素。

(2) 聚乙烯的氯化和氯磺化

在适当温度下或经紫外光照射，聚乙烯容易被 Cl_2 氯化，生成氯化聚乙烯（CPE），副产氯化氢。总反应式简示如下：

$$\sim CH_2-CH_2 \sim + Cl_2 \longrightarrow \sim CH_2-CHCl \sim + HCl$$

与马来酸酐的取代反应不同，氯化反应可以按自由基连锁机理持续进行。氯气吸收光量子后，均裂成氯自由基。氯自由基向聚乙烯转移成链自由基和氯化氢。链自由基进一步与氯反应，形成氯化聚乙烯和氯自由基。如此循环反应至耗尽 Cl_2。

$$Cl_2 \xrightarrow{h\nu} 2\,Cl\cdot$$

$$\sim CH_2-CH_2 \sim + Cl\cdot \longrightarrow \sim CH_2-\dot{C}H \sim + HCl$$

$$\sim CH_2-\dot{C}H \sim + Cl_2 \longrightarrow \sim CH_2-CHCl \sim + Cl\cdot$$

通常以高密度聚乙烯作为氯化的原料。高分子量聚乙烯所得 CPE 为韧性的弹性体，低分子量聚乙烯的 CPE 较容易加工。CPE 的氯含量可以在 10%～70%（质量分数）范围内调节。氯化后，可燃性降低，溶解度有增有减，视氯化含量而定。氯含量较低的 CPE 性能与聚乙烯相近，但含 30%～40% 氯的 CPE 却是阻燃性弹性体，可用作聚氯乙烯的抗冲改性剂。氯含量＞40%的 CPE 则刚性较大。

工业上聚乙烯的氯化有两种方法：（1）溶液法，以四氯化碳作溶剂，在回流温度（如 95～130℃）和加压条件下进行氯化，产物含 15%氯时，就开始溶于溶剂，可以适当降低温度继续反应，产物中氯原子分布比较均匀。(2) 悬浮法，以水作介质，反应温度较低(65℃)，氯化多在聚乙烯颗粒表面进行，所得 CPE 的氯含量可达 40%。提高温度至 75℃左右还可进一步提高氯含量，但需克服颗粒粘连问题。悬浮法产品中的氯原子分布较不均匀。

聚乙烯还可以进行氯磺化。聚乙烯的四氯化碳悬浮液与氯和二氧化硫的吡啶溶液进行反应则形成氯磺化聚乙烯，含 26%～29%的 氯和 1.2%～1.7% 的硫，相当于每 3～4 个单元有 1 个氯原子，每 40～50 个单元有 1 个磺酰氯基团（$—SO_3Cl$）。

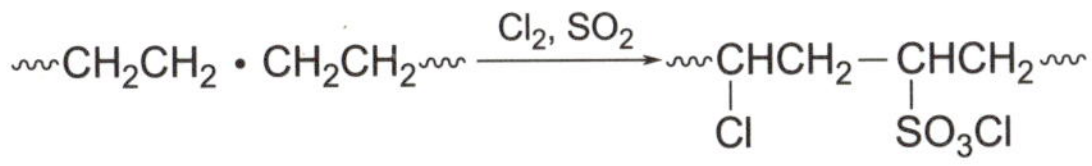

氯磺化聚乙烯是弹性体，－50℃时仍保持有柔性。少量磺酰氯基团即可供金属氧化物（如氧化铅）、硫或二苯基胍［$(C_6H_5N_2)_2C{=}NH$］来交联。氯磺化聚乙烯耐化学药品、耐氧化，在较高温度下仍能保持较好的机械强度，可用于特殊场合的填料和软管，也可以用作涂层。

(3) 聚丙烯的氯化

聚丙烯含有叔氢原子，更容易被氯原子所取代。氯化聚丙烯的结晶度降低，更易降解，力学性能变差，但引入的氯原子增大了树脂的极性和粘接力，可用作聚丙烯的附着力促进剂。

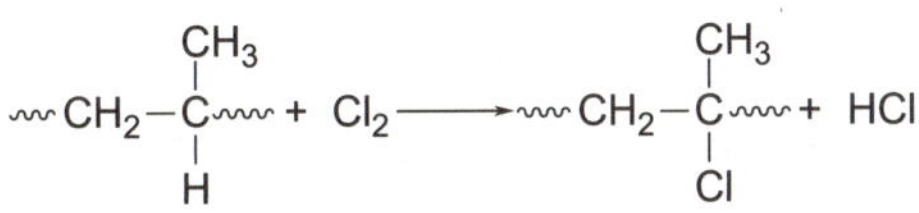

常用的氯化聚丙烯含有 30%～40%（质量分数）氯，软化点为 60～90℃，能溶于弱极性溶剂如氯仿，不溶于强极性的甲醇和非极性的正己烷。

(4) 聚氯乙烯的氯化

聚氯乙烯的氯化可以水为介质在 50℃的悬浮状态下进行，反应使得链上的亚甲基氢被取代。

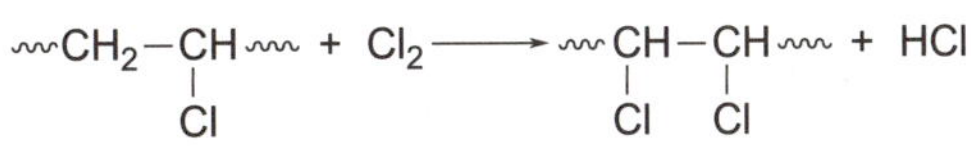

聚氯乙烯是通用塑料，但其热变形温度偏低（约 80℃）。氯化使得 PVC 的氯含量由原来的 56.8%提高到 62%～68%，耐热性可提高 10～40℃，溶解性、耐候性、耐腐蚀性、阻燃性等性能也相应改善，因此氯化聚氯乙烯可用于热水管、涂料、化工设备等方面。

8.3.3 聚二烯烃的加成反应

聚二烯烃高分子中含有双键，因而可进行各种加成反应，如加氢、氯化和氢氯化等，引入新的原子或基团。

(1) 加氢反应

顺丁橡胶、天然橡胶、丁苯橡胶、SBS 等都是基于二烯烃原料的弹性体，其分子链中保留的双键易于氧化和老化。经加氢变成饱和橡胶后，耐候性显著改善，且玻璃化温度和结晶度也有改变。部分氢化的橡胶可用作电缆涂层。二烯类橡胶加氢的关键是寻找高效的催化剂（镍或贵金属类），并需关注与氢扩散传递相关的工程问题。

$$\sim H_2CHC{=}CHCH_2\sim + H_2 \longrightarrow \sim H_2CH_2C-CH_2CH_2\sim$$

(2) 氯化和氢氯化

聚丁二烯的氯化与加氢反应相似，Cl_2 基本只与双键反应。天然橡胶的氯化可在 80～100℃下的四氯化碳或氯仿溶液中进行，反应过程更加复杂，产物含氯量可高达 65%（理论上相当于每个重复单元含有 3.5 个氯原子）。HCl 除在双键上加成外，还可能在烯丙基位置取代和环化，甚至发生交联。

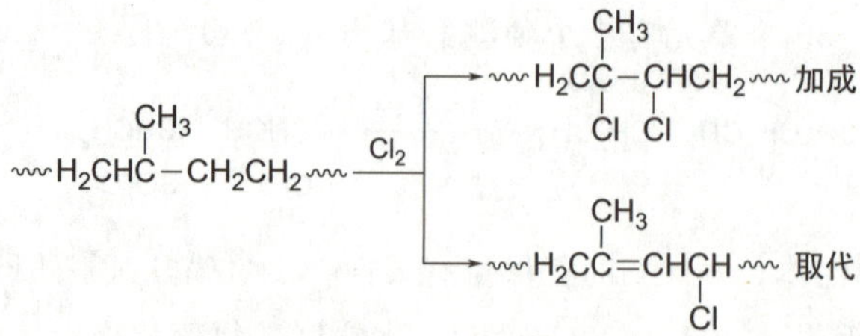

氯化橡胶不透水，耐无机酸、碱和大部分化学品，可用作防腐蚀涂料和胶黏剂。

天然橡胶还可以在苯或氯代烃溶液中与氯化氢进行亲电加成反应。按马尔科夫尼科夫规则，氯加在三级碳原子上。

$$\sim CH_2C(CH_3){=}CHCH_2\sim \xrightarrow{H^+} \sim CH_2C^+(CH_3)\cdot CH_2CH_2\sim \xrightarrow{Cl^-} \sim CH_2CCl(CH_3)\cdot CH_2CH_2\sim$$

碳阳离子中间体也可能环化。氢氯化橡胶对水汽的阻透性好，除碱和硝酸等氧化性酸外，耐许多化学品的水溶液，可用作食品、精密仪器的包装薄膜。

8.3.4 聚醋酸乙烯酯的醇解与聚乙烯醇的缩醛化

聚乙酸乙烯酯（PVAC），又名聚醋酸乙烯酯，是乙酸乙烯酯（醋酸乙烯酯）的聚合物。在醋酸的存在下，以过氧化苯甲酰为引发剂，醋酸乙烯进行本体聚合；或以聚乙烯醇为分散剂，在溶剂中于 70～90℃下进行溶液聚合（2～6h，聚合度控制在 250～600 为宜）而成。产品的化学式为 $(C_4H_6O_2)_n$，为无色黏稠液或淡黄色透明玻璃状颗粒，溶于苯、丙酮和三氯甲烷等溶剂。主要用作涂料、胶黏剂、纸张、口香糖基料和织物整理剂，也是聚乙烯醇和聚乙烯醇缩醛的原料。乙烯醇因结构不稳定而无法用作聚合单体，因此聚乙烯醇只能由聚醋酸乙烯酯经醇解（水解）来制备。

在酸或碱的催化下，聚醋酸乙烯酯可用甲醇醇解成聚乙烯醇（PVOH），是 PVAC 链侧醋酸根被—OH 取代的产物。以碱催化此反应效率较高，副反应少，得到广泛应用。醇解前后聚合度几乎不变，是典型的相似转变。

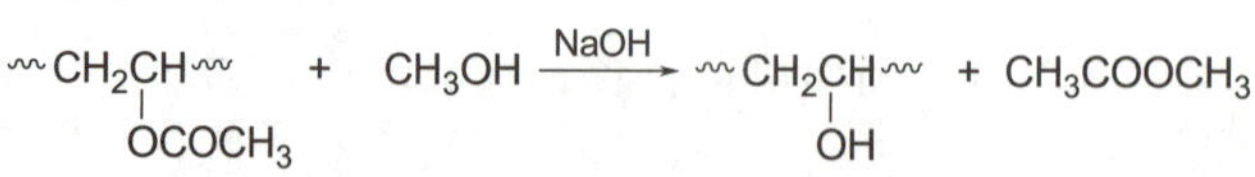

该醇解过程中很难使全部醋酸根基团都转变成羟基，实际的侧基转化率（以摩尔分数表示）称作醇解度（DH，degree of hydrolysis）。产物的水溶性与醇解度有关。聚乙烯醇是维尼纶纤维的原料，也可用作黏结剂和分散剂。纤维用聚乙烯醇要求 DH＞99%；用作氯乙烯悬浮聚合分散剂时要求 DH＝80%，这两者都能溶于水。DH＜50%时则成为油溶性分散剂。

将聚乙烯醇配成热水溶液，经纺丝、牵伸可得部分结晶的纤维。其晶区虽不溶于热水，但非晶区却因亲水而能溶胀，不能直接用作纤维。工业上采用酸催化 PVOH 与甲醛的缩醛化反应来制得适合纤维用途的聚乙烯醇缩甲醛（poly vinyl formal），详见下式。该反应包括分子间缩醛（形成交联）和分子内缩醛（形成六元环）。由于概率效应，缩醛化并不完全，链上留有孤立羟基。经适当缩醛化后，就足以降低其亲水性。以聚乙烯醇缩甲醛制造的纤维称为维尼纶，其生产过程由 PVAc 的醇解、PVOH 的纺丝牵伸及缩醛化等工序组成。

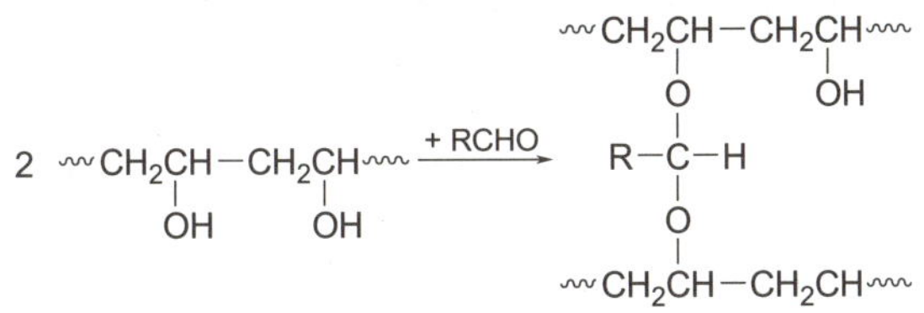

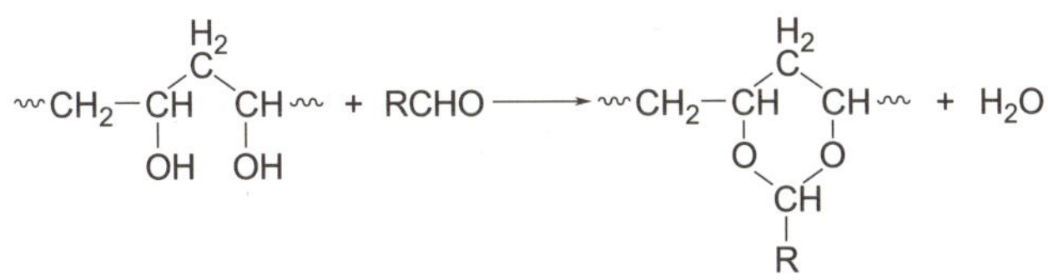

维尼纶纤维的性能接近棉纤维，吸湿性较强，但耐磨性和强度高于棉花，可与棉花混纺制成各种织物，是产量据第五位的合成纤维品种。

聚乙烯醇缩丁醛（polyvinyl butyral，简称 PVB），是由聚乙烯醇与丁醛在酸催化下缩合的产物。与聚乙烯醇缩甲醛相比，由于聚乙烯醇缩丁醛分子链含有较长的侧链烷基，具有良好的柔顺性，玻璃化温度低，有很高的拉伸强度和抗冲击强度。聚乙烯醇缩丁醛具有优良的透明度，良好的溶解性，很好的耐光、耐水、耐热、耐寒和成膜性。它含有的官能团可以进行乙酰基的皂化反应、羟基的醋化、磺酸化等各种反应，与玻璃、金属（尤其是铝）等材料有很高的粘接力。因此，在制造夹层安全玻璃（尤其是汽车玻璃，夹有 0.3～0.5mm 厚的 PVB）、黏合剂、陶瓷花纸、铝箔纸、电器材料、玻璃钢制品、织物处理剂等领域得到了广泛应用，成为一种不可或缺的合成树脂材料。

8.3.5 聚苯乙烯苯环侧基的取代反应

聚苯乙烯中的苯环可以进行系列取代反应，如烷基化、氯化、磺化、氯甲基化、硝化等。

苯乙烯和二乙烯基苯的共聚物是离子交换树脂的母体，与发烟硫酸反应即可在苯环上引入磺酸根基团，用作阳离子交换树脂。与氯代二甲基醚反应则可在苯环上引入氯甲基，进一步转化为季铵基团，即成阴离子交换树脂。

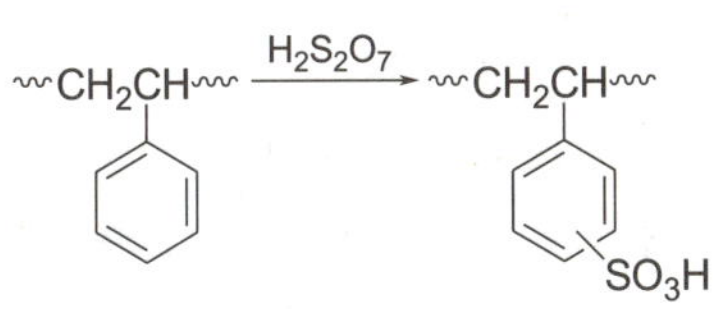

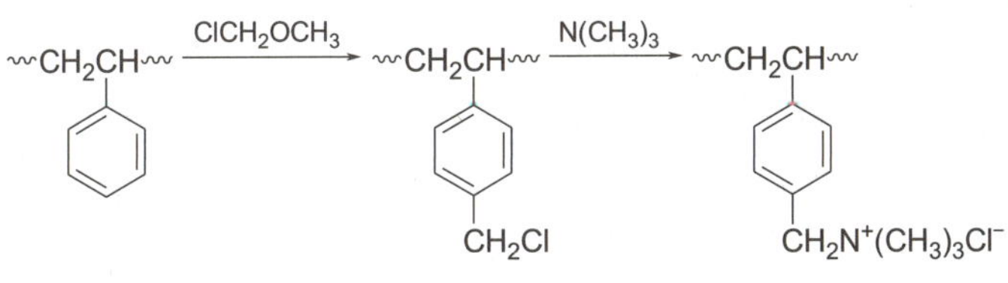

在氯甲基化交联聚苯乙烯中还可以引入其它基团，主要衍生物概括如下。

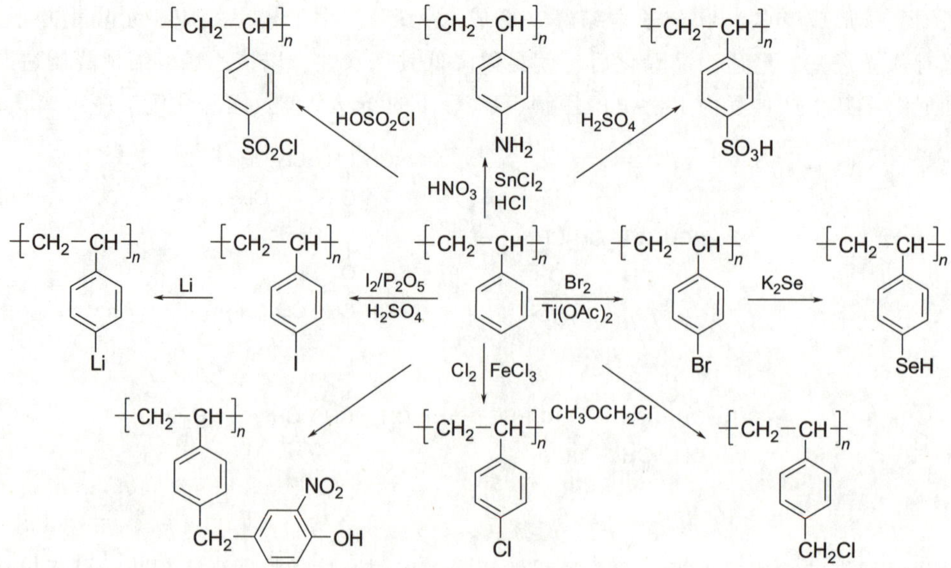

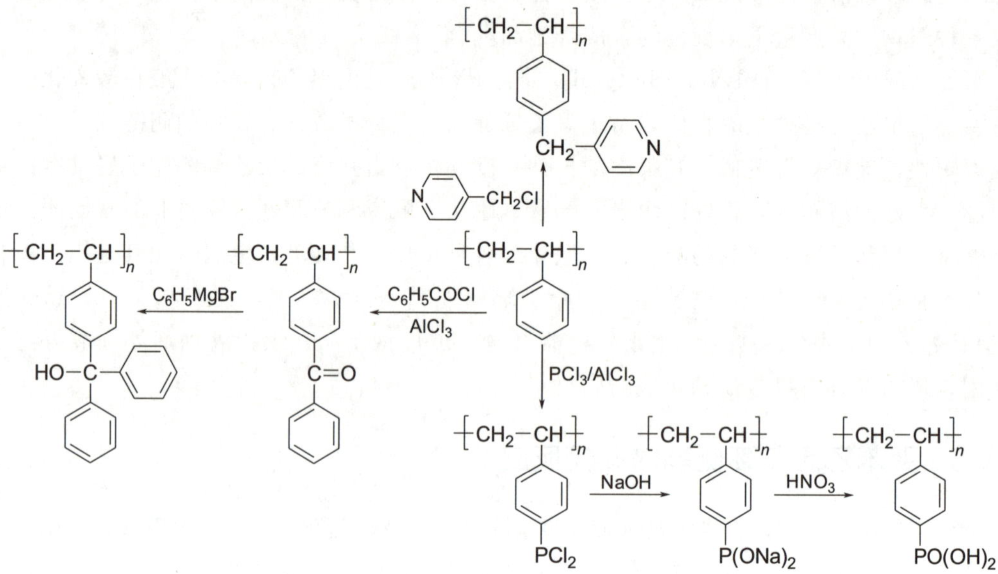

8.3.6 聚丙烯腈和聚丙烯酰胺的水解反应

丙烯腈在溶液中或以水为介质进行自由基聚合，被用来生产聚丙烯腈。加入少量其他第二单体乃至第三单体的共聚物纺制而成的纤维又称腈纶，质地蓬松，手感柔软，密度小，保暖性好，回弹性高，具有优异的耐光性、耐候性、耐虫蛀性、耐辐射性、抗生物降解性和较好的染色性。但是由于疏水性和绝缘性，使得聚丙烯腈纤维易起静电。产业上，聚丙烯腈纤维应用于室外织物、水泥增强材料、铅蓄电池极板增强材料、滤材、预氧化纤维和碳纤维等领域。此外聚丙烯腈工程纤维还应用于对抗裂、抗冲击、抗磨损、抗震等要求较高的建筑工程，如桥面、桥墩、路面、飞机场跑道、停机坪、军事防护工程、港口码头、大坝面板、导流洞、泄洪闸、闸墩等。聚丙烯腈纤维有一个独特的性质，就是在纤维表面可以发生部分水解，使纤维表面所含的氰基基团（—CN）转化为羧基基团（—COOH）。从价键理论分析的角度，聚丙烯腈纤维部分水解是由溶液中的 OH^- 亲核进攻氰基上的碳原子开始的，经历电负性中间体、六元环中间体水解成酰胺。在 OH^- 的进一步进攻下，最终水解成含有羧基的纤维。聚丙烯腈纤维水解反应式如下：

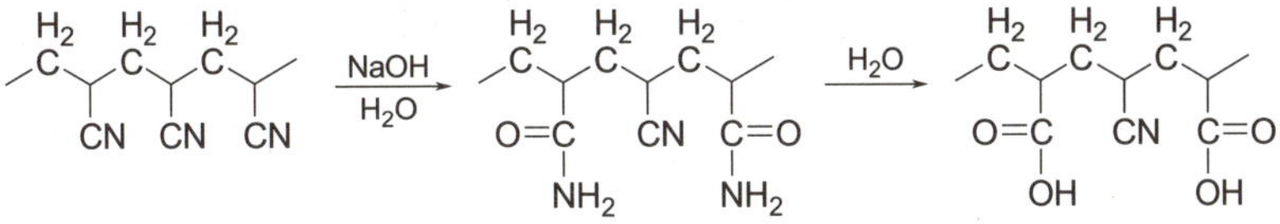

聚丙烯酰胺（PAM）也是一种线形高分子，化学式为 $(C_3H_5NO)_n$。在常温下为坚硬的玻璃态固体，产品形态有胶液、胶乳和白色粉粒、半透明珠粒和薄片等。热稳定性良好，能以任意比例溶于水，水溶液为均匀透明的液体。聚丙烯酰胺作为絮凝剂、润滑剂、悬浮剂、黏土稳定剂、驱油剂、降失水剂和增稠剂，在水处理、钻井、酸化、压裂、堵水、固井及二次采油、三次采油中得到了广泛应用，是一种极为重要的油田化学品。用途主要取决于不同的分子量以及水解程度，在碱性条件下，聚丙烯酰胺可以水解成一系列有不同离子特性的产品。

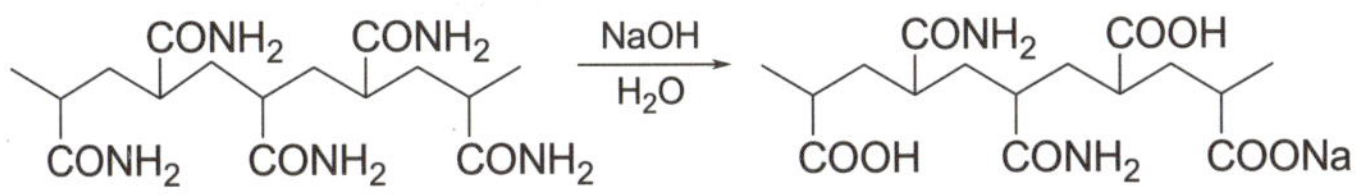

与聚丙烯腈以及聚丙烯酰胺的水解相似，聚（甲基）丙烯酸甲酯等经水解，最终均能形成不同水解程度的聚（（甲基）丙烯酸甲酯-丙烯酸）无规共聚物，其它聚（甲基）丙烯酸酯类均可发生类似的水解反应。

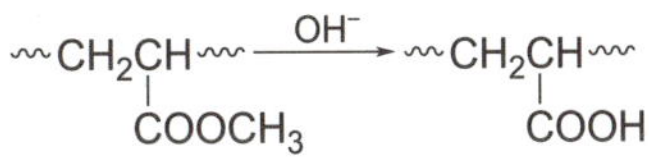

8.3.7 聚丙烯腈的环化反应与碳纤维的制备

环化反应是指在有机化合物分子中形成新的碳环或杂环的反应，也称闭环或成环缩合。在形成碳环时，是以形成碳一碳键来完成环合反应；在形成含有杂原子的环状结构时，它可以是以形成碳一碳键的方式来完成环合反应，也可以是以形成碳一杂原子键（C—N、C—O、C—S 键等）来完成环合反应，有时也可以是在两个杂原子之间成键（N—N、N—S 键等）来完成环合反应。高分子是具有重复单元基本结构的化合物，高分子内多官能团间能够进行反应，分子内发生环化。环状高分子通常由线形高分子通过适当的成环反应来得到。与线形高分子相比，环状高分子具有许多独特的溶液、熔体以及固态性能。聚丙烯腈环化制备碳纤维的反应是典型的环化反应。聚丙烯腈在一定温度和特定条件下经预氧化及加热可环化成梯形聚合物，再于 2500℃下加热石墨化，脱除碳以外的其它所有元素，形成碳纤维（carbon fibers）。碳纤维是高强度、高模量、耐高温（3000℃）的石墨态纤维，与环氧树脂、聚酰亚胺等合成树脂复合后，成为高性能复合材料，是超音速飞机和航天工业不可缺少的新材料，广泛应用于航天航空、汽车、舰船、化工设备等的制造。

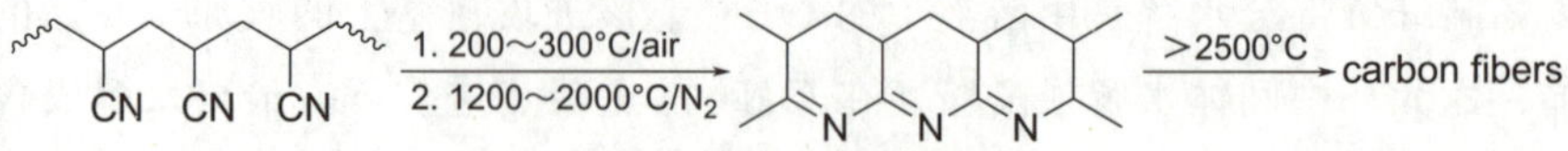

梯形结构

除聚丙烯腈环化至碳纤维外，有多种反应可在高分子链中引入环状结构，例如前面已经提及的聚氯乙烯与锌粉共热脱 HCl、聚乙烯醇缩醛化等。环的引入使高分子刚性增加、耐热性提高。聚二烯烃的环氧化则是另一类成环反应，其目的是引入可继续反应的环氧基团。环氧化可以采用过氧乙酸或过氧化氢作氧化剂。环氧化聚丁二烯容易与水、醇、酐、胺反应。

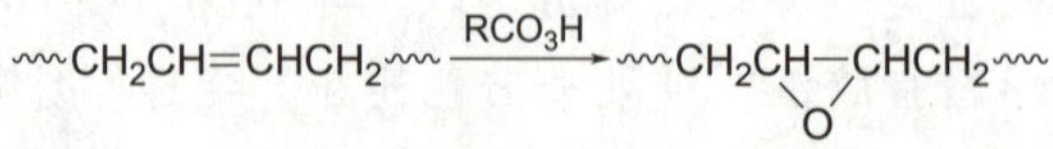

环氧化聚二烯烃经交联，可用作涂料和增强塑料。环氧程度为 33%的天然橡胶可增加聚乙烯与炭黑的相容性，三者按 18：80：2 质量比混合，可用来制备填充型导电高分子材料。

8.4 高分子的接枝、嵌段与扩链反应

接枝、嵌段、扩链，三者有点相似，都使高分子的聚合度增大。所合成的三种高分子的结构特征区别如下：

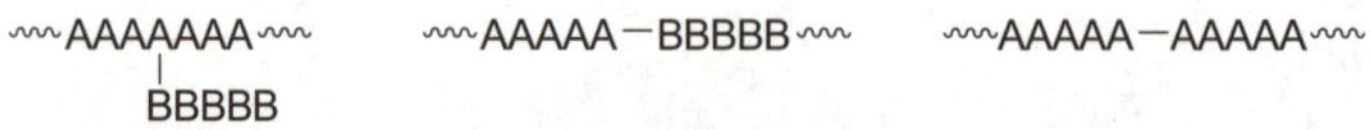

接枝共聚物　　嵌段共聚物　　扩链高分子

接枝共聚物和嵌段共聚物都是多组分体系，扩链高分子则是单一组分分子链之间的化学连接。通过接枝共聚和嵌段共聚，可以将亲水和亲油、酸性和碱性、塑性和高弹性以及互不相容的两种高分子键接在一起，形成典型的多相多组分体系，赋予高分子材料更多的性能组合。

接枝共聚物和嵌段共聚物虽然都可称作共聚物，但其合成机理与无规共聚以及交替共聚有所不同。自由基聚合、离子聚合以及逐步聚合等都可以产生进一步链增长的活性位点，活性位点在主链上，可进行接枝；活性位点处于链末端，则可用于合成嵌段共聚物。

8.4.1 接枝共聚物的合成

接枝共聚物的性能取决于主链和支链的组成、长度以及支链数及其在主链上的分布等结构特征。现按接枝位点产生的方式，分成长出支链（graft from）、嫁接支链（graft onto）、大单体共聚接枝（graft through）三大类，再在三大类之下分别阐述产生接枝位点的方法和机理。

8.4.1.1 长出支链

最常用的接枝聚合是用自由基向高分子链（包括乙烯基聚合物和二烯烃聚合物以及其它含 C-H 的高分子）转移（夺氢反应）产生活性自由基，进而引发同一种单体或另一种单体聚合，从而长出支链，也可利用反应性侧基的氧化-还原反应生成活性自由基进而长出支链。显然，由于链转移等反应难于控制其反应位点，此类方法所合成的接枝共聚物也比较难于实

现接枝位点、枝链数及其分布的调控。

(1) 乙烯基聚合物的自由基接枝

自由基聚合而成的高压聚乙烯和聚氯乙烯都有较多的支链，属于同种单体的枝化聚合物，这是自由基向大分子链转移的结果。根据链转移原理，可以在某种大分子的主链上接上另一单体单元的支链，形成接枝共聚物。

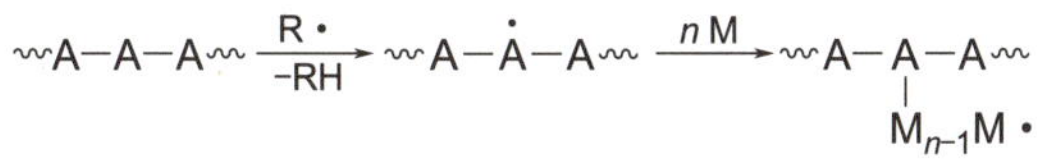

以聚丙烯为例，作为通用塑料，以产量大、应用面广以及物美价廉而著称。但聚丙烯具有非极性和结晶性，使其与极性聚合物、无机填料及增强材料等相容性差，共混及复合使用时需加入相容剂来降低界面张力，增加界面粘接。另外，其染色性、粘接性、抗静电性、亲水性也很差，这些缺点制约了其进一步推广应用。对聚丙烯进行接枝，在其分子链上引入适当极性的支链，可利用支链的极性和反应性改善其性能上的不足，并引入新的性质。因此接枝改性是扩大聚丙烯应用面的一种简单而又行之有效的方法。聚丙烯分子链上的叔氢原子比较活泼，容易被自由基夺取而成为接枝位点，由此衍生出聚丙烯接枝聚丙烯酸（PP-*g*-PAA）、聚丙烯接枝聚苯乙烯（PP-*g*-PSt）、聚丙烯接枝聚丙烯腈（PP-*g*-PAN）、聚丙烯接枝聚乙烯吡咯酮（PP-*g*-PVP）、聚丙烯接枝聚甲基丙烯酸缩水甘油酯（PP-*g*-PGMA）以及聚丙烯接枝马来酸酐（PP-*g*-MAH）等品种，大幅度拓展了聚丙烯的应用范围。

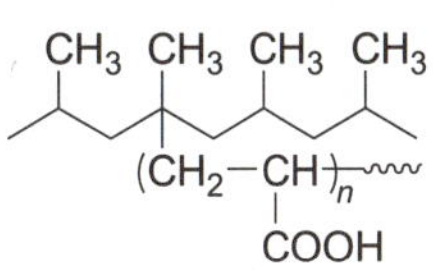

PP-*g*-PAA

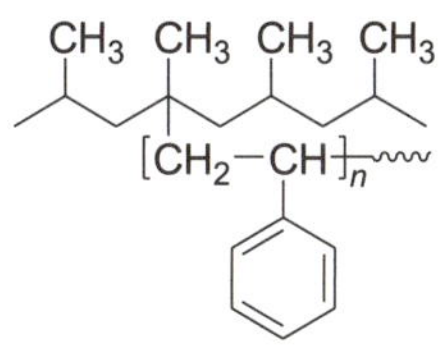

PP-*g*-PSt

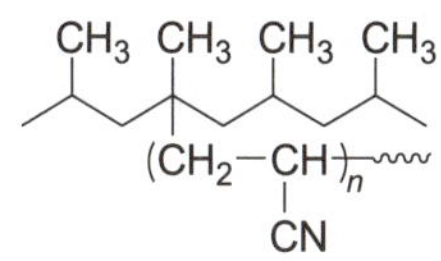

PP-*g*-PAN

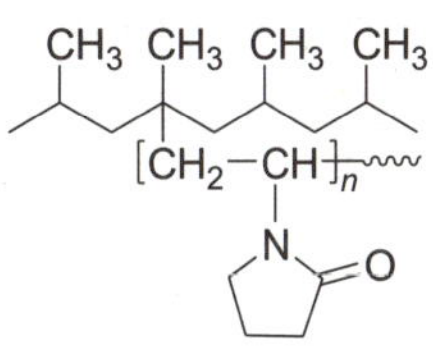

PP-*g*-PVP

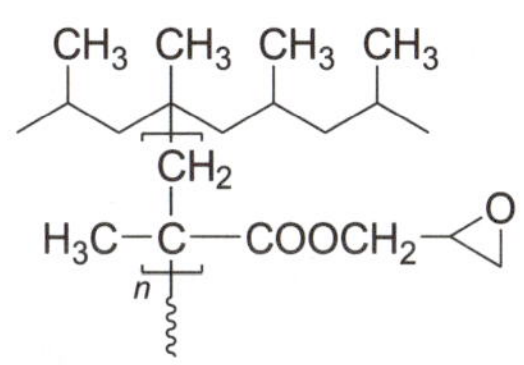

PP-*g*-PGMA

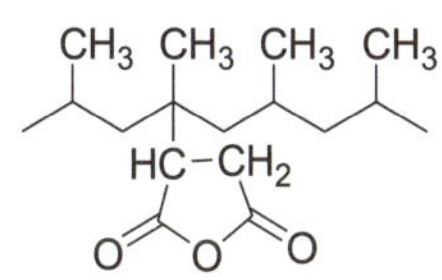

PP-*g*-MAH

当一种单体 M 在乙烯基聚合物基质内进行自由基聚合时，除了单体 M 自身聚合成均聚物外，还可能在乙烯基聚合物的主链上因链转移而形成活性位点，并由此引发 M 聚合而长出支链。产物含有该单体的均聚物、未接枝的乙烯基聚合物和乙烯基聚合物的接枝共聚物三个组分。

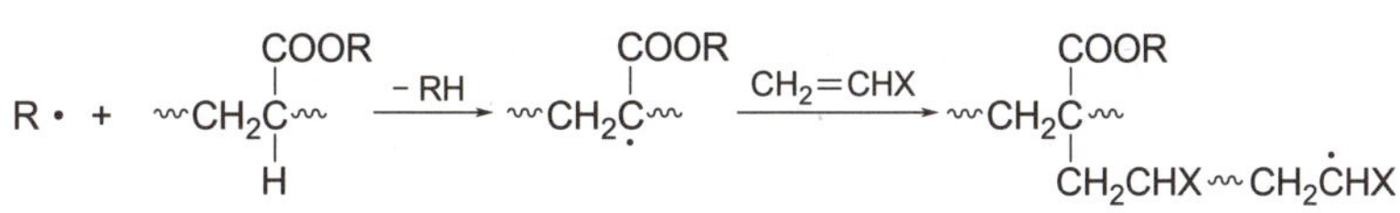

上述过程中，增长和转移反应相互竞争。通常链转移反应弱于链增长，使接枝效率受到一定的限制，产物中接枝共聚物远少于均聚物，但仍可满足应用的要求。

接枝效率的高低与自由基的活性有关，引发剂的选用也非常关键。以聚苯乙烯接枝聚甲基丙烯酸甲酯为例，用过氧化二苯甲酰作引发剂，可以产生相当量的接枝共聚物；用过氧化二叔丁基时，接枝物很少；用偶氮二异丁腈则很难形成接枝物。原因是叔丁基和异丁腈自由基活性较低，不易夺取 PSt 主链上的氢而产生接枝位点。

温度对接枝效率也有影响。升高聚合温度，一般使接枝效率提高，因为链转移反应的活化能比链增长反应高，温度对链转移反应速率常数的影响比较显著。

(2) 二烯烃聚合物的自由基接枝

聚丁二烯、丁苯橡胶、天然橡胶等聚合物主链或侧基含有双键，链上的双键和烯丙基氢较容易成为接枝位点，因而其接枝行为与乙烯基聚合物有较大差别。现以聚丁二烯（PB）/苯乙烯（St）体系经接枝共聚合成抗冲聚苯乙烯（HIPS）为例，来说明二烯烃聚合物的链转移接枝原理。

将 PB 和引发剂溶于苯乙烯中，引发剂受热分解成初级自由基，一部分引发苯乙烯聚合成均聚物 PSt，另一部分与聚丁二烯加成或转移，进行下列三种反应而产生接枝位点。

① 初级自由基与由丁二烯 1,2 加成聚合所形成的乙烯基侧基双键加成

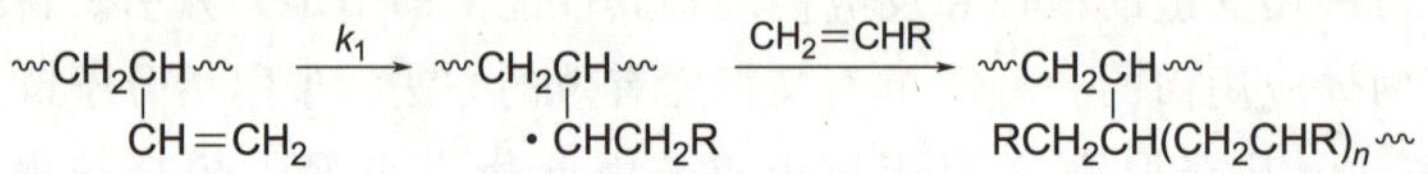

② 初级自由基与聚丁二烯主链中的双键加成

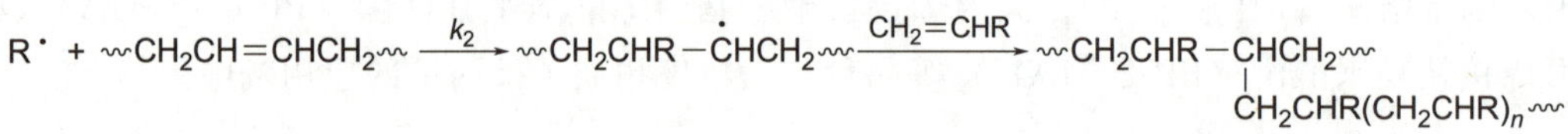

③ 初级自由基夺取亚甲基氢而链转移

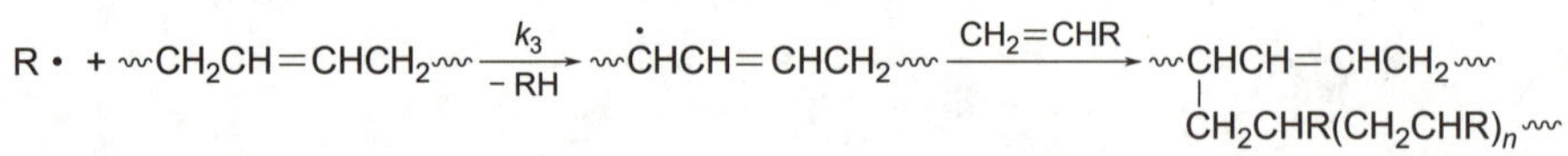

上述三种反应速率常数大小依次为 $k_1 > k_2 > k_3$，可见 1,2-结构含量高的聚丁二烯有利于苯乙烯的接枝聚合，因此低顺丁二烯橡胶（含 30%～40%的 1,2-结构）被优先选作合成 HIPS 的接枝母体。

该方法合成得到的产物是聚丁二烯接枝聚苯乙烯共聚物和 PB 以及聚苯乙烯两种均聚物的混合物，其中聚苯乙烯占 90%以上，成为连续相；聚丁二烯占 7%～8%，以 2～3μm 的粒子分散在聚苯乙烯连续相内。聚丁二烯接枝聚苯乙烯共聚物处于聚苯乙烯和聚丁二烯两相的界面，成为增容剂，从而提高了聚苯乙烯的抗冲性能。

通过研究天然橡胶-甲基丙烯酸甲酯-苯-BPO 体系的接枝聚合机理，证实了接枝位点产生的方式 60%±5%属于双键加成反应，40%±5%属于夺取氢反应，也说明了 $k_2 > k_3$。

链转移接枝法的缺点有：①接枝效率偏低；②产物含有较多均聚物；③接枝数、支链长度及其分布等结构参数难以准确控制。但该法简便经济，颇多实际应用，如苯乙烯与丙烯腈在聚丁二烯乳胶粒上接枝聚合合成丙烯腈-丁二烯-苯乙烯接枝共聚物（ABS），被广泛用作工程塑料；甲基丙烯酸甲酯与苯乙烯在聚丁二烯乳胶粒上接枝合成甲基丙烯酸甲酯-丁二烯-苯乙烯接枝共聚物（MBS），甲基丙烯酸甲酯在聚丙烯酸丁酯乳胶粒上接枝合成具有核-壳结构的丙烯酸酯类共聚物（ACR），两者均用作透明聚氯乙烯制品的抗冲改性剂；苯乙烯与丙烯腈在三元乙丙橡胶上接枝合成丙烯腈-三元乙丙橡胶-苯乙烯接枝共聚物（AES），用作耐候抗冲改性剂等。

(3) 侧基反应形成活性位点的接枝方法

该方法通过侧基反应产生活性位点，引发单体聚合长出支链，形成接枝共聚物。

纤维素、淀粉、聚乙烯醇等都含有侧羟基，具有还原性，可以与 Ce^{4+}、Co^{2+}、V^{5+}、Fe^{3+} 等高价金属化合物构成氧化-还原引发体系，在高分子侧基上产生自由基活性位点，而后进行接枝反应。由淀粉-Ce^{4+}-丙烯腈体系可合成高吸水性树脂。

$$\sim CH_2CH(OH)\sim + Ce^{4+} \longrightarrow \sim CH_2\dot{C}(OH)\sim + H^+ + Ce^{3+}$$

该反应中的自由基在聚合物链侧基上就地产生并由此形成支链，显著减少了接枝单体自身均聚物的形成。

聚苯乙烯通过侧基反应，可以合成多种接枝共聚物。例如，在苯环上引入异丙基，氧化成氢过氧化物，继而分解成自由基后引发单体聚合，可长出支链，形成接枝共聚物。

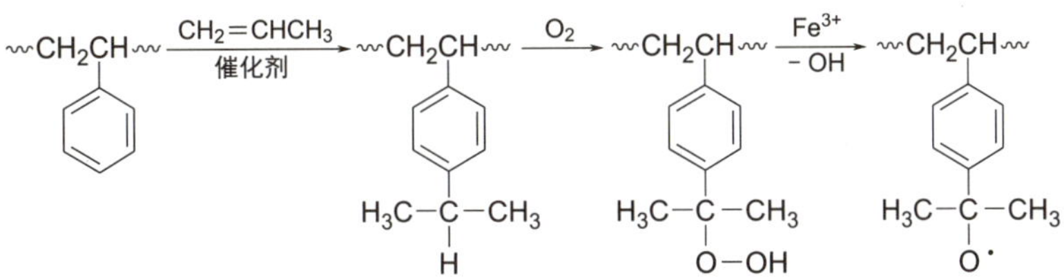

“活性”/可控自由基聚合的发展，为此类接枝共聚物的合成提供了更多的途径。可以通过取代基或侧基反应在高分子链内接上卤素原子或断裂加成链转移剂，进而进行乙烯基单体的原子转移自由基聚合（ATRP）或可逆加成-断裂转移自由基聚合（RAFT），就可以合成得到支链长度可控的一大类接枝共聚物。高分子链上的卤代比较容易实施，大多数单体如甲基丙烯酸酯、丙烯酸酯、苯乙烯等均可顺利进行 ATRP，因此这一接枝共聚方法得到了高度关注，但 ATRP 的最大缺点是过渡金属络合物的残留容易导致产物老化和其他副作用。

应用阴离子聚合机理，也可以在大分子侧基上引入接枝位点，如聚苯乙烯接上聚丙烯腈。

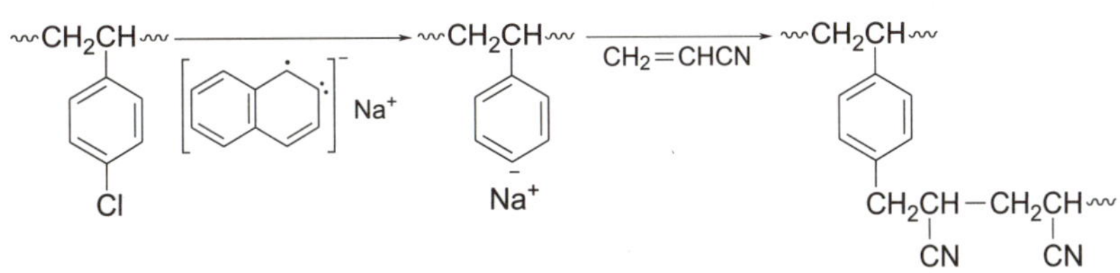

配位聚合、阳离子聚合、缩聚等机理也有可能用于经侧基反应合成接枝共聚物。

8.4.1.2 嫁接支链

先分别设计合成特定的主链和支链，使主链中有活性侧基 X，支链有活性端基 Y，再使两者发生偶联反应，就可将支链嫁接到主链上。这一过程属于高分子与高分子之间的反应，反应位点相互靠近并发生碰撞的概率受到浓度、位阻以及聚合物链的构型、构象等因素影响，大多数情况下接枝效率不高。

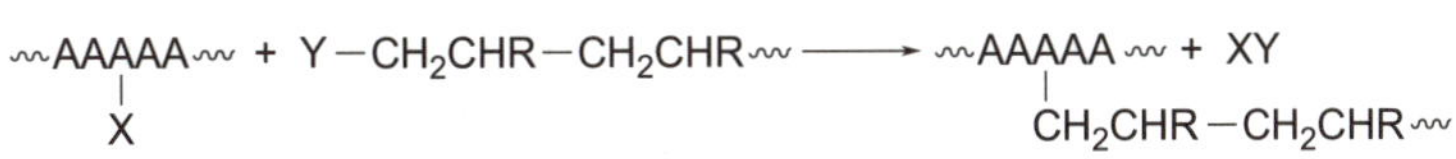

阴离子聚合所合成的高分子最宜用于这一方法进行嫁接接枝。带酯基、酐基、苄卤基、吡

啶基等亲电子侧基的高分子很容易与带活性阴离子的链偶合，接枝效率最高可达80%～90%，得到的接枝共聚物具有梳形结构，所以也称梳状高分子。例如，利用苯乙烯阴离子聚合可得到增长中心保持活性的聚苯乙烯阴离子，它与侧基为酯的聚合物（如聚甲基丙烯酸甲酯）反应，就可以将聚苯乙烯作为支链接到聚甲基丙烯酸甲酯主链上，形成预定结构的接枝共聚物。

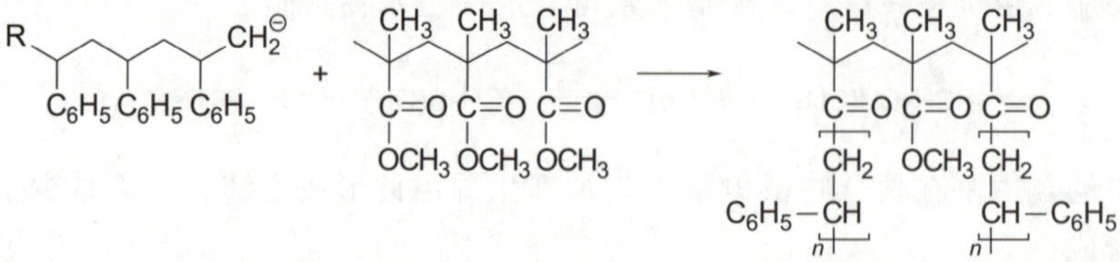

阳离子聚合也可用于嫁接法生成支链。活性聚四氢呋喃阳离子可以嫁接到氯羟基化的聚丁二烯上，接枝效率可高达52%～89%。同理，也可嫁接到环氧化丁基橡胶和环氧化乙丙橡胶链上。

8.4.1.3 乙烯基大单体共聚接枝

带有双键端基的大单体与普通乙烯基单体共聚，包括自由基共聚和离子共聚，可以形成接枝共聚物。此类大单体多半是通过低聚物的末端功能化合成，可看作是带有较长侧基的乙烯基单体，与普通乙烯基单体共聚后，大单体的长侧基成为支链。这一方法可避免链转移法的低效率和混有低聚物的缺点，同时通过单体配比与聚合方法调控支链的含量及其在高分子链上的分布。这一方法遵循共聚合的一般规律，共聚物组成方程和竞聚率均适用。

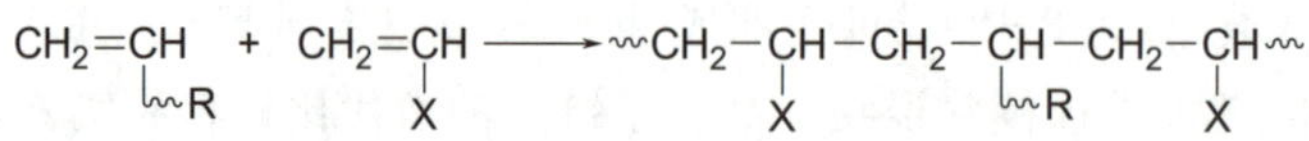

双键封端的大单体一般由活性阴离子聚合制得。活性聚合可以控制链长和反应性端基，这一特点有利于对大单体进行分子设计，进而裁制预定的接枝共聚物。这类接枝共聚物的种类很多，现仅举一例：活性聚苯乙烯锂先与环氧乙烷作用，再与甲基丙烯酰氯反应，形成带甲基丙烯酸酯端基的聚苯乙烯大单体；然后以偶氮二异丁腈（AIBN）为引发剂，与丙烯酸酯类共聚，即形成接枝共聚物。反应式如下：

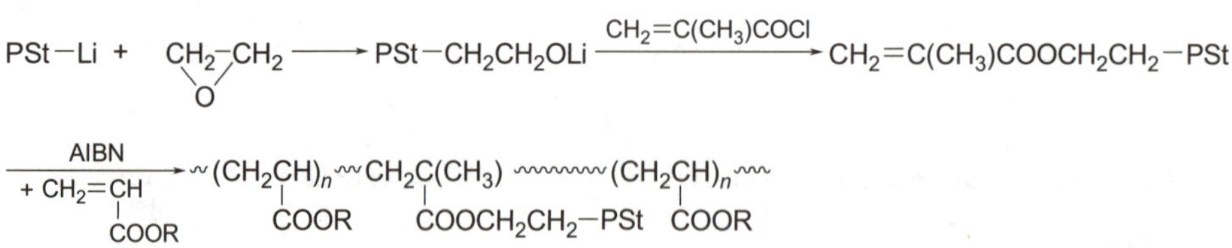

已有多种苯乙烯型和甲基丙烯酸酯型大单体被合成出来，例如：

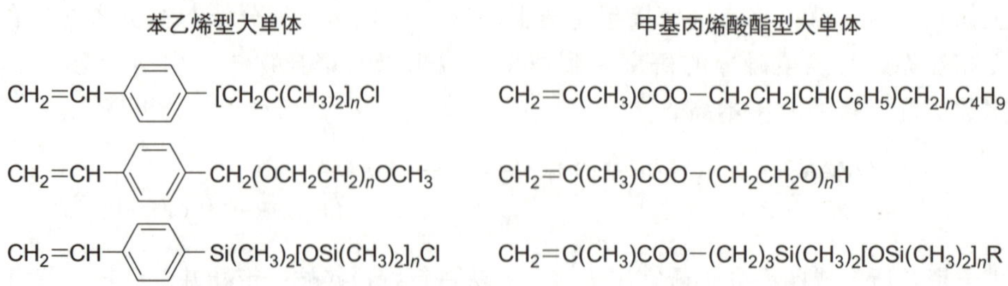

8.4.2 嵌段共聚物的合成

由两种或多种长链段顺序连接构成的线形高分子称作嵌段共聚物。这里的“链段”是指由同种链节单元连续相接构成的一段聚合物链（均聚物链段）或组成和序列分布相同的一段共聚物链。这一定义不同于高分子物理学的链段概念，应加以区分。典型嵌段共聚物的每个链段至少有 10 个以上链节单元。常见的有 AB 型、ABA 型（如 SBS），其中 A 和 B 都是长链段。也有 $(AB)_n$ 型多嵌段共聚物，其中 A 和 B 的链段相对较短。

嵌段共聚物的性能与其每种链段的种类、长度以及数量有关。如果嵌段共聚物的两种链段互不相容，则会趋于分相，形成各种微相分离结构。含亲水性和疏水性两种链段的嵌段共聚物则可自组装成一系列有序结构或图案化结构。嵌段共聚物的合成方法主要分为两大类：

① 序贯聚合法：一种单体的活性聚合达到（近）100%转化率后，向聚合体系添加其它单体，使之从已有的活性链段末端继续聚合，增长成新的链段，最后终止得到嵌段共聚物。

$$A_n\bullet \xrightarrow{B} A_nB\bullet \xrightarrow{B} A_nB_2\bullet \xrightarrow{B} \cdots \xrightarrow{B} A_nB_m\bullet \xrightarrow{终止} A_nB_m$$

② 链段键接法：将两种组成不同的活性链段键合在一起，包括不同组成的链自由基之间的偶合、双端基预聚体间的缩合以及缩聚中的交换反应。

$$A_n\bullet + B_m\bullet \xrightarrow{终止} A_nB_m$$

下面举例说明不同机理的嵌段共聚物合成方法。

8.4.2.1 活性阴离子聚合

这是较早实现工业化的嵌段共聚物合成方法，其中 SBS 是产量最大的嵌段共聚物品种。SBS 的苯乙烯链段（S）分子量为 1 万～1.5 万，丁二烯链段（B）的分子量为 5 万～10 万。常温下 SBS 表现出源自 B 段的高弹性，而 S 段富集于玻璃态微区，起到物理交联的作用。升温至聚苯乙烯玻璃化温度（约 95℃）以上时，SBS 具有流动性，可以模塑加工。因此 SBS 属于热塑性弹性体（一类新型合成橡胶），具有无需硫化的优点。

根据 SBS 的结构特征，早期采用双功能引发剂经两步法来合成。以萘钠先引发丁二烯成双阴离子 $^-B^-$，并聚合至预定的长度 $^-B_n^-$，然后加入苯乙烯，从双阴离子两端继续聚合成 $^-S_mB_nS_m^-$，最后终止成 SBS 热塑性弹性体。但该法需用四氢呋喃作溶剂，立体定向能力差（参见第 5 章），因而丁二烯段的顺 1,4-结构含量太低，玻璃化温度过高，并不满足弹性体的要求。目前工业上生产 SBS 采用丁基锂（C_4H_9Li）/烃类溶剂体系，保证聚丁二烯段有足够高的顺 1,4-结构含量，产品的玻璃化温度较低。一般采用三步法合成，即依次加入苯乙烯、丁二烯、苯乙烯（记作 S→B→S），相继聚合形成三个链段。苯乙烯和丁二烯的加入量按链段长度要求预先设计计量。虽然丁二烯的活性略低于苯乙烯，但仍能引发苯乙烯聚合，只是 B→S 转换阶段的聚合速率稍慢。

活性聚合的机理和单体加入的允许次序详见第 5 章阴离子聚合一节。利用这一原理，也可合成环氧丙烷-环氧乙烷嵌段共聚物，用作非离子型表面活性剂。

也有人曾研究活性阳离子聚合用于嵌段共聚物的合成，但因其副反应多，应用受到限制。

8.4.2.2 “可控”/活性自由基聚合

阴离子活性聚合能较好地控制链增长，但受限于活性中心对单体的选择性，能直接合成的嵌段共聚物品种不多。长期以来，人们一直渴望这种可控反应能够在自由基聚合中实现，既保持离子型活性聚合的控制反应能力，又能够保持自由基聚合自身的优越性。相对其它聚合方式，自由基聚合具有明显的优势：可选择的单体种类多；自由基聚合反应条件温和，对单体纯度和环境要求相对较低。可控活性自由基技术的出现，为实现自由基聚合反应的可控性开辟了道路，可被用来合成众多乙烯基单体的嵌段共聚物，大幅度拓展了嵌段共聚物的范围。用 ATRP 合成嵌段共聚物可以采用顺序加料法，如以甲基丙烯酸甲酯作为第一单体，聚合完毕后加入苯乙烯单体，就可以得到聚甲基丙烯酸甲酯与聚苯乙烯的嵌段共聚物（PMMA-*b*-PSt）。同理，可以合成出聚苯乙烯-聚甲基丙烯酸羟乙酯（PSt-*b*-PHEMA）、聚甲基丙烯酸甲酯-聚甲基丙烯酸羟乙酯（PMMA-*b*-PHEMA）、聚甲基丙烯酸甲酯-聚苯乙烯-聚甲基丙烯酸甲酯（PMMA-*b*-PSt-*b*-PMMA）以及聚苯乙烯-聚丙烯酸丁酯-聚苯乙烯（PSt-*b*-PBA-*b*-PSt）等两嵌段和三嵌段共聚物。

8.4.2.3 特殊引发剂

用双功能引发剂先后引发两种单体序贯聚合，可制备嵌段共聚物。以下面第一式的偶氮和过氧化酯类双功能引发剂为例，其偶氮结构在 60～70℃下先分解成自由基，引发苯乙烯聚合，经偶合终止成带有过氧化酯端基的聚苯乙烯（如下第二式）。然后加入胺类以使过氧化酯端基分解，在 25℃下就可使甲基丙烯酸甲酯继续聚合成 ABA 型嵌段共聚物。

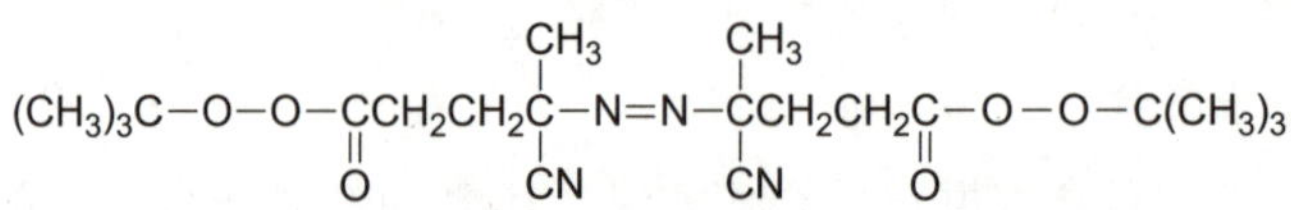

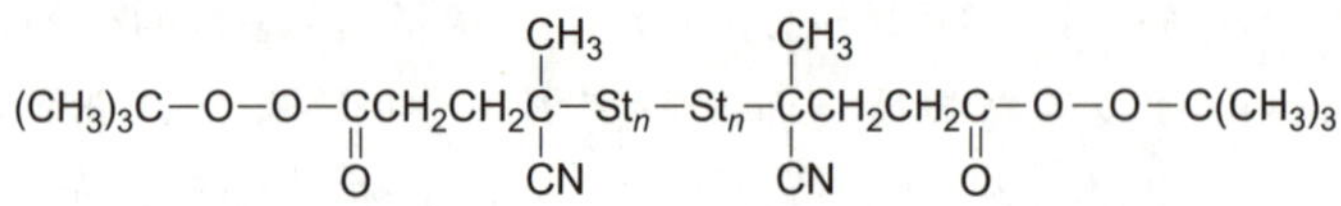

通过引发剂的结构设计，可以把各种聚合反应机理结合进同一聚合体系以实现转移聚合，合成单一聚合机理无法合成的嵌段共聚物。例如，阴离子向 ATRP、阴离子向配位阴离子、逐步聚合向 ATRP、ATRP 向配位阴离子、ATRP 向阳离子开环转移等，合成出了一些具有特殊性能的嵌段共聚物，如聚异戊二烯和聚甲基丙烯酸甲酯（PI-*b*-PMMA）、聚乙烯醇和聚乙烯吡咯烷酮（PVA-*b*-PVP）、聚氧化乙烯和聚醋酸乙烯酯（PEO-*b*-PVAc）、聚氧化乙烯和聚丙烯腈（PEO-*b*-PAN）、聚苯乙烯和聚乙烯醇（PS-*b*-PVA）以及聚甲基丙烯酸甲酯和聚醋酸乙烯酯（PMMA-*b*-PVAc）等；也可用于合成聚苯乙烯、聚氧化乙烯和聚甲基丙烯酸甲酯以及聚苯乙烯、聚氧化乙烯和聚甲基丙烯酸的线形和星形三嵌段共聚物。这些嵌段共聚物具有特殊的物理化学性质。

此外，也可以选用含有偶氮和反应性官能团两种功能的化合物作为引发剂，先后经自由基聚合和偶联而成嵌段共聚物。

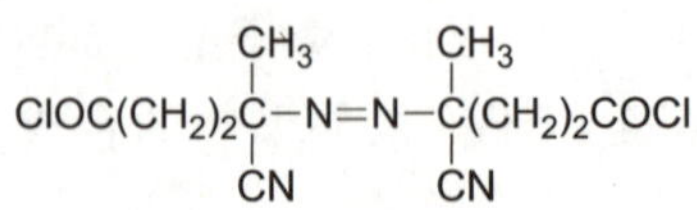

用过氧化氢-硫酸亚铁体系引发苯乙烯聚合，使形成的聚苯乙烯带有羟端基，再与带异氰酸端基的聚合物反应，也可形成嵌段共聚物。

8.4.2.4 力化学断裂与偶合

两种聚合物共同塑炼或在浓溶液中高速搅拌，当剪切力大到一定程度时，不同的主链将断裂成不同种类的自由基，经交叉偶合终止即成为嵌段共聚物，但产物中常混有原来的均聚物。

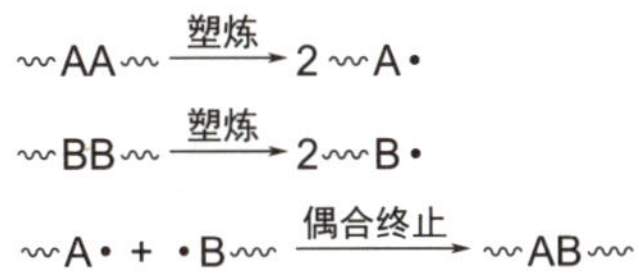

当一种聚合物 A 与另一种单体 B 一起塑炼时，也可形成嵌段共聚物 AB，但混有均聚物 B。

此类方法效率很低。

8.4.2.5 缩聚反应

通过缩聚中的交换反应，例如将两种聚酯、两种聚酰胺或聚酯和聚酰胺共热至熔点以上，有可能形成新的聚酯和聚酰胺或聚酯-聚酰胺嵌段共聚物。

羟端基的聚苯乙烯和羧端基的聚丙烯酸酯类进行酯化反应，也可得嵌段共聚物。聚醚二醇或聚酯二醇与二异氰酸酯反应合成的聚氨酯也可看作嵌段共聚物，只是异氰酸酯部分较短而已。

8.4.3 扩链反应

先合成分子量不高（如几千）的预聚物，再通过适当方法，使带有反应性端基的两条或许多条相同种类的高分子链键接在一起，这一过程称为扩链，可以使分子量成倍乃至几十倍地增大。例如两端带有相同反应性端基的聚丁二烯（$M_n = 3000 \sim 6000$）呈液体状态，属遥爪预聚物（参见第 5 章离子聚合）。在浇注成型过程中，通过其端基间反应，扩链成高分子。需要指出的是，逐步聚合过程中的低分子预聚物继续反应增长成高分子量产物，就不宜称作扩链。如预聚物之间的侧基发生反应，则多形成交联结构，也不宜称作扩链。

遥爪预聚物可以是丁二烯、异戊二烯、异丁烯、环氧氯丙烷、硅氧烷等的低聚物或共聚物，通常由活性阴离子聚合后经封端来合成，反应性端基有羟基、羧基、氨基、环氧基等。自由基聚合时利用带官能团端基引发剂，或线形缩聚过程使一种单体稍微过量，也可以合成遥爪预聚物。现各举例如下。

(1) 自由基聚合

应用带官能团端基的偶氮或过氧化物引发剂，引发丁二烯、异戊二烯、苯乙烯、丙烯腈等聚合，经偶合终止，即成带官能团端基的遥爪预聚物。

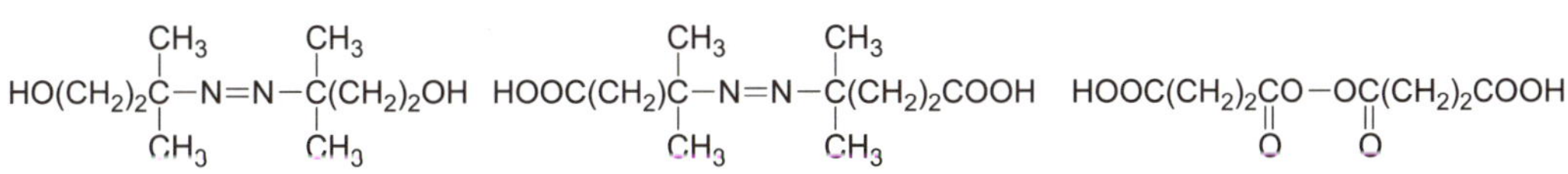

(2) 阴离子聚合

以萘钠作引发剂，可以合成双阴离子活性高分子。聚合末期，加环氧乙烷或二氧化碳作终止剂，即成带端羟基或端羧基的遥爪预聚物。

(3) 缩聚

二元酸和二元醇缩聚，酸或醇过量时，可制得端羧基或端羟基的遥爪预聚物。

根据端基的不同，需选用适当的二官能度或多官能度化合物进行反应，才能实现扩链或交联，见表 8-2。

表 8-2 遥爪高分子的端基和扩链剂的基团

遥爪高分子的端基	扩链剂或交联剂的端基
—OH	—NCO
—COOH	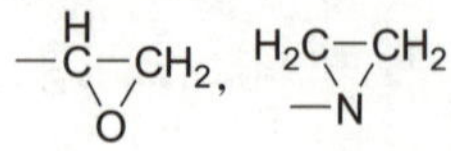
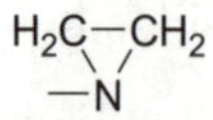	—X，—COOH
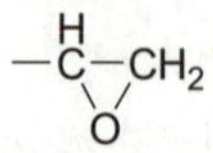	$-NH_2$，—OH，—COOH
—SH	—COOH，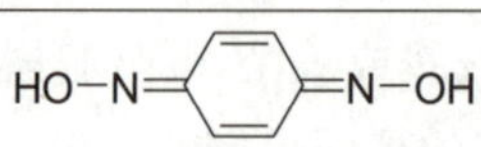，金属氧化物，有机过氧化物
—NCO	$-NH_2$，—OH，—COOH

高分子链一端带有反应性端基时，也可用于扩链反应。此类预聚物的合成方法更加多样，但扩链反应概率会大幅度下降。

8.5 高分子的交联反应

高分子的交联分为化学交联和物理交联两类。高分子链间由多个共价键连接起来为化学交联，由链缠结等物理力结合则称作物理交联。本节着重介绍化学交联。

交联问题涉及两种场景：(1) 为了提高高分子材料的使用性能，人为使之交联，如橡胶硫化以发挥高弹性、塑料交联以提高强度和耐热性、漆膜交联以固化、皮革交联以消除无限溶胀、棉以及丝织物交联以防皱等。这将成为本节的主要内容。(2) 高分子在使用环境中老化交联，导致其性能变差，是不利的变化，需采取防老措施加以克服。这将在降解与老化一节（8.6 节）提及。

在第 2 章的体型缩聚中已经提到多官能度单体聚合过程中的交联反应和凝胶点控制问题，本章将进一步讨论高分子或预聚物通过化学反应所进行的交联，包括不饱和橡胶的硫化、饱和高分子的过氧化物交联、光或辐射交联、经其它取代/加成反应的交联等。

8.5.1 二烯类橡胶的硫化

未交联的天然橡胶或合成橡胶生胶均呈硬度和强度低、弹性差的特性，皆因其聚合物链间容易相互滑移，故难以应用。1893 年发明了天然橡胶与单质硫共热交联，才制得有应用价值的橡胶制品。橡胶行业中，硫化也就成了交联的同义词。顺丁橡胶、异戊橡胶、氯丁橡胶、丁苯橡胶、丁腈橡胶等二烯类橡胶以及乙丙三元胶主链上都留有双键，均需经硫化交联才能发挥其高弹性。

聚丁二烯链中的亚甲基氢和双键都是交联的活性位点，其用单质硫交联的综合反应式简示如下：

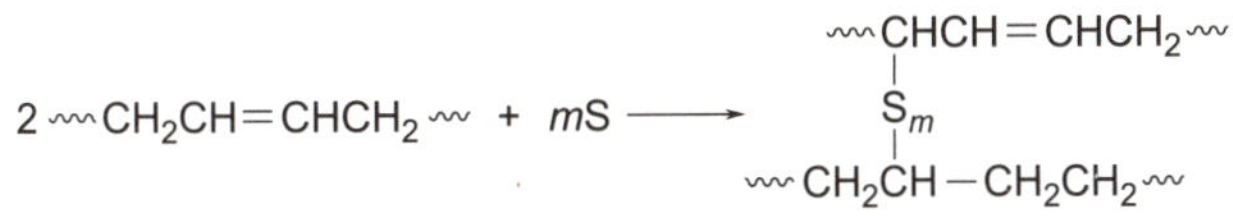

研究硫化时发现，自由基引发剂和阻聚剂对硫化并无影响，电子顺磁共振波谱分析也未检出自由基。但有机酸或碱以及介电常数较大的溶剂却可加速硫化，因此硫化反应被归属于离子机理。

单质硫以 S_8 八元环存在，在适当条件下可极化或开环成硫离子对。硫化反应的第一步是橡胶与极化后的硫或硫离子对反应成锍离子（sulfonium）。继而锍离子夺取聚二烯烃中的氢原子，使之形成碳阳离子。碳阳离子先与硫反应，而后再与高分子双键加成，发生交联。通过氢转移，继续与高分子反应，再生出高分子碳阳离子。如此反复即形成交联网络结构。

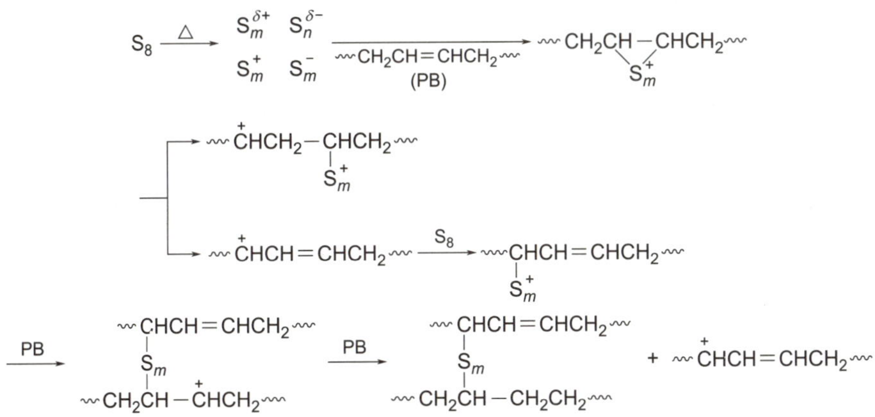

单质硫的硫化速率慢，需要几小时；硫的利用率也很低（40%～50%）。其原因有：①生成过长的交联硫键（m＝40～100）；②形成相邻双交联，却只起着单交联的作用；③形成分子内环状硫化物等。

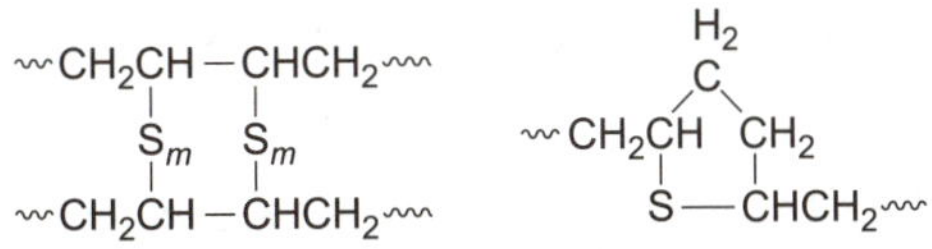

为了提高硫化速率和硫的利用效率，橡胶硫化工艺常加入有机硫化合物作促进剂，常见的如：

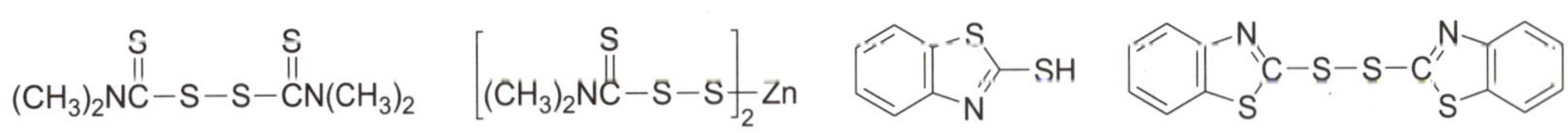

单质硫和促进剂共用的硫化速率和效率仍不够理想。如再添加氧化锌和硬脂酸等活化剂，则速率和效率均显著提高，硫化时间可缩短到几分钟，而且大多数交联硫键较短，只有

1～2 个硫原子，且很少生成相邻双交联及硫环结构。硬脂酸的作用是与氧化锌成盐，提高其溶解度。锌提高硫化效率可能源自锌与促进剂的螯合作用，类似形成锌的硫化物。

8.5.2 饱和聚合物的过氧化物自由基交联

聚乙烯、乙丙二元胶、聚硅氧烷等的高分子链中不含双键，无法用硫来交联，却可通过与过氧化二异丙苯、过氧化叔丁基等过氧化物共热而交联。这类交联过程属于自由基机理。聚乙烯交联后其强度和耐热性提高。乙丙胶和硅橡胶交联后则成为有用的弹性体。其交联机理为：过氧化物受热分解成自由基，夺取链中的氢（尤其是叔氢），形成大分子自由基，而后经双基偶合而交联。

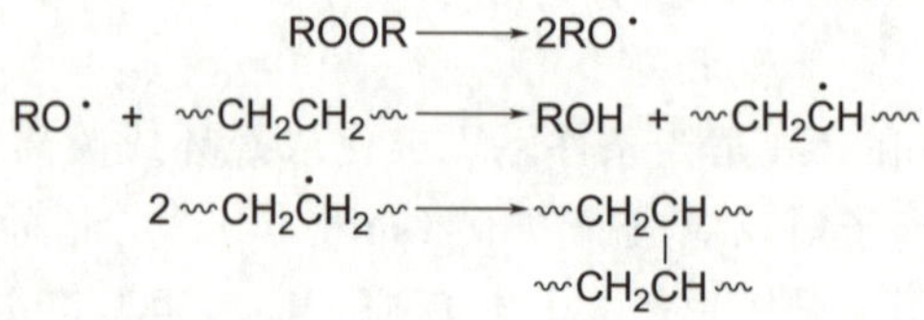

过氧化物也可以使不饱和高分子交联，原理是自由基夺取双键旁亚甲基上的氢而后交联。

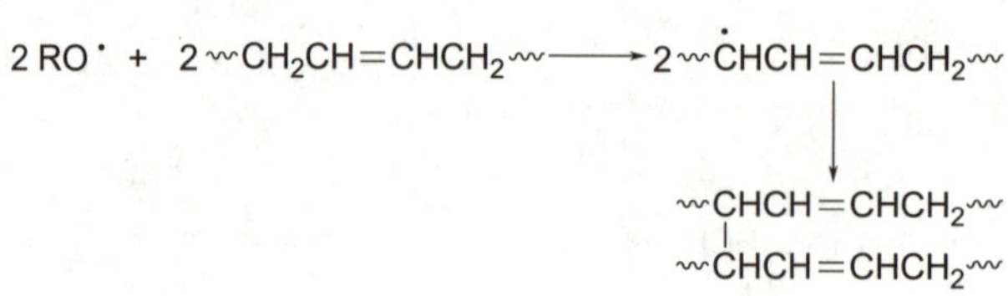

聚二甲氧基硅氧烷结构比较稳定，虽然也可以用过氧化物来交联，但效率比聚乙烯交联低得多。如在结构中引入少量乙烯基，则可以提高交联效率。

醇酸树脂的干燥原理与此相似。在空气中氧的存在下，经不饱和油脂改性的醇酸树脂可由重金属的有机酸盐（如萘酸钴）来促进固化或“干燥”。氧先使带双键的高分子链形成过氧化物，钴离子使过氧基团还原分解，生成自由基后形成交联。

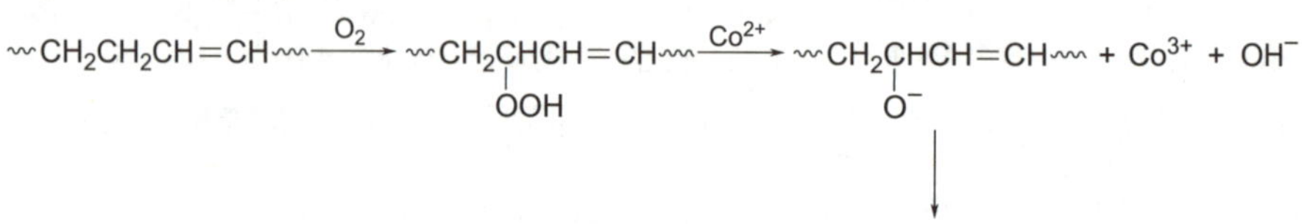

在自由基聚合中，单个自由基即可使成千上万个单体连接成一条高分子链。但在交联过程中，一个初级自由基最多只能产生一个交联点，且实际的交联效率还小于 1，因为有各种引发剂和链自由基的副反应导致交联效率降低。不同链上的两个自由基可能因相距过远而无法偶合连接。链的断裂、氢的被夺取、链自由基与初级自由基的偶合终止等都将降低过氧化物的利用效率。

不饱和树脂中混配有苯乙烯时，其固化原理属于自由基共聚交联，因而效率较高。

8.5.3 光或辐射交联

高分子受到光子、电子、中子或质子以及等离子体等高能辐照，将发生交联或降解。该过程涉及系列反应：第一步激发、电离、低速放出电子、产生离子，进而离子与已激发的分子在极短时间内（10～12s）重排，同时有失活或共价键断裂，产生离子或自由基；第二步涉及C—C和C—H断裂，发生降解和/或交联。降解或交联何者占优取决于辐射剂量和高分子结构。高剂量辐射有利于降解。辐射剂量低时，哪一反应为主则取决于高分子结构。α,α-双取代的乙烯基聚合物（如聚甲基丙烯酸甲酯、聚α-甲基苯乙烯、聚异丁烯、聚四氟乙烯等）趋向于解聚成单体。聚氯乙烯类则趋向于脱氯化氢。聚乙烯、聚丙烯、聚苯乙烯、聚丙烯酸酯类等单取代聚合物以及二烯类橡胶则以交联为主，详见表8-3。

表 8-3　辐射对高分子的影响

交联	解聚
聚乙烯	聚四氟乙烯
聚丙烯	聚异丁烯
聚苯乙烯	丁基橡胶
聚氯乙烯	聚(1-甲基苯乙烯)
聚丙烯酸酯	聚甲基丙烯酸甲酯
聚丙烯腈	聚甲基丙烯酰胺
二烯类橡胶	聚偏二氯乙烯
聚甲基硅氧烷	

辐射交联与过氧化物交联的机理相似，都属于自由基反应。能辐射交联的高分子往往也能用过氧化物交联。交联老化将使材料性能变差，但有目的的交联却能提高强度，并增加热稳定性。辐射交联的主要缺点是射线穿透材料的深度有限，故更常用于薄膜类材料。

有些体系的交联速率太慢，甚至慢于断链，需高剂量辐射才能达到一定的交联程度，通常还需添加交联增强剂。甲基丙烯酸丙烷三甲醇酯等多活性双键和多官能团化合物是典型的交联增强剂，将其与聚氯乙烯复合使用可显著提高交联效率。

航天领域需要采用耐辐射高分子材料。一般主链或侧链含有芳环的聚合物较耐辐射，如聚苯乙烯、聚碳酸酯、聚芳酯等。苯环是大共轭体系，会将能量分散，减少因价键破坏所致的降解和交联。

光能也可使高分子交联。应用光交联原理，发展了光固化涂料和半导体工业中不可或缺的光刻胶，典型代表如聚乙烯醇肉桂酸酯。光刻过程主要包括半导体基材上涂胶、掩膜板覆盖、曝光、显影、蚀刻、剥离等。

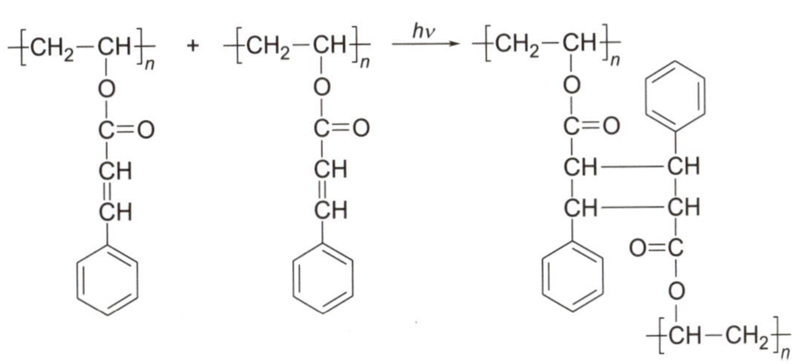

8.5.4　其它取代/加成等反应交联

在体形缩聚中已经提及预聚物的交联反应。例如：在模塑成型中，酚醛树脂模塑粉受热，交联成热固性制品；环氧树脂用二元胺或二元酸交联固化；含有三官能团化学品的聚氨酯配方，成型和交联同时进行。

以上交联实例可以参照体形缩聚原理来实施。下面只举一些类似的取代或加成反应交联的例子。

四氟乙烯和偏氟乙烯的共聚物是饱和弹性体，除了可用过氧化物或金属氧化物（ZnO、PbO）交联外，也可与二元胺反应而交联。交联机理涉及脱氟化氢而后加上二元胺。

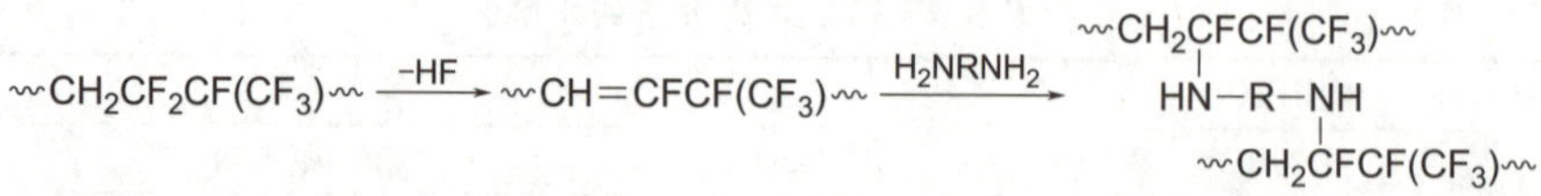

氯磺化聚乙烯也可用乙二胺或乙二醇直接交联，但更多的是在有水的条件下用金属氧化物（如 PbO）来交联，因为硫酰氯不能与金属氧化物直接反应，而是先水解成酸，再成盐。

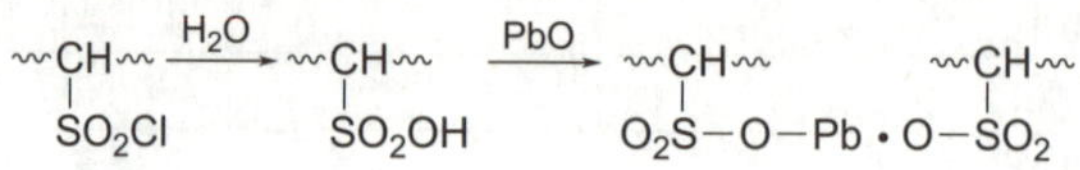

8.6 高分子的降解与老化

高分子材料在使用过程中，因受环境因素的综合影响而性能变差，如外观上变色发黄、变软发黏或变脆发硬，物化性质上分子量、溶解度、玻璃化温度的增或减，力学性能上强度或弹性的损失，都可归因于降解和/或交联的结果，总称为老化。

降解是使分子量变小的反应。影响降解的因素很多，如热、机械力、超声波、光和辐射等物理因素，氧和水等化学品以及微生物等化学和生物因素。在自然界中老化时，物理因素和化学因素并存，而且降解和交联往往相伴进行。

研究降解的目的有：(1) 有效利用，如天然橡胶硫化成型前的塑炼以降低分子量，废弃高分子材料的高温裂解以回收单体，纤维素和蛋白质的水解制取葡萄糖和氨基酸；(2) 剖析降解产物以研究高分子的结构。对于难溶解、不适用溶液核磁共振等常规分析方法的高分子样品，可采用裂解色谱或裂解-气质联用分析解决其结构表征难题；(3) 探讨高分子老化机理，为设计防老措施、延长高分子材料使用寿命提供依据。以下按几种单一因素来分别阐述降解问题。

8.6.1 热降解

高分子的加工和使用过程均会涉及热降解，因而须考虑高分子本身的热稳定性及热稳定剂的选用与添加。一般把高分子试样在真空下恒温加热 40～45min（或 30min），以质量减少一半的温度 T_h（半衰期温度）作为其热稳定性的评价指标。T_h 愈高，则热稳定性愈好，见表 8-4。其中聚氯乙烯、聚偏氟乙烯、聚醋酸乙烯酯、聚丙烯腈等在温度不高的条件下受热时，主链并不断裂，而发生侧基的脱除。聚氯乙烯升温至 300℃ 时的失重率达 58%～

60%，与其氯含量58.4%相当。聚醋酸乙烯失重率为69%～70%，与其醋酸含量69.8%一致。这表明两者的侧基脱除比较完全，但并不属于降解反应，而是侧基的热消除反应，故在此不再讨论。

表8-4　聚合物的热分解特性

聚合物	T_h/℃	单体产率/%	活化能/kJ·mol^{-1}
聚氯乙烯	260	0	134
聚醋酸乙烯	269	0	71
聚甲基丙烯酸甲酯	327	91.4	125
聚α-甲基苯乙烯	286	100	230
聚异戊二烯	323	—	—
聚氧化乙烯	345	3.9	192
聚异丁烯	348	18.1	202
聚苯乙烯	364	40.6	230
聚三氟氯乙烯	380	25.8	238
聚丙烯	387	0.17	243
支链聚乙烯	404	0.03	262
聚丁二烯	407	—	260
聚亚甲基	414		300
聚苄基	430		244
聚四氟乙烯	509	96.6	333

高温裂解是热降解的极端情况，可以用红外光谱、紫外光谱、色质联用等来分析小分子裂解产物和残留物，借以推断原始高分子的结构。

高分子热降解主要有解聚和无规断链两种类型。

(1) 解聚

聚甲基丙烯酸甲酯、聚(α-甲基苯乙烯) 等α,α-双取代乙烯基聚合物受热或高能辐射时，易解聚成单体，尤其在聚合上限温度以上。这类聚合物的聚合热和聚合上限温度都较低。

解聚是聚合（链增长）的逆反应，其常见机理是：先形成链端基自由基，当其活性不很高、α,α-双取代聚合物又不含易被夺取的原子或基团时，将难以发生自由基向大分子的链转移，结果就按“拉链”方式迅速逐一脱除单体。聚甲基丙烯酸甲酯的解聚研究得比较清楚，是从不饱和端基开始解聚，聚合度逐渐降低。270℃下聚甲基丙烯酸甲酯可以全部解聚成单体。据此，理论上可以利用废弃有机玻璃的热解聚来回收单体。聚(α-甲基苯乙烯) 的解聚机理与此相似。其在200～500℃下热解时，单体产率达95%～100%。表8-5列出了部分聚合物的热解单体产率。

聚四氟乙烯分子的C—F键能特别大，高达486kJ·mol^{-1}。与此相比，C—H键的键能为414kJ·mol^{-1}，C—C键的键能为347kJ·mol^{-1}。四氟乙烯聚合时，无歧化终止和链转移反应，形成分子量很高的线形高分子。虽然聚四氟乙烯是耐热高分子，但高温下先无规断链，因无链转移反应，其后迅速从端自由基开始拉链式地全部连锁解聚成单体。

表 8-5 300℃真空下聚合物热解时的单体产率

高分子	挥发产物中的单体	
	质量分数/%	摩尔分数/%
聚甲基丙烯酸甲酯	100	100
聚甲基苯乙烯	100	100
聚异丁烯	32	78
聚苯乙烯	42	65
聚丁二烯	14	57
丁苯橡胶	12	52
聚乙烯	3	21

如第 7 章所述，三聚甲醛开环聚合生产聚甲醛工程塑料需要封端，原因在于聚甲醛受热时也易解聚，解聚往往从羟端基开始，“拉链”式地脱除甲醛，但属于离子机理。封端可阻断解聚过程以提高聚甲醛的热稳定性。

（2）无规断链

聚乙烯受热时，大分子链可能在任何位置直接无规断链，聚合度迅速下降。聚乙烯断链后形成的自由基活性高，经分子内“回咬”转移而引起连锁断链，形成低分子同系物，但较少形成乙烯单体。用色谱分析聚乙烯热降解的气态产物，发现其中丙烯占主要部分，其它有甲烷、乙烷和丙烷，以及一些饱和烃和不饱和烃，乙烯量较少。温度对热降解产物分布的影响较小。

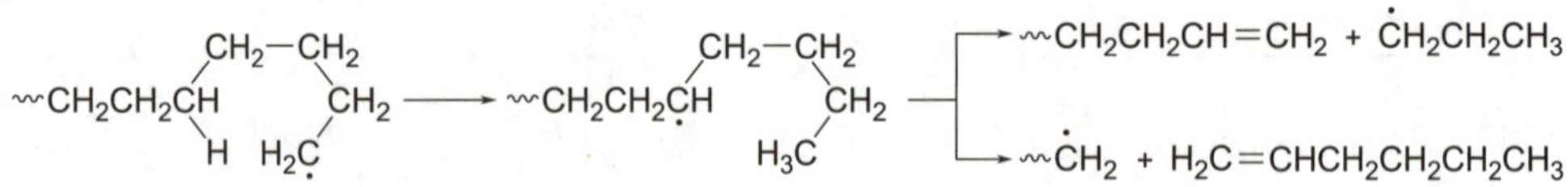

聚苯乙烯在 350℃下热解，会同时发生断链和解聚，产生约 40%单体，伴有少量甲苯、乙苯、甲基苯乙烯，以及二、三、四聚体。在 725℃下高温裂解则可得 85%苯乙烯，以及苯、乙烯、氢等有利用价值的小分子产物。

8.6.2 水解、化学降解和生化降解

高分子材料的日常使用环境往往是有一定湿度的大气、水介质或埋在地下。碳-碳键耐化学降解，因而聚烯烃等乙烯基聚合物的饱和碳链即使长期埋在含有细菌的酸性或碱性土壤中也难降解。相反，缩聚物主链中的碳-杂原子键却是水解、醇解、酸解、氨解等化学降解的薄弱环节。缩聚物的化学降解可以看作是聚合的逆反应。缩聚物的化学降解可从第 2 章中的缩聚逆反应获得基本概念。

聚酯和聚酰胺含有极性基团，能吸收一定的水分。在室温下，这些水分可以起到增塑作用，降低聚酯和聚酰胺的刚性和硬度。但在较高的加工温度和较高的相对湿度下，却会引起水解降解，特别是聚酯和聚碳酸酯对水解很敏感，加工前应充分干燥，以防降解使聚合度和强度降低。聚对苯二甲酸乙二醇酯树脂和水在密闭的反应釜中升温至熔点以上（如 265℃）水解，所得固体水解产物是对苯二甲酸，液体产物主要是乙二醇和少量二聚体。对苯二甲酸

对水解有催化作用，速率常数与温度的关系服从 Arrhenius 方程。

另一方面，利用化学降解的原理，可使缩聚物降解成单体或低聚物，进行废弃高分子材料的回收和利用。例如纤维素、淀粉经酸性水解成葡萄糖，天然蛋白质水解成白明胶和氨基酸，废涤纶树脂加过量乙二醇可醇解成对苯二甲酸乙二醇酯或低聚物，聚酰胺经酸或碱催化水解可得氨基或羧基低聚物，固化了的酚醛树脂可用过量苯酚降解成酚、醇或低聚物。

聚乳酸易水解，用其制造的外科缝合线在手术后无需拆线，可在体内生化水解成乳酸，经由代谢循环排出体外。

相对湿度 70%以上的环境有利于微生物对天然高分子和有些合成高分子材料的生化降解。许多细菌能产生酶，使缩氨酸和糖类水解成水溶性产物。天然橡胶经过交联或纤维素经过乙酰化，可增强对生化降解的耐受力。在高分子材料中加入酚类或铜、汞、锡的有机化合物可防止其菌解。

8.6.3 氧化降解

高分子在加工和使用过程中会因接触空气而被氧化。热、光、辐射等对氧化都有促进作用。氧化初期，高分子与氧化合而增重，可用样品增重率-时间曲线对其氧化特性作出初步评价，如图 8-1 所示。易氧化的高分子无诱导期或诱导期很短，吸氧增重速率很快，即曲线很陡，如图中左边的曲线。难氧化的高分子，或加有抗氧化剂时，则会有一个氧化诱导期，诱导期过后才会较快地氧化，如图中右边的曲线。

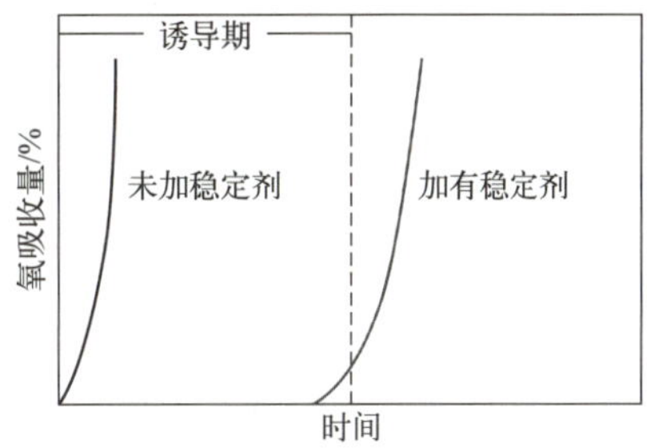

图 8-1 热氧化过程中氧的吸收量

(1) 氧化弱键

二烯类橡胶和聚丙烯易氧化，而无支链的线形聚乙烯和聚苯乙烯却比较耐氧化。高分子的氧化活性与结构有关：碳碳双键、烯丙基和叔碳上的碳氢键都是弱键，易受氧的攻击。碳碳双键氧化多形成过氧化物，碳氢键氧化则形成氢过氧化物。二者分解后都形成自由基，而后发生一系列连锁反应。

高分子氧化的关键步骤是氢过氧化物的形成，即 C—H 键转变为 C—O—O—H。氧化活性可以通过比较 C—H 和 O—H 的键能差来作初步判断。氢过氧化物 ROOH 中 O—H 的键能约为 $377\mathrm{kJ \cdot mol^{-1}}$，低于或近于这一数值的 C—H 键容易氧化，即 C—H 键能愈小，愈易氧化。下列模型化合物的氧化活性大小顺序为：

$$\mathrm{CH_2{=}CH{-}CH_2{-}H > CH_3\overset{\overset{O}{\|}}{C}{-}H > (CH_3)_3C{-}H > (CH_3)_2CH{-}H > CH_3CH_2CH_2CH_2{-}H}$$

C—H 键能 $(\mathrm{kJ \cdot mol^{-1}})$	356	368	381	402	410
	烯丙基氢	羰基上的氢	三级碳上的氢	二级碳上的氢	一级碳上的氢

可见烯丙基、叔碳氢是容易受氧进攻的弱键，而一级、二级碳氢键则较难氧化。

(2) 氧化机理

高分子氧化是自由基反应过程，可以粗分为两个阶段。第一阶段相当于引发阶段，RH

与氧反应产生初始自由基R·，或先形成过氧化物，而后分解成自由基。高分子中残留的引发剂或包埋的自由基对引发步骤有促进作用。第二阶段是增长阶段，已形成的初始自由基进行快速的增长和转移，进入连锁氧化过程。下列基元反应和相关的活化能可供参考。

引发	$RH \longrightarrow R^{\cdot} + {}^{\cdot}H$	
	$ROOH \longrightarrow RO^{\cdot} + {}^{\cdot}OH$	$E = 150\ kJ \cdot mol^{-1}$
增长(快)	$R^{\cdot} + O_2 \longrightarrow ROO^{\cdot}$	$E = 0\ kJ \cdot mol^{-1}$
转移(慢)	$ROO^{\cdot} + RH \longrightarrow ROOH + R^{\cdot}$	$E = 30 \sim 45\ kJ \cdot mol^{-1}$ (三级氢、二级氢)
	$HO^{\cdot} + RH \longrightarrow H_2O + R^{\cdot}$	$E = 4 \sim 8\ kJ \cdot mol^{-1}$
	$RO^{\cdot} + RH \longrightarrow ROH + R^{\cdot}$	
终止	$R^{\cdot}$　$RO^{\cdot}$　$ROO^{\cdot}$　双基终止成稳定产物	

自由基R·与氧的加成极快，其活化能几乎等于零。转移反应虽相对较慢，仍比一般化学反应快得多，因此抗氧化的关键是防止初始自由基的产生，一旦产生则需设法及时将其消灭。

过氧化物的分解活化能虽然较高，却可被初始自由基诱导分解，或与铁、铜、钛等过渡金属构成氧化-还原体系而加速分解。因此，减少初始自由基是抑制过氧化物分解的关键之一。

(3) 抗氧剂和抗氧机理

根据氧化的自由基机理特征，抗氧化剂可以分成下列三类。不同抗氧剂的复配使用可以产生协同效应，增强抗氧效果。

① 链终止剂型抗氧化剂——主抗氧剂　链终止型抗氧化剂（AH）实际上可以看作阻聚剂或自由基捕捉剂，其作用是通过链转移及时消灭已经产生的初始自由基，而其本身则转变为不活泼的自由基A·，从而终止连锁反应。

$$ROO \cdot + AH \longrightarrow ROOH + A \cdot$$

典型的抗氧剂一般是带有较大体积供电基团的位阻型酚类和芳胺，例如：

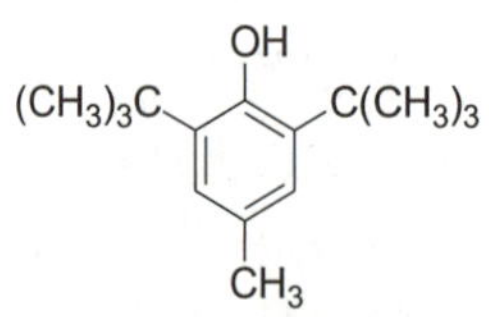

2,6-二叔丁基-4-甲基苯酚 (264)

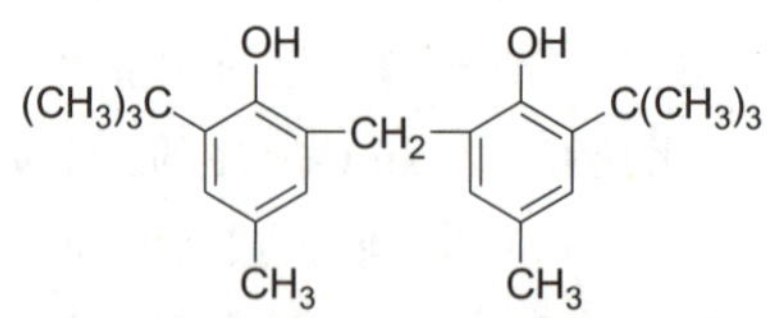

2,2′-亚甲基双(4-甲基-6-叔丁基苯酚) (2264)

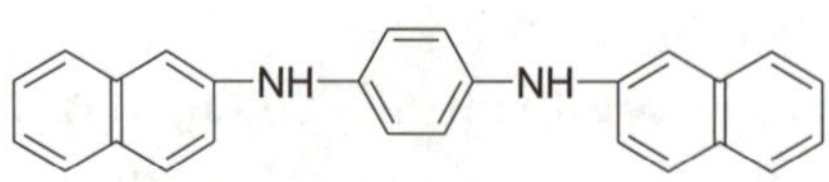

N,N′-二(*β*-萘基)对苯二胺

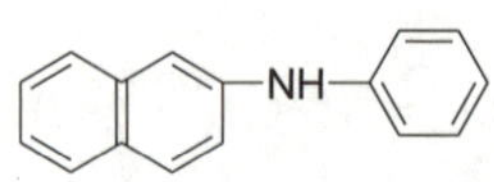

苯基-*β*-萘胺

酚类抗氧化剂多采用2,4,6-三烷基苯酚类，其—CH_3、—$C(CH_3)_3$ 等供电子取代基可增强抗氧能力。邻位上的大体积叔丁基则妨碍了酚氧和苯环的p-π共轭，从而削弱了O—H键，致使其中的H容易被过氧自由基所夺取。高分子氧化产生的大分子自由基ROO·通过

夺取酚羟基上的氢而终止，而酚类本身则转变成较稳定的酚氧自由基，后者还可转变成醌型化合物。如下式所示，一个酚类分子可以终止多个自由基。

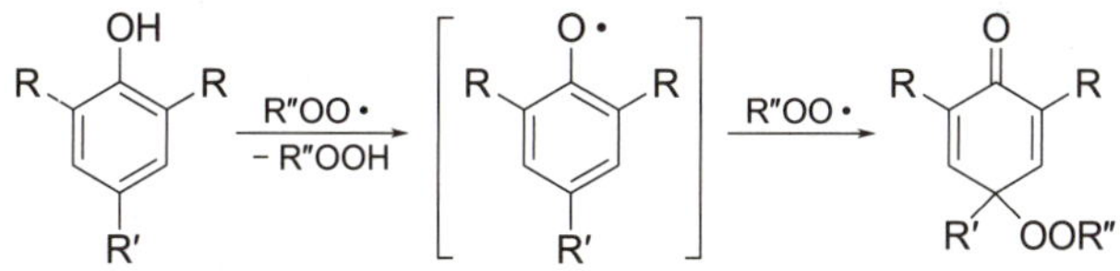

② 氢过氧化物分解剂——副抗氧剂　氢过氧化物分解剂的主要作用是破坏尚未分解的氢过氧化物，防患于未然。氢过氧化物分解剂属有机还原剂，包括硫醇（RSH）、有机硫化物（R_2S）、三级膦（R_3P）、三级胺（R_3N）等，能使氢过氧化物还原、分解和失活，一分子还原剂可以分解多个氢过氧化物。下列含硫化合物是常用的氢过氧化物分解剂。

$S(CH_2CH_2COOC_{12}H_{25})_2$	$S(CH_2CH_2COOC_{18}H_{37})_2$	$(C_5H_6N_2S_4Zn)_x$
硫代二丙酸二月桂酯	硫代二丙酸十八酯	二硫代氨基甲酸锌

③ 金属钝化剂——助抗氧剂　金属钝化剂的作用是与铁、钴、铜、锰、钛等过渡金属络合或螯合，减弱其对氢过氧化物的诱导分解。钝化剂通常为酰肼类、肟类、醛胺缩合物等，与酚类或胺类抗氧化剂合用非常有效。下式显示水杨醛肟与铜离子的螯合结构。

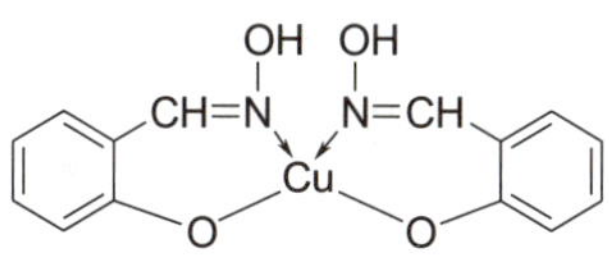

上述三类抗氧剂往往复配使用，具体复配方案随高分子品种而异。

8.6.4 光降解和光氧化降解

高分子材料在室外使用会受日光照射，其中的紫外和近紫外光可能使多数高分子的化学键断裂，引起光降解和光氧化降解，导致老化。根据高分子抵抗光降解的能力，可将其分成三类：

① 稳定高分子，如聚甲基丙烯酸甲酯、高密度线形聚乙烯；

② 中等稳定高分子，如涤纶聚酯和聚碳酸酯；

③ 不稳定高分子，如聚丙烯、橡胶、聚氯乙烯、尼龙等。这类高分子材料使用时需添加光稳定剂。

（1）光降解和光氧化降解的机理

探明光降解的机理，可为光稳定剂和光敏高分子的设计合成指明方向。

高分子受光照射后是否引起高分子链的断裂，取决于光能和键能的相对大小。共价键的解离能为 160～600kJ·mol^{-1}。只有光能大于这一数值，才有可能使链断裂。

光子的能量与波长有关，波长愈短，则能量愈大。照射到地面的近紫外光波长为 300～400nm，相当于 400～300kJ·mol^{-1} 的光能，因而有可能使共价键断裂。

高分子吸收光能后，其一部分分子或基团转变成激发态，然后按两种方式进一步变化：一是激发态发射出荧光、磷光或释放出热能后，恢复成基态；二是激发态的能量大到足以使化学键断裂，继而引起其它的化学反应，导致光降解。虽然 300～400nm 的紫外光并不能使许多高分子的共价键直接断裂，却可使之转变成激发态。被激发的C—H键更容易与氧反应，形成氢过氧化物，然后分解成自由基，按氧化机理降解，称为光氧化降解。

高分子往往对特定的光波长敏感，见表8-6。不同基团或共价键各有其特定的吸收波长范围，如C—C键吸收波长为195nm和230～250nm的光，羟基吸收波长为230nm的光。日光中这些波长无法到达地面，因此饱和聚烯烃和含羟基高分子比较稳定。而醛、酮等中的羰基以及双键、烯丙基、叔氢则是光降解和光氧化降解的薄弱点。此外，聚合产物中少量的残留引发剂或过渡金属都能促进光氧化反应。

表8-6 高分子对光敏感的波长

高分子	敏感波长/nm
聚酯	325
聚苯乙烯	318.5
聚丙烯	300
聚氯乙烯	320
乙烯-醋酸乙烯酯共聚物	327，364
聚醋酸乙烯酯	380
聚碳酸酯	280.8～305，330～370
聚乙烯	360
醋酸丁酯纤维素	295～298
苯乙烯-丙烯腈共聚物	290，325

(2) 光稳定剂

根据上述光（氧化）降解机理，光稳定剂的作用原理可以概括如下：首先由光稳定剂分子直接吸收光或者从已吸收光的物种经转移获得能量，转变为激发态A^*。激发后的A^*较稳定，不会引起后续的化学反应，只是通过发出荧光、磷光辐射或热而耗散能量，或分解成稳定产物。

激发　　$A \rightarrow A^*$

发射　　$A^* \rightarrow A$＋光或热

降解　　$A^* \rightarrow$分解产物

按此机理，防止光降解应考虑这些因素：防止紫外光的吸收；使激发态失活；破坏已经形成的过氧化物；防止自由基与聚合物反应。后两点参见8.6.3节。

光稳定剂有下列三类：

① 紫外光屏蔽剂，即能反射紫外光，防止紫外光透入高分子内部引起反应的助剂。炭黑（粒度15～25nm，添加量2%～5%）、二氧化钛、活性氧化锌（添加量2%～10%）和很多颜料都是有效的紫外光屏蔽剂，与紫外光吸收剂合用，效果更好。

② 紫外光吸收剂，这类化合物能吸收290～400nm的紫外光，从基态转变成激发态，然后经能量转移放出强度较弱的荧光、磷光，或释放热能，或将能量转送到其它分子而自身恢复到基态。紫外光吸收剂实际上起着能量转移的作用。

目前常用的紫外光吸收剂有邻羟基二苯甲酮、水杨酸酯、邻羟基苯并三唑等三类。

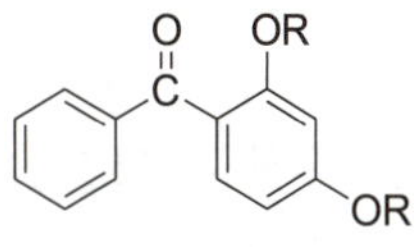

邻苯基二苯甲酮类
OR = CH_3, C_8H_{17}

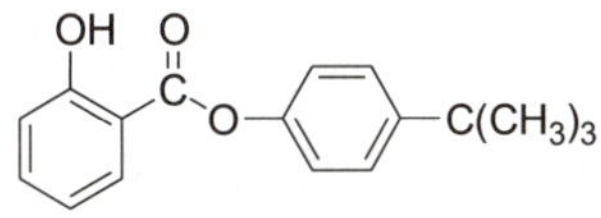

水杨酸对叔丁基苯酯

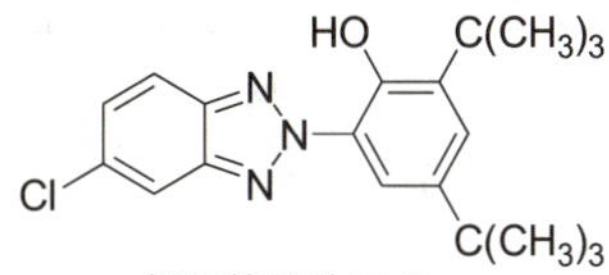

邻羟基苯并三唑

上列化合物中的供电烷氧基可增进与高分子的混溶性，有利于能量的转移。

以 2-羟基苯基苯酮（2-hydroxybenzophenone）为例来说明其通过内部能量转移而吸收紫外线的作用。在其基态下，羰基与羟基通过氢键形成螯合环，但吸收光能后该环打开，即从基态变为激发态，激发态再异构化成烯醇或醌，同时放出热量，恢复成螯合环基态。光吸收剂本身的结构未变，只是把光能转变成热。形成的氢键越稳定，则开环所需的能量越多，因此传递给高分子的能量越少，光稳定效果也就越显著。

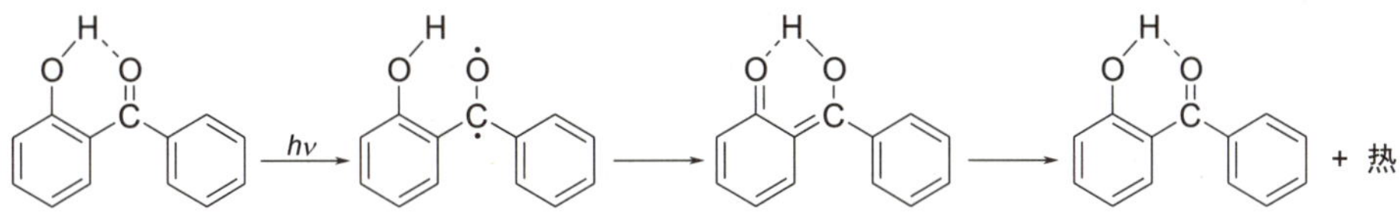

基态　　激发态　　烯醇或醌　　基态

水杨酸酯类是紫外光吸收剂的前体，经光照后，其中酚基芳酯结构重排，成为二苯甲酮结构，成为真正的紫外光吸收剂的前体，其作用机理与 2-羟基苯基苯酮相似。

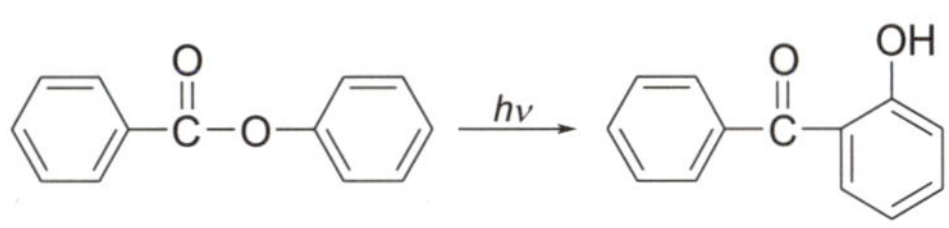

③ 紫外光猝灭剂，紫外光猝灭剂的作用机理简示如下：处于基态的高分子 A 经紫外光照射，转变成激发态 A^*。猝灭剂 D 接受了 A^* 中的能量，转变成激发态 D^*，却使 A^* 回到稳定的基态 A。激发态 D^* 以光或热的形式释放出能量，恢复成原来的基态 D。

$$A^* + D^* \longrightarrow A + D^* \longrightarrow A + D + \text{光或热}$$

由此可见，紫外光猝灭剂与紫外光吸收剂的作用机理有点相似，都使激发态的能量以光或热发散出去，然后恢复到基态。两者的差异在于：猝灭剂属于异分子之间的能量转移，而吸收剂则是同一分子内的能量转移。

目前用得最广泛的紫外光猝灭剂是二价镍的有机螯合剂或络合物，如双（4-叔辛基苯）亚硫酸镍、硫代烷基酚镍络合物或盐、二硫代氨基甲酸镍盐等。

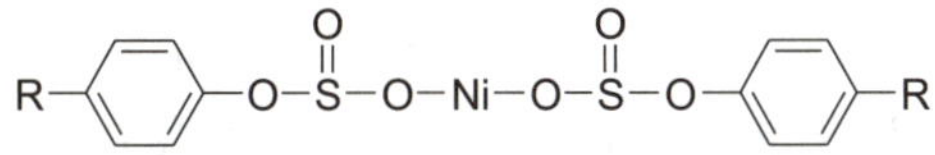

双(4-叔辛基苯)亚硫酸镍

紫外光猝灭剂往往与紫外光吸收剂混合使用，进一步消除未被吸收的残余紫外光能，以提高光稳定效果。户外使用制品常同时添加有光稳定剂和抗氧剂，以改善抗老化性能。

8.6.5 老化和耐候性

高分子材料在大气、（海）水环境或埋在土层中长期使用，在热、光、氧、水、化学介质、微生物等的联合作用下，其化学组成和结构会发生以降解、交联为主的变化，物理性能也相应劣化，如变色、发黏、变脆、变硬、失去强度等，这些现象统称为高分子材料的老化。

前面几节分别介绍了热、氧、光等单一因素的老化效应。为研究多种因素综合作用下的高分子材料老化程度及其规律，既可以在真实环境下进行老化试验，也可以在实验室建立模拟环境的条件以进行加速老化试验。前者耗时较长但结果直接明了，后者则效率更高。

各种因素对不同种类高分子的老化效应差别很大，其中高分子自身的链结构是决定性的因素。例如，同为聚烯烃材料，聚乙烯的耐氧化（包括自氧化和光氧化）性能显著优于等规聚丙烯，因为前者链上不含较活泼的叔氢，后者主链则有大量叔氢，且等规聚丙烯的螺旋链构象也会加速链的氧化和断裂。表 8-7 列出了常见聚合物的老化特性。

表 8-7　高分子材料对各种老化因素的相对耐受性

高分子	裂解	自氧化	光氧化	臭氧化	氧指数/%	水解	吸湿性/%
聚乙烯	好	次	次，变脆	好	18	好	<0.01
聚丙烯	中	次	次，变脆	好	18	好	<0.01
聚苯乙烯	中	中	次，变色	好	18	好	0.03～0.10
聚异戊二烯	好	次	次，软化	次	18	好	低
聚异丁烯	中	中	中，软化	中	18	好	低
聚氯丁二烯	中	次	中	中	26	好	中
聚甲醛	次	次	次，变脆	中	16	次	0.25
聚苯醚	好	次	次，变色	好	28	中	0.07
聚甲基丙烯酸甲酯	中	好	好	好	18	好	0.1～0.4
聚对苯二甲酸乙二醇酯	中	好	中，变色	好	25	中	0.02
聚碳酸酯	中	好	中，变色	好	25	中	0.15～0.18
聚已二酰已二胺	中	次	次，变脆	好	24	中	1.5
聚酰亚胺	好	好	次，变色	好	51	中	0.3
聚氯乙烯	次	次	次，变色	好	约 40	好	0.04
聚偏氯乙烯	次	中	中，变色	好	60	好	0.10
聚四氟乙烯	好	好	好	好	<95	好	<0.01
聚二甲基硅烷	好	好	中	好		中	0.12
ABS 树脂	中	次	次，变色	好	19	好	0.20～0.45
三醋酸纤维	次	次	次，变脆	好	19	次	1.7～6.5

在高分子材料选用问题上，除了根据高分子的结构性能特点匹配适宜的应用场合或适当改变高分子结构使之适应某种环境外，更常见的解决方案是添加各种助剂并采取防老措施。防老剂的种类很多，如热稳定剂、抗氧剂和助抗氧剂、紫外光吸收剂和屏蔽剂、防霉剂和杀菌剂等，部分已见上述，可根据需要选用。

8.6.6　高分子材料的可燃性和阻燃

高分子材料的阻燃防火是一个重要问题，涉及高分子的可燃性、燃烧机理以及阻燃机理。

可燃物、氧和温度是燃烧的三要素，缺一不可。有机高分子材料基本上都是可燃物。材料是凝聚相，氧是气相，初看起来，燃烧似应在高分子材料表面进行。实际上，燃烧是个复杂过程。较常见的场景是，高分子受热后发生解聚和裂解，产生气态或挥发性的小分子可燃物，引起气相燃烧。如氧气和温度条件能保持，氧化和燃烧将得以持续进行，如下式所示：

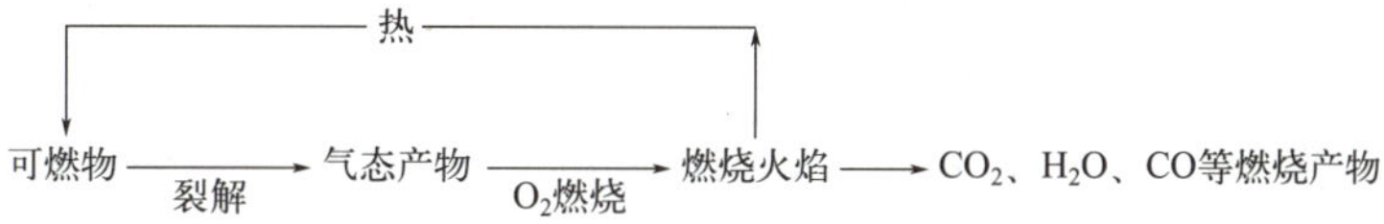

物质的燃烧性能常用（最低）氧指数来评价。其测定方法是将高分子试样直放在玻璃管内，上方缓慢通过氧、氮混合气流（需调节氧氮比例至适当值）。能够保证稳定燃烧的混合气最低氧含量［以体积分数（%）计］定义为（最低）氧指数 LOI 或 OI。

$$LOI=\phi_{O_2}=\frac{V_{O_2}}{V_{O_2}+V_{N_2}}\times 100\%$$

氧指数愈高，表明材料愈难燃烧，借此可以评价高分子燃烧的难易程度和阻燃剂的效率（见表 8-8）。氧指数大于 22.5%为难燃物；大于 27%则会自熄。聚乙烯、聚丙烯氧指数仅 17.4%，极易燃烧，并会像石蜡一样熔融淌滴，但不生烟。聚苯乙烯氧指数与之相近（18.2%），也易燃烧，并产生浓重的黑烟。聚丙烯腈也属易燃之列（21.4%），且燃烧时分解出有毒的 HCN 气体。聚氯乙烯的氧指数为 45%～49%，难燃且自熄，但会因热解而释放出窒息性且有毒的氯化氢气体，并生烟。从减灾角度考虑，阻燃和抑烟同等重要。

表 8-8 聚合物和小分子物质的氧指数

易燃化合物	氧指数/%	难燃化合物	氧指数/%
氢	5.4	聚乙烯醇	22.5
甲醛	7.1	氯丁橡胶	26.3
苯	13.1	涤纶	26.3
聚甲醛	14.9	聚碳酸酯	27
聚氧乙烯	15.0	聚苯醚	28
聚甲基丙烯酸甲酯	17.3	尼龙-66	28.7
聚乙烯和聚丙烯	17.4	聚酰亚胺	36.5
聚苯乙烯	18.2	硅橡胶	26～39
麻、棉	20.5～21	聚氯乙烯	45～49
聚丙烯腈	21.4	聚四氟乙烯	95

设计高分子的阻燃体系时，除了设法阻止或减缓燃烧，还要考虑抑制 CO_2、CO 等窒息性、有毒燃烧产物，防范聚氯乙烯、聚丙烯腈燃烧时所产生的氯化氢、氰化氢等有毒气体，以及考虑聚酯纤维燃烧时的熔体灼伤。不同高分子材料在链结构、基团的化学特性等方面差异很大，其可燃性能因而也差异很大，从易燃、缓慢燃烧、阻燃到自熄，程度不等。因此，高分子的阻燃涉及多学科知识，现已成为高分子材料学的一个重要研究方向。

高分子材料制品中常用的阻燃剂主要依据三类原理设计：

① 减弱放热，加速散热，冷却降温，减少热解和可燃气体的产生，抑制气相燃烧；

② 释放不可燃气体（N_2、CO_2、H_2O）或促进炭化，隔离氧气，减弱传热和传质；

③ 捕捉自由基，终止连锁氧化反应。

根据上述阻燃原理来选择和设计阻燃剂，主要是P、N、Cl、Br、Sb、Al、Mg、B等元素的化合物。各种阻燃剂的阻燃原理有所不同，某一阻燃剂也可能兼有几种阻燃机理。

单质磷（胶囊红磷）、三价或五价有机磷和无机磷常用作高分子的阻燃剂，兼有多种阻燃机理，包括凝聚相阻燃和气相阻燃、化学机理阻燃和物理因素阻燃等。三聚氰胺是常用的含氮阻聚剂，受热时释放出N_2而阻燃。含卤化合物中的卤碳键是弱键，受热易分解成卤自由基X·，从而及时终止燃烧所产生的初始自由基。Sb_2O_3与氯代烃合用，受热时，形成SbOCl、$SbCl_3$等挥发性气体，进入气相，终止初始自由基，起到气相阻燃作用。氢氧化铝受热时，转变为氧化铝，形成炭化层，隔热阻氧，凝聚相阻燃；同时释放出结晶水，降温和气相阻燃。氢氧化镁、硼酸锌也有类似的阻燃作用。

8.7 扩展阅读：高分子载体

除上述在高分子上发生的各种反应之外，作为辅助试剂，高分子作为载体也能影响或调控相关反应的进行。高分子可以被用来键接反应试剂、负载催化剂和固定化酶等。

8.7.1 高分子试剂

高分子试剂是键接有反应基团的高分子，其品种可以与低分子试剂相对应。现从每一类反应中选择一种高分子试剂作代表，将其母体、反应基团和有关反应示例列入表8-9。

表8-9 高分子试剂（ϕ表示苯环）

高分子试剂	母体	功能基团	反应
氧化剂	聚苯乙烯	—ϕ—COOOH	烯烃环氧化
还原剂	聚苯乙烯	—ϕ—Sn(*n*-Bu)H_2	醛、酮等羰基还原成醇
氧化还原树脂	乙烯基聚合物	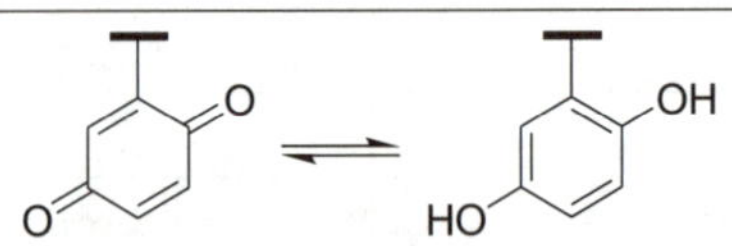	兼有氧化还原可逆反应特性
卤化剂	聚苯乙烯	—ϕ—$P(C_6H_5)_2Cl_2$	羟基或羧基转变成氯代或酰氯
酰化剂	聚苯乙烯	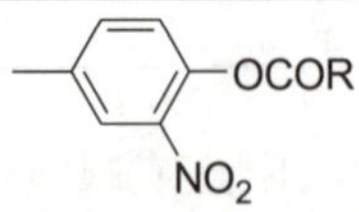	胺类转变成酰胺，R为氨基酸衍生物时，则为肽的合成
烷基化剂	聚苯乙烯	—ϕ—$SCH_2^-Li^+$	碘代烷反应，增长碳链
亲核合成试剂	聚苯乙烯	—ϕ—$CH_2N^+(CH_3)_3(CN^-)$	卤烷被氰基亲核取代
Wittig反应试剂	聚苯乙烯	—ϕ—$P^+(C_6H_5)_2CH_2RCl^-$	R′C═O经Wittig反应，转化为$R_2'C$═CHR

注：高分子试剂的聚苯乙烯母体ϕ代表苯乙烯-二乙烯基苯共聚物及其衍生物。

与小分子试剂相比，高分子试剂有许多特点：通常不溶，稳定性高，对反应的选择性好，可就地再生重复使用，生成物容易分离提纯。现以高分子过氧酸的制备和应用为例简介如下。

在二甲基亚砜溶液中，用碳酸氢钾处理氯甲基化交联聚苯乙烯（PS—ϕ—CH_2Cl），先使氯甲基转变成醛，进一步用过氧化氢氧化成高分子过氧酸。

$$Ⓟ-\phi-CH_2Cl \xrightarrow{KHCO_3} Ⓟ-\phi-CHO \xrightarrow{H_2O_2,H^+} Ⓟ-\phi-CO_3H$$

在适当溶剂中，可用高分子过氧酸将烯烃氧化成环氧化合物，流程示意如下。

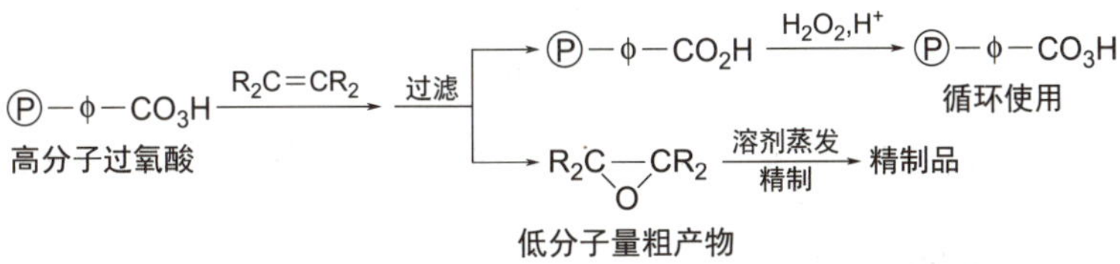

高分子过氧酸被烯烃还原成高分子酸，经过滤使环氧化合物粗产物与高分子酸分离。蒸出粗产物中的溶剂，经纯化即得环氧化合物精制品。高分子酸则可用过氧化氢再氧化成过氧酸，循环使用。高分子过氧酸比臭氧和过氧化氢更加安全。

高分子试剂的一大经典应用是多肽的固相合成。由三个或三个以上氨基酸分子组成的肽叫多肽，它们的分子量低于 10000 道尔顿，在诊断、治疗、抗菌等很多方面具有重要的应用价值。蛋白质经水解，可制得各种多肽乃至氨基酸的混合物，可见蛋白质是多种氨基酸的共缩聚物，而且按一定规律排列，但水解产物的分离纯化是一大技术难题。由氨基酸直接缩聚来人工合成多肽，也是个难题：一是共缩聚时混有许多均聚物；二是共缩聚物结构无序。1963 年，Merrifield 以高分子作载体，以氨基酸为单体，采用基团保护措施，进行固相合成，解决了以上两难题，人工合成多肽成功，因而获得了诺贝尔奖。

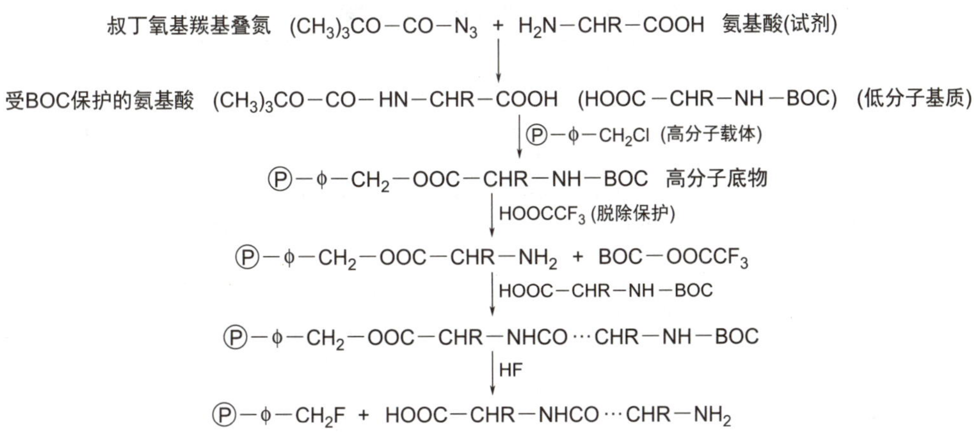

固相合成法常采用氯甲基苯乙烯树脂（氯球 PS—ϕ—CH_2Cl）作载体。氨基酸中的氨基可用叔丁氧基羰基［$(CH_3)_3CO$—C(O)—，符号 BOC］来保护。氨基酸与叔丁氧基羰基叠氮化合物反应，就形成叔丁氧基羰基保护基。BOC 保护基容易水解，而不损坏肽键。这种受保护的小分子反应物称作小分子底物（或小分子基质）。小分子底物与氯甲基聚苯乙烯反应，则形成高分子底物。在二氯甲烷溶液中，上述产物用三氟醋酸脱除保护基团，恢复成氨基，以便与另一受保护的氨基酸反应。

为了提高第二氨基酸的活性和反应速率，减少副反应，常加入活化剂。最常用的活化剂是二环己基二亚胺（DCC）或 1-(3-二甲氨基丙基)-3-乙基碳二亚胺盐酸盐（EDC）。如此反复共缩聚，就可以合成出复杂的多肽。最后用氢氟酸使多肽从高分子底物上分裂出来，洗去未反应的试剂和副产物，经分离精制，就得多肽的精制品。

固相合成可简化描述如下：

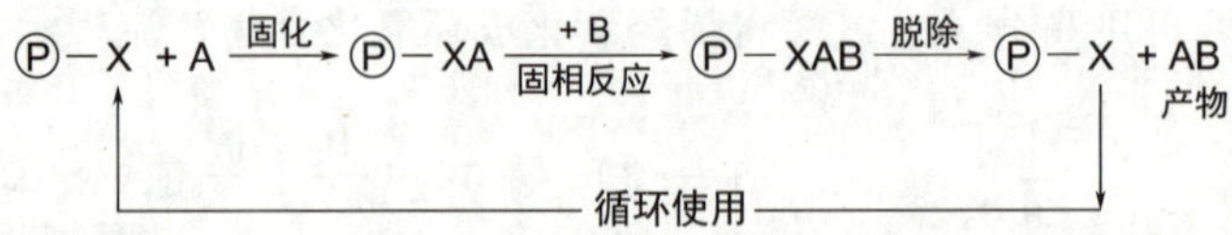

固相合成法已经应用于多肽、低聚核苷酸、寡糖、大环化合物以及光学异构体等的合成。

8.7.2 高分子负载催化剂

高分子负载催化剂由高分子载体Ⓟ和催化基团 A 组成，催化基团不参与反应，只起催化作用，或参与反应后恢复原状。大多数高分子负载催化剂参与的反应属液固相催化反应，产物容易分离，催化剂可循环使用。

Ⓟ—A + 低分子反应物 ⟶ Ⓟ—A + 产物

苯乙烯型阳离子交换树脂可用作酸性催化剂，用于酯化、烯烃的水合、苯酚的烷基化、醇的脱水，以及酯、酰胺、肽、糖类的水解等。带季铵羟基的高分子，则可用作碱性催化剂，用于活性亚甲基化合物与醛、酮的缩合以及酯和酰胺的水解等。其它高分子催化剂见表 8-10。

表 8-10　高分子负载催化剂（ϕ 代表苯环）

高分子载体	催化剂基团	反应
聚苯乙烯	$—\phi—SO_3H$	酸催化反应
聚苯乙烯	$—\phi—CH_2N^+(CH_3)_3$	碱催化反应
聚苯乙烯	$—\phi—SO_3H \cdot AlCl_3$	正己烷的裂解和异构化
聚苯乙烯	$—P\ \phi_2P^+Cl$	
聚（4-乙烯基吡啶）	$—\phi—NCu(OH)Cl$	取代酚的氧化聚合
聚苯乙烯	$—\phi—CH_2—Y$	光敏反应，如单线氧的产生、有机物的光氧化、醚、酯、醛的形成
聚苯乙烯	$—\phi H \cdot AlCl_3$	

固态高分子负载催化剂反应设备类似固定床反应器或色谱柱，将催化剂填装在器内，令液态小分子反应物流过，流出的就是生成物，分离简便，催化剂也容易再生。高分子负载催化剂另有许多优点，如选择性高、稳定、易储运、低毒、污染少等。对于可溶性高分子负载催化剂，其分离和再生则采用沉淀方法。

8.7.3 高分子固定化酶

固定化酶可以看作是一类用于生物催化的高分子负载催化剂。酶是分子量中等的水溶性蛋白质，是生化反应的催化剂，具有反应条件温和、活性高、选择性高等优点。在生物体内所进行的化学反应，几乎全部是酶催化的。发酵工业早就使用酶作为催化剂，但反应后的酶混在产物中，难以分离回收循环使用，产物也不易精制，因此在实际应用上受到很大的限制。为了克服这个缺点，到了 20 世纪 60 年代，人们开始研究把酶连接在合成高分子上的所谓固定化酶。如将酶固定在高分子载体上，稳定性增加，便于运输和贮存，能反复多次使用，易从反应系统中分离，且易于控制，有利于自动化生产，但是活性降低。固定化酶不仅在化学、生物学及生物工程、医学及生命科学等学科领域的研究异常活跃，得到迅速发展和广泛的应用，而且因为具有节省资源与能源、减少或防治污染的生态环境效应而符合可持续发展的战略要求。

酶的固定化有化学法和物理法两大类，载体可以是高分子，也可以是无机物。化学法系将酶共价键接在载体上；物理法有吸附和包埋两种。作为固定化酶的高分子载体形式多样，依不同用途有颗粒、纤维、薄膜、多孔膜和管道等形状。其中颗粒占绝大多数，它和纤维这两种形式主要用于工业发酵生产，如装成酶柱用于连续生产，或在反应器中进行间歇式搅拌反应。薄膜主要用于酶电极，应用于分析化学中。酶管机械强度较大，宜用于工业生产。固定化酶膜则集酶催化与膜分离于一体，在生物检测与传感以及酶膜生物反应器等方面应用广阔。现举一例来说明酶在高分子载体上的固定化。

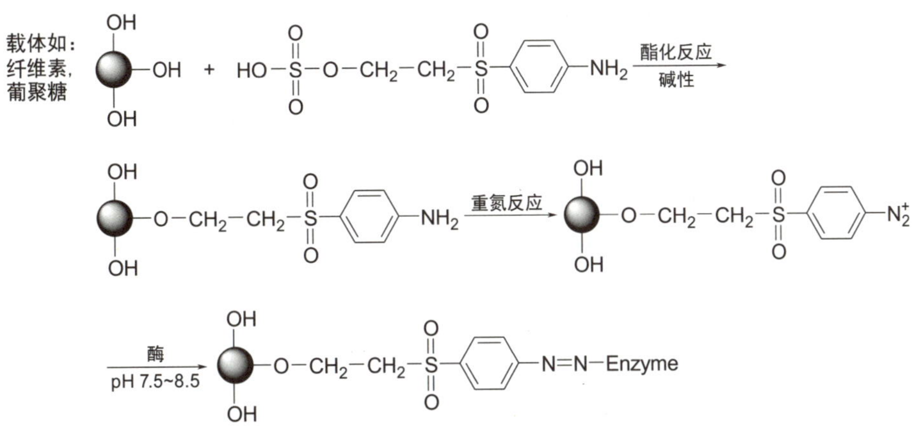

习题

1. 高分子化学反应浩繁，如何考虑合理分类以便于学习和研究？

2. 凝聚态对高分子的化学反应影响的核心问题是什么？举一例子来说明促使反应顺利进行的措施。

3. 概率效应和邻近基团效应对高分子基团反应有什么影响？各举一例说明。

4. 在高分子基团反应中，各举一例来说明基团变换、引入基团、消去基团、环化反应。

5. 从醋酸乙烯酯到维尼纶纤维，需经过哪些反应？写出反应式、要点和关键。

6. 由纤维素合成部分取代的醋酸纤维素、甲基纤维素、羧甲基纤维素，写出反应式，简述合成原理。

7. 简述粘胶纤维的合成原理和过程要点。

8. 试就高分子功能化和功能基团高分子化，各举一例来说明功能高分子的合成方法。

9. 高分子试剂和高分子催化剂有何关系？各举一例。

10. 根据链转移原理合成抗冲聚苯乙烯，简述丁二烯橡胶品种和引发剂种类的选用原则，写出相应反应式。

11. 比较嫁接和大单体共聚技术合成接枝共聚物的基本原理。

12. 以丁二烯和苯乙烯为原料，比较溶液丁苯橡胶、SBS弹性体、液体橡胶的合成原理。

13. 下列高分子应选用哪一类反应进行交联？

a. 天然橡胶　b. 聚甲基硅氧烷　c. 聚乙烯涂层　d. 乙丙二元胶和三元胶

14. 如何提高橡胶的硫化效率，缩短硫化时间和减少硫化剂用量？

15. 研究降解的目的有哪些？影响降解的因素有哪些？

16. 研究热降解有哪些方法？简述其要点。

17. 热降解有几种类型？简述聚甲基丙烯酸甲酯、聚苯乙烯、聚乙烯、聚氯乙烯热降解的机理特征。

18. 抗氧剂有几种类型？它们的抗氧机理有何不同？

19. 紫外光屏蔽剂、紫外光吸收剂、紫外光猝灭剂对光稳定的作用机理有何不同？

20. 比较聚乙烯、聚丙烯、聚氯乙烯、聚氨酯装饰材料的耐燃性和着火危害性。评价耐燃性的指标是什么？

第9章

聚合反应工业实施方法

9.1 引言

制备聚合物的工业实施方法可以分成三大类：(1) 本体聚合，包括液相、固相和气相本体聚合；(2) 溶液聚合，包括水溶液聚合和有机溶液聚合；(3) 分散聚合，包括悬浮聚合、乳液聚合和浆液聚合。熔融缩聚、界面缩聚等适用于逐步聚合反应的特殊实施方法已在第二章介绍，这里不再重复。

由于聚合物分子的尺寸巨大、形状复杂，聚合物熔体或溶液的黏度通常很高。在熔融聚合或均相溶液聚合中，体系的黏度在反应过程中通常会增大几个数量级。高黏度除了不利于传质和传热，也增加了物料输送、搅拌和混合的难度。理论上，可以通过提高聚合温度来降低黏度，但会受到聚合物热稳定性和聚合动力学因素的极大限制。在连锁聚合反应中，提高温度通常会大幅度降低聚合物的分子量，促进副反应（链转移反应、交联等）的发生。一些聚合物在高温下会发生解聚或降解。对于涉及多数连锁聚合和逐步聚合反应的强放热聚合体系，如何有效地撤出聚合热以保证反应正常进行是另一个关键问题。聚合物基本上都是热的不良导体，其热导率随着聚合物溶液浓度增大而不断下降。而且反应器内壁的层流边界层也会降低热导率，该边界层会随着聚合物黏度的增大而变厚。这些因素给平稳控制高黏度聚合体系的温度带来重大挑战。现代工业聚合反应器体积巨大（通常为数立方米至数百立方米），其温度失控造成的后果将是灾难性的。此外，聚合反应实施方法的选择也会对其产物的分子量、链结构及颗粒结构产生巨大影响，进而影响产品的性能。例如，悬浮聚合方法合成的聚氯乙烯跟本体聚合制备的聚氯乙烯在性能和用途上有很大差别。前者的电阻率较低，颗粒较大，粒径分布较宽，流动性较好。因此，如何设计和选择聚合反应的实施方法是高分子化学的重要研究内容之一。主要的原则是：在保证聚合物产品结构和性能符合要求的前提下，所选实施方法能克服聚合物熔体及溶液黏度高带来的传热、传质效率低及物料输送困难等问题，实现规模化聚合反应的稳定、经济运行。

从反应的传热、传质角度看，分散聚合更为有利，因为反应混合物可以保持低黏度，易实现湍流搅拌，且可以达到相对较高的热导率。如果聚合反应是在水相介质中进行的，高比热容的水还有助于散热。

上述三类聚合实施方法可以按照反应体系的相态分成两类：第一类在反应过程中体系保持在液相；第二类体系则在反应的全部或部分阶段存在多个相（如液/固，气/固等），是非均相聚合体系。溶液聚合及一部分本体聚合属于第一类，其余均属于非均相聚合。

9.2 本体聚合

不加溶剂或分散介质而使单体发生的聚合称为本体聚合。根据单体和聚合产物的互溶情况，可以把本体聚合分成均相的本体聚合和非均相的本体聚合两种。

本体聚合是工业实施方法中最简单的一种。其工艺简单，投资少，易实现连续化生产，生产成本较低。苯乙烯的自由基本体聚合依靠热引发，连引发剂也无需加入，反应器内只有单体和聚合物，因而产品非常纯净，适于制造高透明的板材和型材以及对介电性能要求高的电器产品。本体聚合也有一些不足：(1) 聚合反应为放热反应。与溶液聚合和分散聚合相比较，本体聚合的单位反应器容积放热量大很多，受限于传热介质（单体和聚合产物的比热容和热导率均很小）和换热面积，聚合热的排除较困难。如果聚合过程有自动加速效应，极易导致反应器温度失控，甚至发生爆聚；(2) 本体聚合体系的物料黏度较大，分子运动受限，所得聚合产物的分子量分布通常较宽；(3) 本体聚合所得产物中往往残留有少量未反应的单体或低分子量的聚合物，为了满足产品的要求需要将它们脱除。由于物料黏度高，又需要在高温、高真空条件下进行反应，给生产操作带来了一些难度。

9.2.1 均相的本体聚合

均相的本体聚合是指聚合产物溶于单体，随着聚合的进行，聚合体系中的物料渐渐变稠，黏度变大，但物料始终保持均相，直至变成块状的聚合产物。按照参与聚合的单体相态不同，可以将本体聚合分成气相、液相和固相三类。低密度聚乙烯、聚苯乙烯和聚甲基丙烯酸甲酯的合成是典型的均相本体聚合。乙烯的临界温度（9.9℃）低，高压下仍然是气态，通常采取气相本体聚合。苯乙烯、甲基丙烯酸甲酯常温下为液态，可以进行液相本体聚合。力化学方法的发展使得固相本体聚合正逐步得到应用。

在高压和高温（临界温度以上）下，乙烯的相态类似液态，以微量氧或过氧化物可以引发乙烯进行自由基聚合，生成的高压聚乙烯（也称为低密度聚乙烯，LDPE）含有很多支链，密度（0.91～0.93g·cm^{-3}）、结晶度（55%～65%）和熔点（105～110℃）均较低，可以为乙烯所溶胀，因此属于均相的本体聚合。LDPE 的生产一般采用连续式气相本体聚合，生产工艺有釜式法和管式法两种。乙烯的聚合热（约 96kJ·mol^{-1}）很高，聚合过程中及时撤除聚合热是关键，否则聚合体系的温度骤升，将导致聚乙烯和乙烯分解。釜式法工艺大都以过氧化物为引发剂，聚合压力 110～250MPa，聚合温度 130～280℃，停留时间 10～120 秒，大部分反应热靠连续通入的冷乙烯和连续排出热物料来撤除。釜式法工艺流程短，但聚合釜结构较复杂，搅拌桨的设计和安装较困难，聚乙烯容易沉积在搅拌桨上。管式反应器为长径比非常大的细长高压管，结构很简单，但整根管子都带有夹套，换热面积非常大，聚合过程中的反应热通过管壁外部冷却的方式排除，因此管子的内壁易粘附聚乙烯而造成堵塞。管式反应器的操作压力为200～350MPa，聚合温度200～350℃，停留时间30～60秒。聚合后期，经过几段减压，所得LDPE与气液相分离，分出的乙烯经过精制后循环使用。LDPE熔体经挤出、冷却、造粒、包装即为成品。

聚苯乙烯是苯乙烯系树脂的主要品种之一，主要包括通用级聚苯乙烯（GPPS）、抗冲聚苯乙烯（HIPS）和可发性聚苯乙烯（EPS）三类，它是仅次于聚乙烯、聚丙烯和聚氯乙烯的第四大塑料品种。GPPS和HIPS可以采用均相的本体聚合进行生产，EPS则选用悬浮聚合方法。

聚苯乙烯的生产大都采取分段聚合的方式，逐步撤除反应热，使聚合反应完全。苯乙烯分段聚合的工艺流程有三种，即塔式反应流程、少量溶剂存在下的生产流程和压力釜串联流程，其中以塔式反应流程的技术最为成熟。塔式反应流程主要分为预聚合、后聚合和聚合物的后处理三个阶段。苯乙烯在立式搅拌釜中以过氧化苯甲酰（BPO）或偶氮二异丁腈（AIBN）为引发剂进行预聚合，聚合温度80～100℃，控制单体的转化率为35%以下，否则物料的黏度过大，易出现自动加速，不利于反应热的排除。然后，透明黏稠的苯乙烯预聚物连续流入聚合塔中进行后聚合。塔式反应器通常由上而下分为6～8段，第一段无物料，第二、第三段的温度为150～180℃，聚合反应主要在此进行，气化的苯乙烯循环使用。第四段及以下的温度逐渐升高到240℃，确保聚合反应完全。后聚合结束后，熔融状态的聚苯乙烯自聚合塔底部出料、冷却、造粒、包装得到产品。

尽管甲基丙烯酸甲酯（MMA）的聚合可以通过悬浮聚合、乳液聚合和溶液聚合等实施方法来实现，但间歇式本体聚合是制造板、管、棒和其它型材（即俗称的“有机玻璃”）的主要方法。为了得到光洁平整、无光学畸变的有机玻璃，及时排除聚合反应热、抑制体积收缩和气泡的产生成为了关键。有机玻璃板材的生产通常包含制模、预聚合、灌浆、聚合、脱模和热处理六个步骤。将一定规格的硅玻璃板洗净、烘干，根据所需厚度将垫条夹在两块玻璃板的四周（留好灌浆口），用夹子将两块玻璃板夹紧。按配方将MMA、引发剂、增塑剂、脱模剂等加入预聚釜中，搅拌下将釜温升至75～85℃，保持5～10分钟后停止加热。釜内温度会因为聚合放热而自动升温至90～95℃，维持15分钟左右，控制单体的转化率为10%～20%，使物料成为低黏度的浆液。将釜温降到84℃左右，15分钟后将浆液转移到带冷冻盐水冷却夹套的釜中，快速搅拌冷却至18～20℃。浆液经混合、过滤、脱气后通过漏斗灌入模具中。将灌好浆料的模具置于水浴或空气浴中，根据板材的厚度调节聚合温度和聚合时间。当板材厚度低于20毫米时，先在35～50℃聚合30～38小时，再在65～100℃聚合3～5小时，最后降温至45～65℃后送去脱模。空气浴更适合生产大型板材和对力学性能要求高、抗银纹性好的有机玻璃。

力化学研究应力作用引起的化学反应。高分子力化学是建立在高分子化学与力学基础上的交叉学科，是力化学的重要组成部分。由于高分子具有分子链长、结构层次多、对应力和温度敏感等特点，在应力作用下易发生力活化、力降解、力合成（交联、共聚），为高分子材料的制备、改性、加工提供了新途径。高分子固相力化学研究固体聚合物在应力作用下破碎、活化、生成大分子自由基以及引发力化学反应。聚烯烃接枝或功能化一般通过溶液接枝或熔体接枝等，需要引发剂、溶剂，反应温度较高。基于固相力化学反应器的聚合物固相力化学接枝或功能化则可以在室温下无需溶剂进行，是均相本体聚合的特殊类型。利用聚合物在碾磨力场作用下分子链断裂或脱氢产生的力化学自由基与极性单体共聚，生成接枝共聚物；或与空气中的氧或与外加氧化剂如双氧水等反应生成含氧官能团，实现官能化，可以制备聚丙烯接枝马来酸酐（PP-*g*-MAH）、聚丙烯接枝N-羟甲基丙烯酰胺、低密度聚乙烯接枝马来酸酐（LDPE-*g*-MAH）以及含氧量高达10%的功能化PP超细粉体。PP粒子和马来酸酐一起从磨盘中间的漏斗加入到一定转速的磨盘中，碾磨过的粉料从磨盘边缘放出。收集起来的粉料再加到磨盘中进行碾磨，如此重复数次。操作在室温下进行，碾磨过程中产生的热通过冷却水移除。碾磨过的产物用水萃取72小时以除去未反应的单体。通过磨盘型固相力化学反应在室温下制备的PP-*g*-MAH的马来酸酐官能度可达3%。PP-*g*-MAH对PP/PA6复合体系具有明显的增容作用，可使复合材料的拉伸强度提高30%～40%，缺口冲击强度提高200%。

9.2.2 非均相的本体聚合

非均相的本体聚合是指聚合产物不溶于单体的本体聚合。随着聚合的进行，聚合产物从单体中不断沉淀析出。

氯乙烯的沸点为−13.4℃，稍微加压即可液化。氯乙烯的本体聚合分为预聚合、后聚合和后处理三个阶段。预聚合阶段所使用的氯乙烯单体为整个聚合过程所用氯乙烯总量的50%左右，在立式不锈钢耐压釜中进行，选用半衰期较短的油溶性引发剂（如过氧化乙酰基磺酰或过碳酸酯），加热至62～75℃进行预聚，控制转化率为7%～11%。预聚合过程需快速搅拌，使预聚物形成疏松的颗粒骨架，成为后聚合反应的种子（聚合物沉积的核心）。后聚合在立式搅拌釜中进行，先对釜抽真空，再加入氯乙烯单体和引发剂，之后加入预聚物，单体在预聚物颗粒骨架上继续聚合，聚合物颗粒不断长大。当单体的转化率达到70%～90%时，脱除未参与聚合的氯乙烯而结束聚合。回收的氯乙烯经压缩液化后循环使用。产物过筛后，即得成品。

丙烯的液相本体聚合以液态丙烯作为单体兼聚合介质。聚合结束后，减压使丙烯气化并与聚合产物分离。液相本体聚合主要采用釜式和环管式两类反应器。釜式反应器主要利用液态丙烯的蒸发潜热来撤除反应热，蒸发的丙烯气经冷凝后返回到聚合釜。环管反应器是利用轴流泵使聚丙烯/丙烯浆液在环形的管式反应器内高速循环，通过反应器的夹套冷却撤热。目前的主流技术均采用连续式生产，以实现更高的生产效率和产品稳定性。以日本住友（Sumitomo）化学公司开发的本体聚合工艺为例，其聚合反应在两个串联的釜式反应器内进行。液态丙烯连续加入两个反应器，主、助催化剂则连续加入第一个反应器，其生成的含聚丙烯浆液连续流入第二个反应器，后者排出的浆液连续进入后处理工序，分离出丙烯后将聚丙烯粉料送入料仓。在50～80℃的反应温度下，等规度大于96%的聚丙烯产物不溶于液态丙烯，呈颗粒状分散在介质中，因而浆液黏度较低，容易搅拌分散。聚合热通过反应釜夹套冷却和液态丙烯的蒸发-冷凝来撤除，整个装置和工艺较为简单。

丙烯的气相本体聚合采用搅拌床或流化床反应器，常见的有Unipol工艺、Novolen工艺、Innovene工艺、Spherizone工艺、Horizone工艺和Sumitomo工艺等。以采用得最多的

Unipol 工艺为例，其反应器由一台气相流化床反应器、一台循环气冷却器和一台循环气压缩机组成。配成矿物油悬浮液的催化剂和烷基铝助催化剂一起从反应器的分布板上部注入。反应器的操作压力为 3.4MPa，温度为 65℃左右。反应器的进料中有大约 10%～12%的液体丙烯和冷凝剂（饱和烃），以利用液体的气化潜热强化撤热能力。循环气回路中的鼓风机使循环反应气体与新鲜的液态丙烯一起从反应器分布板底部吹入反应器，使床层流化、返混，并带走反应热。反应热通过管壳式气体冷却器用冷却水撤出反应系统。流化床反应器的反应停留时间约为 1 小时。反应器中的聚合物经两个自动控制的排料系统间歇式排出，送入聚合物脱气仓或抗冲共聚反应器。

乙烯的气相聚合与此相似，常采用长径比 7 左右的流化床反应器。通常聚合压力为 1.5～2.5MPa，聚合温度为 70～100℃。由乙烯、α-烯烃、氢气（聚合物分子量调节剂）等组成的循环气经反应器底部的多孔分布板向上流动，使聚合物颗粒在高速气流驱动下悬浮、混合，形成流态化的颗粒床层。循环气从反应器的顶部排出，经压缩、冷却和重新调整组成后返回反应器。颗粒状的催化剂连续通入反应器中，其在反应器中的平均停留时间为 2.5～4 小时。颗粒状的聚合产物间歇式地排出反应器。

9.3 溶液聚合

单体和引发剂（或催化剂）溶解在适当的溶剂中，聚合产物也溶于溶剂中的聚合称作溶液聚合。以水为溶剂时，称为水溶液聚合；以有机溶剂为溶剂时，称为有机溶液聚合。与均相的本体聚合相比，溶液聚合体系中溶剂的存在一方面降低了聚合体系的黏度，另一方面以溶剂为传热介质，热的传递得到大幅度改善。两者都促进了聚合体系的混合和传热，使得聚合体系的温度更容易控制，聚合反应更平稳，减弱了凝胶效应，可避免局部过热。溶液聚合也存在不足：(1) 单体因被溶剂稀释而浓度较低，聚合速率较慢，单体转化率较低，设备生产能力较低；(2) 单体浓度较低以及聚合物链容易向溶剂发生链转移反应，导致聚合产物的分子量较低；(3) 聚合结束后需要对聚合产物中的溶剂进行分离和回收，工艺复杂、能耗高，抬高了生产成本。因此，工业上溶液聚合主要用于生产弹性体，例如乙丙橡胶、丁苯橡胶、异戊橡胶、乙烯/1-辛烯无规共聚物（简称为 POE）等，以及聚合物溶液直接使用的场合，例如胶黏剂、涂料、合成纤维纺丝液等。

有两种类型的高温溶液聚合用于制备线形低密度聚乙烯。一种是用碳氢化合物做溶剂，另一种是在超临界的乙烯和熔融的聚乙烯中进行的。这两种实施方法通常在 130～180℃下进行，聚合压力为 3～20MPa，反应器中乙烯的含量为 8%～10%，物料的停留时间为 5～15 分钟。这种方法对非均相和均相催化剂都适用。含有 30%～35%熔融状聚合物的物料离开反应器后，进入一个长形分离器分出未反应的单体和溶剂，聚合产物则进入挤出机进行造粒。

9.3.1 丁二烯-苯乙烯的溶液共聚合

丁苯橡胶是最大的通用合成橡胶品种，也是最早实现工业化生产的合成橡胶品种之一。由丁二烯和苯乙烯在有机溶剂中共聚得到的共聚物通常称为溶聚丁苯橡胶。由于耐磨性出色、摩擦生热低，它广泛应用于轮胎工业。目前溶聚丁苯橡胶的工业化生产是使用锂引发体系的阴离子聚合。以正丁基锂为引发剂，在环己烷中进行丁二烯和苯乙烯共聚时，首先大量的丁二烯和极少量的苯乙烯发生共聚。只有当丁二烯完全消耗掉以后，聚合体系中剩下的苯乙烯才开始聚合，因此丁二烯和苯乙烯共聚只能得到嵌段共聚物。为了获得无规的溶聚丁苯橡胶，往聚合体系中加入无规调节剂来改变活性种的性质，从而达到调节单体竞聚率的目的。以韩国 Hankook 轮胎公司的溶聚丁苯橡胶生产工艺为例，其以环己烷为溶剂，以四氢呋喃为无规调节剂，以1,1-双（4-二乙基氨基苯基）-3-甲基苯基锂为引发剂，将1,3-丁二烯与苯乙烯（两者的质量比为1∶4）进行共聚，用4,4′-双（二乙基氨基）二苯甲酮改性，可制得门尼黏度（ML（1+4）100℃）为48的溶聚丁苯橡胶。

9.3.2 乙丙橡胶的生产

乙丙橡胶的消耗量仅次于丁苯橡胶和顺丁橡胶，是七大通用橡胶中发展最快的胶种。乙丙橡胶的聚合实施方法有溶液聚合法、悬浮聚合法和气相聚合法，目前的主流方法是溶液聚合法。以荷兰 DSM 公司生产乙丙橡胶的溶液聚合法为例，该工艺以正己烷为溶剂，$VOCl_3/Al_2Et_3Cl_3$ 为催化剂，双环戊二烯或乙叉降冰片烯为第三单体，H_2 为分子量调节剂，添加促进剂（如 $Cl_3COOC_2H_5$）来提高催化剂的聚合活性。预冷至−50℃的物料通入单釜或串联的双釜反应器中，聚合温度不高于60℃，聚合压力不高于2.5MPa，停留时间约为30分钟。

9.3.3 异戊橡胶的生产

异戊橡胶（IR）的生产均采用溶液聚合法，所用溶剂为直链烷烃或芳烃，催化剂主要有锂系、钛系和稀土系。锂系异戊橡胶的顺式-1,4-结构的摩尔分数通常为91%～92%，多用于医疗器械领域。钛系异戊橡胶和稀土系异戊橡胶的顺式-1,4-结构的摩尔分数均超过95%，主要用在轮胎中。和钛系异戊橡胶相比，稀土系异戊橡胶具有催化剂活性高，“三废”处理量少，产品凝胶含量低，微观结构规整，平均分子量和取向度高等优势。以美国固特异（Goodyear）公司的IR生产方法为例，其均相的聚合催化剂由新癸酸铵、辛基铝和氯气制备得到。利用该催化剂，以己烷为溶剂，于40℃下催化异戊二烯聚合，可制备出顺式-1,4-结构含量超过98%的IR，聚合物的分子量分布指数小于2.0。

9.3.4 自由基溶液聚合

（1）丙烯腈的溶液聚合

丙烯腈和第二、第三单体的共聚物可以制成纤维，称为腈纶，其产量仅次于涤纶和锦纶。将丙烯腈、第二单体丙烯酸甲酯和约50%的硫氰酸钠水溶液分别经计量后放入调配桶，引发剂偶氮二异丁腈和浅色剂二氧化硫脲分别经计量后加入调配桶，第三单体衣康酸调成一定浓度的水溶液经计量桶加入调配桶，调配好后连续注入试剂混合桶，调节pH值为4～5，调节温度至75～80℃后，和分子量调节剂异丙醇在管道中混合，之后用计量泵连续送入聚合釜，聚合温度为75～80℃，聚合时间为1.2～1.5小时。转化率为50%～75%，聚合物浓度10%～12.75%。聚合结束后，聚合物溶液直接用于纺丝。这种生产聚丙烯腈纤维的方法称为“一步法”。

(2) 醋酸乙烯酯的溶液聚合

由溶液聚合制得的聚醋酸乙烯酯可用于制造黏合剂和涂料，聚醋酸乙烯酯的甲醇溶液可以进一步醇解得到聚乙烯醇，对聚乙烯醇进行缩醛化后可以用于纺制维尼纶纤维。以甲醇为溶剂，以偶氮二异丁腈为引发剂，在 64～65℃下，反应 4～5 小时，单体转化率控制在 50%～60%。过高的转化率会使聚合产物的支化度增加、分子量分布变宽，从而影响维尼纶纤维的品质。

(3)(甲基) 丙烯酸酯的溶液聚合

(甲基) 丙烯酸酯及其共聚物可通过本体聚合、悬浮聚合、乳液聚合和溶液聚合合成众多不同用途的高分子材料，其中溶液聚合是合成溶剂型涂料的主流方法。为了改进性能、降低成本，通常将苯乙烯、丙烯腈、醋酸乙烯酯、(甲基) 丙烯酸、顺丁烯二酸酐及其烷基酯或二烷基酯等与 (甲基) 丙烯酸酯共聚。这些共聚单体可以使 (甲基) 丙烯酸树脂在结构、分子量、极性及可交联官能团等方面符合产品性能要求。(甲基) 丙烯酸树脂溶液聚合按工艺配方所定的主单体、辅助单体和官能基单体在配制槽混合均匀。再将引发剂投入引发剂配制槽中用少量溶剂溶解均一后备用。用惰性气体置换聚合釜中的空气，接着加入溶剂和部分单体以及引发剂溶液。在惰性气体保护下，将反应釜内物料升至比规定温度低 20～30℃，停止加热，利用单体聚合热将物料自动升至反应温度 (或将反应釜内温度升至回流温度，此步无须用惰性气体保护)。剩下的单体和大部分引发剂溶液于 2～3 小时滴加完。当物料加完后，在 3～4 小时内分多次加入余下的引发剂溶液，保温至转化率和黏度达到要求。反应完成后，可加热蒸出部分溶剂并脱除残余单体。聚合结束，调整产品或半成品所需的含量，降温出料即得产品。

(4) 丙烯酰胺的溶液聚合

聚丙烯酰胺 (PAM) 是丙烯酰胺均聚物或与其他单体共聚而得聚合物的统称，是水溶性高分子中应用最广泛的品种之一，产品主要分为干粉和胶体两种形式。按其平均分子量可分为低分子量 (<100 万)、中分子量 (200 万～400 万) 和高分子量 (>700 万) 三类。按其结构又可分为非离子型、阴离子型和阳离子型。阴离子型多为 PAM 的水解体 (HPAM)。由于聚丙烯酰胺结构单元中含有化学活性很高的酰胺基，易形成氢键，具有良好的水溶性和很高的化学活性，易通过接枝或交联得到支链或网状结构的多种改性物，在石油开采、水处理、纺织、造纸、选矿、医药、农业等行业中具有广泛的应用，有“百业助剂”之称。

聚丙烯酰胺的聚合实施方法有溶液聚合、反相乳液聚合、反相微乳液聚合和分散聚合等。水溶液聚合法由于其经济、安全、生产操作简便等优点，是工业上生产聚丙烯酰胺的主要方法。工业生产中，对产品性能和产品形式有特定的要求，因此溶液聚合法按照浓度不同可以分为低浓度 (8%～12%)、中浓度 (20%～30%) 和高浓度 (>45%) 聚合。低浓度聚合主要用于制备水溶胶产品，中浓度或高浓度聚合适用于生产粉末状产品。由于丙烯酰胺聚合过程剧烈放热，聚合物水溶液黏度又很大，体系撤热困难，因此在整个聚合反应过程中，都需要机械搅拌装置来均匀地搅拌体系，使单体完全溶解并参与反应。但是随着聚合反应的进行，体系中有许多已生成或正在生成的中间产物，它们的黏度各不相同，这使得体系的表观黏度动态变化。在反应初期加料时，加大搅拌速率可以使单体迅速均匀地分散在水相中，并且在聚合过程中的放热高峰时，可以使体系产生的热量及时散出。但是搅拌速率过大也会将正在形成的聚合物分子链打断，不能生成高分子量的聚丙烯酰胺。为此，在溶液聚合反应中后期应适当降低搅拌速率。

9.4 分散聚合

分散聚合的共同特点是，聚合产物以固体颗粒形态分散于液态介质中，聚合反应在颗粒内发生。根据沿用的命名，以水为连续相的分散聚合具体分为悬浮聚合（suspension polymerization）和乳液聚合（emulsion polymerization）两类方法，以有机溶剂为介质且反应体系不含水的分散聚合称为浆液聚合（以水溶性单体的水溶液为分散相、有机介质为连续相的自由基聚合称为反相悬浮聚合或反相乳液聚合）。由于离子聚合和配位聚合的引发剂、催化剂遇水分解，悬浮聚合和乳液聚合仅适用于自由基聚合或共聚合。如第六章所述，乙烯、丙烯配位聚合生成的聚烯烃具有较高的结晶度，当聚合温度低于100℃时并不溶于烃类介质，而是以细颗粒形态分散于有机介质，类似泥浆。因此，以烃类溶剂为介质的中低温乙烯聚合和丙烯聚合均称为浆液聚合（又称淤浆聚合，slurry polymerization）。

9.4.1 悬浮聚合

悬浮聚合方法通常用于自由基聚合，聚合体系由单体、油溶性引发剂、分散剂、水等组成。在搅拌剪切力和分散剂的协同作用下，不溶于水的单体液层被打碎并分散成0.01～5mm大小的液滴，溶于单体的引发剂引发液滴内的聚合反应，使其逐步转变为聚合物颗粒。每一个小液滴相当于一个微小的本体聚合单元，故其聚合动力学和机理与本体聚合相当。由于水的热容量较大、黏度较低，小液滴内产生的聚合热可迅速传递给水相并高效地撤出反应釜，这一方法解决了本体聚合难以控制反应温度的难题。此外，悬浮聚合的产品分子量高于溶液聚合，杂质含量低于乳液聚合，后处理工序比较简单。其主要缺点是产物带有少量残留的分散剂，需经专门的净化工序才能得到高纯度聚合物。

(1) 苯乙烯的悬浮聚合

可发性聚苯乙烯（EPS）和苯乙烯型离子交换树脂主要采用悬浮聚合生产。苯乙烯几乎不溶于水，其与水一起加入反应釜时分成两层，单体液层只有在强烈的搅拌剪切作用下才会分散成毫米尺度甚至数十微米的小液滴。为了防止单体液滴在相互碰撞时聚并、增大，需在聚合体系中加入分散剂。分散剂主要有水溶性聚合物和不溶于水的无机粉末两类。前者会吸附在液滴表面，一方面降低液滴的表面张力，使之更容易分散，另一方面也在液滴外形成保护层，降低液滴相遇时发生聚并的概率。后者的作用主要是吸附在液滴外形成硬质隔离层，防止液滴相互聚并。典型的悬浮聚合体系由水、单体、分散剂和油溶性引发剂组成。苯乙烯的悬浮聚合既可以添加油溶性引发剂在偏低的温度下进行，也可以在＞150℃下进行热引发的悬浮聚合。由于聚苯乙烯能溶于苯乙烯单体，其悬浮聚合进行到高转化率时，初始的单体液滴变成透明的小珠，故称为珠状聚合。生产可发性聚苯乙烯时，需在单体中加入少量惰性的低沸点烃类（如戊烷），得到内含发泡剂的珠粒，经热成型发泡加工成终端制品。

（2）氯乙烯的悬浮聚合

悬浮聚合是生产聚氯乙烯的主要方法，其聚合体系由氯乙烯、水、油溶性引发剂和分散剂组成。根据实际需要，还可能添加 pH 调节剂、分子量调节剂、防黏釜剂和消泡剂等助剂。聚氯乙烯几乎不溶于氯乙烯，但能被单体溶胀，因此在较低转化率时单体液滴内已含有固态的聚氯乙烯。转化率达到 70%以上时，液滴消失，分散相是溶胀有部分单体的聚氯乙烯粒子。聚合物的颗粒形貌受到水-单体比（通常为 2∶1～1.2∶1）、分散剂特性、聚合温度（45～70℃）、搅拌参数、最终转化率等多种因素的影响，大体可分为疏松型和紧密型两类。树脂颗粒形貌影响其后续加工时对增塑剂和其它助剂的吸收和混合程度，是悬浮聚合生产聚氯乙烯时重点关注的技术指标之一。

（3）丙烯腈的悬浮聚合

丙烯腈在水中有一定的溶解度（25℃下约 7.3%），丙烯腈的聚合可以在水中进行，但聚丙烯腈不溶于水，聚合过程中生成的聚合物以絮状沉淀的形式不断析出。絮状的聚丙烯腈经过分离后，再溶解得到纺丝原液用于纺制纤维，该方法称为“二步法”。以水为反应介质时，要用水溶性的 $NaClO_3$-Na_2SO_3 或 $K_2S_2O_8$-$NaHSO_3$ 等组成的氧化-还原引发体系为引发剂，聚合温度 35～55℃，聚合时间 1～2 小时。由于“二步法”中聚合介质混合均匀、可在较低温度下进行、对溶剂纯度要求低一些等优点，其工艺条件容易控制，所以腈纶厂大多采用“二步法”，占腈纶总产量的 70%以上。

（4）微悬浮聚合

悬浮聚合产物的粒度一般为 50～2000 μm，乳液聚合产物的粒度只有 0.1～0.2 μm，而微悬浮聚合产物的粒度则介于其间（0.2～1.5 μm），可达亚微米级（<1 μm），与常规乳液聚合的液滴相当，因此也可称作细乳液聚合。

微悬浮聚合采用特殊的复合乳化体系来代替常见的分散剂。复合乳化体系由（阴或阳）离子型表面活性剂（如十二烷基硫酸钠）和难溶助剂（如 C16～C18 长链脂肪醇或长链烷烃）组成。两者的复合物一方面可以使单体-水的界面张力降得很低，甚至接近于零，在温和的搅拌条件下，就很容易将单体分散成亚微米级的微液滴；另一方面，复合物有很强的保护能力，吸附在微液滴或聚合物微粒表面，起到良好的保护稳定作用，防止颗粒间的聚并，并阻碍液滴（或胶粒）间单体的扩散传递和重新分配，以致最终聚合产物的粒子数、粒径、粒度分布与起始微液滴相当，这是微悬浮聚合的特征和优点，有利于控制。

采用油溶性引发剂时，直接引发液滴内的单体聚合，聚合机理与悬浮聚合相同。即使采用水溶性引发剂，在水中产生的初级自由基或齐聚物自由基也容易被微液滴所捕捉，液滴成核成为主要成粒机理，而均相成核和胶束成核可以忽略。

配制微悬浮聚合体系时，需注意下列要点：

① 乳化剂-难溶助剂的微乳液要在加单体前配好，配制温度需在难溶助剂熔点以上；

② 长链脂肪醇的碳原子数应在 16 以上；

③ 乳化剂-长链脂肪醇摩尔比约在（1∶1）～（1∶4）之间；

④ 单体微悬浮乳液配制以后，应立即进行聚合。

微悬浮聚合可以用来制备高固体含量（65%）的细乳液。微米级的微悬浮聚氯乙烯和 0.1～0.2μm 级的乳液聚氯乙烯混合配制聚氯乙烯糊，可以提高固体含量，且可降低糊的黏度，改善施工条件，提高生产能力。

9.4.2 乳液聚合

乳液聚合技术的开发始于20世纪早期，20世纪30年代初已见于工业生产。由于其反应的多样性以及对聚合产物（胶乳）的性能有很宽的调控范围，这种聚合方法已应用于许多重要高分子产品的生产，每年生产的合成聚合物胶乳达到数百万吨。乳液聚合产物的用途非常广泛，如合成橡胶、高抗冲聚合物、胶乳、泡沫、涂料、胶黏剂、地板抛光剂、密封剂、水泥和混凝土添加剂以及给药系统等。在涂料和胶黏剂领域，环保标准的不断提高使得乳液聚合制备的水性聚合物胶乳大量替代了传统的有机溶剂型产品。

(1) 概述

乳液聚合是指单体或单体混合物在含表面活性剂的水溶液中通过自由基引发的加成聚合生成聚合物胶乳的反应。聚合物胶乳是指胶体状聚合物颗粒分散于水中构成的固-液混合物。

乳液聚合体系黏度低、易散热，便于混合传热、管道输送和连续生产。其聚合反应速率高、聚合产物分子量高。以水为介质带来成本低、安全性高、污染小等优点。且其设备和工艺较简单、操作方便灵活。所得胶乳可直接用作水性涂料，黏合剂，皮革、纸张、织物、皮革的处理剂和涂饰剂，水泥添加剂等。这些特点赋予了乳液聚合技术强大的生命力。

乳液聚合也存在一些不足：(1) 需要获得固体产品时，胶乳需要经凝聚、洗涤、脱水、干燥等多道工序，升高了生产成本；(2) 产品中留有残留乳化剂等杂质，有损电性能等。

乳液聚合的产物主要有三方面的应用：

① 聚合后分离出胶状或粉状固体产品，如丁苯、丁腈、氯丁等合成橡胶，ABS、MBS等工程塑料和抗冲改性剂，糊用聚氯乙烯树脂、聚四氟乙烯等塑料；

② 聚合所得胶乳直接用作涂料和粘接剂，如丁苯胶乳、聚醋酸乙烯酯胶乳、丙烯酸酯类胶乳等，可用作内外墙涂料、纸张涂层、木器涂料以及地毯、无纺布、木材的粘接剂等；

③ 胶乳微粒用作颜料、粒径测定标样、免疫试剂的载体等。

(2) 乳液聚合的主要组分

乳液聚合体系的主要组分为单体、水、引发剂、表面活性剂和链转移剂。以乳聚丁苯橡胶（ESBR）的生产为例，其聚合体系由苯乙烯、丁二烯、水、乳化剂、氧化还原催化剂、引发剂（活化剂）、链转移剂（分子量调节剂）、电解质等构成。

水是经典乳液聚合的主要组分，其与单体的质量比为70∶30～40∶60。以水作为连续相可降低聚合体系的黏度，加快聚合热的传递，还能把聚合场所分隔在大量纳米至亚微米尺度的细小颗粒内。水也是单体由单体液滴转移到胶束颗粒中的介质、引发剂分解和齐聚物形成的场所以及表面活性剂在单体液滴与胶束间动态交换的介质。

① 单体。乙烯基类、丙烯酸酯类、二烯烃等是乳液聚合常用的单体。单体在水中的溶解度将影响聚合过程中溶剂和乳化剂的选择以及聚合产物的性能。苯乙烯、丁二烯难溶于水，醋酸乙烯酯水溶性较大，甲基丙烯酸甲酯介于两者之间，这三类单体的乳液聚合配方和结果各异。丙烯酸、丙烯酰胺则与水完全互溶，不能采用常规乳液聚合，须采用反相乳液聚合。

② 乳化剂和乳化作用。表面活性剂（也叫乳化剂）的主要作用是形成胶束，进而部分

胶束吸收单体后成为单体溶胀的胶束（也称为颗粒）。水相中的自由基进入颗粒（称为成核）后则使之变成聚合反应的场所。另一方面，乳化剂分子持续吸附到颗粒-水界面，为生长的颗粒提供胶体稳定性。此外，乳化剂也吸附在单体液滴与水的界面，使之得以稳定。尽管阴离子表面活性剂最常用于乳液聚合，其它传统的表面活性剂（如阳离子表面活性剂、非离子型表面活性剂）也可用于乳液聚合。反应型表面活性剂（带乙烯基的表面活性分子）可通过化学键固定在胶乳颗粒表面，从而降低成膜过程中表面活性剂的解吸和胶膜对水的敏感性。水溶性的聚合物（如聚乙烯醇和羟乙基纤维素）也可以用作表面活性剂，其可以改善电解质、机械剪切、胶乳的冷冻和解冻等作用下的颗粒稳定性。

③ 引发剂。最常用的水溶性引发剂为过硫酸盐（如过硫酸钾），它可以分解成两个自由基。氧化还原型引发剂（如过硫酸盐-亚硫酸盐）常用作低温聚合的引发剂。为了控制颗粒的形貌和颗粒内的接枝反应并减少聚合结束后残留单体的量，油溶性引发剂（如偶氮化合物）也用于乳液聚合。

④ 链转移剂。自由基聚合中常利用链转移反应控制聚合物的分子量和/或在聚合物链末端引入功能基团。常用的链转移剂包括卤代甲烷、二硫化合物、硫醇和其他易于给出氢原子的化合物。

(3) 乳液聚合的机理

经典的乳液聚合是将水溶性引发剂加入不溶于水的单体与水构成的两相体系中，在表面活性剂和高速搅拌的作用下形成单体小液滴、胶束及单体增溶胶束分散在水中的不透明分散体系，然后水中的引发剂分解产生初级自由基并扩散进入纳米尺寸的颗粒，进而在颗粒内发生自由基聚合。由于纳米尺度的颗粒内空间严重限制了其中自由基的活动范围，几乎不可能出现两个自由基共存于同一颗粒的情况。换言之，颗粒内要么只有一个自由基，要么没有任何自由基。当初级自由基从水相进入颗粒的频率很低时，含有一个自由基的颗粒有充足的时间进行链增长，生成高分子量聚合物链。双基终止仅发生在一个初级自由基从水相进入已经含有一个自由基的颗粒时。这种聚合机理与本体聚合、溶液聚合及悬浮聚合都有显著差别。

将单体、水和乳化剂充分搅拌混合后，乳化剂分子会聚集在一起形成近球状的胶束，其直径约为 5～15nm。胶束中乳化剂分子的疏水基伸向内部，亲水基伸向与水的界面。典型配方中，胶束的数量密度为 10^{17}～$10^{18}dm^{-3}$。由于憎水的单体与憎水的胶束内核相容，单体会进入部分胶束使之溶胀，称为增溶胶束。增溶后的球形胶束直径可从原来的 4～5nm 增大到 6～10nm。在乳化剂和搅拌作用下，单体以 1～10μm 尺寸的液滴形式存在，其表面因有乳化剂吸附而被稳定。液滴的数量密度为 10^{9}～$10^{11}dm^{-3}$。图 9-1 描述了未发生聚合时（分散阶段）的乳液聚合体系物理模型。

加入引发剂后，水相中的引发剂通常以 10^{16}～10^{18} 个 $dm^{-3}\cdot s^{-1}$ 的速度产生初级自由基。这些自由基既可以引发水相中的少量溶解单体聚合形成齐聚物自由基，也会通过一种或多种机理（如胶束、均相或液滴成核）引发非水相的单体进行聚合，形成聚合物颗粒（或称乳胶颗粒）。这个形成颗粒的过程称为成核。颗粒中的聚合反应是乳液聚合中单体转化的主要途径。在聚合过程中，颗粒会持续接受由单体液滴经水相扩散过来的单体，继续溶胀。这些被单体溶胀的颗粒成为进一步链增长反应的主要场所，颗粒尺寸因而持续增大。因此，链增长所需的单体主要由单体液滴经水相扩散来供给。还未成核的胶束和/或正在消失的液滴表面的乳化剂分子在热力学平衡作用驱动下重新分配，它们会吸附到增长中的颗粒表面，保持其胶体稳定性。当所有单体都转变成聚合物后，聚合得以完成。最终产品是亚微米聚合物颗粒分散于水相的胶乳，其稳定性则靠吸附在颗粒表面的乳化剂层维持。图 9-2 描述了经典乳液聚合体系的成核与聚合阶段物理模型。

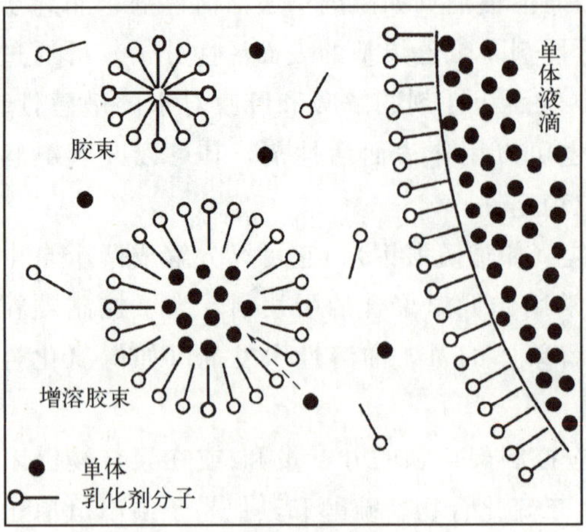

图 9-1　分散阶段的乳聚体系示意图

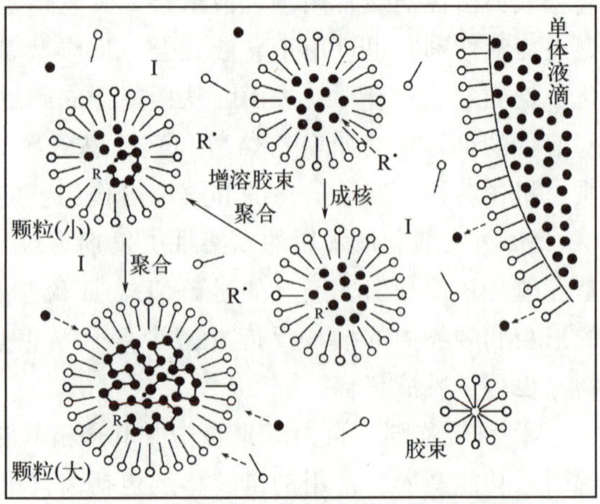

图 9-2　成核-聚合阶段的乳聚体系示意图

（I 和 R˙ 表示引发剂和初级自由基）

乳液聚合中颗粒的形成主要有三种机理，即胶束成核、均相成核和颗粒成核。

① 胶束成核

水相中引发剂生成的自由基以初级自由基或齐聚物自由基的形式进入单体溶胀的胶束中，引发聚合形成单体溶胀的聚合物颗粒，使颗粒随链增长反应的进行而持续增大。通常 100～1000 个胶束中仅有一个胶束会接受一个自由基而形成聚合物颗粒。未成核的胶束则逐渐将其表面活性剂分子和单体提供给增长的颗粒，自身数量减少。胶束完全消失后，成核过程结束，之后颗粒的数量基本保持不变。当表面活性剂的量不足以维持胶体稳定性时，颗粒的数量会减少。当表面活性剂分子从颗粒的表面解吸时，将导致新颗粒的产生，因此在聚合后期颗粒的数量会略微增加。单体液滴作为储蓄池，经水相扩散为增长的颗粒提供单体，直到单体的转化率达到 30%～40%时，单体液滴消失。

② 均相成核

水相中生成的自由基引发水中的溶解单体进行链增长反应，形成水溶性齐聚物，直到齐聚物的水相溶解性达到极限而析出。这些析出的齐聚物自由基形成初级颗粒，它们吸收表面活性剂分子而变成稳定的胶体，并吸收单体进行链增长反应而长大。这些初级颗粒可以单独存在、相互聚集或和增长中的稳定颗粒聚集。因此，聚合过程中颗粒尺寸与数量的发展和颗粒的最终尺寸与数量取决于表面活性剂的数量及其稳定初级颗粒和增长中颗粒的效率。也有人提出凝固成核的颗粒形成机理。这可以被认为是均相成核的子集。在凝固成核中，均相成核形成小尺寸的颗粒“前驱体”，之后这些“前驱体”聚集在一起形成稳定的、成熟的颗粒。凝固成核的独特之处在于“前驱体”的尺寸很小，其内部只允许相对低浓度的单体存在。他们因聚集造成的尺寸的增长远大于链增长反应造成的尺寸增长。当这些颗粒大到足以吸收数量可观的单体时，被认为是成熟的乳胶颗粒。

③ 颗粒成核

水相中生成的自由基以初级自由基或齐聚物自由基的方式进入单体液滴中引发单体聚合

形成颗粒。胶体的稳定性取决于单体液滴和增长中的聚合物颗粒表面对表面活性剂的吸收。这个机理在细乳液聚合和微乳液聚合中占主导地位，其中小尺寸的液滴可以有效地竞争获得自由基。这些聚合体系需要用到“共表面活性剂”与主表面活性剂配合。在细乳液聚合体系中，共表面活性剂（如十六烷或十六醇）的分子量和水溶性都必须足够低。在微乳液聚合体系中，共表面活性剂通常是低分子量的醇，如戊醇或己醇。在细乳液聚合中，最初约 20 个细乳液颗粒中只有一个可以抓住一个自由基并形成颗粒，最近的新方法则可以保证所有细乳液颗粒参与聚合，因此胶乳颗粒的最终数量等于起始的细乳液颗粒的数量。这是通过在细乳化之前将 1%（质量比）的高分子量聚合物溶解在单体相中来实现的。在微乳液聚合中，颗粒尺寸的变化与链增长反应和增长颗粒的受限聚集有关。

在传统的乳液聚合中，上述三种颗粒形成机理同时存在。然而，它们在颗粒形成中的相对贡献还是有所区分的。例如，对于水溶性相对较低（$[M]_{aq}<15mmol \cdot dm^{-3}$）的单体，以胶束成核为主。对于水溶性相对较高（$[M]_{aq}<170mmol \cdot dm^{-3}$）的单体，以均相成核为主。当表面活性剂的浓度低于临界胶束浓度（CMC）或为无皂乳液聚合时，均相成核也占主导地位。在无皂乳液聚合中，初级颗粒和增长颗粒的稳定源于颗粒表面的引发剂碎片所带的离子基团（如硫酸根），这些基团为颗粒提供了静电排斥力而使颗粒稳定。在传统的乳液聚合中，颗粒成核被认为是不重要的。然而，当液滴的尺寸处于亚微尺寸范围（如细乳液或微乳液聚合体系）时，颗粒成核成为颗粒形成的主要来源。在由水溶性非常低（$[M]_{aq}<1mmol \cdot dm^{-3}$）的单体或大分子单体组成的细乳液聚合中，颗粒成核占主导地位。

乳液聚合的非均相性带来的最大好处是聚合体系中自由基之间的高度隔离。典型乳液聚合的颗粒尺寸仅有数十纳米至约一百纳米，因而两个共存于同一颗粒内的自由基（无论是初级自由基还是链自由基）因距离太近而在极短时间内发生双基终止。换言之，一个颗粒内的自由基数目只有 0 或 1 两种可能性。当颗粒有一个自由基时，其链增长反应将持续进行，不会被双基终止打断，直至另一个自由基从水相进入该颗粒。在聚合平稳进行时，平均有一半的颗粒含有自由基，另一半没有自由基（或在等待自由基进入）。通过提高聚合体系的颗粒浓度，可以既增大链增长自由基浓度（颗粒浓度的 1/2），又降低水相自由基进入颗粒的频率，延长颗粒内自由基的平均寿命。这是乳液聚合能够同时提高聚合速率和聚合物分子量的原因，也是乳液聚合区别于其它聚合实施方法的重要特征。在其它的聚合实施方法中，通常提高聚合速率的措施会导致聚合物分子量的降低。

9.4.3 浆液聚合

以烷烃类惰性溶剂为介质进行乙烯、丙烯均聚或其与少量共单体的共聚反应时，如果反应温度未高到使半结晶的聚合产物溶解在溶剂中，则其聚合产物以直径 100～2000μm 的细小颗粒形态分散于液态介质中，成为固液两相分散体系。虽然这种聚合体系在物理形态上类似悬浮聚合，但其聚合物颗粒的数量和形貌主要取决于催化剂用量及其颗粒形貌（详见第六章），与反应的搅拌参数没有直接关系，且反应初期也不存在两种互不相溶的液体，故与悬浮聚合有显著的区别。对于乙烯这种难以液化的气态单体，采用浆液聚合方法有不少好处，其反应条件较为温和，容易实现连续化生产（中等浓度的浆液易于用泵输送），还可通过过滤浆液除去其中的可溶性杂质（助催化剂、低聚物等），提高产品质量。浆液法的主要缺点是其全部或部分聚合溶剂需经分离纯化后才能循环使用，增大了能耗及装置复杂性。高密度聚乙烯（HDPE）的生产广泛采用了连续式浆液聚合法，具体的工艺流程有许多种，按反应器类型主要可分为釜式和管式两类。

釜式法生产 HDPE 的聚合反应器由 1～3 个串联的搅拌釜构成，以正己烷为溶剂，采用高活性 Z-N 催化剂或铬系催化剂，操作压力一般低于 1MPa，聚合温度为 70～85℃。乙烯与共单体（1-丁烯或 1-己烯）及氢气的混合物连续进入反应釜，含聚合物的浆液连续出料。出釜的浆液经过滤、闪蒸和脱气后进入造粒工序。利用多釜串联的浆液法聚合装置还可以生产具有双峰型分子量分布及组成分布的 HDPE 树脂，其用作塑料管道的综合性能远好于普通 HDPE（详见本章 9.7 节），是 HDPE 的高端牌号。

管式法生产 HDPE 的聚合反应器大多是直径为 0.5～1 米的环管型反应器，装有轴流泵以驱动浆液在环管内高速流动。环管反应器的操作压力高达 3MPa，聚合温度为 60～75℃。通常采用低沸点溶剂（异丁烷或异戊烷）作为反应介质，浆液中聚合物颗粒的浓度维持在 20%～25%。聚合物颗粒在反应器中的停留时间为 1.5～3 小时。乙烯的转化率可达 97%～98%。

9.5 扩展阅读 1：乳液聚合技术进展

随着乳液聚合理论的发展，乳液聚合技术也在不断地发展创新，在传统乳液聚合工艺的基础上，反相乳液聚合、种子半连续乳液聚合、核-壳乳液聚合、无皂乳液聚合、有机-无机复合乳液聚合、基团转移聚合、互穿网络聚合和微乳液聚合等新的聚合工艺相继出现。

9.5.1 反相乳液聚合

反相乳液聚合是以非极性液体（如烃类溶剂）为连续相，聚合单体溶于水，借助乳化剂分散于油相中，形成“油包水”型乳液而进行的聚合，具有反应易于散热、聚合速率高、能得到高分子量聚合物等优点，用途广泛。尤其是水溶性高分子量聚合物被广泛用于纺织、石油、造纸、涂料和医药等领域。

和传统乳液聚合一样，反相乳液聚合的聚合机理通常也可以分为 4 个阶段：分散阶段、阶段Ⅰ（乳胶粒生成阶段）、阶段Ⅱ（乳胶粒长大阶段）和阶段Ⅲ（聚合反应完成阶段）。

9.5.2 种子半连续乳液聚合

种子半连续乳液聚合是以预先合成的聚合物乳液为种子，以它为聚合反应场所，与被其吸附的单体进行聚合，生成以种子为核、吸附单体的聚合物为壳的核-壳型粒子。聚合时严格控制乳化剂浓度在临界胶束浓度下，保持乳液稳定，防止产生新胶束和新粒子，是种子聚合的关键。

种子乳液聚合技术可以容易地制得粒径呈单分散或多峰分布的胶乳，乳液的机械稳定性和化学稳定性好。乳液的粒径分布窄，有利于改善聚合物乳液的成膜性。由于乳液粒径和粒径分布的变化影响乳液的黏度，可以通过种子法人为控制乳液的流变性，在生产乳胶漆的时候可以进一步影响乳胶漆的流变性，从而影响乳胶漆的储存稳定性、开罐效果、施工性能和流平性等。

9.5.3 核-壳乳液聚合

核-壳乳液聚合是在种子乳液聚合基础上发展起来的。采用常规的乳液聚合得到的乳胶粒子是均相的，核-壳乳液聚合则能得到非均相的乳胶粒子。首先制备一种单体制备的种子（核）乳液，其后加入另一种单体继续聚合形成壳层，最终形成核-壳结构的非均相粒子。与常规乳液聚合得到的乳液相比，核-壳乳液聚合得到的乳液抗回黏性好、最低成膜温度低、成膜性更好、稳定性更好以及具有更优越的力学性能。

9.5.4 乳液型互穿聚合物网络

互穿网络聚合物是由两种共混的聚合物分子链相互贯穿并以化学键的方式各自交联而形成的网络结构。一般来说，互穿网络聚合物含有两种聚合物材料，其中至少一种聚合物是网状的，另一种聚合物可以线形的形式存在。乳液互穿网络聚合物（LIPN）是用种子乳液聚合法合成的，实际上也是核-壳结构，但是此核-壳结构乳液的两相结合部为接枝-交联型。采用核-壳乳液聚合制备的 LIPN 兼具构成 LIPN 的各种聚合物的优良性能，与一般共聚方法获得的聚合物相比，在聚合物的相容性、玻璃化转变温度和成膜性、流变性等方面性能优异，可显著提高聚合物的耐磨、耐水、耐候、抗污、防辐射、透明性、抗张强度、冲击强度和黏结强度等性能，并可显著降低最低成膜温度，改善加工性能，因而广泛用于塑料改性、橡胶增强、涂料、黏合剂、阻尼材料、医用高分子、纺织助剂、皮革涂饰剂等领域。

9.5.5 无皂乳液聚合

无皂乳液聚合是指在聚合反应过程中完全不加乳化剂或仅加入微量（其浓度低于临界胶束浓度）乳化剂的乳液聚合过程。传统的乳液聚合因乳化剂的存在而影响乳液成膜的致密性、耐水性、耐擦洗性和附着力等。由于无皂乳液聚合避免了乳化剂存在下的隔离、吸水、渗出等作用，能得到单一分散、表面洁净的胶乳粒子，同时消除了乳化剂对环境的污染，具有以下优点：①聚合产物可以直接使用，产品生产成本低，免除了乳化剂后处理步骤；②乳胶粒的表面洁净，避免了乳化剂对产品的电性能、光学性能、耐水性、成膜性和表面性质等的不良影响；③制得的乳胶粒子的粒径单分散性能好，且比常规乳液聚合的粒子大，可以将其制成具有表面化学能的功能颗粒。

无皂乳液聚合的胶粒形成机理及其稳定条件和传统乳液聚合完全不同。在无皂乳液聚合体系中没有乳化剂存在，胶粒主要由结合在聚合物链或其端基上的离子基团、亲水基团等得以稳定。加入这些基团的方法主要有 3 种：①利用含离子基团的引发剂产生的初级自由基引发聚合而引入离子基团；②加入水溶性单体进行共聚，共聚单体因亲水性而富集于胶粒表面，这些亲水基团或者在一定 pH 值下以离子形式存在，或者依靠它们之间的空间位阻效应而稳定胶粒；③加入离子型单体进行共聚，由于其亲水性而倾向于排列在聚合物颗粒-水的界面，发挥类似乳化剂的作用。

无皂乳液聚合的成核机理主要有“均相沉淀成核”“齐聚物胶束成核”“凝聚成核”“两

阶段成核”等。通常，各种成核机理都不能完全预测无皂乳液聚合的成核情况。因为单体的水溶性情况对反应机理存在很大的影响。一般认为，成核过程是在低转化率下结束的，稳定的颗粒生成后，聚合主要在单体溶胀的颗粒中进行，其后的乳胶粒增长类似于传统乳液聚合。

9.5.6 有机-无机复合乳液聚合

在乳液聚合理论和技术发展的基础上，出现了有机-无机纳米复合高分子乳液。纳米复合高分子乳液中的一相为有机聚合物相，另一相为无机相。这种复合材料与常规的聚合物/无机填料复合体系不同，不是有机相和无机相的简单混合，而是两相在纳米尺度上复合而成。有机-无机复合乳液聚合是把有机物和无机物的长处结合起来的一种新型乳液聚合技术。无机材料具有硬度高、耐老化、耐溶剂、廉价等优点，而有机材料具有成膜性好、柔韧性好、可选择性强等优点。用有机-无机复合乳液聚合得到的高分子乳液具有附着性能好、耐水性好、透气透湿性高、抗粘连性、力学性能好等优点，在化工、电子学、光学、机械、生物学等领域展现出广阔的应用前景。

从无机/有机复合高分子乳液所用的无机原料来看，有机-无机纳米复合高分子乳液可分为两大类：一类是以无机物溶胶为无机成分的有机-无机纳米复合材料；另一类是以无机粉末为无机成分的有机-无机复合纳米材料。无机物溶胶一般采用硅溶胶、铝溶胶和锑溶胶等，而常用的为硅溶胶；无机物粉末为 Fe_2O_3、$BaSO_4$、Al_2O_3、SiO_2 等。

9.6 扩展阅读 2：烯烃序贯聚合技术

9.6.1 双峰聚乙烯的生产

普通聚乙烯的分子量分布曲线呈单峰型，而双峰聚乙烯是指分子量分布曲线呈现两个峰值的聚乙烯，它既含有低分子量的聚乙烯（起到分子间的润滑作用，能改善加工性能），又含有高分子量和较高共单体含量的乙烯-α-烯烃共聚物（提供材料的力学性能）。双峰聚乙烯广泛应用于中空容器、管材、薄膜、电缆、板材等。生产双峰聚乙烯的典型工艺有 Borealis 公司的 Borstar 工艺、Basell 公司的 Spherilene 工艺、UCC 公司的 Unipol Ⅱ 工艺、Phillips 工艺、三井化学公司的 Evolue 工艺、NOVA 公司的 Sclalrtech 工艺等。以 Borealis 公司的 Borstar 工艺为例，其装置由一个浆液法环管反应器与一个气相流化床反应器串联构成。该工艺采用高活性 Z-N 催化剂。环管反应器以超临界丙烷为介质，加入乙烯和较高浓度的氢气以合成出分子量较低的聚乙烯。作为链转移剂的氢气在超临界丙烷中的溶解度远高于常规状态的烷烃，能在较低的氢气分压下高效合成出符合要求的低分子量聚乙烯。由环管流出的聚合物经脱气后转移到气相反应器，在气相反应器中加入乙烯、1-丁烯和低浓度的氢气，在原有的聚合物颗粒中继续反应，合成高分子量的乙烯-1-丁烯共聚物。所得的聚乙烯既有双峰型分子量分布，也有双峰型组成分布，其 α-烯烃共单体富集在高分子量链中（见图 9-3）。这种结构特点是赋予双峰聚乙烯兼有高刚性、高韧性和极佳的抗环境应力开裂性的根本原因。

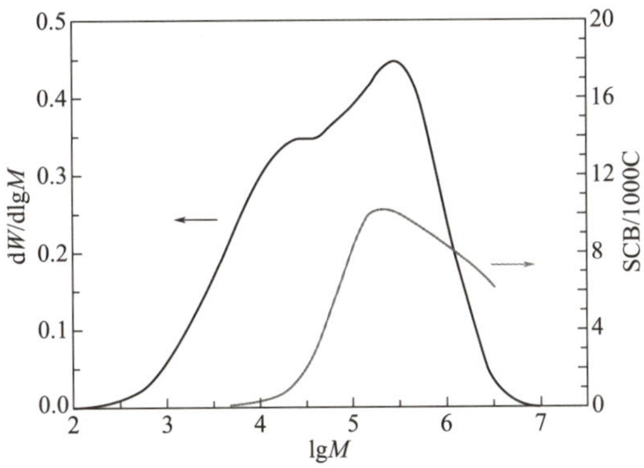

图 9-3　典型的双峰聚乙烯的分子量分布及共单体含量
（以聚合物中每 1000 个碳的短支链（SCB）数目表示）随分子量的分布

9.6.2　抗冲聚丙烯的生产

聚丙烯是一种综合性能优异的通用级合成树脂，其刚性和耐热性显著优于聚乙烯，但存在低温下抗冲击性能较差的缺点。根据弹性体增韧脆性塑料的原理，可采取机械共混和釜内合金化两条途径来制备聚丙烯与弹性体的混合物，其中后者已成为大规模生产高抗冲击性聚丙烯树脂的主要方法。所谓釜内合金化是指利用两釜串联的聚合工艺，在第一釜内进行丙烯均聚，生成聚丙烯颗粒，然后进入第二个聚合釜进行乙烯-丙烯气相共聚，得到低结晶、高弹性的乙丙共聚物以微米-亚微米尺度分散于结晶性聚丙烯相的多相、多组分聚合物合金，称为抗冲聚丙烯。与共混法制备的聚丙烯-橡胶共混物相比，釜内合金化制备的抗冲聚丙烯的弹性体相尺寸更小、更稳定，具有更好的刚-韧平衡特性，且生产效率高、能耗低，优势十分显著。这类树脂的全球年产量约为 2500 万吨。

用颗粒状的非均相 Z-N 催化剂催化丙烯聚合时，所得聚丙烯是由半结晶的聚丙烯相堆积成的疏松多孔颗粒（孔隙率可高达 30%），内部有大量分散开的活性中心。因此每个聚丙烯粒子可视为一个多孔性反应床，可使进入其中的其它烯烃单体聚合，生成多组分的聚烯烃合金。该技术称为“反应器颗粒技术”。釜内合金化生产抗冲聚丙烯时，第二个聚合釜内的乙烯-丙烯混合单体进入聚丙烯颗粒内进行配位共聚，原位生成低结晶度的乙丙共聚物，每个颗粒均成为橡胶相分散于塑料的类合金材料。这种方法制备抗冲聚丙烯时，产品的弹性体含量会受到聚丙烯颗粒的孔隙率及其它工艺参数的限制。如第二段生成的乙丙共聚物量过大，黏性的共聚物将被挤出并富集到颗粒外表面，使颗粒黏结成大块或粘连到反应釜内壁，导致反应失控、装置停车等生产事故。用机械共混法将更多橡胶组分掺入抗冲聚丙烯树脂是进一步提高其韧性、降低刚性的可行办法。

以利安德-巴塞尔公司开发的 Spheripol 工艺为例说明抗冲聚丙烯的生产。其生产装置主要包括串联的预聚合反应器、两个环管反应器和一至两个气相流化床反应器。预聚合反应器是一个小的环管反应器，其作用是使丙烯在较低温度下进行低强度聚合（聚合量为 50～

100g 聚丙烯/g 催化剂)，以提高催化剂颗粒的机械强度，避免其在主反应阶段破碎。两个大的环管反应器中进行连续式丙烯液相本体均聚，聚合压力为 3.4～4.4MPa，温度为 70～80℃。由于采用球形催化剂，所得聚丙烯粉料颗粒呈圆球形，颗粒表面较为光滑，有利于降低颗粒结团的风险。高速循环的一部分聚合物浆液从第二反应器底部连续排出，其中的丙烯和聚合物经过分离后，丙烯送回聚合反应器，聚合物粉料进入气相反应器。气相反应器中按一定比例恒速加入乙烯、丙烯和氢气进行乙烯/丙烯共聚，聚合温度为 80℃，聚合压力为 1.1～1.4MPa。从气相反应器底部出来的物料分离出未反应的丙烯、乙烯、氢气后，气体循环回气相反应器，聚合物粉料经干燥后进入挤压造粒工序。

习题

1. 规模化制备聚合物的工业实施方法可以分成哪三大类？
2. 设计和选择聚合反应实施方法的主要原则是什么？
3. 简述本体聚合的优点和缺点。
4. 什么是高分子固相力化学？
5. 简述溶液聚合的优点和缺点。工业上溶液聚合主要用于生产什么产品？
6. 分散聚合中对反应介质的选择应满足哪些要求？
7. 什么是微悬浮聚合？配制微悬浮聚合体系时，有哪些要点？
8. 什么是乳液聚合？简述乳液聚合的优点和缺点。
9. 乳液聚合的主要组分是什么？
10. 乳液聚合区别于其它聚合实施方法的重要特征是什么？

参考文献

(一) 国外高分子化学教材

[1] George Odian. Principle of Polymerization. 4th ed. New York: John Wiley & Sons, Inc., 2004.

[2] Allcock H R, Lampe P W, Mark J E. Contemporary Polymer Chemistry. 3rd ed. Science Press and Pearson North Asia Limited, 2003.

张其锦，董炎明，宗惠娟等译．当代聚合物化学．北京：化学工业出版社，2006.

[3] Raave A. Principles of Polymer Chemistry. 2nd ed. New York: Kluwer Academic/Plenum Publishers. 2000. 张超灿，陈艳军，刘长生，等译．高分子化学原理．北京：化学工业出版社，2008.

[4] Hiemenz, Paul C. Polymer Chemistry: The Basic Concepts. New York: Marcel Dekker, Inc., 1984.

[5] Raymond B Seymour, Charles E Carraher Jr. Polymer Chemistry, An Introduction. New York and Ba-sel: Marcel Dekker. Inc., 1981.

[6] Billmeyer R W. Textbook of Polymer Science. 3nd ed. New York: John Wiley & Sons, Inc., 1984.

[7] Flory P L. Principles of Polymer Chemistry. New York: Cornell University Press, Ithaca, 1953.

[8] Bovey F A, Winslow J H. Macromolecules, An Introduction to Polymer Science. New York: Academic Press, 1979.

[9] Brno Vollmert. Polymer Chemistry. New York: Springer-Verlag, 1973.

[10] Hans-Georg Elias. Macromolecules. New York and London: Plenum Press, 1977.

[11] 小野木重治，中岛章夫．高分子化学．日本：朝仓书店，1971.

(二) 国内高分子化学教材和习题类文献

[1] 潘祖仁，于在璋，焦书科．高分子化学．北京：化学工业出版社，1986.

[2] 潘祖仁．高分子化学，2版（1997），3版（2003），4版（2007），5版（2011），6版（2025）．北京：化学工业出版社．

[3] 冯新德．高分子合成化学：上册．北京：科学出版社，1981.

[4] 林尚安．高分子化学．北京：科学出版社，1982.

[5] 焦书科．高分子化学．北京：纺织工业出版社，1983.

[6] 余学海，陆云．高分子化学．南京：南京大学出版社，1994.

[7] 复旦大学高分子科学系．高分子化学．上海：复旦大学出版社，1995.

[8] 余木火．高分子化学．北京：中国纺织出版社，1995.

[9] 潘才元．高分子化学．合肥：中国科学技术大学出版社，1997.

[10] 邓云祥，刘振兴，冯开才．高分子化学、物理和应用基础．北京：高等教育出版社，1997.

[11] 肖超渤，胡运华．高分子化学．武汉：武汉大学出版社，1998.

[12] 韩哲文，高分子科学教程．上海：华东理工大学出版社，2001.

[13] 王槐三，寇晓康．高分子化学教程．北京：科学出版社，2002.

[14] 王久芬．高分子化学．哈尔滨：哈尔滨工业出版社，2004.

[15] 焦书科．高分子化学习题及解答．北京：化学工业出版社，2004.

[16] 卢江，梁辉．高分子化学．3版．北京：化学工业出版社，2021.

[17] 张兴英，程珏，赵京波．高分子化学．北京：化学工业出版社，2006.

[18] 张邦华，朱常英，郭天英．近代高分子科学．北京：化学工业出版社，2006.

[19] 何旭敏，董炎明．高分子化学学习指导．北京：科学出版社，2007.

(三) 期刊类参考文献

[1] Hawkse C J, Lee R. *Frechet J M J J Am Chem soc*. 1991, 113: 4583.

[2] Kim Y H J. *Polym Sci Polum Chen Ed*. 1998, 36 (11): 1685.

[3] Jikei M, Kakimoto M A. *High Perforom Polum*. 2001, 13 (2): S33-S44.

[4] Voit B J. *Polyms Sci Polym Chem Ed*. 2000, 38 (14): 2505-2525.

[5] Mintzer M, Grinstaff M W. *Chem Soc Rev*, 40 (1), 2011: 173-190.

[6] Zheng Y, Li S, Weng Z, et al. *Chem Sco Rev*. 2015, 44 (12), 4091-4130.

[7] Szwarc, M., Levy, M. & Milkovich, R. Polymerization initiated by electron transfer to monomer. A new method of formation of block polymers1. *Journal of the American Chemical Society*. 1956, 78, 2656-2657.

[8] Robertson, R. & Marion, L. The mechanism of sodium-initiated polymerization of diolefins. *Canadian Journal of Research*. 1948, 26, 657-667.

[9] Burnett, G. & Young, R. The polymerization of substituted styrenes by butyl lithium—I. The initiation reaction. *European Polymer Journal*. 1966, 2, 329-338.

[10] Brown, T. L. Nuclear magnetic resonance studies of organometallic exchange processes. *Accounts of Chemical Research*. 1968, 1, 23-32.

[11] Margerison, D., Bishop, D., East, G. & McBride, P. Polymerization of isoprene in benzene initiated by polyisoprenyl lithium. *Transactions of the Faraday Society*. 1968, 64, 1872-1876.

[12] Bywater, S. & Worsfold, D. Alkyllithium anionic polymerization initiators in hydrocarbon solvents. *Journal of Organometallic Chemistry*. 1967, 10, 1-6.

[13] Lewis, H. L. & Brown, T. L. Association of alkyllithium compounds in hydrocarbon media. Alkyllithium-base interactions. *Journal of the American Chemical Society*. 1970, 92, 4664-4670.

[14] Quirk, R. P., Yin, J. & Fetters, L. J. Carbonation and related reactions of poly (styryl) lithium. *Macromolecules*. 1989, 22, 85-90.

[15] Raynal, S., Lecolier, S., Ndebeka, G. & Caubere, P. Complex bases: Use of complex bases in the polymerization of vinyl monomers. *Journal of Polymer Science: Polymer Letters Edition*. 1980, 18, 13-16.

[16] Ndebeka, G., Caubere, P., Raynal, S. & Lecolier, S. Complex bases: 10. New complex bases. Application to solution anionic polymerization of vinyl monomers. *Polymer*. 1981, 22, 347-355.

[17] Staley, S. W. & Erdman, J. P. Reactions of the 6-methyl-6-phenylcyclohexadienyl anion. Role of the counterion. *Journal of the American Chemical Society*. 1970, 92, 3832-3833.

[18] Szwarc, M. in *Addition and Condensation Polymerization Processes* Vol. 91 *Advances in Chemistry* Ch. 1969, American Chemical Society, 15, 236-249.

[19] Bhattacharyya, D., Lee, C., Smid, J. & Szwarc, M. Reactivities and conductivities of ions and ion pairs in polymerization processes. *The Journal of Physical Chemistry*. 1965, 69, 612-623.

[20] Morton, M., Pett, R. A. & Fetters, L. The Cross-Association of Polyisoprenyllithium with Ethyllithium. *Macromolecules*. 1970, 3, 333-337.

[21] Natori, I. & Inoue, S. Anionic polymerization of 1,3-cyclohexadiene with alkyllithium/amine systems. Characteristics of *n*-butyllithium/N, N, N′, N′-tetramethylethylenediamine system for living anionic polymerization. *Macromolecules*. 1998, 31, 4687-4694.

[22] Hadjichristidis, N., Iatrou, H., Pispas, S. & Pitsikalis, M. Anionic polymerization: high vacuum techniques. *Journal of Polymer Science Part A: Polymer Chemistry*. 2000, 38, 3211-3234.

[23] Morton, M. *Anionic polymerization: principles and practice*. (Elsevier, 2012).

[24] Fetters, L. in *Journal of Polymer Science Part C: Polymer Symposia*. 1-35 (Wiley Online Library).

[25] Whitmore, F. C. Mechanism of the polymerization of olefins by acid catalysts. *Industrial & Engineering Chemistry*. 1934, 26, 94-95.

[26] Williams, G. 48. Kinetics of the catalysed polymerisation of styrene. Part I. Experimental methods and some general features of stannic chloride catalysis. *Journal of the Chemical Society (Resumed)*. 1938, 246-253.

[27] Williams, G. 199. Kinetics of the catalysed polymerisation of styrene. Part Ⅱ. Inhibition of stannic chloride catalysis by hydrogen chloride. *Journal of the Chemical Society (Resumed)*. 1938, 1046-1052.

[28] Williams, G. 145. Kinetics of the catalysed polymerisation of styrene. Part Ⅲ. On the mechanism of metal chloride catalysis. *Journal of the Chemical Society (Resumed)*. 1940, 775-784.

[29] Crivello, J. V. Photoinitiated cationic polymerization. *Annual review of materials science*. 1983, 13, 173-190.

[30] Storey, R. F. & Choate, K. R. Kinetic investigation of the living cationic polymerization of isobutylene using at-Bu-m-DCC/TiCl4/2,4-DMP initiating system. *Macromolecules*. 1997, 30, 4799-4806.

[31] Kamigaito, M., Sawamoto, M. & Higashimura, T. Living cationic polymerization of isobutyl vinyl ether by RCOOH/Lewis acid initiating systems: effects of carboxylate ions and Lewis acid activators. *Macromolecules*. 1991, 24, 3988-3992.

[32] Shiman, D. I., Vasilenko, I. V. & Kostjuk, S. V. Cationic polymerization of isobutylene by complexes of alkylaluminum dichlorides with diisopropyl ether: An activating effect of water. *Journal of Polymer Science Part A: Polymer Chemistry*. 2014, 52, 2386-2393.

[33] Kelsey, D. R., Handlin Jr, D. L., Narayana, M. & Scardino, B. M. In situ catalyst systems for ring-opening metathesis polymerization. *Journal of Polymer Science Part A: Polymer Chemistry*. 1997, 35, 3027-3047.

[34] Throssell, J., Sood, S., Szwarc, M. & Stannett, V. The Instantaneous Polymerization of Styrene by Trifluoroacetic Acid1. *Journal of the American Chemical Society*. 1956, 78, 1122-1125.

[35] Hayashi, K., Hayashi, K. & Okamura, S. Free-ionic polymerization of isobutyl vinyl ether by radiation. *Journal of Polymer Science Part A-1: Polymer Chemistry*. 1971, 9, 2305-2321.

[36] Deffieux, A., Hsieh, W., Squire, D. & Stannett, V. Radiation-induced cationic polymerization of vinyl ethers in solution: 1. Influence of monomer and solvent concentration on the rate of polymerization of ethyl vinyl ether in benzene. *Polymer*. 1981, 22, 1575-1579.

[37] Taylor, R. B. & Williams, F. Kinetics of ionic processes in the radiolysis of liquids. V. Cationic polymerization of isobutylene under anhydrous conditions. *Journal of the American Chemical Society*. 1969, 91, 3728-3732.

[38] Sauvet, G., Moreau, M. & Sigwalt, P. in *Makromolekulare Chemie. Macromolecular Symposia*. 33-46 (Wiley Online Library).

[39] Rooney, J. M. *Journal of Polymer Science: Polymer Symposia* 1974, 47-56.

[40] Kanoh, N., Ikeda, K., Gotoh, A., Higashimura, T. & Okamura, S. Rate constant of propagation reaction in stationary state of cationic polymerization. Part Ⅶ. Solvent effect. *Die Makromolekulare Chemie*. 1965, 86, 200-216.

[41] Mai, Y., Zhou, Y., Yan, D. & Lu, H. Effect of reaction temperature on degree of branching in cationic polymerization of 3-ethyl-3- (hydroxymethyl) oxetane. *Macromolecules*. 2003, 36, 9667-9669.

[42] Sogah, D. Y., Hertler, W. R., Webster, O. W. & Cohen, G. M. Group transfer polymerization-polymerization of acrylic monomers. *Macromolecules*. 1987, 20, 1473-1488.

[43] Hertler, W. R., Sogah, D., Webster, O. & Trost, B. M. Group-transfer polymerization. 3. Lewis acid catalysis. *Macromolecules*. 1984, 17, 1415-1417.

[44] Fuchise, K., Chen, Y., Satoh, T. & Kakuchi, T. Recent progress in organocatalytic group transfer polymerization. *Polymer Chemistry*. 2013, 4, 4278-4291.

[45] Takenaka, Y. & Abe, H. Group-transfer polymerization of various crotonates using organic acid catalysts. *Macromolecules*. 2019, 52, 4052-4058.

[46] Brittain, W. J. A review of group-transfer polymerization. *Rubber chemistry and technology*. 1992, 65, 580-600.